Eckehard W. Mielke

Sonne, Mond und ... Schwarze Löcher

Eckehard W. Mielke

Sonne, Mond und ... Schwarze Löcher

Ein Streifzug durch die moderne Astrophysik

FACETTEN

vieweg

Umschlagbild: Korona der Sonne im weichen Röntgenlicht. Aufnahme des japanisch-amerikanischen Röntgensatelliten Yohkoh vom 26. August 1992. (Mit freundlicher Genehmigung von L. Acton, Montana State University)

Softcover reprint of the hardcover 1st edition 1997

Der Verlag Vieweg ist ein Unternehmen der Bertelsmann Fachinformation GmbH.

Umschlaggestaltung: Schrimpf und Partner, Wiesbaden

ISBN 978-3-322-89900-2 ISBN 978-3-322-89899-9 (eBook)
DOI 10.1007/978-3-322-89899-9

Vorwort

Die Astronomie ist die älteste aller Wissenschaft; sie konnte nur entstehen, weil der irdische Himmel, anders als auf der Venus, nicht immer wolkenverhangen ist. Seit 60 000 Jahren *beobachtet* der Mensch den Himmel und versucht die „Sterne zu deuten". Erst die Weltraumfahrt und die Radio- Röntgen- und Neutrinoastronomie hat ganz neue „Fenster zum All" aufgestoßen und sie damit wieder zu einer der modernsten und aktuellsten Forschungsrichtung gemacht.

Dieses Buch ist aus einer Vorlesung entstanden, welche der Autor im Sommersemester 1993 an der Universität zu Köln gehalten hat. Sie war als „Lustvorlesung" konzipiert, d.h. mit vielen Bildern und Dias, aber ohne Prüfungs- und Scheinzwang, und wandte sich an *Hörer aller Fakultäten*, einschließlich der sehr interessierten Senioren. Am Anfang konnte sie sich auf eine dankbarerweise überlassene Ausarbeitung einer Vorlesung stützen, die Friedrich W. Hehl 1982 in Köln mit dem gleichen, an ein Kinderlied erinnernden Titel gehalten hatte. Tatsächlich hat der Autor nur die „wesentlichen" Punkte im Titel dazwischengestreut, um anzudeuten, daß die sehr stürmische und fruchtbare neuere Entwicklung der Astronomie größtenteils berücksichtigt ist.

Bei diesem sich an den anspruchsvollen Laien wendenden Streifzug durch die Astrophysik wird, anders als in einem Lehrbuch, keine Systematik angestrebt. Stattdessen werden *exemplarisch* anhand von fast täglich bzw. nächtlich bei gutem Wetter sichtbaren Himmelsobjekten, wie Sonne, Mond und z.B. dem Hundsstern Sirius, die neuesten Erkenntnisse der astronomischen Forschung geschildert. Die Betonung *exotischer* Phänomene wie z.B. Neutrinos, Pulsare und Gravitationswellen soll nicht nur die Neugier wecken, sondern es auch erlauben, zu vertieften Einsichten im Bereich der Teilchenphysik und der eigentlich alltäglich erscheinenden *Schwerkraft* vorzudringen.

Da nach einer „Faustformel" jede mathematische Formel den Absatz halbiert, sind diese gefährlichen Hieroglyphen der Neuzeit in Informationskästen „eingesperrt". Sie können vom Laien getrost ignoriert werden und dienen mehr als Anregung für die Gestaltung eines Astronomieleistungskurses an Gymnasien oder für den Amateurastrononom. Das Gleiche gilt zum Teil auch für das umfangreiche Literaturverzeichnis, welches neben vielen populären Quellen gerade bei neueren Ergebnissen auch Fachaufsätze enthält.

Beim Schritt vom Vorlesungsskript zum Buch, bei deren Latex-Ausarbeitung mir Marcus Fobbe, Harald Wolf und Jürgen Lemke geholfen haben, flossen weitere neuere astronomische Beobachtungsbefunde ein. Für manche Anregung und die vollständige Durchsicht des Manuskripts bin ich Franz E. Schunck sehr dankbar. Wohl dosiert nach ihren Spezialgebieten, haben May-Britt Kallenrode, Till Kirsten, Gerhard Schäfer, Dietrich Stauffer, Matthias Steffen, und Volker Weidemann jeweils einige der Abschnitte oder Kapitel kritisch durchleuchtet. Natürlich hat der Leser „selber Schuld", wenn er trotzdem noch Fehler findet; Anregungen aber auch „Proteste" nimmt der Autor gerne per Email an pke27@rz.uni-kiel.d400.de entgegen.

Die Ermutigung von John Archibald Wheeler, meinem Lehrer als Gaststudent an der Princeton University im akademischen Jahr 1973/74, half beim Schreiben über manche Durststrecke hinweg. Das Buch ist meinen Eltern Charlotte und Walter Mielke gewidmet.

Kiel, im August 1995 Eckehard W. Mielke

Inhaltsverzeichnis

Kastenverzeichnis

Kapitel 1
Himmelsbeobachtung

Bienen und sogar Ameisen scheinen genetisch bedingte „Vorkenntnisse“ über den täglichen, zur Position am Mittag symmetrischen Sonnenstand und den jahreszeitlichen Lauf der Sonne am Himmel zu besitzen. Nach Abgleich der aktuellen Sonnenrichtung mit der inneren Uhr, dient dies zu ihrer Orientierung [322]. Am Olbers Planetarium in Bremen ist 1956 nachgewiesen worden, daß Zugvögel nicht nur einen Magnetkompaß besitzen, sondern sich auch an Sternen orientieren. Durch die Beobachtung der langsamen Drehung der Sternbilder um den Himmelsnordpol sollen Indigofinken ihren Sternkompaß eichen. Der Homo sapiens trat vor ca. 60 000 Jahren in Erscheinung und besaß wahrscheinlich auch ein *sternbezogenes Orientierungsvermögen* .

1.1 Von Stonehenge bis zu den Mayas

Aufzeichnungen von den ersten Anfängen der *Astronomie* [→ griech. ástron $\hat{=}$ Stern(bild); nómos $\hat{=}$ menschliche Ordnung] lassen sich bis ins Mesolithikum zurückverfolgen. Wir erwähnen hier nur einige der geschichtlichen Eckdaten und betonen, daß deren Deutung naturgemäß mit erheblichen Unsicherheiten verbunden ist:

1. 10 000–4000 v.Chr.: Sind die in Fuencaliente (Montoro, Südspanien) gefundenen Markierungen mit 12er Gruppierungen in Stein geritzte Kalenderstriche?

2. 8498 v.Chr.: Deuten die in Stein gehauenen Zahlensymbole der Mayas auf ein sehr frühes astronomisches Ereignis hin? (Nach heutigen Berechnungen [70] waren am 5. Juni 8498 v.Chr. Mond, Venus und Saturn ungewöhnlich nahe benachbart und in Opposition zur Sonne. Obwohl die Blütezeit der Maya-Kultur, die sog. klassische Periode, von 300–900 n.Chr. dauerte, deuten neuere Ausgrabungsfunde [119] darauf hin,

daß die direkten Vorfahren der Mayas bereits 9000 v.Chr. im Gebiet um Belize auf der Yucatan-Halbinsel gesiedelt haben. Ob sie diese seltene *Konjunktion* an die Mayas der Klassik überliefert haben? Genauso erstaunlich wäre es, falls es deren gute astronomische Kenntnisse ihnen später ermöglicht hätten, so frühe Ereignisse zurückzurechnen.)

3. 4400 v.Chr.: In Mesopotamien ist der *Tierkreis* für den Weg des Mondes durch die Sternwelt bereits bekannt.

4. 4241 v.Chr.: Die Ägypter beginnen die für die Landwirtschaft so wichtige Sommersonnenwende, welche erfahrungsgemäß mit der Nilflut korreliert ist, am Sirius-Aufgang abzulesen.[1]

5. 15. Feb. 3379 v.Chr.: In alten Handschriften der Maya-Priester, dem sog. *Dresdner Kodex*, wird über eine totale *Mondfinsternis* zu diesem Zeitpunkt berichtet.

6. 2800 v.Chr.: In Babylonischen Keilschriften findet man u.a. Vorhersagen von Mondfinsternissen über den Saros-Zyklus von 18 Jahren und 11 Tagen, d.h. genauer von 6585,32 Tagen.

7. 2500–1700 v.Chr.: *Stonehenge* (Salisbury, Südengland) wird in drei Etappen gebaut. Zunächst bauen die „Windmill-Hill"-Menschen Stonehenge I. Ab 2300 v.Chr. wird diese Anlage von den sog. „Becher"-Leuten zu Stonehenge II weitergebaut. Zwischen 1900–1600 v.Chr. wird Stonehenge III, wie man es sich heute aus den Ruinen rekonstruieren kann, von der Wessex-Bronze-Kultur fertiggestellt. Als Caesar nach England kam, war Stonehenge bereits eine Ruine. Die 30 inneren Steine sollen den 30 Tagen des Monats entsprechen. Für die Vorhersage des Auf- und Untergangs von Sonne und Mond soll nach Auffassung Fred Hoyles [133], welche allerdings nicht von allen Astronomen geteilt wird, der Aubrey-Kreis besonders wichtig sein. Seine 56 Löcher ergeben bei einer Dreiteilung ($56/3 = 18,\overline{6}$) in etwa die 18 Jahre des Saros-Zyklus. Diente damit Stonehenge als astronomisches Observatorium zur Vorhersage von Sonnen- und Mondfinsternissen?

8. 22. Okt. 2137 v.Chr.: Bericht über pflichtvergessene chinesische Astronomen, die wegen Alkoholgenusses die Vorhersage einer Sonnenfinsternis versäumten (mit tödlichen Folgen für sie).

---

[1] Wegen des langen Zeitraums des *Sothis-Periode* von 1461 Jahren für den Sirius-Aufgang am gleichen Kalendertag stellt sich die Frage, ob die für eine genaue Vorhersage nötigen Beobachtungen nicht schon im 6. Jahrtausend v.Chr. begonnen worden sind.

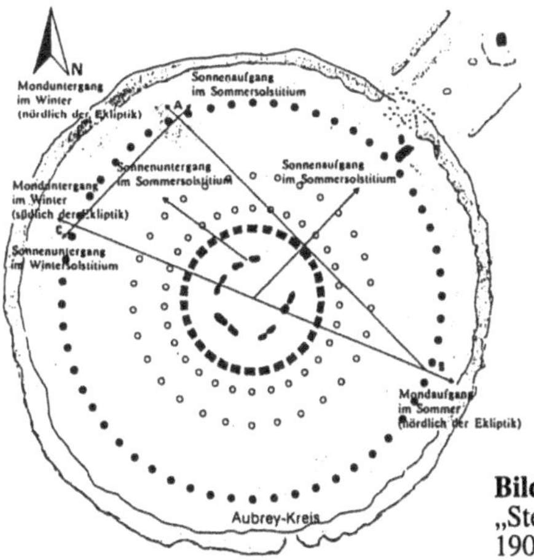

Bild 1.1
„Sternwarte“ Stonehenge (Südengland, 1900 v.Chr.)

9. 1700 v.Chr.: Hammurabi von Babylon führt Schaltjahre ein. Aus dem arabischen Wort *Ischtar* für abendliche Venus ist das englische Wort *star* [≙ Stern] entstanden.

10. 1200 v.Chr.: Das Sternbild Corona Borealis, die nördliche Krone, ist zusammen mit dem Himmelswagen in Felszeichnungen zu erkennen, welche bei Tannum in Schweden gefunden wurden [70].

11. 15. Juni 763 v.Chr.: Eine Steintafel der Assyrer berichtet über eine partielle Sonnenfinsternis, die durch heutige Berechnungen bestätigt ist.

12. 150 v.Chr.: Vollendung der großen Mond- und Sonnenpyramide[2] in den weitläufigen Tempelanlagen von Teotihuacán in der Nähe von Mexiko-City. Zu dieser Zeit übertraf diese Stadt mit ca. 200 000 Einwohnern Rom und war daher die größte Stadt der Welt.

13. 100–600 n.Chr.: Blüte der Tihuanco-Kultur der Inkas. In der Nähe des Titcacasees in Peru hat man Überreste eines großen Steinkreises mit 38 m ⌀ gefunden, der an Stonehenge erinnert und dieser Inka-Periode zugeschrieben wird [206].

14. 300–900 n.Chr.: Klassische Periode der Maya-Kultur. Über den Zenitdurchgang der Sonne bestimmten die Mayas die Dauer eines Jahres

[2] Der Autor ließ es sich nicht nehmen, diese beeindruckende Anlage 1991 bei einem Kollegenbesuch in Augenschein zu nehmen.

Bild 1.2
Hinweis der Mayas auf einen Kometen am 5. März 701 n.Chr.: Die aus Punkten und Strichen [≙5] zusammengesetzten Zahlglyphen bedeuten 9 × 144 000, 13 × 7200, 9 × 360, 1 × 20 und 17 Tage nach „Erschaffung der Welt" am 13. August 3114 v.Chr.

bereits sehr genau zu 365,2425 Tagen. Das weicht nur wenig vom *tropischen Jahr* mit 365,2422 Tagen ab, welches heute über den Lauf einer fiktiven *mittleren Sonne* mit der Tagundnachtgleiche als Start- und Endpunkt bestimmt ist. Bei den Mayas, die schon tausend Jahre vor den Arabern die Null als Zahl kannten [132], wurden größere Einheiten über die Zahl 20 konstruiert. Daher war das Jahr in 18 „Monate" mit 20 Tagen eingeteilt. Zu diesen 360 Tagen wurden noch 5 „leere" Tage hinzugezählt. Mit der Zahl 20 ließen sich dann größere Zeiträume angeben, der Maya-Kalender enthält etwa 400 jährige Perioden [360 Tage $\times 20^2 = 144\,000$ Tage]. Der letzte kosmische Zyklus begann am 13. August 3114 v.Chr. und war damit der „Beginn" der jetzigen Welt. Die höchste Einheit war annähernd 8000 Jahre. Die Mayas wußten auch, daß 5 Venusjahre etwa 8 Sonnenjahren gleichkamen, kannten die nötigen Korrekturen [13, 159] und waren mit 583,923 Tagen der heutigen Dauer des *Venusjahres* von 583,921 Tagen sehr nahe.

15. 4. Juli 1054 n.Chr.: Chinesischer Bericht über eine Supernova; auch die Höhlenzeichnungen im Navaho-Cañon in Arizona deuten auf dieses Ereignis hin. Die Reste dieser *Supernova* bilden heute den *Crabnebel* im Sternzeichen Stier.

16. 1479 n.Chr.: Der berühmte *Aztekische Kalenderstein* mit einer Masse von 24,5 Tonnen und 3,57 m ⌀ datiert aus dieser Zeit, vgl. [200]. Die vier um den Kopf des Sonnengottes angeordneten Quadrate verkörpern die vier Jahreszeiten. Im aztekischen Kalender hatte das Jahr – wie bei den Mayas – 18 Monate zu je 20 Tagen, welche durch einen Kreis mit 20 Feldern versinnbildlicht wurden. Zu diesen 360 Tagen wurden 5 Tage hinzugezählt, welche durch dicke Punkte im inneren Kreis markiert

sind. An diesen besonderen Tagen wurden, der Überlieferung nach, dem Sonnengott Menschen[3] geopfert.

1.2 Die Wochentage

Die Zeit zwischen gleichen Mondphasen, z.B. zwischen Vollmond und Vollmond, dauert 29,530589 Tage[4] und wird als *synodischer Monat* bezeichnet. Dieser Name hat offensichtlich einen astronomischen Ursprung. (Der *siderische* Monat ist wegen der nahezu kreisförmigen Bahn der Erde um die Sonne kürzer und dauert nur 27,3217 Tage.) Die Bezeichnung unserer Wochentage läßt sich ebenfalls aus den Namen der klassischen Planeten bzw. der zugehörigen Germanischen Götter ableiten. Das Deutsche „leistet" sich allerdings den „Mittwoch" ohne astronomischen Bezug:

„Planet"	**Deutsch**	**Altenglisch**	**Englisch**	**Französ.**
Sonne	Sonntag	Sunnandæg	Sunday	dimanche
Mond	Montag	Monandæg	Monday	lundi
Mars [Tyr, Tiw]	Dienstag	Tiwesdæg	Tuesday	mardi
Merkur [Wotan]	Mittwoch	Wodnesdæg	Wednesday	mercredi
Jupiter [Thor, Thonar]	Donnerstag	Thurnresdæg	Thursday	jeudi
Venus [Freya]	Freitag	Frigedæg	Friday	vendredi
Saturn	Samstag	Saeterndæg	Saturday	samedi

1.3 Die klassischen Planeten

Bei den sieben *klassischen Planeten* wurden Sonne und Mond als Wandelsterne mitgezählt. In der folgenden Tabelle sind die eigentlichen klassischen Planeten, ihre Symbole und ihre Umlaufzeiten an der Himmelskugel in Sternjahren oder siderischen Jahren in absteigender Reihenfolge zusammengestellt. Dabei ist ein *siderisches Jahr* von 365,25637 Tage die Dauer eines Umlaufs der Erde

[3] In unserer heutigen säkularisierten Zeit fallen Menschen eher der modernen Technik „zum Opfer", direkt durch den Autoverkehr bzw. indirekt beim Herzinfarkt.

[4] Der von den Mayas angegebene Wert von 29,530864 Tagen stimmt bis auf eine halbe Minute mit der tatsächlichen Dauer überein [159].

um die Sonne, bezogen auf den Fixsternhintergrund, und in der Tabelle mit a [$\hat{=}$*annum*] abgekürzt:

Symbol	**Name**	**Umlaufszeit** [a]	**Reihenfolge**
♄	Saturn	29,63	5
♃	Jupiter	11,87	4
♂	Mars	1,881	3
♀	Venus	0,6152	2
☿	Merkur	0,2408	1

Später sind die folgenden „neuen Planeten“ hinzugekommen:

Symbol	**Name**	**Umlaufszeit** [a]	**Entdeckungsjahr**
♁	Erde	1	?
⛢	Uranus	84,67	1781
♆	Neptun	165,5	1846
♇	Pluto	251,9	1930
☺	„Smiley“	296	1992 (Kleinstplanet)

Die Namen und Symbole der meisten Planeten sind sehr alt und werden von den Astronomen immer noch als Abkürzungen benutzt. Bei der Sonne und dem Mond basieren die Symbole wahrscheinlich auf den alten Zeichen für Gold und Silber. Merkur, der Götterbote, wird durch einen stilisierten Flügelhelm symbolisiert, Venus und Mars werden durch die traditionellen weiblichen und männlichen Attribute – einen Spiegel und einen Pfeil – bezeichnet. Das umzirkelte Kreuz der Erde ist mittelalterlichen Ursprungs. Jupiter wird durch einen Donnerkeil, Saturn durch ein stilisiertes K symbolisiert – wahrscheinlich, weil er einst Kronos genannt wurde. Das Sinnbild des 1781 entdeckten Uranus wurde willkürlich gewählt. Aufgrund der Berechnungen von C. Adams und U.J.-J. Le Verrier fand Wilhelm Herschel 1846 den Neptun. Er wird durch den Dreizack des Meeresgottes und der 1930 entdeckte Pluto durch die ersten beiden Buchstaben seines Namens symbolisiert. Im Jahre 1992 wurde jenseits der Bahn von Neptun der Kleinstplanet 1992 QB1 von ca. 250 km ⌀ gefunden [127, 144]. Obwohl er den 40fachen Durchmesser eines typischen Kometen hat, ist es noch nicht ganz klar, ob es sich bei „Smiley“ wirklich um einen Kleinstplaneten des sog. Kuiper-Gürtels handelt.

1.4 Orientierung am Sternenhimmel

Zur ersten Orientierung am Sternenhimmel sollen uns auf den mittleren Breiten Europas zwei bekannte Sternbilder dienen:

1. *Ursa Major*, der Große Bär oder auch Großer Wagen genannt, setzt sich aus Zirkumpolarsternen zusammen und ist daher auf der Nordhalbkugel immer gut sichtbar.
2. Der leicht an seinen Gürtelsternen zu erkennende *Orion*, der Himmelsjäger, schneidet dagegen den Himmelsäquator und ist deshalb nicht immer sichtbar.

Verlängert man etwa den Winkelabstand von Merak und Dubhe, den beiden hinteren Achsensternen von Ursa Major, um etwa das Fünffache, so gelangt man zu *Polaris*. Dieser Polar- oder Nordstern ist auch der Deichselstern des Sternbilds Ursa Minor und zeigt bis auf 1° den Nordpol der Himmelskugel an. Das „W" der Cassiopeia findet man durch Spiegelung des Deichselsterns des Großen Bären am Polarstern. In der Verlängerung der Deichsel liegt der helle Stern Arcturus. Die Verlängerung der Gürtelsterne des Orions führt im Sternbild Canis Major zum Sirius, dem visuell scheinbar hellsten Fixstern überhaupt. Weitere Angaben von Stern- und Galaxienörtern findet man in Sternkarten [249], welche vom Umfang her auf die Detailwünsche des Hobbyastronomen zugeschnitten sind.

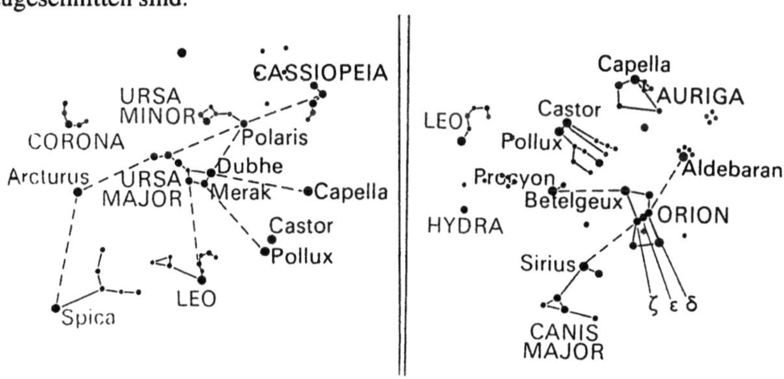

Bild 1.3 A: Das Sternbild *Ursa Major*, der Große Bär oder Wagen. B: Das Sternbild *Orion*, der Himmelsjäger

Die folgenden Sternbilder sind in Mitteleuropa Zirkumpolarsterne und daher ganzjährig sichtbar. In der Tabelle sind sie mit lateinischem Namen, internationalen Abkürzungen und deutschen Namen angegeben:

Sternbild	**Abkürzung**	**Deutscher Name**
Andromeda	And	Andromeda
Auriga	Aur	Fuhrmann
Camelopardalis	Cam	Giraffe
Cassiopeia	Cas	Cassiopeia
Cepheus	Cep	Kepheus
Cygnus	Cyg	Schwan
Draco	Dra	Drache
Lyra	Lyr	Leier
Perseus	Per	Perseus
Ursa Major	UMa	Großer Bär
Ursa Minor	UMi	Kleiner Bär

1.5 Größenordnung im Universum

Masse, Ausdehnung, Dichte und Temperatur der kosmischen Objekte sind gewöhnlich sehr groß und müssen durch die sprichwörtlichen „astronomischen Zahlen" angegeben werden. Dazu gehen wir von dem internationalen Maßsystem aus, in dem die Größen Zeit, Länge, Masse und Temperatur als Vielfache der Einheiten Sekunde [s], Meter [m], Kilogramm [kg] und Kelvin [K] ausgedrückt werden. Dies sind die SI-Basiseinheiten [$\hat{=}$ *S*ystème *I*nternational d'Unité] :

Größe	**Symbol**	**Einheit**	**Abkürzung**	**Definition**
Zeit	t	Sekunde	s	9192 631 770faches von $P_{^{133}\mathrm{Cs}}$
Länge	ℓ, s	Meter	m	(c/299 792 458) s
Masse	M	Kilogramm	kg	Masse des Urkilogramms
Temperatur	T	Kelvin	K	1/273,16ter Teil von $T_{\mathrm{Tripel(H_2O)}}$

Ursprünglich war die Sekunde als der 86 400ste Teil eines mittleren Sonnentages festgelegt. Da die Erde aber „eiert" und daher als Zeitnormal den heutigen

Ansprüchen an die Meßgenauigkeit nicht mehr genügt, hat man ab 1978 eine Sekunde als das 9192 631 770fache der Periodendauer eines bestimmten Hyperfeinstruktur-Übergangs des stabilen Cäsium-Isotops ^{133}Cs definiert.

Kasten 1.1 : Absolute Temperatur

Als Fixpunkte der Celsius-Skala dienen der Schmelzpunkt von Eis [≙0 °C] und der Siedepunkt des Wassers [≙ 100 °C] bei Atmosphärendruck. Anstatt des Schmelzpunktes benutzt man für genauere Messungen den Tripelpunkt, *in dem sich Wasser, Eis und Wasserdampf bei 0,01 °C und ca. 0,6 % des Atmosphärendruckes in Meereshöhe miteinander im Gleichgewicht befinden. Die* absolute Temperatur T *in Kelvin (mit* K *ohne Gradzeichen abgekürzt) ist ein Maß für die mittlere Wärmebewegung der Moleküle und Atome. Bei einem* idealen Gas *ist das Produkt aus dem Druck p und dem Volumen V proportional zur absoluten Temperatur: $pV \sim T$. Im theoretischen Grenzfall von verschwindender Wärmebewegung und damit verschwindendem Druck würde man den absoluten Nullpunkt $T = 0$ K der Kelvin-Skala erreichen, dies entspricht nach einer Festlegung $-273,15$ °C, mit einem relativen Fehler von $1 : 10^6$. (Bei realen Gasen tritt vorher ein* Phasenübergang, *d.h. eine Verflüssigung bzw. Verfestigung mit endlichem Volumen ein.) Ein Kelvin ist daher der 1/273,16te Teil der absoluten Temperatur des Tripelpunktes von Wasser.*

Dieses Zeitnormal wird durch die Atomuhren der Eichämter z.B. in Braunschweig realisiert. Diese Festlegung ist noch durch die Berücksichtigung der Gravitations-Rotverschiebung im lokalen Schwerefeld des betreffenden Labors zu korrigieren. Seit Oktober 1983 ist, nach erheblichen Fortschritten in den Meßmethoden, die Lichtgeschwindigkeit im Vakuum auf $c = 299\,792\,458$ m/s festgeschrieben worden. Über den vom Licht in einem Bruchteil einer Sekunde zurückgelegten Weg wird der Meter eine aus der Sekunde abgeleitete Einheit, d.h. 1 m := $(c/299\,792\,458)$ s. Der relative Fehler bei der Festlegung von Sekunde und Meter ist kleiner als $1 : 10^{14}$. Die Einheit 1 kg ist immer noch durch die Masse des aus einer Platin-Iridium-Legierung gefertigten Pariser Urkilogramms realisiert, und zwar mit einer Unsicherheit von $1 : 10^9$. Zudem treten auch Schwankungen in der Masse der nationalen Kopien auf.

Die *Dichte* eines Stoffes wird in der abgeleiteten Einheit 1 kg/m^3 gemessen. Wasser bei 4 °C und Normaldruck hat eine Dichte von $\rho_{H_2O} = 1000$ kg/m^3 = 1 kg/dm^3 , welche in diesen Einheiten ungewohnt groß erscheint.

Auch die *Energie* oder Arbeit (=Kraft×Weg) ist eine abgeleitete Größe und wird in Wattsekunden [1 Ws := 1 kg m^2/s^2] gemessen. Für eine DM kann man etwa 4 kWh $\approx 10^7$ Ws elektrische Energie kaufen.

Seit dem Vorschlag von Anders Celsius im Jahre 1742 sind wir es im täglichen Leben gewohnt, die Temperatur in Grad Celsius [°C] anzugeben. Als Einheit der *absoluten Temperatur* gilt hingegen die Einheit Kelvin [K], deren Nullpunkt bei $-273,15$ °C liegt; bei astronomisch hohen Temperaturen ist der Unterschied beider Skalen oft kleiner als der Meßfehler.

Zur Vermeidung von zu vielen Dezimalstellen bei großen bzw. sehr kleinen Zahlen werden die Grundeinheiten mit Potenzen von 10 multipliziert. Zu einer nach Potenzen von zehn gestaffelten „Reise" in den Makro- bzw. Mikrokosmos lädt ein Videofilm ein, vgl. [216]. Dabei haben sich für sehr kleine bzw. für sehr große Faktoren die in der Tabelle eingeführten Vorsätze, wie z.B. Mega und Tera, eingebürgert, mit denen man sich – auch bei Energiediskussionen – als „Kenner" ausweisen kann:

Vorsatz	**Symbol**	**Potenz**	**Dezimalzahl**
Atto	a	10^{-18}	0,000000000000000001
Femto	f	10^{-15}	0,000000000000001
Piko	p	10^{-12}	0,000000000001
Nano	n	10^{-9}	0,000000001
Mikro	μ	10^{-6}	0,000001
Milli	m	10^{-3}	0,001
Zenti	c	10^{-2}	0,01
Dezi	d	10^{-1}	0,1
Deka	da	10^{1}	10
Hekto	h	10^{2}	100
Kilo	k	10^{3}	1000
Mega	M	10^{6}	1000 000
Giga	G	10^{9}	1000 000 000
Tera	T	10^{12}	1000 000 000 000
Peta	P	10^{15}	1000 000 000 000 000
Exa	E	10^{18}	1000 000 000 000 000 000

Für die Masse von 1000 kg ist auch die Bezeichnung eine Tonne [t] gebräuchlich. In der folgenden Tabelle sind einige Größenordnungen im Universum einschließlich des Mikrokosmos aufgeführt:

Objekt	**Größe**	**Masse**
Milchstraße	100 000 Lj	$2 \cdot 10^{11}\ M_\odot$
Beteigeuze	$\sim 300\ R_\odot$	$\sim 20\ M_\odot$
Sonne	$R_\odot \simeq 700\,000$ km	$M_\odot \simeq 330\,000\ M_♁$
Erde	$R_♁ \simeq 6400$ km	$M_♁ \simeq 6 \cdot 10^{24}$ kg
Mensch	1,75 m	75 kg
Riesenamöbe	0,5 mm	0,7 mg
DNA-Molekül	$\sim \mu\text{m} \times 2$ nm	$\sim 3 \cdot 10^{-6}$ mg
H-Atom	$0{,}5 \cdot 10^{-10}$ m	$1{,}7 \cdot 10^{-27}$ kg
Elektron	$2{,}8 \cdot 10^{-15}$ m	$9 \cdot 10^{-31}$ kg
Planck-Länge	$1{,}6 \cdot 10^{-35}$ m	–

1.6 Entfernung der Sterne am Beispiel Ursa Major

Die physikalische Grundeinheit Meter ist für astronomische Entfernungsbestimmungen zu klein und ca. 10 Petameter für ein Lichtjahr zu unanschaulich. „Mittlere“ Abstände werden in der Astronomie oft mit der Entfernung zwischen der Erde und der Sonne verglichen: Genauer gesagt wird die große Halbachse der Bahnellipse als eine *Astronomische Einheit* [AE, engl. AU *A*stronomical *U*nit] bezeichnet: 1 AE = 149 597 871 km ≈ 150 Mio. km.

Für „astronomisch große“ Entfernungen werden zweckmäßigerweise noch zwei weitere Längeneinheiten benutzt: Dazu geht man von der Lichtgeschwindigkeit im Vakuum aus, welche ja nach Verabredung c = 299 792 458 m/s ≈ 300 000 km/s beträgt. Unter einer *Lichtsekunde* (eine Länge!) versteht man den Weg, den Licht im Vakuum in einer Sekunde zurücklegt, d.h.: 1 Lichtsekunde [Ls] = c · 1 s ≈ 300 000 km.

Bei dem geringsten Abstand des Mondes von $r_{\min} = 356\,400$ km von der Erde braucht der Lichtblitz eines irdischen Lasers daher nur wenig mehr als 1 Sekunde, um die dort von Astronauten für hochpräzise Entfernungsmessungen aufgestellten Reflektoren („Katzenaugen“) zu erreichen. Diese halbwegs anschauliche Einheit wird es uns später auch erleichtern, sich in den „Fahrplänen“ (Raumzeit-Diagrammen) der Einsteinschen Relativitätstheorie zurechtzufinden.

Ein *Lichtjahr* [Lj] ist diejenige riesige Strecke, welche das Licht im Vakuum innerhalb eines Jahres (mit 365,2422 mittleren Sonnentagen) zurücklegt: 1 Lichtjahr [Lj]= $c \cdot 1\text{a} = 9{,}46053 \cdot 10^{15}$ m = 63 200 AE. Der nächste

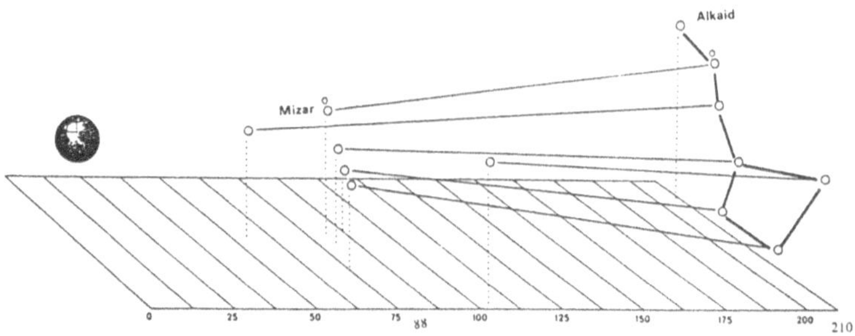

Bild 1.4 Darstellung der räumlichen Entfernung der einzelnen Sterne des Sternbildes Ursa Major, wobei die Erde nicht maßstabsgerecht gezeichnet ist

Stern, Proxima Centauri im gleichnamigen Sternbild des Südhimmels, ist 4,3 Lj entfernt.

Von der Erde aus betrachtet wirken alle Sternbilder so, als lägen sie auf einer Kugelschale. Dieser Eindruck entsteht bei der Bildverarbeitung im Gehirn durch eine Projektion der Sterne auf die gedachte Himmelskugel. (In der Computer-Animation wird dies durch „ray tracing"-Programme simuliert.) Die Sterne Mizar und Alkaid in der Deichsel von Ursa Major sind etwa 122 Lj voneinander entfernt. Da Mizar „nur" 88 Lj von der Erde entfernt ist, ist der Abstand von Mizar zu der Erde kleiner als zu seinem „Nachbarstern" Alkaid.

Die Sterne, die man als Fixsterne betrachtet, sind natürlich nicht wirklich an der Himmelskuppel fixiert, sondern besitzen eine *Eigenbewegung*, die sich aufgrund der „astronomischen" Entfernungen allerdings meistens erst in größeren Zeiträumen bemerkbar macht. Entdeckt wurde sie 1718 von Edmund Halley beim Vergleich der Stellung von Sirius, Arcturus und Aldebaran mit deren Positionen in alten Sternkatalogen. Die größte Eigenbewegung mit $10{,}3''$ pro Jahr hat Barnards Pfeilstern. Bei dieser Angabe kommt nur die *Projektion* der räumlichen Bewegung auf die Himmelskugel zum Tragen. (Bei dem doppelt soweit entfernten Kapteyns Stern ist die von uns weggerichtete *radiale Fluchtgeschwindigkeit* $v_r = 245$ km/s größer als bei Barnards Stern, welcher sich mit $v_r = -108$ km/s auf uns zu bewegt.)

Die Eigenbewegung führt dazu, daß der Große Wagen in ca. 100 000 Jahren (uns?) etwas verknautscht erscheinen wird, vgl. Bild 1.5.

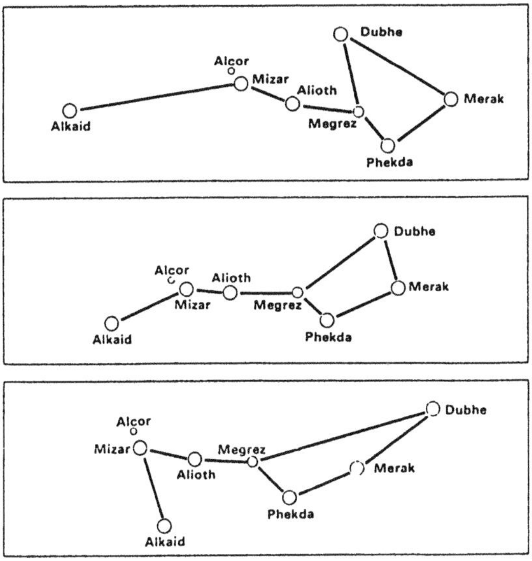

Bild 1.5
Effekte der Eigenbewegung von Sternen nach Projektion auf die Himmelskugel am Beispiel Ursa Major. Oben: Das Sternbild vor ca. 100 000 Jahren. Mitte: Das Sternbild heute. Unten: Das Sternbild in etwa 100 000 Jahren.

1.7 Längen- und Breitenkreise auf der Erde

Um Koordinaten für Sternörter auf der Himmelskugel einzuführen, erinnern wir an die Längen- und Breitenangaben eines Ortes auf der Erde. Dazu wird die Erde als Kugel idealisiert und ihr durch Schnitte mit willkürlichen Ebenen Kreise aufgeprägt. Falls die Schnittebenen durch den Mittelpunkt der Kugel gehen, erhalten wir *Großkreise*, ansonsten Kleinkreise. Die Durchstoßungspunkte der Rotationsachse der Erde sind der geographische Nord- bzw. Südpol, die Verlängerung durch die Himmelskugel liefert den Himmelsnordpol. Der Himmelsnordpol weicht etwa 1° von Polaris, dem Nordstern, ab. Die senkrecht zur Rotationsachse stehenden Kleinkreise nennt man Breitenkreise, der einzige senkrecht dazu stehenden Großkreis ist der Äquator, vgl. Bild 1.6.

Die *geographische Breite* ist der am Mittelpunkt der Erde gemessene Winkel zwischen Äquator und Breitenkreis. Diese Definition ist für praktische Anwendungen recht ungeeignet (es sei denn man folgt J. Verne: *Eine Reise zum Mittelpunkt der Erde*): Die geographische Breite läßt sich einfacher durch Messung der Winkelhöhe des Himmelpols über den Beobachtungshorizont erhalten.[5]

[5] Als Ergänzungswinkel in rechtwinkligen Dreiecken sind sie gleich groß.

Kasten 1.2: Vom rechtwinkligen Dreieck zur sphärischen Trigonometrie

In einem rechtwinkligen Dreieck mit den Seiten a, b und c und den gegenüberliegenden Winkeln $\alpha = \pi/2$ [$\hat{=}90°$], β und γ gilt aufgrund der Definition des Sinus als Verhältnis von Gegenkathete zu Hypothenuse:

$$\sin\alpha = 1, \quad \sin\beta = b/a \quad \text{und} \quad \sin\gamma = c/a\ .$$

Die Winkel sind im Bogenmaß angegeben, das sich aus dem Verhältnis von dem durch den Winkel ausgeschnittenen Kreisbogen zum Radius berechnet. Ein Vollwinkel von 360° entspricht daher dem Umfang 2π des Einheitskreises.
Wie schon die Babylonier erkannt haben, ist das Hypothenusenquadrat gleich der Summe der Quadrate der beiden Katheten, d.h. es gilt der sog. Satz des Pythagoras*:*

$$a^2 = b^2 + c^2\ .$$

Für ein ebenes *Dreieck mit beliebigem Winkel α ist zu erwarten, daß zumindest die Verhältnisse von Seite und dem Sinus des gegenüberliegenden Winkels einander gleich sind, d.h. es gilt*

$$a/\sin\alpha = b/\sin\beta = c/\sin\gamma\ ,$$

während der Satz des Pythagoras mit einem zu $\cos\alpha$ proportionalen Term so korrigiert wird, daß dieser im Spezialfall $\alpha = \pi/2$ eines rechtwinkligen Dreiecks verschwindet:

$$a^2 = b^2 + c^2 - 2bc\cos\alpha\ .$$

Dies ist kein Beweis, aber wir haben uns damit den Sinus- und Cosinussatz der ebenem Trigonometrie plausibel gemacht.

Die *geographische Länge* ist der Winkel zwischen dem Meridian oder Längenkreis, einem Großkreis durch die beiden geographischen Pole und dem willkürlich festgelegten Nullpunktsmeridian durch das Greenwich-Observatorium. Köln liegt etwa 50,9° nördlicher Breite und 7,0° östlicher Länge.

Genaugenommen ist die Erde keine Kugel, sondern ein Geoid, d.h. ein abgeplattetes Sphäroid, mit folgenden charakteristischen Werten: Äquatorradius $a = 6378{,}140$ km, Polradius $b = 6356{,}755$ km und Abplattung $f := (a-b)/a = 1/298{,}253$. Am Äquator ist der Durchmesser daher um 0,3 % größer als zwischen den Polen. Wegen der Gezeitenkräfte des Mondes ist diese Asymmetrie für das Schwanken der Erdachse mit verantwortlich. Während früherer Eiszeiten soll die Erde wegen der größeren Mächtigkeit des Gletschereises an den Polen „runder" gewesen sein [31].

Kasten 1.2 : Vom rechtwinkligen Dreieck zur sphärischen Trigonometrie (Fortsetzung)

Auf der als Kugel idealisierten Erde bzw. auf der gedachten Himmelskugel gibt es keine ebenen Dreiecke mehr. Vielmehr entstehen durch den Schnitt von drei Großkreisen Kugeldreiecke, *welche sechs Bestimmungsstücke besitzen. Für eine Kugel mit dem auf eins normierten Radius sind es die drei Bogenstücke a, b und c, welche auf einer* Einheitskugel *gerade mit den zugehörigen Zentralwinkeln [im Bogenmaß] übereinstimmen, sowie die gegenüberliegenden Dreieckswinkel α, β und γ.*
Durch Auseinanderklappen der vom Zentrum der Kugel ausgehenden Kreisausschnitte kann man sich davon überzeugen, daß $a + b + c < 2\pi$ und $\pi < \alpha + \beta + \gamma < 3\pi$. Die Winkelsumme im Kugeldreieck ist also stets größer als 180°; man nennt den Überschuß sphärischen Exzeß.
Der Sinus- bzw. Cosinussatz der sphärischen Trigonometrie, welche vor der Jahrtausendwende von dem arabischen Astrononom Al-Battani [≙ Albateggnius] begründet worden ist [104], lautet

$$\frac{\sin a}{\sin \alpha} = \frac{\sin b}{\sin \beta} = \frac{\sin c}{\sin \gamma}, \qquad \cos a = \cos b \cos c + \sin b \sin c \cos \alpha .$$

Da Namen bekanntlich Schall und Rauch sind, findet man die übrigen Cosinussätze durch zyklisches Vertauschen der Bogenstücke.
Wie kann man sich die Richtigkeit dieser Formeln plausibel machen? Lassen wir den Radius unserer Kugel (ähnlich wie unser Universum) so expandieren, daß unser Kugeldreieck sich einem ebenen Dreieck annähert. Bei festen Dreiecksseiten geht das nur, falls die Zentralwinkel a, b und c entsprechend kleiner werden. Im Grenzfall kleiner Zentralwinkel gilt $\sin a \approx a$ und $\cos a \approx 1 - a^2/2$. In dieser Näherung reduzieren sich die obigen Formeln gerade auf diejenigen für ebene Dreiecke.

1.8 Die Himmelskugel

Im Altertum wurde die Erde zeitweilig als Scheibe gedacht, über die sich die Fixsternsphäre gleichsam wie eine Käseglocke stülpte, ähnlich wie auf dem von mittelalterlichen Vorstellungen inspirierten Bild 1.7. Dahinter befanden sich Planetensphären mit ihrem die *Epizyklen* realisierenden Räderwerk. Für die heutige Konstruktion von Himmelskoordinaten betrachten wir die Zentralprojektion aller Himmelsobjekte auf eine gedachte Kugel mit dem Erdmittelpunkt als Zentrum. Der Himmelsnordpol ist der Durchstoßungspunkt der Rotationsachse der Erde. Dazu senkrecht, in der gleichen Ebene wie der irdische Äquator, befindet sich der Himmelsäquator als Großkreis auf der Himmelskugel.

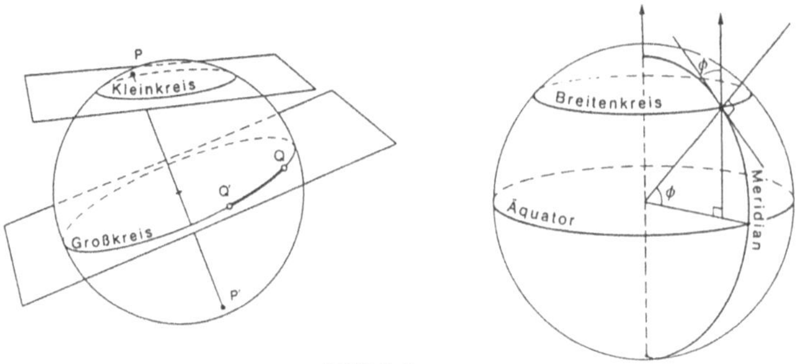

Bild 1.6
Längen- und Breitenkreise auf der Erdkugel

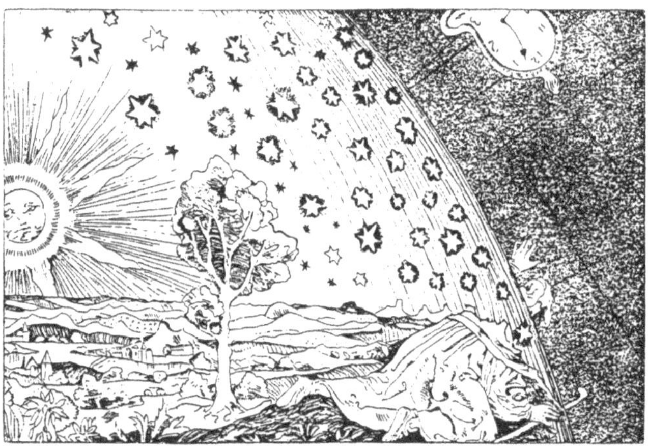

Bild 1.7 Abwandlung einer fälschlicherweise dem Mittelalter zugeschriebenen Darstellung der Fixsternsphäre (aus dem letzten Jahrhundert) mit einem „Ausblick" in die gekrümmte Raumzeit der Einsteinschen Allgemeinen Relativitätstheorie (Radierung von M.H. Soffel, 1988)

Für einen Beobachter am Nordpol gehen die Sterne nie unter, sondern bewegen sich auf Kreisen um den Himmelsnordpol. Am Äquator hingegen gehen die Sterne im Osten *senkrecht* auf, bis sie ihren höchsten Punkt erreicht haben, und gehen dann wieder senkrecht im Westen unter. In der gemäßigten nördlichen Zone folgen die Sterne bei ihrem östlichen Aufgang einer geneigten Bahn.

Um diese Bewegung genauer zu beschreiben, hat man das *Horizontsystem* eingeführt, siehe Bild 1.8. Unter Horizont versteht man die sich an die Erdkugel am Beobachtungsort anschmiegende Tangentialebene. Mit *Kulmination*

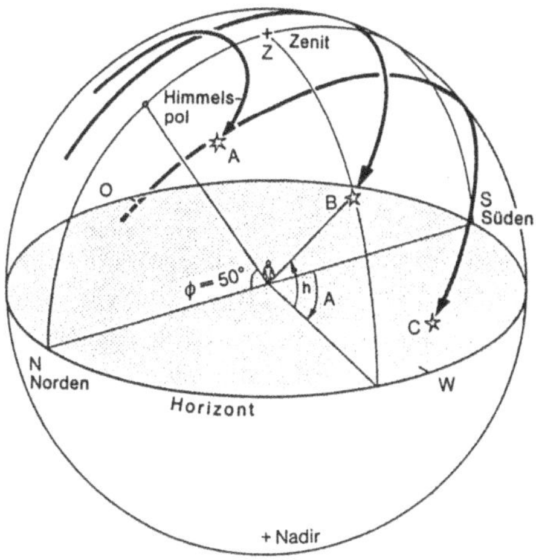

Bild 1.8
Koordinaten im Horizontsystem und die Bewegung der Sterne, wie sie nachts an einem Ort 50° geographischer Breite gesehen werden

bezeichnet man die scheinbaren Umkehrpunkte der Sternbahnen, so daß es theoretisch einen oberen und einen unteren Kulminationspunkt gibt, von denen jedoch nur einer sichtbar ist. Senkrecht über dem Beobachter befindet sich der *Zenit*, senkrecht darunter der *Nadir*. Der Großkreis, der durch Norden, den Zenit und Süden verläuft, heißt *Meridian*. Die Koordinaten im Horizontsystem sind die Höhe h mit dem Wertebereich $[-90°, +90°]$ und der Azimut A, der vom Süden aus im Uhrzeigersinn in Grad gemessen wird und einen Vollwinkel erreichen kann. Das Horizontsystem hat den Nachteil, daß die Koordinaten des Sternortes von dem jeweiligen Beobachtungsort und der Beobachtungszeit abhängig sind.

1.9 Der Lauf der Sonne

Im Horizontsystem verschiebt sich die Bahn der Sonne im Laufe der Jahreszeiten. Zur Sommersonnenwende ist der obere Kulminationspunkt in der gemäßigten nördlichen Zone am höchsten, zur Wintersonnenwende am tiefsten. Während des Äquinoktiums, der Tagundnachtgleiche, sind Tag und Nacht gleich lang, und die Sonne geht dann, von der Horizont-Refraktion, d.h. von der Brechung des Lichtes beim Durchgang durch die Atmosphäre einmal abgesehen, genau im Osten auf und genau im Westen unter.

Die scheinbare jährliche Bahn der Sonne am Himmel nennt man *Ekliptik*, das sich vom griechischen *ekleipsis* [$\hat{=}$ das Ausbleiben (einer Finsternis)] ableitet. Vom Ruhsystem der Sonne aus betrachtet, dreht sich die Erde um ihre eigene Achse und bewegt sich dabei um die Sonne. Beide Bewegungen haben den gleichen Drehsinn (gegen den Uhrzeigersinn), eine Tatsache, welche bei Hypothesen über die Entstehung des Sonnensystems berücksichtigt werden muß. Dabei besitzt die Erdachse eine Neigung von $23^\circ 27' \approx 23{,}5^\circ$ gegenüber der Bahnebene. Diese Neigung wird auch als *Schiefe der Ekliptik* bezeichnet. Darin ist auch der Grund für die Parallelverschiebung der scheinbaren Sonnenbahn im Laufe des Jahres zu sehen. Die Schnittpunkte vom Himmelsäquator mit der Ekliptik sind die Äquinoktien: Am 21. März eines jeden Jahres ist dies der Frühlingspunkt ♈ und am 22. September der Herbstpunkt ♎. Die *Solistitien* sind als Sommersonnenwende am 22. Juni und als Wintersonnenwende am 22. Dezember bekannt. In nordischen Kulturen wurden (und werden) diese Tage oft gefeiert.

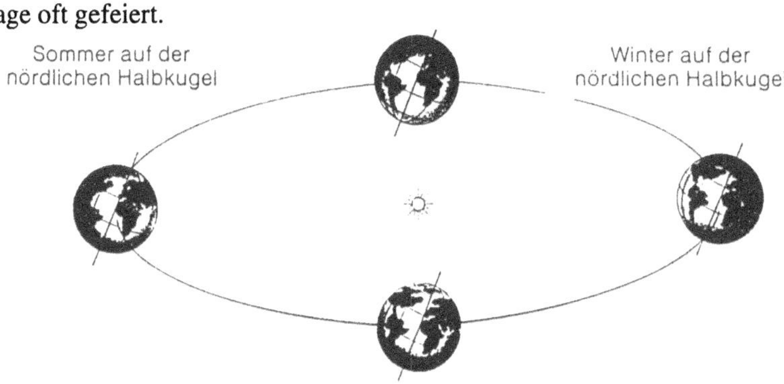

Bild 1.9 Die Erdbahnebene, die Neigung der Erdachse gegenüber der Ekliptik und die Entstehung der Jahreszeiten

Im Laufe eines Jahres wandert die Sonne durch die Sternbilder des Tierkreises. Der Tierkreis oder *Zodiakus* besteht aus 12 Sternbildern, welche jeweils einen Winkelbereich von etwa $360^\circ/12 = 30^\circ$ aufspannen. (Bei den Mayas gab es 13 Sternbilder zu je 28 Tagen.) Der Frühlingspunkt wird manchmal auch „Widderpunkt" genannt und mit dem Symbol ♈ des Aries bezeichnet. Aufgrund der Präzession der Erde liegt der Frühlingspunkt jedoch heute mehr bei dem Sternzeichen Fische.

Tierkreiszeichen	**Symbol**	**Deutsch**
Aries	♈	Widder
Taurus	♉	Stier
Gemini	♊	Zwillinge
Cancer	♋	Krebs
Leo	♌	Löwe
Virgo	♍	Jungfrau
Libra	♎	Waage
Scorpius	♏	Skorpion
Sagittarius	♐	Schütze
Capricornus	♑	Steinbock
Aquarius	♒	Wassermann
Pisces	♓	Fische

1.10 Das Äquatorsystem

Im Äquatorsystem werden Kugelkoordinaten in Anlehnung an die geographische Länge und Breite auf der Erde eingeführt, siehe Bild 1.10: Die *Rektaszension* [RA] entspricht der geographischen Länge. In der Astronomie werden Winkel gewöhnlich in Grad [°] bzw. in der feineren Unterteilung Bogenminuten [$1' = (1/60)°$] und Bogensekunden [$1'' = (1/60)' = (1/3600)°$] gemessen. Für die Rektaszension mit dem großen Wertebereich von 0 bis 24 h sind Stunden, Minuten, und Sekunden gebräuchlich. Zur Übersetzung von „Zeitangaben" und Winkeln möge folgende Tabelle dienen:

Rektaszension	**Winkel**
24 h	360°
1 h	15°
1 min	15′
1 s	15″

Die *Deklination* δ [Dec.] mit dem Wertebereich $[-90°, 90°]$ entspricht der geographischen Breite. Im Frühlingspunkt ♈ sind Rektaszension und Deklination der Sonne gleich null und entspricht daher dem Nullmeridian der Himmelskugel. Der Sirius im Sternbild Canis Major hat im Äquatorsystem die folgenden Koordinaten: RA = 6 h 45 min, $\delta = -16° 43'$. (Genaugenommen ist diese Angabe wegen der Präzession der Erde nur für den 1. Januar des Jahres 2000 richtig. Anders als in diesem Julianischen System (J) bezieht man sich

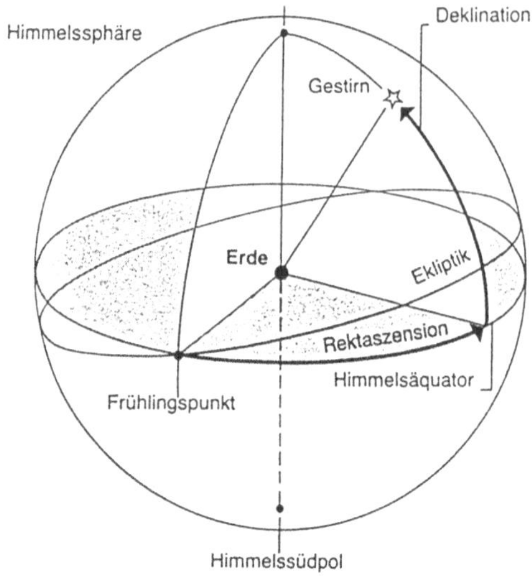

Bild 1.10
Koordinaten eines Sterns, d.h. Rektaszension und Deklination, auf der Himmelskugel im Äquatorsystem

im Besselschen System (B) auf das Jahr 1950, so z.B. bei der Angabe von Pulsar-Koordinaten.)

Der *Stundenwinkel t* ist der auf dem Himmelsäquator abgetragene Winkel zwischen dem durch den Zenit gehenden Meridian und dem durch die Himmelsnordpole und den Sternort gehenden Großkreis, dem Stundenkreis des Sternortes. Die Sternzeit Θ ist der Stundenwinkel des Frühlingspunktes ♈ und setzt sich additiv aus dem Betrag des Stundenwinkels und der Rektaszension zusammen: $\Theta = t + \alpha$.
Ein Sonnentag heißt auch *synodischer Tag* und ist die Zeit zwischen zwei Kulminationen der Sonne. Ein Sterntag oder *siderischer Tag* ist die Zeitdauer, welche die Sterne scheinbar brauchen, um die Erde einmal zu umrunden. Ein Sonnentag ist länger als ein Sterntag, weil ein Observatorium auf der Erdoberfläche aufgrund der Wanderung der Erde um die Sonne etwas mehr Umdrehungszeit benötigt, um wieder in Richtung der Sonne zu schauen, vgl. Bild 1.11. Der mittlere Sonnentag ist daher um 24/365 Stunden oder 3 min 56 s länger als der Sterntag.

Die Zeit zwischen zwei Durchgängen der Sonne durch den Frühlingspunkt ♈ bezeichnet man als *tropisches Jahr* mit genau 365,24220 Tagen. „Angebrochene" Tage sind unbeliebt, daher benutzt der Kalenderhersteller lieber das *bürgerliche Jahr* mit $365 + 1/4 - 3/400$ Tagen und die schon 1582 von Papst Gregor XIII. eingeführten *Schaltjahre* anstelle der Brüche.

1.11 Ekliptikalsystem und galaktische Koordinaten

Die Bahnebene der Erde, die Ekliptik, ist die Bezugsebene eines weiteren wichtigen Koordinatensystems, des *Ekliptikalsystems*. Seine Koordinaten werden durch die *ekliptikale Breite* β, d.h. den Winkelabstand von der Ebene der Ekliptik, und durch die *ekliptikale Länge* λ, d.h. den Winkel zum Frühlingspunkt aufgespannt. Je nachdem, ob man die Winkel vom Mittelpunkt der Erde oder vom Sonnenmittelpunkt abträgt, unterscheidet man zwischen dem *geozentrischen* und dem *heliozentrischen Ekliptikalsystem*. Für weit entfernte Himmelsobjekte stimmen die Winkel überein.

Für die Untersuchung von Sternen der Milchstraße ist die Scheibe unserer *Galaxis* die natürliche Bezugsebene. Da die Sonne fast in dieser Ebene liegt, können wir die Sonne als Ursprung des Koordinatensystems wählen. Die *galaktische Länge* ℓ wird entgegen dem Uhrzeigersinn (ähnlich wie die Rektaszension) ausgehend von der Richtung zum Zentrum der Galaxis im Sternbild Sagittarius gemessen. Die *galaktische Breite* b wird von der galaktischen Ebene aus gemessen, positiv nach Norden und negativ nach Süden. Der Westrand der Sagittarius-Wolke im Sternbild Schütze, welche die dichteste Sternwolke der Milchstraße ist, wird als das *Zentrum* der Galaxis angesehen. Das Zentrum, in dem ein „verhungertes" Schwarzes Loch (Sagittarius A*) vermutet wird, liegt hinter Dunkelwolken verborgen und hat im Äquatorsystem die Koordinaten RA = 17 h 42,4 min, $\delta = -28° 55'$.

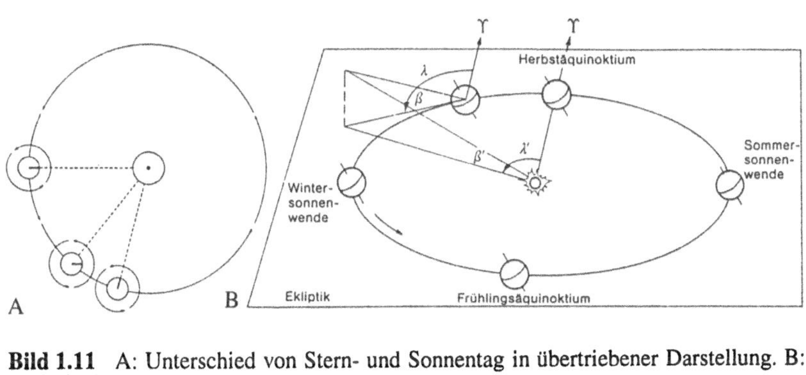

Bild 1.11 A: Unterschied von Stern- und Sonnentag in übertriebener Darstellung. B: Ekliptikalsystem

1.12 Die Erde als Kreisel: Zeitliche Änderung der Koordinaten

Ein Kinderkreisel, der nicht in seinem Schwerpunkt gelagert ist und auf den daher die Schwerkraft wirkt, *präzediert*. Die Erde rotiert um eine Achse,

---

Kasten 1.3 : Physik des Kinderkreisels

In der Astronomie sind Drehbewegungen von zentraler Bedeutung, sei es bei der täglichen Erddrehung, der Stabilisierung von Satelliten oder den Planetenbahnen.
Wir betrachten zunächst die Idealisierung eines Massenpunktes der trägen Masse m*, welcher sich im Abstand* $\vec{r}$ *mit der Geschwindigkeit* $\vec{v}$ *um ein Zentrum bewegt. Die Winkelgeschwindigkeit* $\vec{\omega} := d\vec{\varphi}/dt$ *ist ein Vektor in Richtung der Drehachse. Sein Betrag* $\omega := |\vec{\omega}|$ *gibt die mit* 2π *multiplizierte Anzahl der Umdrehungen pro Sekunde an. Das Kreuzprodukt liefert den momentanen Geschwindigkeitsvektor* $\vec{v} = \vec{\omega} \times \vec{r}$*, der senkrecht und rechtsorientiert auf der von* $\vec{\omega}$ *und dem Ortsvektor* $\vec{r}$ *aufgespannten Bahnebene steht. Sein Betrag entspricht gerade der Fläche des von diesen Vektoren aufgespannten Parallelogramms.*
Aus der Fahrschule ist bekannt, daß die kinetische Energie *des Massenpunktes* $E_{\text{kin}} = \frac{1}{2} m v^2$ *quadratisch mit dem Betrag* v *der Geschwindigkeit* $\vec{v}$ *anwächst. Das gilt leider auch in einer „Haarnadelkurve“:* $E_{\text{kin}} = \frac{1}{2} m r^2 \omega^2 = \frac{1}{2} \Theta \omega^2$*. In Analogie zur trägen Masse nennt man* $\Theta = m r^2$ das Trägheitsmoment *bezüglich einer vorgegebenen Drehachse. Für einen ausgedehnten starren Körper, wie z.B. einen Kinderkreisel und den Mond in Bild 3.4, muß man über alle Massenpunkten mit unterschiedlichem Abstand* $\vec{r}$ *zum Ursprung im Sinne der Integralrechnung summieren und erhält einen zweistufigen Trägheitstensor, der durch* drei Hauptträgheitsmomente *bestimmt ist. Eine Kugel mit Radius* R *besitzt* $\Theta_\circ = 2M\,R^2/5$ *als Trägheitsmoment bezüglich der Symmetrieachse.*
Das Kreuzprodukt des linearen Impulses $\vec{p} := m\vec{v}$ *eines Massenpunktes mit dem Radiusvektor* $\vec{r}$ *ergibt den* Drehimpuls

$$\vec{J} := \vec{r} \times \vec{p} = \Theta\,\vec{\omega}\,.$$

Eine zeitliche Änderung des Drehimpulses kann nur durch ein Drehmoment $\vec{D} := \vec{r} \times \vec{F}$ *[Hebelarm×Kraft] erfolgen, es gilt*

$$d\vec{J}/dt = \vec{D}\,.$$

Ohne Einwirken eines äußeren Drehmoments ist der Drehimpuls $\vec{J}$ *sowohl in seiner Größe als auch in der Richtung erhalten. Dieser* Erhaltungssatz *ist recht gut erfüllt bei der Erddrehung und den Planetenbahnen; mit viel höherer Präzision gilt dies jedoch für Pulsare.*

Kasten 1.3 : Physik des Kinderkreisels (Fortsetzung)

Ein kräftefreier symmetrischer Kreisel mit den beiden Hauptträgheitsmomenten Θ_1 und Θ_2 rotiere um eine Achse, welche nicht mit seiner Symmetrieachse, der sog. Figurenachse, zusammenfällt. Dann beschreibt die Figurenachse mit der Komponente $\vec{\omega}_1$ der Winkelgeschwindigkeit $\vec{\omega} = \vec{\omega}_1 + \vec{\omega}_2$ einen Nutationskegel um die Richtung des Gesamtdrehimpulses $\vec{J} = \Theta_1 \vec{\omega}_1 + \Theta_2 \vec{\omega}_2$. (Einsteins wenig bekannte Rolle bei der Entwicklung des Kieler Kreiselkompasses für die Schiffsnavigation ist in [175] dokumentiert worden.)
Greift ein Drehmoment am Schwerpunkt mit dem Ortsvektor $\vec{r}_S$ an, so kippt der Kreisel nicht um, sondern er weicht der Kraft $\vec{F}$, welche das Drehmoment $\vec{D}$ erzeugt, senkrecht aus:

$$\vec{r}_S \times \vec{F} = d\vec{J}/dt = |\vec{J}|\,\vec{\omega}_p \,.$$

D.h. der Kreisel präzidiert mit der Winkelgeschwindigkeit $\vec{\omega}_p$, welche zum Drehimpuls $\vec{J}$ und zur Kraft $\vec{F}$ senkrecht steht. (Beim Fahrradfahren nach etwas (!) Weingenuß lassen sich die dadurch bedingten Schlenker des Vorderrades gut beobachten, ansonsten tut es ein rollendes Geldstück auch.)
Astronomische Satelliten werden vielfach durch Aktivierung von Drall- bzw. Schwungrädern positioniert und durch Navigationskreisel in ihrer Lage überwacht. Auch die Störmomente, welche während eines Erdumlaufs auf sie wirken, werden auf diese Weise kompensiert. Allerdings würden sich die Dallräder dabei mit der Zeit immer schneller drehen, falls sie nicht regelmäßig „entladen" werden. Dazu verwendet man stromdurchflossene Magnetspulen, die ein von der Stromstärke abhängiges magnetisches Dipolmoment $\vec{\mu}$ besitzen. Über die Wechselwirkung mit dem lokalen Erdmagnetfeld $\vec{H}$ in der Höhe der Umlaufbahn entsteht ein Drehmoment $\vec{D} = \vec{\mu} \times \vec{H}$, welches so bemessen wird, daß der Drehimpuls $\vec{J}$ der Dallräder wieder abnimmt [310].

---

welche zur Zeit um $23^\circ\ 27' \approx 23{,}5^\circ$ gegen das Lot auf die Ebene der Ekliptik geneigt ist. Von der Rotation der Erde mit der Winkelgeschwindigkeit $\omega = 2\pi/(24 \cdot 60 \cdot 60\ \text{s}) = 7{,}27 \cdot 10^{-5}$ Hz mit der Einheit Hertz [1 Hz := 1/s] kann man sich nicht nur kinematisch durch die Drehung der gesamten Himmelskugel (*Fixsternkompaß*) überzeugen, sondern auch dynamisch durch die Präzession des Foucaultschen Pendels (*Trägheitskompaß*). Bequemer geht es mit abfließendem Badewasser, das (ungestört) einen Strudel bildet, der sich auf der Nordhalbkugel – aufgrund seiner Trägheit – im Uhrzeigersinn dreht. Da die Erde weder ein fester Körper noch eine exakte Kugel, sondern ein abgeplattetes viskoelastisches Rotationsellipsoid ist, versuchen Mond und Sonne den Äquatorwulst der Erde mit ihrer resultierenden Anziehungskraft in die Ekliptikalebene zu ziehen. Damit wirkt auf den „Kreisel" Erde ein Kipp- oder *Drehmoment*, und die Erde beginnt, mit ihrer Drehachse senkrecht zur Kraft auszuweichen: Die Erde präzediert. Dies war Hipparch schon um 150 v.Chr. bekannt.

Der Präzessionskreis in Bild 1.12 mit einem Durchmesser von 47° zeigt die Drehung des Himmelsnordpols um den Pol der Ekliptik. Um 2500 v.Chr. während des Baus der ägyptischen Pyramiden lag der Nordpol in der Nähe des Sterns Thuban oder α-Draconis im Sternbild Drache. Heute befindet er sich in der Nähe von Polaris im Kleinen Bären ($\delta = +89° 08'$). Im Jahre 11 850 n.Chr. wird er in der Nähe von Vega, dem Harfenstern im Sternbild Leier, liegen. In 25 700 Jahren hat die Erdachse einen vollen Kreis am Fixsternhimmel beschrieben.

Die Neigung der Erdachse gegen die Ekliptik ist, genaugenommen, auch nicht konstant; aufgrund von Störungen durch den Mond und die Planeten schwankt sie in einem Zyklus von 41 000 Jahren zwischen 22,1° und 24,5°. Zudem ändert sich die Form der Bahnellipse, welche durch die Exzentrizität e gekennzeichnet ist, mit einer Periode von 100 000 Jahren zwischen ihrem Minimal- und Maximalwert von $e = 0{,}005$ bis 0,06. Obwohl dies klimatisch betrachtet der schwächste Effekt ist, scheint sich die Theorie von Milutin Milanković zu bestätigen [43, 63], daß die daraus resultierende unterschiedliche Ausprägung der Jahreszeiten auf der Nordhalbkugel der maßgebliche Schrittmacher („Trigger") für die Entstehung der Eiszeiten ist.

Daneben vollführt die Erdachse noch eine „Nickbewegung" oder *Nutation*. Der Grund ist die Neigung der Bahnebene des Mondes um 5,2° gegen die Ekliptik. Das führt zur einer Präzessionsbewegung der Mondbahnebene mit einer Periode von 18,61 Jahren. Dies wiederum hat über gravitative Wechselwirkung

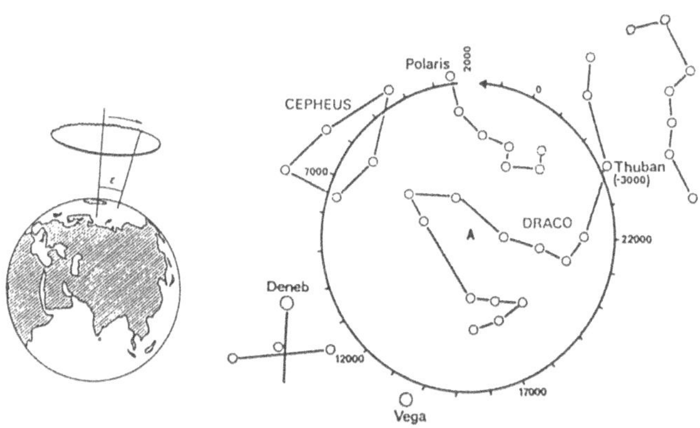

Bild 1.12 A: Präzession der Erde. B: Wanderung des Himmelsnordpols

eine Schwankung der Präzession der Erde um $9{,}21''$ – historisch-astronomisch „Nutation“ genannt – mit der gleichen Periode zur Folge. Die eigentliche *Nutation* im Sinne der Physik des *kräftefreien* Kreisels hat bei der Erde eine Periode von 1,16 Jahren und ist mit $\pm 0{,}1''$ viel kleiner und führt nur zu Abweichungen von ca. 10 m vom mittleren Pol. Sie wurde von ihrem Entdecker, Seth C. Chandler, *Wobble* genannt. Der darin enthaltene längere Zyklus von 433 Tagen ist die sog. *Chandlersche Periode*.

1.13 Optische Teleskope

Die Erfindung des Fernrohrs um 1608 wird H. Lipperhey zugeschrieben. Es ist bereits 1610 von Galilei systematisch zu Himmelsbeobachtung eingesetzt worden [167]. Wesentliche Aufgaben von optischen Teleskopen sind das Sammeln von Licht und die Vergrößerung des Sehwinkels. Nach dem Strahlensatz wird die Vergrößerung gerade durch das Verhältnis von Brennweite f des Objektivs und Brennweite f' des Okulars zu $V = f/f'$ bestimmt.

Je nach Aufbau aus Linsen bzw. Spiegeln unterscheidet man bei optischen Teleskopen zwischen Linsenfernrohren oder Refraktoren und Reflektoren. Der größte Refraktor mit einem Durchmesser von 1,02 m steht im Yerkes-Observatorium bei Chicago. Trotz der Verwendung von Linsen aus Glas mit unterschiedlicher *Dispersion*, d.h. Abhängigkeit des Brechungsindex von der Wellenlänge, kann eine *chromatische Aberration* nicht ganz vermieden werden. Man spricht bei einem System aus mindestens zwei Linsen von *apochromatischer Korrektur*, falls für drei verschiedene Spektralfarben keine Aberration mehr auftritt.

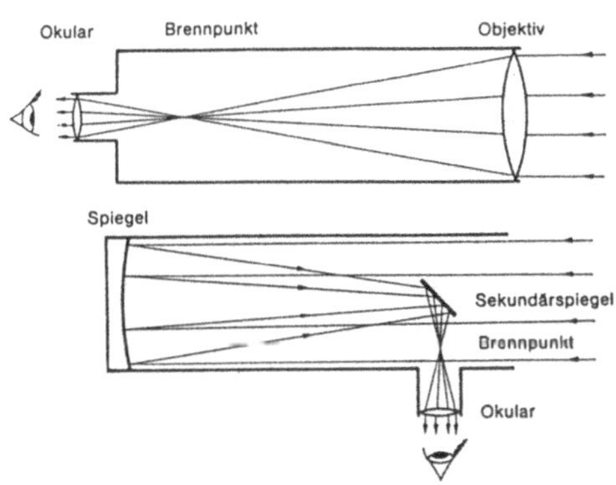

Bild 1.13
Strahlengang in optischen Teleskopen: Linsenfernrohr oder Refraktor und Spiegelteleskop (Newton-Reflektor)

Der zur Zeit größte monolithische Reflektor mit 6 m Durchmesser befindet sich im Kaukasus. Berühmt ist das Hale-Teleskop auf dem Mt. Palomar, Kalifornien, mit einem Hauptspiegel von 200 inch $\hat{=}$ 5,08 m ⌀. Es hat ein Gesichtsfeld von etwas weniger als 4 Bogenminuten. Der Nachteil solcher Reflektoren, die mit einem parabolischen Spiegel arbeiten, ist die Verzeichnung von Randobjekten. Bei Parallelstrahlen, welche schief zur optischen Achse des Parabolspiegels einfallen, erhält man keinen Brennpunkt, sondern einen einigermaßen scharfen Kern, der von einer Art Kometenschweif umgeben ist. Man bezeichnet dies als *Koma*. Das führt dazu, daß, abgesehen von den Sternen in der Mitte des Gesichtsfeldes, die Randsterne sich scheinbar (wie Richard Kimble in der Fernsehserie) „auf der Flucht" befinden.

Um ein größeres Blickfeld von etwa 7° ohne Koma zu erreichen, ist bei einem *Schmidt-Spiegel*[6] oder -Kamera der verwendete Spiegel konkav und sphärisch und die Fokalfläche (Brennebene) ebenfalls konkav. Allerdings vereinigt ein Kugelspiegel nicht einmal achsenparallele Strahlen in einem Brennpunkt. Achsenferne Parallelstrahlen werden in eine Brennfläche reflektiert, deren Schnitt mit einer die optische Achse enthaltenden Ebene eine *Katakaustik* ergibt. (Ein ähnliches Ergebnis liefert die Reflexion von Sonnenstrahlen in einer halbvollen Kaffeetasse). Diese *sphärische Aberration* kann durch eine speziell geschliffene Korrekturlinse in der Teleskopöffnung im Abstand des Krümmungsradius des Primärspiegels vermieden werden. Allerdings ist die dann notwendige gekrümmte Fokalfläche ein Nachteil bei einer photographischen Durchmusterung des Himmels.

Je nach Einsatz des Teleskops werden verschiedene Foki benutzt: Der Newton-Fokus, bei dem der Sekundärspiegel („Fangspiegel") um 45° gegen die optische Achse geneigt ist, findet meist bei kleineren Teleskopen Anwendung, vgl. Bild 1.13. Bei großen Teleskopen besitzt der Hauptspiegel eine zentrale Durchbohrung, um das reflektierte Licht des senkrecht zur optischen Achse liegenden Fangspiegels durchzulassen und im *Cassegrain-Fokus* zu bündeln. Für spektroskopische Untersuchungen benutzt man den Coudé-Fokus. Dabei lenkt ein dritter gekippter Spiegel das Licht in die Polachse der Teleskopmontierung und von dort zum festen Eintrittsspalt des Spektrographen. Neuere Großteleskope sind meist als *Ritchey-Chrétien-System* gebaut, bei dem durch die Kombination aus parabolischem Hauptspiegel und einem hyperbolischen Fangspiegel das primäre Koma und die sekundäre sphärische Aberration vermieden werden.

Als Teleskopmontierung ist die Äquatoriale oder Parallaktische Montierung

[6] Kein neues Wochenmagazin mit politischem „Brennpunkt".

mit Stundenachse und Deklinationsachse bei kleineren Instrumenten sehr gebräuchlich. Bei Großteleskopen wird dies in Form einer Hufeisenmontierung realisiert. Bei der Azimutalen Montierung müssen Azimut und Höhe *gleichzeitig* mit einem Computer nachgesteuert werden, dabei tritt allerdings eine Drehung des Bildfeldes auf.

1.14 Von der Photoplatte zu den CCDs

Von der Erfindung des Teleskops im frühen 16. Jahrhundert bis zur Erfindung der Photographie 1838 durch Louis J. Daguerre war das Auge der einzige lichtempfindliche „Detektor". Von den auf der Netzhaut auftreffenden Lichtquanten, den Photonen, führt nur jedes hundertste zu einem neuronalen Reiz. Man spricht hier auch von einer „Quantenausbeute" von ca. 1 %. Ab 1871 gab es die *Photoplatte*, die zwar nicht lichtempfindlicher als das Auge ist, aber bei einer länge[illegible] Belichtungsdauer – im Gegensatz zum Auge – Licht akkumulieren kann [illegible]aß sich auch lichtschwächere Sterne zu erkennen geben. Photoelektrisc[illegible] Oberflächen in Photo-Multipliern, welche aus einer Photo-Kathode plus Sekundärelektronenvervielfachern bestehen, haben eine Quantenausbeute von maximal 30 %. Anstelle von Aufnahmeröhren verwendet man heutzutage in Videokameras meist CCDs [*C*harge-*C*oupled *D*evices], welche 1970 von W.S. Boyle und G.E. Smith entwickelt worden sind. Es handelt sich dabei um Siliziumchips, auf denen lichtempfindliche quadratische Bereiche von ca. 15 μm Kantenlänge, sog. Pixel, in einem rechtwinkligen Netz aufgeprägt und durch feine, im Chip integrierte Leitungsstreifen verbunden sind. Auftreffende Photonen „heben" ein Elektron in das Leitungsband des Halbleiters, während eine ladungsmäßige Fehlstelle (ein „Loch") sich wie ein positiv geladenes Teilchen verhält. Die Elektronen sammeln sich im Potentialwall des nächsten Pixels. Wie auf einem Verschiebebahnhof wird dann die dem Bild entsprechende Ladungsverteilung zeilenweise zu dem Rand des CCDs bewegt und dort elektronisch ausgelesen. Zur Unterdrückung des Rauschens durch thermische Elektronenanregung werden die in der Astronomie verwendeten CCDs gekühlt. Bei 77 K kann die Quantenausbeute bis zu 70 % betragen [163], mit Entspiegelung [144] sogar 90 % und das für einen viel größeren Wellenlängenbereich als bei der Photoplatte.

1.15 Biegsame, geteilte und flüssige Spiegel

Das Spiegelsystem des New Technology Telescope [NTT] der Europäischen Südsternwarte ESO [≙ *E*uropean *S*outhern *O*bservatory] auf La Silla, Chile, ist eine der derzeit leistungsfähigsten Großoptiken. Sein Hauptspiegel mit 3,58 m ⌀ besitzt eine asphärische, von der Kugelform nur sehr wenig abweichende Oberfläche, welche im Mittel nur 0,000013 mm von der berechneten Form abweicht. Damit kann er 80 % des einfallenden Lichts in einem Winkel von theoretisch $0,1''$ konzentrieren. Ein Netzwerk von 75 beweglichen Auflagestempeln können die durch die Schwerkraft und Temperaturunterschiede bedingten Verspannungen durch entsprechendes geringfügiges „Verbiegen" des 24 cm dicken Spiegels kompensieren. Bei dieser elektronischen Nachsteuerung spricht man von *aktiver Optik*, welche eine tatsächliche Auflösung auf $0,3''$ ermöglicht.

Für das VLT [*V*ery *L*arge *T*elescope] der ESO auf dem Cerro Paranal in Chile sind neben einem Areal von acht 1 m-Spiegeln vier Teleskope mit Primärspiegeln von je 8,2 m ⌀ geplant. Der erste Spiegel mit der vergleichsweise geringen Dicke von 17,5 cm ist 1991 aus Zerodur, einer Glaskeramik mit vernachlässigbarer thermischer Ausdehnung, in einem Schleuderverfahren gegossen worden. Dies ist der bislang größte monolithische Spiegelträger der Welt.

Noch größere Spiegeldurchmesser kann man dadurch erreichen, indem man den Hauptspiegel aus kleineren, sechseckigen Segmenten zusammensetzt. Beim *Keck-Teleskop* auf einer 4150 m hohen Kuppel des Vulkans Mauna Kea auf Hawaii hat man 36 speziell unter Vorspannung geschliffene Segmente von nur 7,5 cm Dicke zu einem Spiegel von effektiv 9,82 m ⌀ zusammengefügt [265]. Bei diesem weltweit größten optischen Teleskop müssen die von einer Rahmenstruktur gehaltenen hexagonalen Segmente auf 100 nm genau ausgerichtet bleiben, auch bei Positionsänderungen des Teleskops und Temperaturschwankungen. Dies wird durch computergesteuerte Stellglieder erreicht, welche über Drucksensoren rückgekoppelt sind. Keck I, das im April 1992 fertiggestellt worden ist, kann 17mal mehr Licht als das Hubble-Weltraumteleskop sammeln. Es ist daher für die spektroskopische Untersuchung sehr lichtschwacher Objekte prädestiniert. Sein 8 Tonnen schwerer Spektrograph HIRES [*Hi*gh *R*esolution *E*chelle *S*pektrograph] ist mit einem CCD ausgerüstet [162], welcher 2048×2048 Pixel besitzt. Wegen des guten „Seeing" von bis zu $0,25''$ auf dem Vulkangipfel ist geplant, dieses Teleskop durch Keck II zu einem optischen Interferometer mit 95 m Basislänge auszubauen [162]. Ein großes Problem dabei ist, die einzelnen optischen Komponenten und damit die Form der Wellenfronten extrem stabil zu halten. Die VLTs der ESO sollen später als ein Interferometer mit 190 m effektiver Basislänge betrieben werden und damit eine Auflösung von 0,002″ erreichen.

Schon Newton war bekannt, daß Wasser in einem rotierenden Eimer eine parabelförmige Oberfläche einnimmt. (Auf die Veranschaulichung solcher Kurven als Kegelschnitte kommen wir noch im Zusammenhang mit den Keplerschen Gesetzen zurück. Angenähert entsteht eine solche Oberfläche auch beim Umrühren Ihres Kaffees.) Die zum Erdzentrum gerichtete Gravitationskraft und die von der Rotationsachse weg gerichtete Zentrifugalkraft, eine Scheinkraft aufgrund der Trägheit, wirken dabei zusammen. Die Flüssigkeitsoberfläche stellt sich im Gleichgewicht so ein, daß sie an jedem Punkt senkrecht zur resultierende Kraft steht. Der so entstehende *Rotationsparaboloid* weicht nur um 1/30 Wellenlängen des sichtbaren Lichts von seiner mathematischen Idealform ab. Dies entspricht in etwa der ursprünglich angestrebten Genauigkeit des Primärspiegels des Hubble-Weltraumteleskops. Mit erschütterungsfreier Luftkissenlagerung und einem elektronisch geregelten Synchronantrieb der parabolischen, mit Quecksilber gefüllten Wanne sind solche *Flüssigkeitsspiegel* von 2,65 m ⌀ heutzutage schon relativ billig zu realisieren [38]. Sie haben den Nachteil, daß sie nur in den Zenit schauen und daher nicht nachführbar sind. Dies läßt sich bei Verwendung von CCDs für einen kleinen Blickwinkel durch eine elektronische „Nachführung" bei der Bildverarbeitung wettmachen.

Neuerdings wendet man Newtons Idee beim *Schleuderverfahren* [*spin casting*] an, um „sehr schnelle", d.h. kurzbrennweitige Spiegel herzustellen. Dabei läßt man die heiße flüssige Glaskeramik in sich drehenden Öfen langsam abkühlen, so daß sie zur paraboloiden Form erstarrt und so das spätere Schleif- und Polierverfahren vereinfacht. Dieses Verfahren ist z.B. bei der Herstellung des 8,2 m-Spiegels des VLT angewandt worden.

1.16 Wahrer Sternort: Verfälschung durch Brechung und Aberration des Lichts

Die wahre Position der Sterne wird u.a. durch die *Brechung* des Lichts in der Lufthülle der Erde verfälscht. An einer Grenzfläche zu einem optisch dichteren Medium, wie z.B. bei einem (gefüllten) Weinglas, wird Licht immer zum Einfallslot hin gebrochen. Die Atmosphäre muß man sich aus „Schichten" mit Luft verschiedener optischer Dichte zusammengesetzt vorstellen. Der für die optische Dichte charakteristische Brechungsindex ist von Druck und Temperatur abhängig und nimmt mit größerer Höhe ab. Am Horizont beträgt die durch Brechung verursachte Gesamtabweichung, d.h. die *Horizont-Refraktion*, ca. 35′, was etwa dem Sonnendurchmesser entspricht. Daher ist die Sonne eigentlich schon untergegangen, wenn sie in der Abenddämmerung gerade noch über dem Horizont steht.

Turbulenzen in der Lufthülle können zu einem variablen Brechungsindex in der Sichtlinie führen und damit das sog. „Seeing“ eines Teleskops verschlechtern. (Diese Schlierenbildung tritt auch beim Süßen von Tee mit Kandiszucker aufgrund des höheren Brechungsindex von Zuckerwasser auf.)

Bei Teleskopen mit *adaptiver Optik* wird mit Hilfe eines benachbarten hellen Vergleichssterns die momentane Brechung und Schlierenbildung der Lufthülle ständig aufgezeichnet. Durch einen kleinen computergesteuerten deformierbaren Hilfsspiegel werden ungefähr 20mal in der Sekunde die durch die Lufthülle gestörten Wellenfronten korrigiert. Falls ein benachbarter Vergleichsstern in dem Beobachtungsfeld fehlt, wird über die Reflexion eines Laserstrahls an der oberen Lufthülle ein künstlicher Stern erzeugt und damit die Turbulenzzonen vermessen [301, 121].

Eine weitere Verfälschung des Sternortes entsteht durch die *Aberration*. Sie wurde bereits 1728 von James Bradley entdeckt. Dieses Phänomen bemerkt man bereits bei einem Spaziergang oder einer Bahnfahrt im Regen: Die Regentropfen scheinen schräg von vorn zu kommen. Wegen der Endlichkeit der Lichtgeschwindigkeit c gibt es einen ähnlichen Effekt für die Beobachtung von Sternen von einer bewegten Plattform, z.B. der Erde. Ein

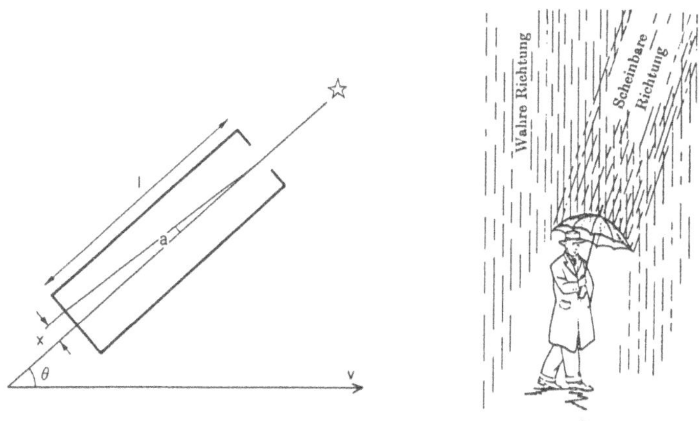

Bild 1.14 Darstellung der Aberration. A: Strahlengang im Teleskop. B: Beispiel der Regentropfen

erdgebundenes Teleskop mit der Tubuslänge l sei auf die tatsächliche Richtung zu einem Stern gerichtet. Dann ist $t = l/c$ die Zeit, welche das Licht benötigt, um das Fernrohr zu durchlaufen. Das Teleskop bewegt sich zusammen mit der Erde mit der Geschwindigkeit $v_\perp$ gegenüber dem Pol der Ekliptik, welche einen Winkel θ mit dem Lichtstrahl einschließt. Daher ist die Geschwindigkeitskomponente senkrecht zur Richtung des einfallenden Lichts $v_\perp \sin\theta$. Der Lichtstrahl erreicht den am Boden des Teleskops befindlichen Spiegel in einem Punkt, der von der optischen Achse um den Betrag $x = tv_\perp \sin\theta = l(v_\perp/c)\sin\theta$ abweicht. Diese Abweichung entspricht dem sehr kleinen Winkel von $\alpha \cong x/l = (v_\perp/c)\sin\theta = 20{,}48'' \sin\theta$. Daraus ergibt sich für die Bewegung der Erde um die Sonne $v_\perp = 30$ km/s. Die ersten Messungen von Bessel 1838 lieferten die im Rahmen der Newtonschen Mechanik endgültige Bestätigung des *heliozentrischen Weltbildes*.

1.17 Beugung und Speckle-Interferometrie

Aufgrund der Wellennatur des Lichts kommt es an der Eintrittsöffnung eines Teleskops zur *Beugung*. Nach dem Huygensschen Prinzip kommt dies durch Überlagerung von kreis- bzw. kugelförmigen Elementarwellen zustande. Dabei können sich Wellenberge und Wellentäler, je nach Gangunterschied der Wellen, gegenseitig verstärken bzw. teilweise oder ganz auslöschen. Das nennt man auch konstruktive bzw. destruktive[7] *Interferenz*. Die Intensität des gebeugten Lichts hängt daher von der Art der Interferenz und damit auch vom Beugungswinkel ab.

Das Auflösungsvermögen von Refraktoren und Reflektoren ist durch die Beugung der Lichtwellen an der Eintrittsblende bzw. durch den Hauptspiegel begrenzt. Nach dem *Rayleigh-Kriterium* hängt das Auflösungsvermögen eines Teleskops vom Verhältnis von Wellenlänge λ zu Spiegel- bzw. Antennendurchmesser D ab. Bei vorgegebener Wellenlänge kann die Auflösung offenbar nur durch Vergrößerung des Spiegel- oder Objektivdurchmessers gesteigert werden. Mit dem Hale-Teleskop mit 5 m $\varnothing$ kann man z.B. für sichtbares Licht von $\lambda = 550$ nm auf dem Mond (bei größter Erdnähe) gerade noch Strukturen von 47 m unterscheiden. Theoretisch besitzt es ein beugungsbegrenztes Auflösungsvermögen von $0{,}023''$; wegen der Turbulenz der Atmosphäre sind

[7] Das erinnert [155] an den folgenden Vierzeiler: Korf erfindet eine Tagnachtlampe,/ die, sobald sie angedreht, / selbst den hellsten Tag / in Nacht verwandelt. *Christian Morgenstern.*

Kasten 1.4: Relativistische Aberration

*Aus einem ICE, der sich mit der Geschwindigkeit v relativ zum Bahndamm bewegt, wird ein Stein in Fahrtrichtung mit der Geschwindigkeit u geworfen. Unter Vernachlässigung des Luftwiderstandes (und den Verboten der Bundesbahn) beträgt die Geschwindigkeit des Steines relativ zum Bahndamm nach der Newtonschen Mechanik $u' = u + v$. Für Regentropfen gilt die entsprechende Addition der Geschwindigkeits*vektoren.
In der Speziellen Relativitätstheorie *[SRT] von Einstein gibt es kein absolutes Bezugssystem. Daher ist bei der Deutung der Aberration die Analogie mit den Regentropfen eigentlich falsch, weil dort die Luft ein absolutes Bezugssystem darstellt. Außerdem stellt die Lichtgeschwindigkeit c im Vakuum eine Obergrenze von Körpergeschwindigkeiten und Signalen dar, es gilt also – im Gegensatz zu deutschen Autobahnen – eine „Geschwindigkeitsbegrenzung im Kosmos". Die Addition von konstanten gleichförmigen (und gleichgerichteten) Geschwindigkeiten u und v ist in der SRT* daher nicht mehr linear, *sondern es gilt*

$$u' = (u + v)/[1 + uv/c^2]\,.$$

Der Nenner trägt der empirisch sehr genau überprüften Konstanz der Lichtgeschwindigkeit in allen Inertialsystemen [Trägheitssystemen] Rechnung. Für ein Photon, welches aus dem ICE z.B. mit der Taschenlampe in Fahrtrichtung mit $u = c$ ausgesandt wird, gilt in beiden Bezugssystemen, Bahndamm und ICE, nach dieser Formel $u' = u = c$. Dies widerspricht unserer durch kleine Geschwindigkeiten geprägten Intuition, ist aber im Einklang mit Präzisionsmessungen, z.B. der Photonen bei Zerfällen [260] von schnellen π^0-Mesonen in Beschleunigern.
Die Erde bewegt sich mit $v_\perp$ in der Ebene der Ekliptik (wegen des etwa kreisförmigen Umlaufs genaugenommen nicht gleichförmig). Bei erdgebundenen Himmelsbeobachtungen gilt für die Projektionen des einfallenden Lichts in Richtung der $v_\perp$-Achse auf der Erdoberfläche $u' = -c\cos\theta'$ bzw. $u = -c\cos\theta$ im Ruhsystem der Sonne, wobei θ und θ' die entsprechenden Winkel gegenüber der Ekliptik sind. Aus der resultierenden Formel

$$\cos\theta' = [\cos\theta - v_\perp/c]/[1 - (v_\perp/c)\cos\theta]\,,$$

für die relativistische Aberration *läßt sich dann der Aberrationswinkel $\alpha = \theta - \theta'$ ablesen.*

praktisch nur 1″ erreichbar, ähnlich wie bei einem guten Amateurteleskop von 10 cm ⌀.

Auch bei gutem „Seeing" verursacht der Durchgang des Sternenlichts durch die Turbulenzblasen der Erdatmosphäre einen starken Verlust der Bildschärfe. Dieser Effekt bedingt das Funkeln der Sterne selbst in „klaren" Nächten. Dies macht man sich bei der 1970 von A. Labeyrie erfundenen optischen *Speckle-*

Kasten 1.5 : Beugungsscheibchen und Rayleigh-Kriterium

Aus Symmetriegründen müssen die Beugungsfiguren bei einer kreisförmigen Lochblende oder der Eintrittsöffnung des Teleskops konzentrische Ringe sein, siehe Bild 1.15. Sei D der Blendendurchmesser und λ die Wellenlänge des eintretenden monochromatischen Lichts. Auf einem Schirm im Abstand der Brennweite f hat die Intensität des Lichts im Abstand r vom Zentrum der Beugungsscheibe die Form

$$I(r) = \left(\frac{fD}{r}\right) J_1^2\left(\frac{\pi D}{\lambda f} r\right).$$

Die Besselfunktion erster Ordnung $J_1(x)$ ist ähnlich oszillierend wie die Sinusfunktion $\sin(x)$; allerdings sind die Nullstellen nicht mehr äquidistant verteilt, sondern liegen bei

$$x = 1{,}220\pi\,; \quad 2{,}233\pi\,; \quad 3{,}238\pi\,; \quad 4{,}250\pi\,; \ldots$$

Der Radius r_0 des inneren Beugungsscheibchens, des sog. Airy-Scheibchens, *ist durch den ersten Nulldurchgang der Intensitätsfunktion bei $r_0 = 1{,}22\pi(\lambda f/\pi D) = 1{,}22(f\lambda/D)$ bestimmt. Dieses Hauptmaximum vereinigt 84 % der gesamten Lichtintensität.*
Der Rand des Airy-Scheibchens erscheint unter einem Sehwinkel θ, für den $\sin\theta = r_0/f$ gilt. Nach dem heuristischen Rayleigh-Kriterium *sind zwei punktförmige Sterne gerade noch als getrennte Bilder zu unterscheiden, falls der Rand, d.h. das erste Minimum des einen Airy-Scheibchens, gerade auf das Maximum der Intensität der Beugungsfigur des zweiten Sterns fällt. Für dieses* beugungsbegrenzte Auflösungsvermögen *gilt daher*

$$\sin\theta = 1{,}22\lambda/D \approx 0{,}25'' \; (\lambda\,[\mu\text{m}]/D\,[\text{m}]).$$

Interferometrie zunutze, bei der viele Bilder mit kurzen Belichtungszeiten aufgenommen werden müssen. Jedes dieser unscharfen Bilder eines Sterns besteht aus vielen hellen Fleckchen [$\hat{=}$ *speckles*], welche durch Überlagerung von Lichtwellen entstanden sind, die vom gleichen Stern durch verschiedene Turbulenzzellen der Luft zum Teleskop gelangt sind. Wegen der Variabilität dieser wie kleine Linsen mit unterschiedlicher Brechkraft wirkenden Luftblasen muß die Belichtungszeit kleiner als ca. 1/10 Sekunde sein. Bei lichtschwachen Objekten benötigt man daher Photomultiplier oder CCDs als hochempfindliche Detektoren. Bei einem Doppelstern besteht ein Bild aus zwei verschobenen Interferenzmustern, wobei das Licht bei einem *engen* System wiederum durch die gleichen Turbulenzzellen zu uns gelangt ist. Über spezielle Auswertungsprogramme von vielen Momentaufnahmen, wie z.B. das *Speckle Masking*, wird

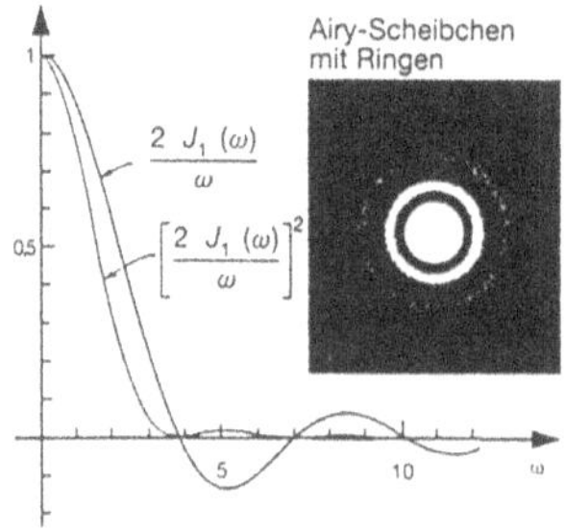

Bild 1.15
Beugungsringe an kreisförmigen Öffnungen und ihre Deutung über die Intensitätsverteilung durch quadrierte Besselfunktionen. Das Airy-Scheibchen des Hauptmaximums vereinigt 84 % der Gesamtintensität.

dieses Interferenzmuster auf dem Computer wieder „entfaltet" und das nur durch die Beugung an der Tubusöffnung in seiner Auflösung begrenzte Bild eines Himmelsobjekts rekonstruiert.

Optisches Instrument	**Auswertung**	**Auflösung**
Auge	visuell	ca. 100″
Galileis Fernrohr	visuell	ca. 3″
Hale-Teleskop (5 m ⌀)	visuell, CCD	1″
Astron. Photoplatte	photometrisch	0,5 – 1″
Hubble-Teleskop (2,4 m ⌀)	CCD	0,1″
4 m-Teleskop	Speckle-Masking	0,02″
8 m-Teleskop	Speckle-Masking	0,01″
8 m-Teleskop	Speckle-Spektroskopie	0,01″
Keck-Teleskop (10 m ⌀)	CCD, HIRES	0,25″
I + II (95 m Basislänge)	Interferometrie	0,001″
LOUISA (10 km Basislänge)	Interferometrie	0,00001″

Die Farbtafel I zeigt *Eta Carinae*, eines der ungewöhnlichsten Objekte der Milchstraße und eine der hellsten Infrarotquellen. Das Bild ist aus 300 Einzelbildern mit 1/8 s Belichtungszeit rekonstruiert worden, welche mit dem 2,2 m Teleskops der ESO auf La Silla bei 850 nm Wellenlänge aufgenommen wurden. Durch einfaches Aufaddieren entsteht die Simulation a) einer Langzeitaufnahme. Das hochaufgelöste Bild b) ist durch das Speckle-Masking-Verfahren gewonnen worden und zeigt in 0,114, 0,177 und 0,211 Bogensekunden Abstand vom Hauptstern noch drei weitere Objekte [131]. Eta Carinae besitzt eine Masse von 50 bis 100 $M_\odot$ und ist von dem Homunculus-Nebel umgeben, der 1843 bei einem Gasausbruch entstanden ist.

1.18 Hubble-Weltraumteleskop

Mit einer Masse von 11,5 Tonnen ist das *Hubble Space Telescope* [HST] eines der größten Observatorien, welches je zu zivilen Zwecken ins All gehievt wurde [53].

Das Hubble-Weltraumteleskop, das nach Edwin Powell Hubble (1869–1953) benannt ist, wurde am 25. April 1990 von der Raumfähre Discovery in eine 610 km hohe Erdumlaufbahn gebracht. Das HST benötigt für einen vollen Umlauf 96 Minuten und wird durch vier elektronisch geregelte Schwungräder auf $0{,}01''$ genau in der gewünschten Position gehalten. Es sollte außerhalb der Atmosphäre eine wesentlich bessere Auflösung erreichen. Leider stellte sich bei den ersten Testbildern heraus, daß der 2,40 m große Hauptspiegel, welcher zur Reduzierung der Masse auf nur 821 kg eine Bienenwabenunterstruktur besitzt, falsch geschliffen worden ist. Das HST war als Ritchey-Chrétien-System konzipiert worden, aber die Abweichung von der berechneten Idealform betrug am Rande 2/1000 Millimeter. Dadurch wurden nur 15 % des vom Spiegel gesammelten Sternlichts in den Brennpunkt reflektiert, d.h. genauer innerhalb eines Winkels von $0{,}1''$, und nicht 70 % wie vorgesehen. Um 85 % des einfallenden Lichts zu fokussieren, bedurfte es mehr als eine Bogensekunde. Als der optischen Fehler bekannt war, konnte man den Fehler bei der Bildverarbeitung vermittels Computer teilweise korrigieren. Bei dieser Übergangslösung verlor man aber an

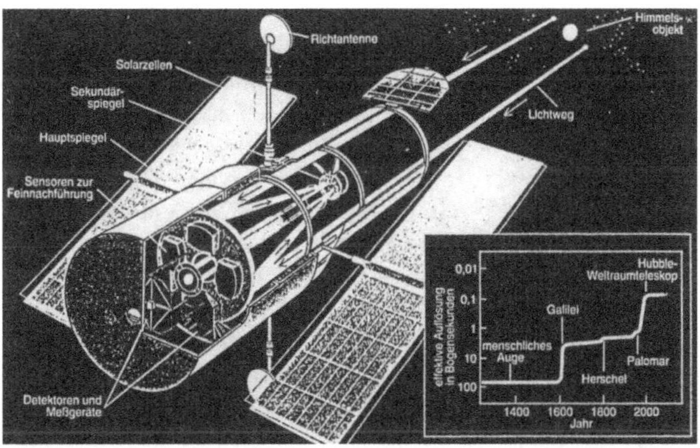

Bild 1.16 Schnitt durch das Hubble-Weltraumteleskop. Seine Masse beträgt 11,5 t, der Durchmesser des Hauptspiegels ist 2,4 m. Hinter dem Cassegrain-Fokus befinden sich die optischen Detektoren.

Lichtstärke. Der Verlust verhinderte u.a. die vorgesehene Suche nach extraterrestrischen Planeten, z.B. bei Beta Pictoris im Sternbild Maler am Südhimmel, wo man schon eine Gasscheibe mit „klumpiger" Struktur ausgemacht hat.

Am 2. Dezember 1993 ist die Raumfähre Endeavour mit sieben Astronauten an Bord gestartet, um in einem beispiellosen Unterfangen das HST zu reparieren. Am 8. Dezember 1993 war es dann soweit: „Hubble bekam eine Brille verpaßt". Die Aberration des Hauptspiegels ist über den COSTAR-Einsatz [*C*orrective *O*ptics *S*pace *T*elescope *A*xial *R*eplacement] erfolgreich kompensiert worden. Dafür mußte auf das Hochgeschwindigkeitsphotometer verzichtet werden. Außerdem sind die Weitwinkel- und Planetenkamera, welche Beobachtungen mit größerem Gesichtsfeld erlaubt, durch eine verbesserte Version mit einer eigenen Korrekturoptik und neuen CCDs mit geringerem Eigenrauschen und höherer UV-Empfindlichkeit ersetzt worden. Zwei Navigationskreisel und die vibrationsempfindlichen Sonnenpaddel samt Steuereinheit sind auch ausgetauscht worden. Die NASA [*N*ational *A*eronautics and *S*pace *A*dministration] kommentierte die erfolgreiche Reparatur mit dem Wortspiel „The trouble with Hubble is over . . .".

1.19 Radioastronomie

Die Radioastronomie empfängt elektromagnetische Strahlung aus dem Weltraum, deren Wellenlänge tausend Meter bis Bruchteile von Millimetern umfassen. Der Bereich der Millimeter- und Submillimeterwellen ist deswegen so interessant, weil die interstellaren Gaswolken zwar nicht für das sichtbare Licht, aber für Radiowellen so gut wie durchsichtig sind und damit einen direkten Blick in Regionen der Sternentstehung erlauben. Das gleiche gilt auch für die irdischen Wolken, sonst wäre dieses *Radiofenster* im Bereich von 1 mm bis 20 m Wellenlänge nicht offen.

Bei der Untersuchung von Störungen der Radioübertragung entdeckte Karl G. Jansky 1932 die Radiostrahlung vom Zentrum der Milchstraße. Eine erste Kartierung des Radiohimmels geht auf G. Reber 1939 zurück. Die beiden Pioniere wurden anfangs als „Radioten" verspottet. Heutzutage spannt das größte voll bewegliche Radioteleskop am Effelsberg bei Bonn mit 100 m ⌀ eine Fläche von 7850 m^2, also etwa der Größe eines Fußballfeldes, auf. Da die Antennenschüssel bei Positionsänderungen unter ihrem Eigengewicht nachgibt, hat man das Bauprinzip der *homologen Verformung* angewandt. Dadurch wird erreicht, daß die Antenne immer eine Paraboloidform beibehält, allerdings

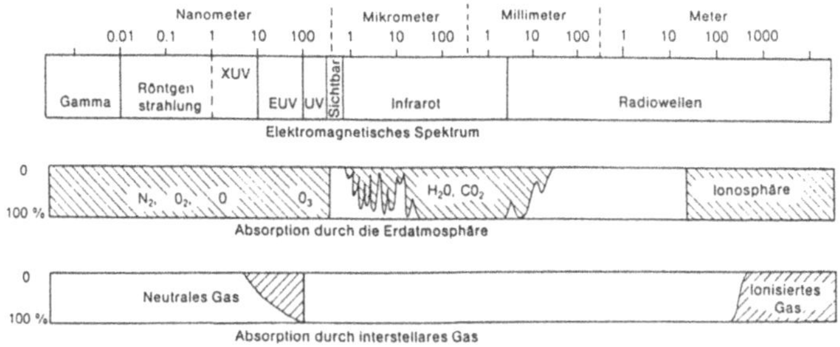

Bild 1.17 Die Wellenlängenbereiche der elektromagnetischen Strahlung mit „Fenstern" im optischen [300 bis 800 nm] und Radio-Bereich [1 mm bis 20 m]. An die *U*ltra*v*iolett-Strahlung [UV] schließt sich zu kürzeren Wellenlängen das *e*xtreme *U*ltra*v*iolett [EUV] an. Der Übergang vom UV-Bereich zu weichen Röntgenstrahlen [XUV → engl. *X-rays*] ist fließend.

mit leicht verschobenen Brennpunkten. Bei einer Wellenlänge von 21 cm, welche einem Hyperfeinübergang des neutralen H-Atoms entspricht, hat das Effelsberger Teleskop eine Auflösung von 9 Bogenminuten. Eine neunmal größere Antennenfläche besitzt das *unbewegliche* 305 m-Teleskop in Arecibo.

Als sehr empfindliche Empfänger für die schwachen kosmischen Signale haben sich *supraleitende Josephson-Kontakte* herausgestellt. Bei der Schmetterlingsdipol-Antenne sind dünne, 1 μm starke Bleifilme in Form von zwei sich mit der Spitze gegenüberliegenden Dreiecken ausgebildet. Die Spitzen berühren sich nicht, sondern sind durch eine dünne Oxidschicht getrennt. Die Antenne wird mit flüssigem Helium gekühlt, so daß das Blei unterhalb seiner Sprungtemperatur von 7,2 K supraleitend wird. Klassisch betrachtet können die Elektronen, welche im Supraleiter paarweise auftreten, die nichtleitende Oxidschicht nicht überqueren. Der Ort eines Elektrons ist aber nicht scharf fixiert, sondern wird – nach der Quantentheorie – durch Wahrscheinlichkeitswellen beschrieben, welche sich nicht nur auf einen Bereich beschränken. Es besteht daher eine geringe Möglichkeit, daß das Elektron sich auf der anderen Seite der Oxidbarriere aufhält. Man spricht daher von einem *Tunneleffekt*, der auch für die Kernfusion im Zentrum der Sonne von Bedeutung ist. Durch die einfallende Radiostrahlung werden die Elektronen energetisch angeregt [0.001 eV entsprechen der Energie $E = h\nu$ eines Photons im Millimeterbereich] und können dann leichter die Barriere „durchtunneln". Der Strom durch den Isolator ist dann ein sehr empfindliches Maß für die kosmische Radiostrahlung.

Das Owens-Valley-Interferometer des Caltec [*Cal*ifornia Institut of *Tec*hnology] besteht aus drei Radioteleskopen mit je 10,4 m ⌀, die mit supraleitenden Tunneldetektoren ausgestattet sind. 1994 ist es auf sieben Teleskope erweitert worden. Durch elektronische Kopplung und Überlagerung der Radiowellen steht dann ein Interferometer im Millimeterbereich mit einem effektiven Durchmesser von einigen hundert Metern zur Verfügung. Das kürzlich eingeweihte VLBA [*V*ery *L*ong *B*aseline *A*rray] ist ein Interferometer mit zehn von den Virgin Islands bis nach Hawaii verteilten Antennen. Es kann mit Radioteleskopen anderer Erdteile zum VLBI [*V*ery *L*ong *B*aseline *I*nterferometry] zusammengeschaltet werden. Dieses Radiointerferometer mit transkontinentaler Basislänge und einer effektiven Teleskopöffnung von 12 000 km besitzt dann das höchste Auflösungsvermögen aller astronomischen Instrumente.

Im Mikrometerband muß man die Abschwächung durch Wasser- und Sauerstoff-Moleküle der Erdatmosphäre umgehen. Dazu geht man wie etwa beim James-Clerk-Maxwell Teleskop mit 15 m ⌀ auf den 4092 m hohen Mauna Kea auf Hawaii oder nutzt das Kuiper-Airborne-Observatory der NASA, ein umgebautes Verkehrsflugzeug, das mit einem Spiegel von 0,9 m ⌀ mit optischer Qualität in 13,7 km Höhe fliegt. Dort hat man mehr als 99 % des Wasserdampfes hinter sich gelassen.

1.20 Der infrarote Himmel

Die Erdatmosphäre absorbiert fast die gesamte Wärmestrahlung. Das gilt auch für die vom Erdboden zurückgestreute Strahlung und führt zu dem bis zu einem gewissen Grade lebenswichtigen Treibhauseffekt. Da diese Strahlung bei der Zerlegung von weißem Licht unterhalb des rotem Spektralbereichs angesiedelt ist, nennt man sie auch *Infrarotstrahlung*. Sie umfaßt ca. 10 Oktaven im elektromagnetischen Spektrum.

Um kosmische Wärmestrahlung zu studieren, wurde 1983 der Satellit IRAS [*I*nfra*r*ed *A*stronomical *S*atellite] gestartet. Er konnte 250 000 einzelne Infrarotquellen katalogisieren. IRAS besaß ein Teleskop mit einem 57 cm großen Hauptspiegel und infrarot-empfindliche Detektoren aus dotiertem Germanium und Silizium. Da jeder Körper oberhalb des absoluten Nullpunkts Infrarotstrahlung aussendet, befand sich das Teleskop in einem Kryostaten, eine Art Thermosflasche, dessen „Kühltaschen“ beim Start mit 475 Litern flüssigen Heliums gefüllt waren. (Die Siedetemperatur von ^4He liegt, je nach Druck, zwischen 0,84 und 4,2 K.) Damit konnten für ein Jahr der Teleskoptubus und die Spiegel bei 10 K und die Detektoren bei 2 K, der Temperatur des verdampfenden Kühlmittels, gehalten werden. Das Teleskop war so empfindlich, daß es auch Signale von Staub und Weltraummüll registrierte. Erst nach mehreren

Kasten 1.6: Strahlung des Schwarzen Körpers

Die Wärmestrahlung einer versehentlich angeschalteten schwarzen Herdplatte ist uns allen geläufig. Wir idealisieren sie zu einem absolut Schwarzen Körper. *Dies ist ein Hohlraumstrahler im thermischen Gleichgewicht, dessen emittierte Strahlung nur von der Temperatur T, nicht aber vom Material und Aufbau der inneren Wände abhängt. Bei der elektromagnetischen Strahlung, wie z.B. dem sichtbaren Licht, hängt die Frequenz ν und die Wellenlänge λ über $\lambda \cdot \nu = c$ mit der Lichtgeschwindigkeit c zusammen. Die Energie eines Lichtquants oder Photons ist $E = h\nu$, wobei $h = 6{,}6260755(\pm 6) \cdot 10^{-34}$ Ws^2 das Plancksche Wirkungsquantum ist. Für die Intensität I_ν der Strahlung des Schwarzen Körpers in Abhängigkeit von der Frequenz ν und der Temperatur T gilt das* Plancksche Strahlungsgesetz

$$I_\nu(T) = \frac{2h}{c^2} \frac{\nu^3}{\exp(h\nu/kT) - 1} .$$

Dabei ist $k = 1{,}380658 \cdot 10^{-23}$ Ws/K die Boltzmann-Konstante. Die Form des Nenners kann nicht klassisch, sondern nur durch die Quantisierung *des elektromagnetischen Wellenfeldes abgeleitet werden. Nicht nur für Max Planck, dem Entdecker des Wirkungsquantums, war es anfangs gewöhnungsbedürftig, daß man mit Herdplatten bereits Quantenphysik betreibt.*
Die Gesamtintensität I entspricht der Fläche unter der Planckschen Kurve. Für den totalen Energiefluß $F = \pi I$ einer isotropen Strahlung erhält man durch Integration über alle Wellenlängen λ bzw. Frequenzen ν das Stefan-Boltzmann-Gesetz:

$$F = \pi I = \pi \int_0^\infty I_\nu \mathrm{d}\nu = \sigma T^4 .$$

Die Gesamtabstrahlung ist daher zur vierten Potenz der Temperatur proportional. Der Proportionalitätsfaktor ist die Stefan-Boltzmann-Konstante $\sigma = (\pi^5/15)(2k^4/c^2h^3) =$ $5{,}67051 \cdot 10^{-8}$ (W/m^{2}K^4).

Erdumläufen konnte „die Spreu vom Weizen getrennt werden", d.h. die Signale kosmischer Quellen herausgefiltert werden.

Mit einem Auflösungsvermögen von einigen Bogenminuten ließ sich die Verdickung der Milchstraße im Zentralbereich, wie man es im visuellen Bereich von anderen Galaxien her kennt, an Staubwolken mit einer effektiven Temperatur von 400 K gut beobachten. Bei dem 26 Lj entfernten jungen heißen Stern Vega im Sternbild Leier hat IRAS ein ungewöhnlich flach verlaufendes Spektrum bei 25 bis 100 μm Wellenlänge gefunden. Daraus wird indirekt auf das Vorhandensein von kalten, kieselsteingroßen Teilchen geschlossen, welche den Stern in einem Abstand von 85 AE umkreisen, d.h. in doppelter Entfernung des Pluto [113]. Handelt es sich dabei möglicherweise um ein Planetensystem im Entstehen? Man nimmt an, daß 20 % der sonnenähnlichen Sterne von solchen Staubscheiben umgeben sind. In viel größerer Entfernung hat IRAS Galaxien entdeckt, welche 99 % ihrer Strahlung im Infraroten abgeben und dabei tausendmal leuchtkräftiger sind als die Milchstraße.

Das Zodiakallicht, welches durch die Streuung von Sonnenlicht und thermische Emission des interplanetaren Staubs entsteht, stört Beobachtungen im Infrarot-Bereich. Am geringsten ist diese Beeinträchtigung bei 3,5 μm, dem sog. *kosmologischen Fenster*. Im November 1989 wurde der Satellit COBE [*C*osmic *B*ackground *E*xplorer] in eine 900 km hohe polare Umlaufbahn gebracht [111]. Er sollte die 3 K Hintergrundstrahlung, welche 1964 von Arno A. Penzias und Robert W. Wilson im Mikrowellenbereich mit einer erdgebundenen Hornantenne entdeckt worden ist, bis ins Infrarote mit Hilfe von FIRAS [*F*ar *I*nfra*R*ed *A*bsolute *S*pectrophotometer] hinein vermessen. Sie stellt den aufgrund der Expansion rotverschobenen Explosionsblitz 300 000 Jahre nach dem Urknall dar. COBE fand eine spektrale Intensitätsverteilung mit einem Maximum bei ca. 1 mm Wellenlänge, die bis auf 0,03 % Abweichung genau der Planckschen Strahlungsformel folgt [316]. Das Universum scheint ein *idealer Schwarzer Körper* mit einer Effektivtemperatur von $2{,}726 \pm 0{,}01$ K zu sein, siehe Bild 1.18.

Eine geringfügige dipolartige Anisotropie im Mikrowellenhimmel kann vollständig durch die Eigenbewegung des Sonnensystems von 370 km/s in Richtung auf den Virgo-Galaxienhaufen im Sternbild Jungfrau bzw. durch die Bewegung der Milchstraße mit 620 km/s gegenüber dem kosmischen „Ruhsystem" erklärt werden. Ansonsten ist die Hintergrundstrahlung auf Winkelskalen von Bogenminuten bis hin zu 180° sehr gleichmäßig verteilt, die Abweichungen vom Mittelwert der Effektivtemperatur betragen nur ein Hunderttausendstel,

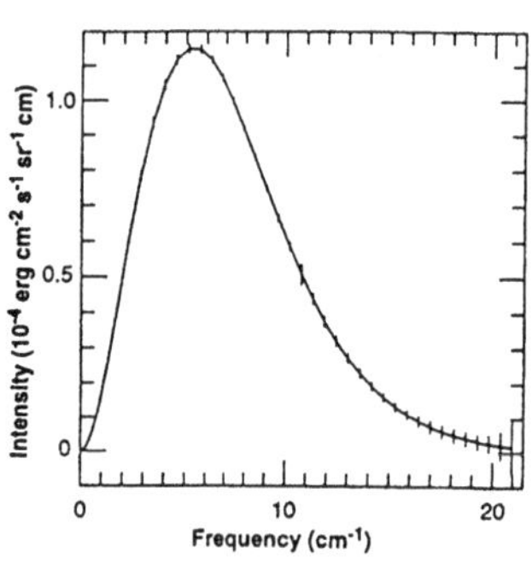

Bild 1.18
COBE-Messungen der kosmischen Hintergrundstrahlung im Vergleich zu einem idealen Schwarzen Körper von 2,726 K (durchgezogene Kurve) als Funktion der normierten Frequenz $\nu/c = 1/\lambda$

im Einklang mit *inflationären Modellen* des Universums, vgl. [329, 195]. Bei einer Rotverschiebung[8] von $z = 1{,}776$ in Richtung des Quasars Q 1331+170 sollte die Hintergrundstrahlung 7,587 K sein, mit dem HIRES-Spektrograph des Keck-Teleskops hat man $7{,}4 \pm 0{,}8$ K gemessen [271].

Auf dem Mauna Kea soll IRO [*IR-O*ptimized Teleskop] mit einem Hauptspiegel von 8 m ⌀ gebaut werden. Dieses Teleskop ist für das in der Höhenluft sich öffnende Infrarot-Fenster von 1 bis 30 μm optimiert. Es ist geplant, das beugungsbedingte Auflösungsvermögen von $0{,}1''$ bei 2,2 μm mit Hilfe adaptiver Optik zu erreichen.

Ende 1995 soll der Satellit ISO [*I*nfrared *S*pace *O*bservatory], der mit einem Hauptspiegel von 60 cm ⌀ und noch empfindlicheren Detektoren als IRAS versehen ist, weitere kosmische Wärmequellen aufspüren und auch nach planetaren Staubscheiben fahnden [250, 169]. In der Planung befindet sich SIRTF [*S*pace *I*nfra*re*d *T*eleskop *F*acility] mit einem heliumgekühlten Hauptspiegel von 1 m ⌀ und Detektoren, welche im Bereich von 2 bis 200 μm Wellenlänge empfindlich sind.

1.21 Durchleuchtung des Himmels im Röntgenbereich

Während der Frequenzbereich des sichtbaren Lichts eine Oktave umfaßt, sind heutzutage vom langwelligen Radiobereich bis hin zu den Gammastrahlen im TeV-Bereich 60 Oktaven des elektromagnetischen Spektrums der astronomischen Forschung zugänglich.

Nachdem 1895 Wilhelm Conrad Röntgen seine „X-Strahlen" entdeckt hat, gehörte die Durchleuchtung von menschlichem Gewebe bald zum diagnostischen Alltag der Medizin. In der evakuierten Röntgenröhre Ihres Zahnarztes werden Elektronen der Elementarladung e beim Durchlaufen eines elektrischen Potentialunterschieds, d.h. einer Spannung, beschleunigt und gewinnen pro Volt [V] die kinetische Energie von einem Elektronenvolt.[9]

Die Röntgenstrahlen entstehen erst beim Aufschlagen der schnellen Elektronen auf die Wolfram-Anode als sog. *Bremsstrahlung*.

Die *Röntgenastronomie* mit Photonenenergien zwischen 0,1 und 500 keV,

[8] Die Standardtheorie des Urknalls liefert $T = 2{,}726(1 + z)$ für die Temperatur der Hintergrundstrahlung in Abhängigkeit von der Rotverschiebung $z = (\lambda_0 - \lambda)/\lambda$.

[9] Das Elektronenvolt [eV] ist die extrem kleine Energieeinheit: 1 eV = $1{,}6021 \cdot 10^{-19}$ Ws. Es entspricht der kinetischen Energie eines Elektrons, das im Vakuum die Potentialdifferenz von 1 Volt durchlaufen hat. Ein Elektron erreicht in der Fernsehröhre eine Energie von ca. 30 keV.

das entspricht Wellenlängen von 12,4 bis 0,0025 nm, ist wegen der Undurchlässigkeit der irdischen Atmosphäre eine Errungenschaft der Raumfahrt. Mit einer erbeuteten V2-Rakete wurde 1948 erstmals ein Geiger-Müller-Zähler zum Nachweis der schwachen Röntgenstrahlung der Sonne in den Weltraum geschossen. Die erste kosmische Röntgenquelle, Scorpius X-1 im Sternbild Skorpion, wurde 1962 per Zufall bei Raketenexperimenten der NASA entdeckt, welche das Ziel hatten, die vom Mond reflektierten Röntgenstrahlen der Sonne nachzuweisen.

In den meisten kosmischen Quellen entsteht die Röntgenstrahlung nach demselben Prinzip wie in der medizinischen Röntgenröhre: durch Abbremsung oder Ablenkung von schnellen „relativistischen" Elektronen mit $v_e \leq c$. Bei der Ablenkung der Elektronen durch Magnetfelder entsteht *Synchrotronstrahlung*, welche auch an den ringförmigen Elektronenbeschleunigern der Teilchenphysik beobachtet wird.

Die erste „Röntgenreihenuntersuchung" des Himmels machte der in Kenia 1971 gestartete Satellit Uhuru [kisuaheli ≙ Freiheit] und fand dabei 339 Quellen. Die Winkelauflösung betrug allerdings nur 0,5°. Dies entspricht dem Winkeldurchmesser der Vollmondscheibe.

Beim Skylab wurde 1960 von Giaconni und Rossi erstmals ein abbildendes Röntgenteleskop mit 30 cm Öffnungsweite eingesetzt. Röntgenstrahlen werden nur bei einem streifenden Einfall mit Winkeln von wenigen Grad Neigung an

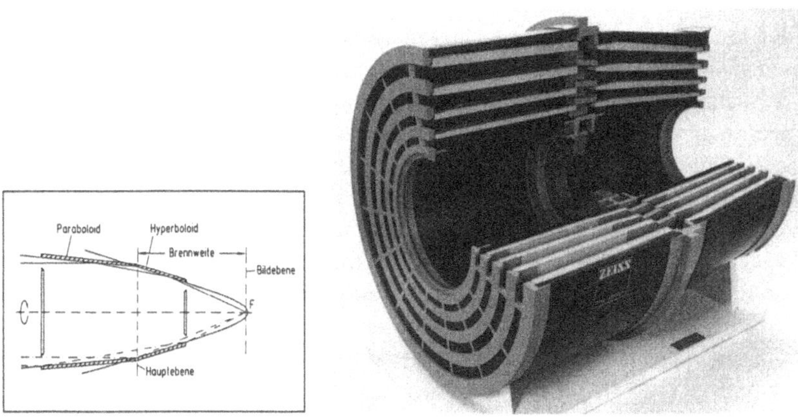

Bild 1.19 A: Schema eines Wolter-Spiegelsystems mit streifendem Einfall der Röntgenstrahlen. B: Schnittmodell der genesteten parabolischen Hauptspiegel (links) und der Hyperboloid-Fangspiegel von ROSAT (Werksphoto Carl Zeiss, Oberkochen)

den atomaren Netzebenen von sehr glatten Spiegeln reflektiert. Verwendet man einen reinen Parabolspiegel, so entsteht bei dieser *streifenden Reflexion* ein Bild mit großem Koma. Bereits 1951 hatte der Kieler Physiker H. Wolter vorgeschlagen [348], ähnlich wie beim optischen Ritchey-Chrétien-System, einen Hyperboloid gewissermaßen als Korrekturspiegel koaxial, d.h. auf der gleichen optischen Achse, und konfokal, d.h. mit gleichem virtuellem Brennpunkt, in den Strahlengang zu bringen. Da Röntgenstrahlen eine 1000mal kleinere Wellenlänge als sichtbares Licht besitzt, darf die Mikrorauhigkeit bei Röntgenspiegeln nur einige Zehntel Nanometer betragen. Das entspricht wenigen Atomdurchmessern und verhinderte damals eine technische Realisierung. (Im Vergleich dazu haben gute optische Spiegel eine Rauhigkeit von 5 bis 10 nm.)

Das *Einstein-Röntgen-Observatorium* , welches im November 1978 in eine 500 km hohe Umlaufbahn gebracht wurde [102], besaß vier ineinandergeschachtelte Wolter-Spiegelsysteme mit maximal 58 cm Eingangsöffnung, eine Brennweite von 3,4 m und ein Auflösungsvermögen von 4″. Damit wurde in einem binären System, Cyg X-1 im Sternbild Schwan, ein kompaktes Objekt gefunden, dessen Helligkeit sich im Röntgenbereich unregelmäßig mit Perioden von Millisekunden bis einigen Minuten ändert.

Der Satellit ROSAT [*Ro*entgen *Sat*ellite], der am 1. Juni 1990 mit einer Delta-II-Rakete von der NASA in eine 570 km hohe Umlaufbahn gebracht wurde, stellt eine Weiterentwicklung des Einstein-Observatoriums dar. Sein vierfach genestetes Wolter-Spiegelsystem hat eine maximale Eingangsöffnung von 83,5 cm ⌀ und eine Brennweite von $f = 2{,}4$ m. Die Spiegel bestehen, wie bei modernen optischen Teleskopen, aus Zerodur und sind nach dem extrem genauen Polieren mit Gold bedampft. Das Teleskop wiegt fast eine Tonne und besitzt eine Winkelauflösung von 3,5″. Mit Sternkameras wird einmal pro Sekunde die Ausrichtung registriert und das Navigationskreiselsystem geeicht.

Die Detektoren in der Fokalebene arbeiten im Wellenlängenbereich von 0,5 bis 12,4 nm, was einer Photonenenergie von 0,1 bis 2,5 keV entspricht. Der Vieldraht-Proportionalzähler PSPC [*P*osition *S*ensitive *P*roportional *C*ounter] ist eine Art Geigerzähler, der es gestattet, vier „Röntgenfarben“ mit 25″ aufzulösen. Der zweite Detektor HRI [*H*igh *R*esolution *I*mager] ist im Röntgenbereich „farbenblind“, besitzt allerdings die höhere Winkelauflösung von 5″. Die von ROSAT im Juni 1994 abgeschlossene Himmelsdurchmusterung lieferte 120 000 Röntgenquellen [311].

Im Jahre 1998 soll AXAF [*A*dvanced *X*-Ray *A*strophysics *F*acility] starten, das Röntgen-Pendant zum HST, mit einem Wolter-Teleskop von 1,2 m ⌀ und Möglichkeiten zur hochauflösenden Spektroskopie im Bereich von 0,1 bis 10 keV.

Um auch Gamma-Strahlen im Bereich von 100 keV bis 30 GeV beobachten zu können, hat die Raumfähre *Atlantis* im April 1991 den *Compton*-Satelliten GRO [*G*amma-*R*ay *O*bservatory] in einer 450 km hohen Umlaufbahn ausgesetzt. Das nach dem amerikanischen Physiker Arthur H. Compton benannte, 16 Tonnen schwere Gammastrahlen-Observatorium hat viele stark variable Gamma-Quellen entdeckt, welche aufgrund ihrer großen Rotverschiebung als sehr weit entfernte Quasare interpretiert werden. In der Planung ist INTEGRAL [*Inte*rnational *G*amma-*R*ay *A*strophysics *L*aboratory], ein Satellit, der im Energiebereich von 15 keV bis 10 MeV eine Auflösung von 17′ erreichen soll und mit dem auch Gamma-Linienspektroskopie betrieben werden kann [346].

Kapitel 2
Die Sonne

2.1 Geschichte

Die Sonne ist für uns die wichtigste Licht-, Wärme- und Energiequelle. Daher ist es nicht überraschend, daß die Sonne in alten Kulturen als Gottheit verehrt wurde.

1. 8000–4000 v.Chr.: Die ersten „Sonnenanbeter“ haben sich in Felszeichnungen von Fuencaliente/Spanien und in Brescia/Italien verewigt. Auf die besondere Bedeutung der Sonne bei den Mayas oder Azteken wurde bereits hingewiesen. (Heutzutage sind die Solarien als „moderne Tempel“ der Sonnenanbetung hoch im Kurs.)
2. 3000 v.Chr.: Für die alten Ägypter wurde der Sonnengott Re jeden Morgen geboren, fuhr in einem Boot über den Himmel, um jeden Abend beim Sonnenuntergang zu sterben.[1] Sie besaßen bereits einen sonnengebundenen Kalender mit 365 Tagen im Jahr.
3. 15 Juni 763 v.Chr.: Bericht über eine partielle Sonnenfinsternis auf assyrischen Tontafeln [286].
4. 499–427 v.Chr.: Der griechische Philosoph Anaxagoras war davon überzeugt, daß die Sonne aus glühendem Gestein besteht und die Größe der Peloponnes besitzt. Er versuchte bereits den Sonnenabstand durch Winkelmessungen nach der Methode der Triangulation zu bestimmen. Wegen der Vernachlässigung der Erdkrümmung war sein Ergebnis allerdings schon vom Ansatz her falsch. Aufgrund der großen Sonnenentfernung fallen die Sonnenstrahlen auf der Erde parallel ein, so daß die von ihm bestimmte Winkeldifferenz in Wirklichkeit dem vom Erdmittelpunkt aus abgetragenen Winkelabstand der beiden Beobachtungsorte entspricht.

[1] Sein Symbol ⊙ hat in der Astronomie überlebt. *Heinrich Heine* (1797–1856) war diese Angelegenheit nur ein spöttisches Gedicht wert: Das Fräulein stand am Meere/ Und seufzte lang und bang,/ Es rührte sie so sehre/ Der Sonnenuntergang.// Mein Fräulein! sein Sie munter,/ Das ist ein altes Stück;/ Hier vorne geht sie unter,/ Und kehrt von hinten zurück.

5. 270 v.Chr.: Aristarch von Samos bestimmte die Sonnenentfernung über den Winkel von (1/6)° in dem rechtwinkligen Dreieck, das von Erde, Sonne und Mond jeweils beim ersten und letzten Viertel des Mondes gebildet wird. Er errechnete die Sonnenentfernung als das 19fache des Mondabstandes, richtig wäre das 368fache des maximalen Mondabstandes gewesen.

6. 28 v.Chr.: In chinesischen Berichten werden „Sonnenflecken" als Vorbeiflug von Vögeln bzw. als Vorbeizug von Merkur oder Venus, den sog. Transits, interpretiert.

7. 1610 n.Chr.: Galileo Galilei (1564–1642) behauptete, Sonnenflecken als erster gesehen zu haben, erkannte aber nicht sofort ihre Bedeutung. Tatsächlich publizierten Fabricius und Scheiner ihre Beobachtungen zuerst, doch waren es Galileis „Briefe über Sonnenflecken" von 1613, welche eine größere Öffentlichkeit auf die Flecken aufmerksam machten.

8. 6. März 1611: Umfassende Untersuchungen über Sonnenflecken stellte bereits der deutsche Jesuitenpater Christoph Scheiner (1575–1650) an. Das Titelbild auf seinem Werk *Rosa Ursina sive Sol* von 1630 zeigt, daß er bei seinen Studien die Sonnenscheibe auf eine helle Fläche projiziert hatte. Seine Ordenskollegen glaubten allerdings nicht an Flecken auf der Sonne, weil die damalige wissenschaftliche Autorität, Aristoteles, „dies [in seinen Schriften] nicht erwähnt hat". Scheiner leitete nicht nur eine Rotationsperiode der Sonne von 27 Tagen ab, sondern schloß aus der Wanderung der Flecken im Laufe eines Jahres auf eine Neigung des Sonnenäquators von 6° bis 8° gegenüber der Ekliptik. Dieser Winkelbereich schließt den heute gültigen Wert von 7,25° ein.

9. 9. März 1611: David Fabricius verwendet ein Fernrohr und später eine Art Camera obscura, um Sonnenflecken zu beobachten. Die direkte Betrachtung der Sonne mittels eines Fernrohrs ist zu gefährlich; es besteht dabei Erblindungsgefahr. Die Projektionsmethode von Scheiner und Fabricius wird auch heute noch in Sonnenobservatorien benutzt.

10. 1794: Der angesehene Astronom und Entdecker des Uranus, Wilhelm Herschel, war irrigerweise davon überzeugt, die Sonne wäre ein fester, im Inneren kalter Körper. Die Strahlung sollte demnach aus einer heißen, dünnen Wolkenschicht stammen.

2.2 Sonnenflecken: Eine „Hautkrankheit"?

Ein Sonnenfleck besitzt einen dunklen Kern, die *Umbra*, welche von einem weniger dunklen Hof, der *Penumbra*, umgeben ist. Die Penumbra besteht aus Filamenten, die radial nach außen gehen. Die normalen Bereiche der solaren Oberfläche, d.h. der Photosphäre, besitzen eine Körnung, die *Granulation*. Wenn wir die Strahlungsintensität der Granulation mit 100 % annehmen, gelten für die Flecken folgende Werte:

Ort	**Temperatur** [K]	**Strahlungs-intensität**	**Durchmesser** [km]
Umbra	4000	11–23 %	~ 18 000
Penumbra	5600	86–89 %	~ 37 000
Granulation (Photosphäre)	5770	100 %	~ 1000

Die Durchmesser von Sonnenflecken variieren um etwa 10 000 km für einen einzelnen Fleck und belaufen sich auf bis zu 100 000 km für eine Fleckengruppe. Bereits 1769 endeckte A. Wilson schüsselförmige, scheinbare Vertiefungen von ca. 800 km in den Sonnenflecken, die bei der Wanderung des Flecks an den Rand der Sonne deutlich in Erscheinung treten. Obwohl uns die „Sonne manchmal lacht", besitzt sie jedoch keine „Grübchen", sondern das Gas in der Umbra besitzt, obgleich es kühler ist, eine geringere Dichte, also Masse pro Kubikmeter, als das Gas in der Photosphäre. Wegen der größeren Lichtdurchlässigkeit kann man daher auch bei der Umbra in tiefere Schichten der Sonne hineinsehen. In der roten H_α-Linie des Wasserstoffs erscheint der Trichter der Penumbra noch steiler ausgeformt, vgl. Bild 2.1 [105].

Die *Farbtafel II* zeigt einen mit dem deutschen Vakuum-Turm-Teleskop auf Teneriffa während der partiellen Sonnenfinsternis am 10. Mai 1994 aufgenom-

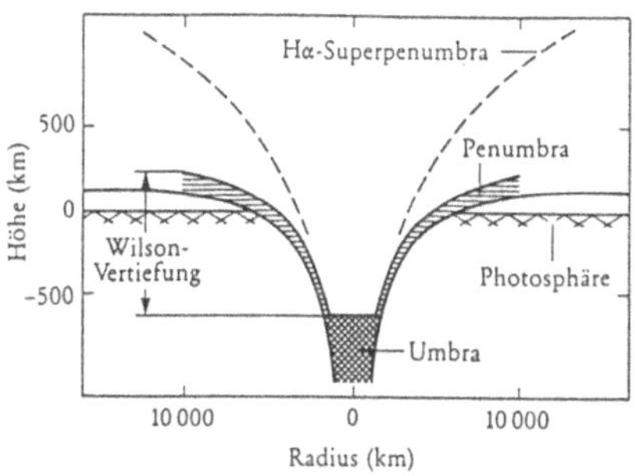

Bild 2.1
Deutung des Wilson-Effekts, d.h. der scheinbaren Vertiefung der Umbra eines Sonnenflecks

menen Sonnenfleck bei 550 nm Wellenlänge, also im grünen Maximum des Sonnenspektrums. Das Bild ist aus 140 Aufnahmen von je 4 ms Belichtungszeit mit Hilfe der in Abschnitt 1.17 beschriebenen Speckle-Interferometrie rekonstruiert worden und zeigt sehr schön deutlich Filament-Strukturen in der Penumbra sowie helle Punkte in der Umbra [65]. Die partielle Finsternis war insofern wichtig, als der Rand des Mondes eine feste Bezugslinie für die mathematische „Entfaltung" der Interferenzmuster bei der Bildrekonstruktion abgab.

2.3 Die Rotation der Sonne

Aus der Beobachtung der Flecken hat man erstmals auf die Rotation der Sonne geschlossen: Eine volle Umdrehung dauert, von der Erde aus gesehen, im Mittel 27,275 Tagen (synodische Periode), während die mittlere *siderische Umlaufperiode* der Sonne, welche ja auf den Sternhintergrund bezogen ist, 25,380 Tage beträgt. Der Nullmeridian, der willkürlich als Großkreis durch den Nord- und Südpol am 1. Januar 1854 um 12 Uhr Weltzeit festgelegt ist, rotiert, dieser Vereinbarung entsprechend, gleichförmig mit einer Periode von 25,38 Tagen. Eigentlich ist die Sonne als heiße *Gaskugel* kein starrer Körper, sondern besteht quasi aus Gasringen oder -scheiben, welche mit unterschiedlicher Geschwindigkeit strömen. Wie Richard C. Carrington bereits 1860 anhand von Sonnenflecken bemerkte, tritt *differentielle Rotation* auf. Die lokale Rotationsgeschwindigkeit der Sonnenoberfläche läßt sich genauer aus der Doppler-Verschiebung von Spektrallinien bestimmen. Der Äquator der Photosphäre rotiert mit 13,5° pro Tag schneller als z.B. Flecken in 20° *heliographischer Breite*, die um 0,5° langsamer sind. Das führt zu einer synodischen Periode von ca. 27 Tagen am Äquator, während Gebiete nahe der Pole eine Umlaufzeit von ca. 35 Tagen benötigen [212]:

Heliographische Breite	Rotationsdauer
0°	26,8 Tage
30°	28,2 Tage
60°	30,8 Tage
75°	31,8 Tage

Die Rotationsgeschwindigkeit schwankt noch um ihren von der Breite abhängigen Mittelwert mit einer 11jährigen Periode. Dies sind sehr gemächliche *Torsionsschwingungen* der Sonne, ähnlich wie bei einem an beiden Enden eingespannten Drehstab (oder der Unruh einer mechanischen Uhr). Junge Sonnenflecken bewegen sich 3 bis 5 % schneller als ihre Umgebung und erreichen damit Tangentialgeschwindigkeiten von ca. 2 km/s = 7200 km/h. Als Erklärung wird die Möglichkeit diskutiert, daß das Sonneninnere aus ungeklärten Gründen etwas schneller rotiert als die Oberfläche. Der Sonnenäquator ist um 7,25° gegen die Erdbahnebene, die Ekliptik, geneigt; dieser Wert liegt mit einer geringfügig verbesserten Genauigkeit in dem bereits von Scheiner angegebenen Wertebereich.

2.4 Der Sonnenfleckenzyklus

Nach einem Beobachtungszeitraum von 17 Jahren schloß der Apotheker Heinrich S. Schwabe 1843 auf eine periodische Änderung der Sonnenfleckenzahl mit einem Zyklus von etwa 10 Jahren. In einer Veröffentlichung von 1893 wies Walter Maunder nach, daß in dem später nach ihm genannten Langzeit-Minimum von 1645 bis 1715 keine Flecken zu beobachten waren. Kurioserweise fiel dieses *Maunder-Minimum* mit der Herrschaftsperiode des Sonnenkönigs Ludwig XIV. zusammen. Außerdem bemerkte Maunder schon den sog. Gleissberg-Zyklus, daß nämlich die Langzeit-Maxima der Fleckenzahl, gleichsam als Einhüllende des 11jährigen Solarzyklus, eine Periode von ca. 80 Jahren besitzen.

Die Dauer eines *Sonnenfleckenzyklus* schwankt zwischen 7 und 17 Jahren mit einer mittleren Periode von 10,4 Jahren. Die mittlere jährliche Fleckenzahl ändert sich bei einem solaren Zyklus um etwa den Faktor 10. Wenn man ihre Verteilung nach heliographischer Breite aufträgt, erhält man ein *„Schmetterlingsdiagramm"*, vgl. Bild 2.2. Es zeigt deutlich den etwa elfjährigen Son-

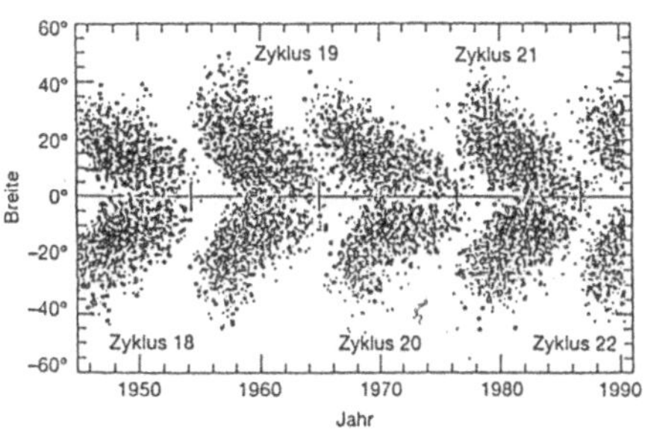

Bild 2.2
Breitenverteilung der Sonnenflecken (Schmetterlingsdiagramm)

nenfleckenzyklus. Im Frühjahr 1990 war ein neues Fleckenmaximum erreicht. Zudem erkennt man, daß es über 45° nördlicher und südlicher heliographischer Breite fast keine Sonnenflecken gibt. Nach der Regel von Spörer entstehen neue Flecken in beiden Hemisphären in 30° bis 35° Breite zu einem Zeitpunkt, an dem das Maximum der Rotationsgeschwindigkeit hierhin gewandert ist. Die meisten Flecken befinden sich bei etwa ±15° heliographischer Breite. Am 13. August 1953 berichteten Bennet und Dodson erstmals von *ephemeren* Sonnenflecken, die in höherer als ±40° Breite auftraten. Diese „Eintagsfliegen" unter den Sonnenflecken kündigen einen neuen Zyklus an.

Langzeitveränderungen in der Sonnenfleckenhäufigkeit lassen sich aus dem relativen Verhältnis der Kohlenstoff-Isotope ^{14}C und ^{12}C in Wachstumsringen von Bäumen ableiten. Das Isotop ^{14}C ist radioaktiv mit einer Halbwertszeit von 5730 Jahren und entsteht aus dem Stickstoff der Luft durch Elementumwandlung vermittels der Höhenstrahlung, der sog. *Kosmischen Strahlung*. Abweichungen vom ^{14}C-Mittelwert werden über folgenden Mechanismus mit Veränderung der Sonnenfleckenaktivität in Verbindung gebracht: Die aktive Sonne verändert das Magnetfeld im interstellaren Raum. Dadurch wird die kosmische Strahlung, die größtenteils aus geladenen Teilchen besteht, magnetisch abgelenkt und abgeschwächt. Dies wiederum bewirkt eine Abschwächung der ^{14}C-Produktion in der Erdatmosphäre. Sonnenfleckenmaxima stehen daher mit ^{14}C-Minima in engem Zusammenhang; der Fachmann spricht dabei von einer *Antikorrelation*.

Mit dieser Methode hat man zwei Perioden stark erhöhter ^{14}C-Konzentration, das Spörer-Minimum von 1450 bis 1550 und das Maunder-Minimum von 1645 bis 1715, sehr genau bestätigen können. Die Minima sind nicht so ungewöhnlich, die Sonne war in den letzten 7000 Jahren über ein Viertel ihrer Zeit in einem Zustand reduzierter Aktivität. Auch aus der Häufigkeit des Beryllium-Isotops ^{10}Be in arktischen Eisbohrkernen hat man Schlüsse auf Veränderungen der Sonnenaktivität gezogen.

Allerdings sind Schwankungen der Sonneneinstrahlung[2] auf der Erde sehr klein: Obwohl die für die irdische Ozonschicht verantwortliche extreme UV-Strahlung im Fleckenmaximum um das 10fache ansteigen kann [116], ändert sich der am Ort der Erde ankommende, über alle Wellenlängen aufsummierte Strahlungsfluß, d.h. die sog. *Solarkonstante*, während des Sonnenflecken-Zyklus nur um 0,08 %. Das und andere Faktoren, wie die „Nutation" der Erdachse, machen Rückschlüsse auf das Langzeitverhalten des Wetters in Verbindung mit Sonnenflecken so schwierig. Im Maunder-Minimum war die Sonne

[2] Und die Sonne *Homers*, siehe, sie lächelt auch uns.

immerhin um 2000 km größer als heute, besaß jedoch einen um 0,3 % geringeren Strahlungsfluß [90, 92]. Trotzdem ist ein Zusammenhang mit der „kleinen Eiszeit“ von 1400 bis 1850 umstritten. Im Gegensatz dazu betragen die Schwankungen des Sonnendurchmessers während des 11jährigen Solarzyklus heute nur 150 km. Die Zunahme der Solarkonstanten mit der Anzahl der Flecken klingt auf den ersten Blick paradox, aber die geringere Abstrahlung aus den dunkleren Sonnenflecken wird durch die hellen Fackeln des magnetischen Netzwerks der aktiven Sonne, die in der CaII-Linie des ionisierten Kalziums gut sichtbar ist, *mehr als kompensiert.*

In 8 cm hohen Teilen von australischen Gletschersedimenten, welche aus dem Präkambrium stammen und damit 680 Millionen Jahre alt sind, wechseln dünne dunkle Schichten (eisenoxidhaltige Tone) und dickere, brüchige helle Schichten (mit Quarz vermischte Tone) miteinander ab, vgl. [105]. Diese Schichtungen zeigen deutlich Strukturen mit 11er- und 22er-Gruppierungen. Allerdings wird dies heutzutage eher der Gezeitenwirkung des Mondes [272] als dem Sonnenfleckenzyklus in „grauer“ Vorzeit zugeschrieben.

Auch die Häufigkeit von Nordlichtern wird mit dem Langzeitverhalten der Sonnenfleckenaktivität in Verbindung gebracht. Schon die Römer kannten aurora borealis, die Strahlen des Nordens. Diese *Polarlichter* entstehen durch Anregung der Moleküle der Atmosphäre durch Elektronen, welche wegen der Lorentz-Kraft auf spiralförmige Bahnen um das Magnetfeld der Erde einfallen. Sichtbar ist z.B. die grüne Sauerstofflinie bei einer Wellenlänge von $\lambda = 557{,}7$ nm. Diese Gyration um die magnetischen Feldlinien ist auch wichtig, um die galaktische Kosmische Strahlung abzuschirmen.

2.5 „Ferndiagnose“ des solaren Magnetfeldes

Bei der spektralen Zerlegung des Lichtes von Sonnenflecken fand der Astronom George E. Hale 1908 erste Hinweise auf *solare Magnetfelder.* Um die Stärke des Magnetfeldes von Sonnenflecken oder der Granulation zu messen, benötigt man wegen der großen Hitze, wie bei der Bestimmung anderer physikalischen Größen auch, eine Art „Ferndiagnose“. Dies leistet gerade der *Zeeman-Effekt.* Er kommt dadurch zustande, daß im Magnetfeld die Bahnebenen (genauer der Bahndrehimpuls) der Elektronen im Bohrschen Atommodell um die Richtung des Magnetfeldes präzedieren, ähnlich wie beim klassischen Pendant, dem Kinderkreisel im Schwerefeld. Dadurch kommt es zu einer Aufspaltung der atomaren Energieniveaus. Bei Übergängen zwischen verschiedenen Niveaus

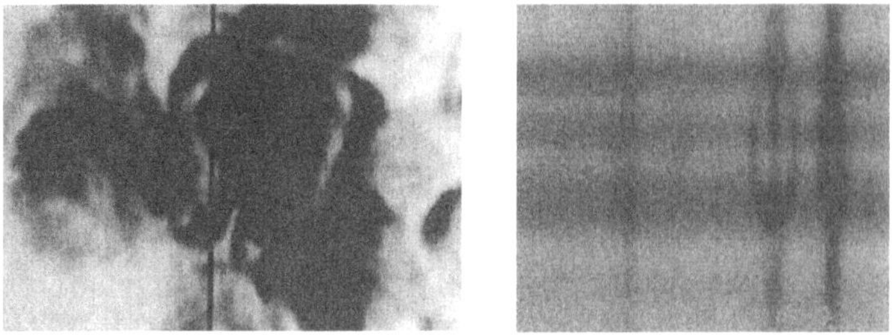

Bild 2.3 Aufspaltung einer Spektrallinie eines Sonnenflecks in ein *Triplet* aufgrund des Zeeman-Effekts. Die Position des Spektrographen-Spalts ist durch eine Linie in der Aufnahme des Flecks angedeutet.

wird Licht ausgesandt oder absorbiert. Beim normalen Zeeman-Effekt entsteht anstelle einer einzelnen Spektrallinie ein *Triplett* von Linien, die Pieter Zeeman erstmals 1894 im Labor entdeckt hat. Da die Aufspaltung ΔE der Energieniveaus proportional zur Stärke des Magnetfeldes ist, können solare Magnetfelder über eine Spektralanalyse vermessen werden, vgl. Bild 2.3 [105].

Die durch den Zeeman-Effekt aufgespaltene Spektrallinie ist je nach Winkel zwischen Magnetfeld und Blickrichtung teilweise oder vollständig polarisiert. Bei Verwendung von speziellen Polarisationsfiltern kann man daher aus der *Polarisation* des Lichts auf die Polung des Magnetfeldes schließen. Untersucht man mit solchen *Magnetogrammen* die großräumige Polung der Magnetfelder der Sonne, so sieht man, daß deren Verteilung während eines Fleckenminimums rein zufällig ist. Nur an den Polen existieren unipolare Felder. Bei einem Fleckenmaximum hingegen treten starke Magnetfelder und ausgeprägte Polaritäten in den Aktivitätsgebieten auf. Große Bereiche der Oberfläche werden von unipolaren Regionen eingenommen, die eine charakteristische Form haben und in beiden Hemisphären nordost- bzw. südostwärts gerichtet sind. Die Umrisse der einzelnen Supergranulen treten klar hervor.

Die Zeemann-Messungen der Magnetfelder der Sonnenflecken ergeben Werte von typischerweise 0,45 Tesla, etwa das zehntausendfache des Erdmagnetfeldes. Dieses starke Magnetfeld hemmt den Wärmetransport an der Oberfläche, so daß die Umbra kühler als ihre Umgebung ist und damit dunkel erscheint. Erst 1951 gelang es Harold D. Babcock[3] am Hale Sonnenobservatorium, das *mittlere Magnetfeld* der Sonne von 10^{-4} Tesla zu bestimmen.

[3] Harold Delos Babcock (1882–1968) konstruierte zusammen mit seinem Sohn Horace W. im Jahre 1948 den ersten Magnetographen.

Kasten 2.1 : Magnetfeld und Synchrotronstrahlung

Unabhängig von der Qualität des Programms, werden die Elektronen einer Fernsehröhre durch das Magnetfeld der am Röhrenhals angebrachten Ablenkspulen in ihrer Bahn abgelenkt. Dies bewirkt die Lorentz-Kraft $\vec{F}_L$, *die nur auf eine relativ zum Magnetfeld bewegte Ladung wirkt und senkrecht zur magnetischen Feldstärke* $\vec{B}$ *und der Geschwindigkeit* $\vec{v}$ *eines Teilchens der Ladung* q *[gemessen in der Einheit Coulomb, 1 C :=1 A · s] steht. Mathematisch kommt dies durch das Kreuzprodukt* $\vec{v} \times \vec{B}$ *von Vektoren zum Ausdruck, wobei der resultierende Vektor nach der Korkenzieher-Regel eine positive Orientierung besitzt. Bei Anwesenheit einer zusätzlichen elektrischen Feldstärke* $\vec{E}$ *erhält man den Ausdruck*

$$\vec{F}_L = q(\vec{E} + \vec{v} \times \vec{B})$$

für die Lorentz-Kraft. Die Kraft [gemessen in Newton, $1\ \mathrm{N} = 1\ \mathrm{kg} \cdot \mathrm{m/s^2}$*] auf eine bewegte Einheitsladung ergibt damit die abgeleitete Einheit der Magnetfeldstärke: ein Tesla [*$1\ \mathrm{T} := 1\ (\mathrm{N/C})/(\mathrm{m/s}) = (\mathrm{kg/sC}) = 10\,000$ Gauß*], benannt nach Nicola Tesla (1856–1943). Das Erdmagnetfeld hat eine mittlere Stärke von* $|\vec{B}_♁| = 0{,}06\ \mathrm{mT} = 6 \cdot 10^{-5}$ Tesla, *d.h. weniger als ein* Gauß.

Im Bereich von Magnetfeldern, wie etwa in der Korona, tritt auch elektromagnetische Strahlung mit nicht-thermischem Profil auf. Diese entstehen dadurch, daß Elektronen aufgrund der Lorentz-Kraft sich spiralig um die Magnetfeldlinien bewegen, gleichsam wie in einem „elektromagnetischem Schneckenhaus". Dabei geben sie in Richtung ihrer stärksten Beschleunigung, also tangential zur Bahn, Synchrotronstrahlung *ab. Sie besitzt ein breites Spektrum mit einem Maximum bei der zum Quadrat der Energie E proportionalen Frequenz* $\nu_{max} \sim B_{\perp} E^2$.

2.6 Magnetische Flußröhren im Sonnenplasma

Unter der Oberfläche ist die Sonne mit *magnetischen Flußschläuchen* von ca. 200 km ⌀ angefüllt. Dieser Wert ergibt sich aus den beobachteten Strukturen von 0,3 Bogensekunden, die auf der Sonne einer Strecke von 217 km entsprechen. Die Magnetfelder sind im *Plasma*, so nennt man den vierten Aggregatzustand eines heißen, elektrisch leitenden Gases, „eingefroren", d.h. sie hängen im Plasma fest bzw. folgen dessen Bewegung. Eine Änderung oder Bewegung der magnetischen Feldstärke relativ zum Plasma würde elektrische Ströme induzieren, welche so gerichtet sind, daß das von Ihnen hervorgerufene Magnetfeld die für die Induktion notwendige Relativbewegung zu hemmen versucht (dies nennen die Physiker, unabhängig von der Jahreszeit, *Lenzsche Regel*). Letztendlich wird Magnetfeldenergie wegen der endlichen Leitfähigkeit

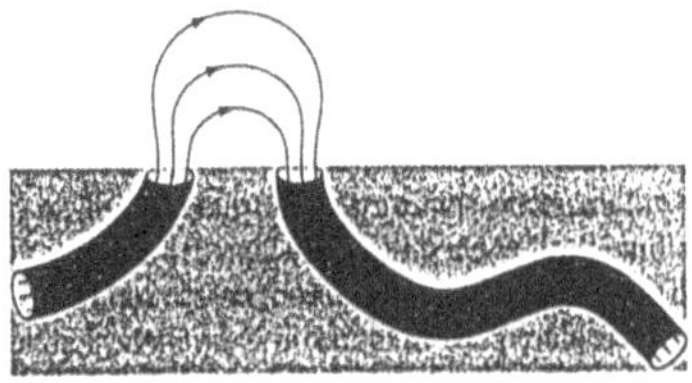

Bild 2.4
Aufbrechen der Flußröhren an der Sonnenoberfläche bei einem bipolaren Sonnenfleck

des Plamas über induzierte Wirbelströme doch wieder in Wärme verwandelt. So ist die Abklingzeit eines Magnetfeldes im Plasma eines Sonnenflecks von 30 000 km ⌀ typischerweise einige Jahre.

Da die magnetischen Felder, welche meist durch „Feldlinien" veranschaulicht werden, sich in einem Flußschlauch gegenseitig abstoßen und insbesondere bei starker Verdrillung einen nach außen gerichteten Druck erzeugen, muß – im Zustand des Gleichgewichts – der Gasdruck im Inneren kleiner als der Außendruck sein. Bei gleicher Zusammensetzung ist daher auch die Masse pro Volumeneinheit, also die Dichte, im Inneren kleiner als außerhalb der Flußröhre. Dem vom Schwimmen her geläufigen Archimedischen Prinzip zufolge besteht dann insbesondere für dicke Flußröhren immer die „Gefahr", durch *Auftrieb*[4] an die Sonnenoberfläche zu gelangen, aufzubrechen und damit entdeckt zu werden, vgl. Bild 2.4 [155]. Die Sonnenflecken sind Gebiete, an denen die verdrillten, schlaufenähnlichen Flußschläuche „aufgebrochen" und wegen des Auftriebs quasi mit ihren Magnetpolen an die Oberfläche, d.h. an die Photosphäre, gelangt sind. Dabei entstehen die *bipolaren Sonnenflecken*, welche ähnlich wie ein Hufeisenmagnet stets einen magnetischen Nord- und Südpol aufweisen. Aus den „offenen" Flußschläuchen strömt Gas, ähnlich wie bei einem Syphon, horizontal aus der Penumbra weg (*Evershed-Effekt*), und die Neigung des Magnetfeldes wird zum äußeren Rand hin flacher [340]. In der Penumbra wechseln helle und dunkle Filamente ab. Allerdings sind die Magnetfelder der hellen Filamente gegenüber den beinahe horizontalen Feldern der dunkleren Bereiche um 30 bis 40° geneigt und ragen heraus [331, 340].

2.7 Der Sonnendynamo

Es stellt sich natürlich die Frage nach dem Ursprung der magnetischen Flußröhren. 1955 entwickelte Parker und 1961 H. W. Babcock ein qualitatives Modell

[4] Für ein „humanes" Experiment eignet sich das Tote Meer besser als die Badewanne.

[15, 287] zur Erklärung der Sonnenflecken. Der Dynamo-Mechanismus selbst soll am Boden der solaren *Konvektionszone* oder etwas darüber stattfinden. In dieser 200 000 km tief unter die Photosphäre hinabreichenden Zone wird der turbulente Wärmetransport, ähnlich wie beim Kochen auf einer elektrischen Kochplatte, durch die darunter liegende Strahlungszone angetrieben, welche vom Zentrum der Sonne bis zu ihrem „inneren Rand" von 0,713(±3) $R_{\odot}$ reicht.

Die Flecken auf der Nord- und Südhalbkugel der Sonne weisen entgegengesetzte magnetische Polung auf. Diese kehrt sich im Mittel alle 11 Jahren um, es gibt also auch einen *magnetischen Zyklus*. Innerhalb seiner Periodendauer von $P = 22$ Jahren lassen sich folgende wiederkehrende Phasen unterscheiden:

1. $t = 0$: Anfänglich existiert ein vom heliographischen Nordpol zum Südpol gerichtetes magnetisches Dipolfeld, ähnlich wie bei einem Stabmagneten, am Boden der Konvektionszone.

2. $t = P/4$: Da der Äquator aufgrund der *differentiellen Rotation* schneller rotiert als die Polbereiche, wickeln sich die im Plasma eingefrorenen Magnetlinien auf, und es entsteht ein mehr reifenförmiges, d.h. *toroidales Feld* parallel zum Äquator, wie in Bild 2.5 skizziert. Die Feldlinien befinden sich in Flußröhren, die durch Konvektion der heißen Gasmassen und durch die Coriolis-Kraft, eine Trägheitskraft aufgrund der Rotation des „Karusells" Sonne, verdrillt werden. Dies führt zur Erhöhung der lokalen magnetischen Feldstärke und damit, wie bereits erläutert, zu einer im Vergleich zur feldfreien Umgebung geringeren Dichte. Durch den Auftrieb werden die Flußröhren an die Oberfläche gedrückt und brechen auf. Die Feldstärke der dabei entstehenden bipolaren Sonnenflecken erreicht zuerst in ±40° heliographischer Breite ihre größte Stärke; dann wandert die führende bipolare Fleckgruppe zum Äquator. Auf den beiden Halbkugeln der Sonne verlaufen die Feldlinien aufgrund der differentiellen Rotation gerade entgegensetzt; daher besitzen die Sonnenflecken auf der Nord- und Südhalbkugel Magnetfelder mit entgegengesetzter Polung.

3. $t = P/2$: Durch Diffusion des Restmagnetfeldes in hohe heliographische Breiten wird eine Umpolung der Magnetfeldrichtung induziert. (Andere Modelle berücksichtigen eine mögliche Verknüpfung [→ *reconnection*] von *Flußschläuchen* mit partieller Auslöschung entgegengesetzt verlaufender Magnetfeldlinien.) Diese *Umpolung* wird an den heliographischen Polen etwa zur Zeit des Fleckenmaximums eingeleitet.

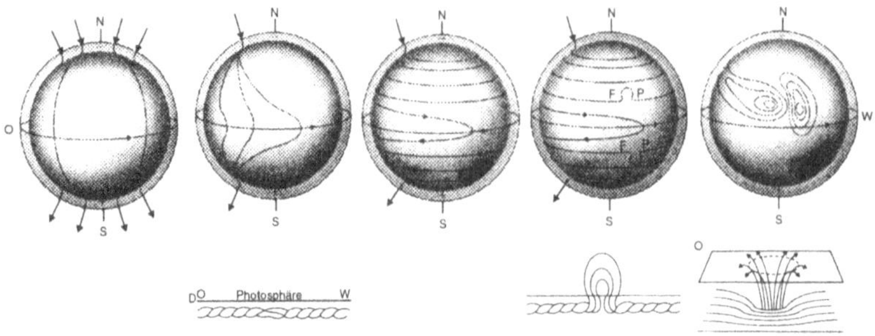

Bild 2.5 Modell des Sonnendynamos und das Entstehen von Sonnenflecken durch „Aufwickeln" der Magnetfeldlinien

Das ähnlich wie ein Wollknäuel, aber ohne Überkreuzungen aufgewickelte Magnetfeld reagiert, indem es versucht, die differentielle Rotation ein wenig zu verlangsamen. Dieser Mechanismus, ähnlich wie die gespannte Feder bei der Unruh einer Uhr, stößt die bereits erwähnte *Torsionsschwingung* mit einer elfjährigen Periodendauer an, welche in etwa mit dem Fleckenzyklus synchronisiert ist. Wegen der negativen Rückkopplung durch das sich aufwickelnde Magnetfeld eilt das Maximum der Rotationsgeschwindigkeit dem Fleckenmaximum um 1,5 bis 3 Jahre voraus [105].

Dies ist bislang nur ein qualitatives Modell; so ist z.B. die Herkunft der anfänglichen Magnetfelder nicht eindeutig geklärt. Man vermutet, daß nur Sterne mit Konvektionszonen Magnetfelder besitzen. In der Grenzfläche zur Strahlungszone wird – wie bei sprudelnd kochendem Wasser – Wärme teilweise in Bewegungsenergie der Turbulenzzellen umgewandelt. Das bewegte Plasma der Konvektionszone stellt einen elektrischen Strom dar, welcher, ähnlich wie in einer stromdurchflossenen Kupferspule, Magnetfelder erzeugt. An der Oberfläche hat das mittlere Magnetfeld eine Stärke von etwa 10^{-4} Tesla, wobei die genaue Ausrichtung zur Rotationsachse nicht bekannt ist. Auch die Erde besitzt ein magnetisches Dipolfeld von $6 \cdot 10^{-5}$ Tesla, das etwas gegen die Rotationachse geneigt ist und sich in Zeiträumen von Millionen Jahren umpolt. Die Magnetfelder der äußeren Planeten, dessen Dipolanteil beim Jupiter eine Neigung von 10° gegenüber der Rotationsachse aufweist, wurden erst durch die Raumsonden Pioneer und Voyager einer genaueren Untersuchung zugänglich [59].

Beim Überfliegen des Südpols im September 1994 konnte die Sonnensonde Ulysses die Variation der magnetischen Feldstärke in Abhängigkeit von der heliographischen Breite genauer untersuchen; überraschenderweise folgt sie eher einem Monopol- als einem Dipolfeld. Dies kann mit der beginnenden Umpolung des Feldes während des Sonnenflecken-Maximums zusammenhängen.

Aus der Zeeman-Aufspaltung der Spektrallinien anderer Sterne weiß man, daß eine geringe Rotation mit geringer magnetischer Aktivität einhergeht, im Einklang mit unserem qualitativen Modell.

2.8 Sonnenobservatorien

Sonnenteleskope werden auf Bergen oder inmitten von großen Seen (z.B. im Big Bear Lake, Kalifornien) gebaut, um die Luftturbulenzen, welche durch die Erwärmung des Erdbodens durch die Sonnenstrahlung entstehen, zu reduzieren. Zusätzlich wird der drehbare Hauptspiegel des feststehenden Teleskops auf weiß gestrichenen Türmen montiert.

Das Sonnenteleskop vom Kitt Peak Observatorium in Arizona befindet sich in 2089 m Höhe und hat eine Länge von 150 m. Die Optik ist in einem wassergekühlten Betonrohr untergebracht, das auch dem Windschutz dient. Das Sonnen-Observatorium besitzt einen ebenen Primärspiegel von 2 m ⌀, welcher in einer Gabel äquatorial montiert ist und das Licht in die Polarachse reflektiert. Da er dem Lauf der Sonne folgt, handelt es sich um einen *Heliostat*. In dieser einfachen Form besäße diese Anordnung den Nachteil, daß sich die projizierte Sonnenscheibe um 15° pro Stunde um ihren Mittelpunkt dreht. Die Abbildung auf den Eintrittsspalt eines Spektrographen erfolgt mit einem Konkavspiegel großer Brennweite und einem dritten Spiegel, um eine möglichst große Aufspaltung, d.h. Dispersion der Spektrallinien zu erreichen. Das Bild der Sonnenscheibe hat dort einen Durchmesser von 76 cm. Um eine mögliche Schlierenbildung aufgrund der Temperaturabhängigkeit des Brechungsindex der Luft zu verhindern, wird in einem *Vakuum-Teleskop* die Luft im Inneren größtenteils abgepumpt. Das deutsche Vakuum-Turm-Teleskop auf Teneriffa ist ein „Schiefspiegler", der so konstruiert ist, daß keine tageszeitliche Drehung der projizierten Sonnenscheibe auftritt. Der separate Vakuumtank für den Spektrographen reicht 16 m in den Boden, vgl. Bild 2.6.

Im Zeitalter der Weltraumfahrt werden verstärkt Raumsonden für die Sonnenbeobachtung eingesetzt. Vom 7. März 1962 bis 6. August 1963 registrierte der Satellit OSO-1 [*O*rbiting *S*olar *O*bservatory] von einer 560 km hohen Bahn über der Erdoberfläche 75 *Flares*, die magnetischen Blitze der Sonne. Am 14. Mai 1973 wurde das amerikanische Weltraumobservatorium *Skylab* in eine Umlaufbahn von 435 km Höhe gebracht. Es hatte eine Gesamtlänge von 36 m

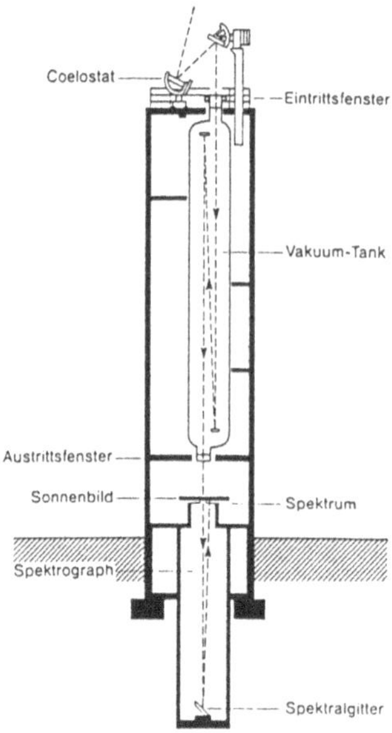

Bild 2.6
Schnitt durch ein Vakuum-Teleskop mit einem Coelostat als beweglichem, der Sonne folgendem Primärspiegel

und eine Masse von über 90 Tonnen. Im ATM [*A*pollo *T*eleskop *M*ount] waren ein Weißlicht-Koronograph, drei Röntgen-, ein UV-, und zwei H_α-Teleskope als Instrumente zur Sonnenbeobachtung untergebracht. Der Koronograph konnte die Korona der Sonne mit einer Ausdehnung von bis zu 6 $R_\odot$ beobachten. Das Skylab stürzte am 11 Juli 1979 auf die Erde. Am 14.2.1980 wurde die Solar-Maximum-Mission [SMM] gestartet, um in 574 km Höhe insbesondere das Flecken-Maximum zu studieren.

Seit Skylab ist der im August 1991 in die Umlaufbahn gebrachte Satellit *Yohkoh* [$\rightarrow$ jap. $\hat{=}$ Sonnenstrahl] der erste, der wieder mit guter Auflösung Aufnahmen der Sonne im weichen Röntgenlicht macht [57]. Das Wolters-Teleskop für Röngtenstrahlen von 6 bis 0,4 nm Wellenlänge, das entspricht Photonenenergien von 0,2 bis 4 keV, kann auf der Sonne noch Strukturen von ca. 2000 km ⌀ auflösen. Es befindet sich auch ein Teleskop für harte Röntgenstrahlung an Bord, das zur Beobachtung von Flares benutzt wird und immerhin Strukturen von 5000 km ⌀ noch erkennt.

Das Projekt *Ulysses* [264, 266], nach dem umtriebigen Helden Homers benannt, hat das Ziel, die Erdbahnebene zu verlassen und erstmals Messungen der Sonne im Bereich ihrer Pole anzustellen. Der Satellit wurde am 6. Oktober 1990 von einem Space Shuttle ausgesetzt und benutzte seine obere Raketenstufe, um der Erdanziehung in Richtung Jupiter zu entfliehen. Bei der Begegnung mit

Jupiter am 11. Februar 1992 wurde dessen große Schwerkraft ausgenutzt, um die Bahn um 80° gegenüber dem Sonnenäquator zu drehen. Am 13. September 1994 verlief dann die Bahn wie geplant mit einem Abstand von 2,29 AE unter dem Südpol der Sonne in der maximalen heliographischen Breite von $-80{,}22°$. Im März 1995 hat Ulysses die Ekliptik in seinem Perihel im Abstand von 1,34 AE gekreuzt, um am 31. Juli 1995 den solaren Nordpol bei 80° zu erreichen. Seine elliptische, gegen die Ekliptik geneigte Bahn wird ihn wieder bis zur Jupiterbahn heraustragen, so daß sich dieses Spiel, sofern Jupiter ihm nicht „zu nahe kommt", alle 6,3 Jahren wiederholen kann.

Im November 1995 wurde SOHO [*So*lar and *H*eliospheric *O*bservatory] gestartet mit einer Gruppe von Koronographen, welche es erlauben, bis zu 1,1 $R_\odot$ in die Korona hineinzublicken.

2.9 Das Spektrum der Sonnenscheibe

Um aus der Sonnenstrahlung und dem Licht von Sternen Schlüsse auf deren Oberflächentemperatur ziehen zu können, benötigt man Kenntnisse über die Ausstrahlungsmechanismen. Falls sich die Oberfläche eines Sterns wie ein Schwarzer Körper verhält, kann man aus der Tatsache, daß nach dem Stefan-Boltzmann-Gesetz der Strahlungsfluß mit der vierten Potenz der Temperatur ansteigt, seine Temperatur per „Ferndiagnose" bestimmen. Tatsächlich definiert man über dieses Gesetz die effektive Temperatur T_{eff}, auch wenn der Stern sich in dieser Beziehung nicht ganz „ideal" verhält.

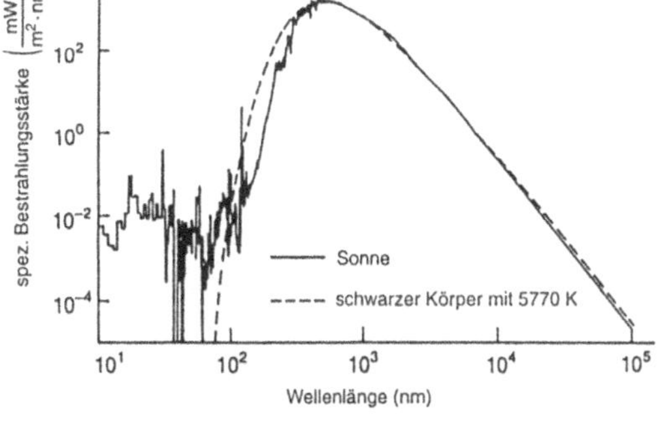

Bild 2.7
Das Spektrum der Sonne (SOLSTICE-Beobachtung) im Vergleich zur Planck-Strahlung eines Schwarzen Körpers bei $T_{\text{eff}} = 5\,770$ K

Kasten 2.2 : Entstehung von Spektrallinien

Farblich reines Licht, sog. monochromatisches *Licht ist uns von den Natriumdampf-Lampen der gelben Straßenbeleuchtung her geläufig. Genaugenommen handelt es sich um zwei eng benachbarte Spektrallinien. Ihre Entstehung läßt sich an dem einfachsten Element, dem Wasserstoff [*H*], am besten verstehen. Das* H-*Atom besteht aus einem Proton im Kern und einem um diesen Kern „kreisenden" Elektron. Nach dem Bohrschen Atommodell sind die einem* gebundenen *Elektron vorbehaltenen Energieniveaus der „Umlaufbahnen" nicht kontinuierlich verteilt, sondern nehmen diskrete Werte an:*

$$E_n = -h\,cR_{\mathrm{H}}/n^2 \;.$$

Dabei ist $n = 1,2,3,\ldots$ *die* Hauptquantenzahl, *und* $R_{\mathrm{H}} \approx 10^8/\mathrm{m}$ *bezeichnet die Rydbergkonstante. Das niedrigste Energieniveau eines* H-*Atoms besitzt die Hauptquantenzahl* $n = 1$ *und liegt bei* $E_1 = -2{,}18 \cdot 10^{-18}$ Ws $= -13{,}6$ eV. *Die Wellenzahlen [das Reziproke der Wellenlänge* λ*] der Strahlungsübergänge zwischen zwei verschiedenen Niveaus* n *und* n' *folgen aus der Beziehung:*

$$1/\lambda = \nu/c = (\Delta E/hc) = R_{\mathrm{H}}\left(n'^{-2} - n^{-2}\right) \;.$$

Die Balmer-Serie entsteht aus den Strahlungsübergängen $E_n \rightarrow E_2$ *von und zu dem ersten angeregten Zustand [*$n' = 2$*] aus. Der Übergang von* $n = 3$ *wird mit* H_α, *der von* $n = 4$ *mit* H_β *und der von* $n = 5$ *mit* H_γ *bezeichnet. Jacob Balmer hatte diese Beziehungen schon 1885 experimentell gefunden, konnte sie aber physikalisch nicht deuten. Energiereicher ist die später gefundene Lyman-Serie, welche den Übergängen* $E_n \rightarrow E_1$ *in den Grundzustand [*$n' = 1$*] des* H-*Atoms entsprechen.*
Im Hochvakuum zwischen den Sternen hat man hochangeregte Atome, sog. Rydberg-Atome, *beobachtet, deren Hauptquantenzahl bis zu* $n = 700$ *reicht und die damit ca. 1/20* mm *„groß" sind. Im Grenzfall* $n \rightarrow \infty$ *ist das (Außen-) Elektron nicht mehr gebunden, man spricht von (vollständig)* ionisierten Atomen.

Bei der Sonne wird das Licht nicht ganz an der Oberfläche, sondern in der Photosphäre emittiert. Dort ist die spektrale Verteilung insbesondere zum Infraroten hin der eines Schwarzen Körpers sehr ähnlich, wie Bild 2.7 zeigt. Die Anpassung der solaren Spektralverteilung an die Planck-Kurve liefert $T_{\odot,\mathrm{eff}} = 5\,770$ K als Effektivtemperatur der Sonnenoberfläche [166]. Allerdings entspricht die sichtbare Strahlung der Sonne und der Sterne auch insofern nicht genau der eines idealen Schwarzen Körpers, als sie von *Absorptionslinien* durchsetzt ist. Beim Durchdringen der äußeren Gasschichten wird ein Teil des ausgesandten Lichts wieder absorbiert, und zwar bei den für jedes Element charakteristischen Wellenlängen, in genauer Umkehrung der Emission. Man erhält daher von der Sonne ein *Absorptionsspektrum*. Größere Abweichungen zeigt das Sonnenspektrum im Bereich des ultravioletten Lichts, wie die Messungen mit SOLSTICE [*Sol*ar *St*ellar *I*rradiance *C*omparison *E*xperiment] in einem Satelliten in 585 km Höhe zeigen. Die untere Photosphäre der Sonne gibt ein kontinuierliches Hintergrundspektrum ab, jedoch entstehen in der darüber liegenden absorbierende Schicht die dunklen *Absorptionslinien*. Diese Linien wurden von dem bayrischen Optiker Joseph Fraunhofer (1787–1826) als erster beschrieben. Könnte man die Chromosphäre einmal losgelöst aus ihrer Umgebung sehen, so würden die Linien als helle *Emissionslinien* erscheinen.

Elemente mit höheren Ordnungszahlen, d.h. Protonenzahl im Kern, besitzen auch mehrere Elektronen, die sich auf Schalen mit verschiedenen Energieniveaus verteilen. Entsprechend kompliziert und vielfältig sind dann die Strahlungsübergänge und die damit verbundenen Emissionsspektren. Tatsächlich stellt die Verteilung der Spektrallinien einen „Fingerabdruck" dar, der für jedes Element charakteristisch ist.

Aufgrund der hohen Temperaturen bewegen sich die Atome beim Absorptionsprozeß recht schnell. Daher treten in den Linienprofilen Doppler- und Druckverbreiterungen auf. Die große Vielzahl der Linien des Absorptionsspektrums kommt durch Überlagerung der Spektren verschiedener Elemente mit folgenden Massenanteilen zustande:

Photosphäre:

Element	**Anteil**	**Element**	**Anteil**
Wasserstoff	73,46 %	Stickstoff	0,09 %
Helium	24,85 %	Silizium	0,07 %
Sauerstoff	0,77 %	Magnesium	0,05 %
Kohlenstoff	0,29 %	Schwefel	0,04 %
Eisen	0,16 %	Andere	0,10 %
Neon	0,12 %		

2.10 Granulation der Photosphäre

Die *Photosphäre* ist eine ca. 400 km dicke Oberflächenschicht der Sonne, aus der alles sichtbare Licht emittiert wird. Sie stellt somit die sichtbare „Oberfläche" der Sonne dar. Der Gasdruck in der Photosphäre beträgt 0,01 bis 10 % des Gasdrucks der Erdatmosphäre auf Meereshöhe. Man kann in die Photosphäre bis zu einer Tiefe von einigen hundert Kilometern „hineinsehen", ab dann

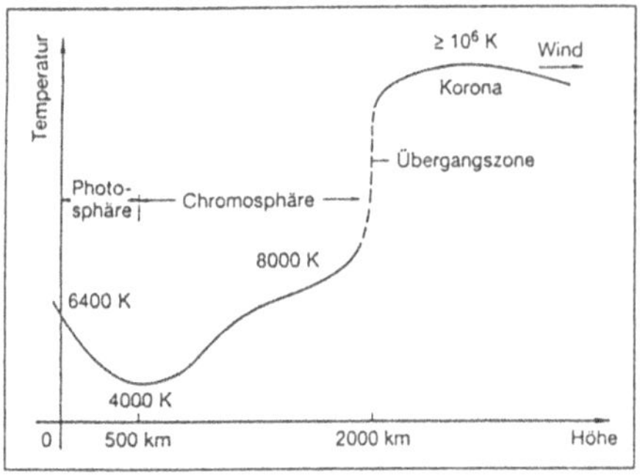

Bild 2.8
Temperaturverlauf der ruhigen Sonnenatmosphäre einschließlich Photosphäre, Chromosphäre und Korona

wird sie völlig undurchlässig. Das photosphärische Gas absorbiert hauptsächlich deswegen, weil negative Wasserstoff-Ionen vorhanden sind, welche durch kurzzeitigen Einfang eines Elektrons entstehen können. Diese H^--Ionen absorbieren so stark, daß der größte Teil der Strahlung aus einer nur 100 km dicken oberen Schicht kommt. Die Temperatur der Photosphäre fällt mit größerer Höhe steil ab, was man bereits an der *Randverdunklung* der Sonnenscheibe erkennt. Dieser Abfall der Temperatur in der Photosphäre ist durch die Abstrahlung von elektromagnetischen Wellen und damit von Energie begründet.

Das Temperaturminimum in etwa 500 km Höhe über der Sonnenoberfläche grenzt die Photosphäre von der *Chromosphäre* ab, siehe Bild 2.8. Die Chromosphäre wird dann mit zunehmendem Abstand von der Sonne wieder heißer. Im Vergleich zu einer heißen Herdplatte, bei der die Temperatur bei größerer Entfernung abnimmt, ist dieser Temperaturanstieg ungewöhnlich. Man vermutet, daß durch aufsteigende Schockwellen im dünnen Medium eine Aufheizung des Plasmas hervorgerufen wird.

Unter *Granulation* der Photosphäre versteht man die turbulente Bewegung heißer Gase. Die *Granulen* haben einen Durchmesser von etwa 1000 km, also etwa die Größe Frankreichs, und stellen den Kopf von aufsteigenden heißen Gasblasen dar, welche dabei Geschwindigkeiten von 0,5 km/s erreichen. Sie haben eine Lebensdauer von ungefähr acht Minuten. Der äußere bis 200 000 km hinabreichende Mantel der Sonne baut sich, ähnlich chaotisch wie bei einer brodelnden Brühe, aus drei aufeinanderfolgenden Konvektionszonen auf, wobei nur die oberste für die sichtbare Granulation verantwortlich ist.

In Farbtafel III ist die Granulation der Sonne in der Nähe eines Flecks mit dem Vakuum-Turm-Teleskop auf Teneriffa bei 550 nm Wellenlänge aufgenommen worden. Da die Einzelbilder während der partiellen Sonnenfinsternis vom 10. Mai 1994 mit dem Mondschatten als Referenzlinie entstanden sind, zeigt die

Kasten 2.3 : (Relativistischer) Doppler-Effekt

Die Bewegung von heißen Gasmassen läßt sich über den sog. Doppler-Effekt, *benannt nach dem Physiker Christian Doppler (1803–1853), messen. Er tritt immer dann auf, wenn sich die Quelle einer Welle bewegt oder der Beobachter sich auf die Quelle zu oder weg bewegt. – Im Alltag ist uns der Doppler-Effekt bei Schallwellen geläufig: Die Veränderung der Tonhöhe bei dem Pfeifton eines vorbeifahrenden Zuges beruht genau auf diesem Effekt. Beim Licht ist es ähnlich, obwohl man genaugenommen zwischen dem nicht-relativistischen Doppler-Effekt bei Schallwellen und dem relativistischen Doppler-Effekt bei Licht unterscheiden muß. Bewegen sich Lichtquelle und Beobachter aufeinander zu, so hat das Licht eine höhere Frequenz und eine kürzere Wellenlänge, d.h. es erscheint blauverschoben, bei Vergrößerung des relativen Abstandes rotverschoben.*

Für kleine Geschwindigkeiten gilt $\Delta\lambda/\lambda_0 = v/c$. *Bei großen Relativgeschwindigkeiten muß man nach den Gesetzen der Speziellen Relativitätstheorie rechnen. Dann gilt für die Frequenz* $\nu/\nu_0 = \sqrt{(c-v)/(c+v)}$ *bzw. wegen* $c = \nu\lambda$ *für die Wellenlänge* $\lambda/\lambda_0 = (1+v/c)/\sqrt{1-v^2/c^2} \approx 1 + v/c$.

Rekonstruktion mit Hilfe der Speckle-Interferometrie besonders viele Details [65, 64]. Die Striche haben einen Winkelabstand von einer Bogensekunde, das sind 722 km auf der Sonne.

Der Doppler-Effekt wird ausgenutzt, um die Geschwindigkeit von (Super-) Granulen zu messen. Ohne eine Bewegung der Plasmablasen ist das Profil einer Fraunhofer-Linie, d.h. einer Absorptionslinie, symmetrisch zum Minimum und Rot- bzw. Violettfilter mit geeigneten spektralen „Fenstern“ lassen an den Flanken des Linienprofils die gleiche Lichtintensität durch. Falls sich die Quelle aber von uns entfernt, ist die Intensität der Flanke im Rotfilter geringer als im Violettfilter; bei Annäherung gilt das Umgekehrte. Aus solchen „Doppler-Bildern“ der Sonne lassen sich dann Geschwindigkeitsverteilungen der Granulen ablesen.

2.11 Die Chromosphäre

Die *Chromosphäre* ist eine dünne, einige tausend Kilometer dicke „Farbschicht“ oberhalb der Photosphäre. Sie leuchtet viel zu schwach, als daß sie vor der hellen Photosphäre direkt gesehen werden könnte. Nur bei einer totalen Sonnenfinsternis erscheint sie als rosa Saum, einer „brennenden Prärie“ nicht unähnlich. Mit einem Spektroheliographen oder monochromatischen Filtern kann heutzutage die Chromosphäre der ganzen Sonnenscheibe studiert werden.

Die Chromosphäre ist keine homogene Schicht, sondern besitzt eine großräumige Zellenstruktur welche durch die Turbulenzzonen der darunter liegenden Konvektionszone geprägt ist. Diese *Supergranulen* haben einen Durchmesser von 30 000 km und eine Lebensdauer von etwa einem Tag. Sie bestehen aus Gasballen, welche mit Geschwindigkeiten von 1 bis 3 km/s auf- und absteigen. Die Muster der Supergranulation fällt mit dem Netzwerk im Licht des ionisierten Kalziums zusammen. Man vermutet einen Zusammenhang mit den (transversalen) Alfvén-Wellen, bei denen Magnetfeld und Wellengeschwindigkeit im Plasma korreliert sind. Weiterhin ist die Chromosphäre Ausgangspunkt von *Protuberanzen* und *Flares*. Dabei bestehen Protuberanzen aus relativ kühler Materie, welche das Licht der Photosphäre aufgrund ihrer größeren Dichte stärker streut und damit am Sonnenrand hell erscheint; vor der hellen Sonnenscheibe hingegen erscheinen sie als dunkle *Filamente*.

Spikulen sind flammenähnliche Spitzen, welche mit 20 bis 30 km/s aus der Chromosphäre emporschießen. Sie haben eine Temperatur von 10 000 bis 20 000 K, einen Durchmesser von etwa 1000 km und eine Höhe von 10 000 km. Ihre Anzahl auf der Sonne beträgt ca. 500 000 und ihre Lebensdauer ist fünf bis zehn Minuten.

Fibrillen sind dünne, fast horizontal in der Chromosphäre verlaufende Fäden. Entlang des Magnetfeldes eines Sonnenflecks werden die Fibrillen zu langen Schlangenlinien verformt. Beobachtungen von Fibrillen werden häufig mit sog. Lyot-Filtern (Bernard Lyot, 1857–1952), die nur das Licht der H_α-Linie durchlassen, durchgeführt. Die großräumige Struktur der Fibrillen erinnert stark an die Ausrichtung von Eisenfeilspänen in der Nähe von starken Permanentmagneten.

2.12 Protuberanzen

Protuberanzen gehören zu den schönsten und spektakulärsten Ereignissen auf der Sonne. Sie bestehen aus Gasmassen mit niedrigeren Temperaturen von 10 000 bis 30 000 K, aber der hundertfachen Dichte der oberen Chromosphäre bzw. Korona. Die Häufigkeit der Protuberanzen folgt in etwa dem Fleckenzyklus, „hinkt“ aber meist mit einer Phasenverschiebung von 1 bis 2 Jahren hinterher. Man unterscheidet *Hedgerow*- [$\hat{=}$ Hecken] und *Loop*- [$\hat{=}$ Schleifen], sowie *stationäre* Protuberanzen

Die Entstehung von Protuberanzen läßt sich folgendermaßen deuten:

1. Bei Schleifenprotuberanzen folgen die Ionen des Plasmas spiralig den Magnetfeldlinien einer bipolaren Region, wie sie z.B. aus einer bipolaren Fleckengruppe heraustreten. Die Hecken- und Schleifenprotuberanzen sind meist sehr lange stationär, um dann in eruptive Formen überzugehen.

2. Bei stationären Protuberanzen stehen die Filamente in Form von Viadukten senkrecht über den Grenzlinien ausgedehnter Flächen entgegengesetzter magnetischer Polarität. „Beulen" in diesen Feldlinienbögen verhindern, daß die Protuberanzen seitliche vom Scheitel der „haltenden" Magnetfelder wegrutschen können [340]. Elektrische Ströme im Plasma der Protuberanz, welche senkrecht zum Magnetfeld gerichtet sind, erzeugen eine Lorentz-Kraft, die für Monate bis zu einem Jahr der Schwerkraft der Sonne die Waage halten kann.

Eruptive Protuberanzen sind im Zusammenhang mit Flares und geomagnetischen Störungen wichtig, da sie Stoßwellen durch das interplanetare Medium treiben. Mit der „Magnetfeldkanone" von Elihu Thomson, bei der ein Aluminiumring beim Einschalten einer starken Magnetspule aufgrund von induzierten Strömen fortgeschleudert wird, läßt sich eine eruptive Protuberanz veranschaulichen – allerdings nur im Kleinformat. Allerdings ist auf der Sonne ein stark komprimiertes Magnetfeld schon vorhanden, welches sich gelegentlich aus seiner „Verklemmung" bzw. Verdrillung befreit. Schleifenprotuberanzen können gewaltige Ausmaße annehmen. Bei einer Eruption am 13. März 1970 betrug die Höhe über der Photosphäre 370 000 km $\approx 0{,}5 R_{\odot}$, das entspricht dem 29fachen Erddurchmesser, und die Aufstiegsgeschwindigkeit war 160 km/s.

2.13 Flares: Magnetische Blitze

Bereits 1859 entdeckte der englische Astronom Richard Carrington den ersten Weißlicht-*Flare*, der einen großen Magnetsturm auf der Erde auslöste. Gewöhnlich sind die Flares nur in der Farbe der Wasserstoff- und Kalzium-Linien zu sehen. Ein Flare, der meist in der aktiven Sonnenatmosphäre in der Nähe von Sonnenflecken auftritt, setzt innerhalb eines Zeitraums von 10 bis 60 Minuten größere Energiemengen frei, die sich über das ganze elektromagnetische Spektrum, von Radiowellen bis Gammastrahlen verteilen. Meist beginnt es mit einem Burst [$\hat{=}$ Ausbruch] harter Röntgenstrahlung, welche als *Bremsstrahlung* von Elektronen erzeugt wird, die auf halbe Lichtgeschwindigkeit beschleunigt und dann im Plasma abgebremst werden. Die Flare-Häufigkeit ist mit der Fleckenzahl korreliert, ist im Mittel aber um den Faktor 1/25 geringer.

Im Vergleich zum irdischen Blitz, bei dem eine elektrische Potentialdifferenz zwischen Wolkenschichten und Erdoberfläche ausgeglichen wird, bezieht ein Flare seine Energie aus dem Magnetfeld der Sonne. In einem 1 km^3 großen Plasma-Volumen aus der Mitte eines Sonnenflecks (ein Würfel von 1 km Kantenlänge) ist in etwa die Energie der Hiroshima-Atombombe gespeichert. Für einen großen Flare sind 10^{25} J an magnetischer Feldenergie erforderlich, welche in einem Plasma-Volumen von 10^{21} m^3 steckt. Dies entspricht etwa der Energie von einer Milliarde Wasserstoffbomben mit jeweils 1 Mio. Tonnen TNT Sprengkraft. Dabei geht die Plasmatemperatur bis auf $5 \cdot 10^7$ K hoch und es wird für eine kurze Zeit ein Tausendstel der Leuchtkraft der Sonne erreicht!

Über die Entstehung der Flares macht man sich folgende Modellvorstellung: Durch plötzliche Verknüpfungen [→ *reconnection*] von Magnetfeldern entgegengesetzter Polarität oder durch Entwirrung von verdrehten und gescherten Feldkonfigurationen wird die magnetische Feldenergie, welche zum Quadrat der magnetischen Feldstärke proportional ist, freigesetzt und damit die Plasmawolken der Protuberanz beschleunigt, vgl. Bild 2.9. Die in der Farbtafel IV wiedergegebene Röntgenaufnahme des japanisch-amerikanischen Satelliten Yohkoh vom 26. Februar 1992 zeigt gerade solche verdrehten oder spitzbogenförmigen Plasmaschleifen [57]. Gleichzeitig läßt sich anhand von Heliomagnetogrammen nach dem Flare eine signifikante Abnahme des elektrischen Stroms in den Plasmaschleifen feststellen.

Sehr große Flares können sich bis zu 220 000 km, also das 22fache des Erddurchmessers, erstrecken. Sie besitzen oft eine Doppelbandcharakteristik mit

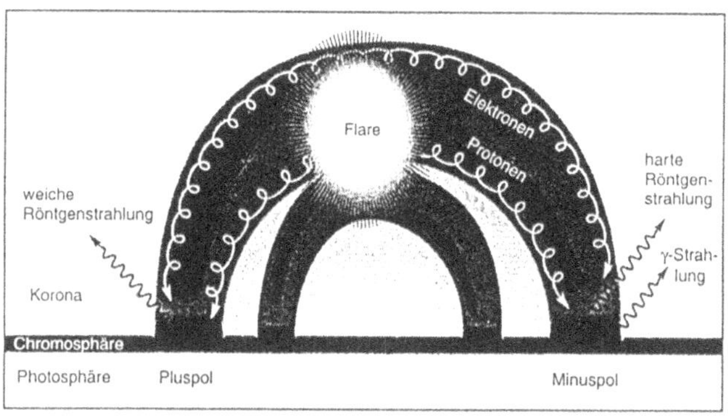

Bild 2.9 Modell zur Flare-Entstehung durch magnetische Verknüpfung von Flußschläuchen in der Korona

einem System von Bögen [105]. Flares können Störungen im Erdmagnetfeld, sog. „magnetische Stürme", und bei Flügen auf polaren Routen Schäden an der Bordelektronik verursachen. Am 10. März 1989 setzte ein Flare indirekt über die von magnetischen Stürmen induzierten Ströme Teile des kanadischen Elektrizitätsnetzes in Quebec außer Betrieb [117].

Bei „ruhiger" Sonne ist die solare Radiostrahlung thermischen Ursprungs. Im Millimeterbereich entspricht die gemessene Intensität der eines Schwarzen Körpers von $T_{\text{eff}} = 6000$ K, während bei Meterwellen die effektive Temperatur in höheren Schichten der Sonnenatmosphäre bis auf 10^6 K ansteigt. *Radiobursts* treten im gesamten Radiospektrum auf und dauern von einer Sekunde bis zu mehreren Stunden. Die Intensität kann bis zu 10 000mal höher sein als die der „ruhigen" Sonne. Typ I-Ausbrüche kommen mitten in einem Radiosturm vor. Die anderen Radioausbrüche treten meist als *Folge* eines starken *Flares* auf, wobei Elektronen mit ein Drittel der Lichtgeschwindigkeit nach oben schießen. Je nach Frequenzverschiebung bei den Bursts unterscheidet man verschiedenen Typen des „Radioprogramms".

Einer der größten Ausbrüche, der je im Radiobereich aufgezeichnet wurde, war ein sich bewegender Burst am 1. und 2. März 1969. Er wurde nicht nur bei der Radiofrequenz 80 MHz, das entspricht 3,75 m Wellenlänge, sondern der verursachende Flare-Ausbruch auch im Licht der H_α-Linie beobachtet.

2.14 Sonnenfinsternisse

Da die Sonne 400mal größer ist als der Mond, aber aus Zufall zugleich auch etwa 400mal weiter entfernt ist, erscheinen uns vom „Logenplatz" Erde die Sonnen- und die Mondscheibe gleich groß am Himmel. Daher kann der Mond bei geeigneter Stellung die Sonne verdecken. Man unterscheidet zwischen *totaler* und *ringförmiger Sonnenfinsternis*:

1. Bei einer *totalen Sonnnenfinsternis* überquert der Mondschatten die Erde mit 3000 km/h, das ist etwa die dreifache Schallgeschwindigkeit. Falls man gerade keinen Flug mit einer Concorde gebucht hat, dauert die *Totalität* dann maximal 7 Minuten und 31 Sekunden.

2. Die Bahn des Mondes um die Erde ist etwas elliptisch. Daher kommt es zur größten Annäherung [363 000 km] zwischen Erde und Mond im Perigäum, während im Apogäum der größte Abstand von 405 600 km auftritt. Bei einem größeren Abstand erscheint der Mond daher kleiner

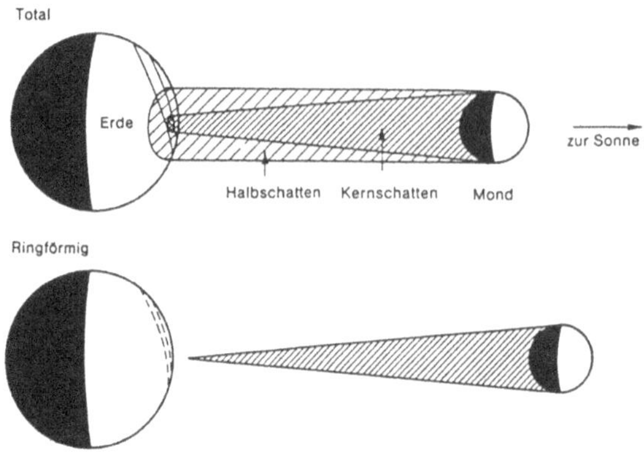

Bild 2.10 Eine Sonnenfinsternis ist nur in einem 250 km breiten Streifen *total*, während sie im Apogäum nur *ringförmig* ist.

als die Sonne, so daß es dann nur zu einer *ringförmigen Sonnenfinsternis* kommen kann.

Da die Mondbahn um 5°9′ gegen die Ekliptik geneigt ist, muß der Mond für eine Finsternis die Ebene der Ekliptik kreuzen, d.h. es muß ein *Mondknoten* vorliegen. Einmal in 346,62 Sonnentagen liegen die Sonne und der Mondknoten in gleicher Richtung. 19 solcher Perioden stimmen zufällig mit 223 synodischen Monaten [≙ 6585,32 Tage] bis auf die Stellen hinter dem Komma überein. Dies ist der schon den Babyloniern bekannte *Saros-Zyklus* von 6585,78 Tagen oder 18 Jahren und 11 Tagen.

Gegen Ende des Jahrtausends, am 11. August 1999, kann man auch in Süddeutschland (Stuttgart und München) und Österreich (Salzburg und Graz) eine totale Sonnenfinsternis beobachten [189]. Bis zum Jahr 2005 ereignen sich weltweit neben 8 partiellen 7 *totale* Sonnenfinsternisse mit folgender maximalen Dauer:

		Totale Sonnenfinsternisse
Zeit	**Dauer**	**Erdteil**
24. Okt. 1995	2 min. 10 s	Asien, Borneo
9. März 1997	2 min. 50 s	Mongolei, Sibirien
26. Feb. 1998	4 min. 8 s	Nordwestliches Südamerika
11. Aug. 1999	2 min. 23 s	Europa, Südwestl. und südl. Asien
21. Juni 2001	4 min. 56 s	Afrika, Madagaska
4. Dez. 2002	2 min. 4 s	Südafrika, Australien
23. Nov. 2003	1 min. 57 s	Antarktis

Kasten 2.4 : Lichtablenkung durch die Raumzeit-Krümmung

Nach der Allgemeinen Relativitätstheorie [ART] *von Einstein sollte sich der scheinbare Winkelabstand zweier Sterne am Rande der Sonne in erster Näherung um* $\delta = 2R_S/R_\odot = 1{,}75''$ *vergrößern, wobei* $R_S = 2G\,M_\odot/c^2 \cong 3$ km *der charakteristische Gravitationsradius der Sonne ist. Dieser Winkel ist doppelt so groß wie der aus der Newtonschen Gravitationstheorie folgende Wert, wie Soldner bereits 1801 anhand der (falschen) Newtonschen Korpuskulartheorie des Lichtes abgeleitet hat, vgl. [221].*
Die Lichtablenkung entsteht dadurch, daß auch Photonen der durch die Gravitation bedingten Krümmung der Raumzeit *in der Nähe der Sonne folgen müssen. Der für die Photonen jeweils „kürzeste" Weg durch die „Mulde" der Raumzeit liefert dann eine im Vergleich zu Newton doppelt so große Ablenkung des Lichts, vgl. Bild 2.11.*
Über interferometrische Beobachtungen von Sternen am Rande der Sonne will man versuchen, bei der gravitativen Lichtablenkung auch den Beitrag der sog. zweiten post-Newtonschen Näherung zu überprüfen. Die ART sagt eine zusätzliche Ablenkung von $0{,}000011''(r/R_\odot)$ *voraus, wobei r der Abstand zum Mittelpunkt der Sonne ist.*

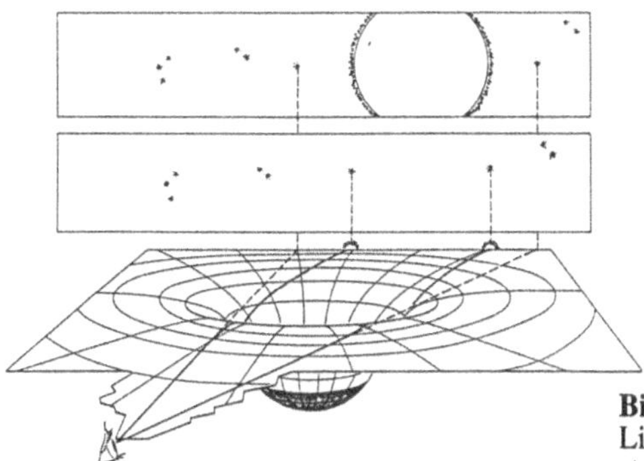

Bild 2.11
Lichtablenkung bei einer Sonnenfinsternis. Oben: Abstand zweier Sterne bei einer Sonnenfinsternis. Mitte: Abstand der Sterne ohne Einfluß der Sonne. Unten: Deutung des beobachteten Effekts: Die Schwerkraft der Sonne erzeugt eine Mulde („Krümmung") in der Raumzeit, durch die Lichtwege scheinbar verbogen werden.

Eine Sonnenfinsternis wurde auch benutzt, um eine Voraussage der 1915 von Albert Einstein aufgestellten Gravitationstheorie zu überprüfen. Am 25. Juni 1919 vermaß der Britische Astronom Arthur S. Eddington während einer Sonnenfinsternis auf der Insel Principe an der Westküste Afrikas die Lichtablenkung am Rande der Sonne. Die Beobachtung ergab einen Ablenkungswinkel von $\delta = 1{,}61'' \pm 0{,}30''$ und bestätigte[5] damit, im Rahmen der damaligen Meßgenauigkeit, Einstein. Messungen mit sichtbarem Licht sind auch heute noch mit einem Fehler von 10 % behaftet, hingegen werden Radiowellen des Quasars 3C 279, der alljährlich am 8. Oktober von der Sonne verdeckt wird, im Vergleich zur Referenzquelle 3C 273 um den Winkel von $\delta = 1{,}73(\pm 5)''$ abgelenkt, was bis auf 1 % mit dem Einsteinschen Wert übereinstimmt [341].

2.15 Die Korona

Bei einer totalen Sonnenfinsternis wird die *Korona*, d.h. die äußere Atmosphäre der Sonne, sichtbar. (Mit einem *Koronographen* auf einem hohen Berg oder besser im Weltraum erreicht man das gleiche ganz profan durch Ausblenden der Sonnenscheibe mit einem kreisrunden Spiegel und penibles Vermeiden von Streulicht. Damit konnte 1979 sogar erstmals der Sturz eines Kometen in die Sonne beobachtet werden [347].) Ansonsten wird die Korona von dem Licht der Sonnenscheibe völlig überstrahlt, obwohl die koronale Helligkeit visuell nur etwas geringer als die des Vollmonds ist. Die Dichte des koronalen Plasmas ist äußerst gering und beträgt nur 10^{-13} kg/m^3; in irdischen Laboratorien wäre das ein ausgezeichnetes Vakuum.

Eine grüne Absorptionslinie im Spektrum der Korona bei $\lambda = 530{,}286$ nm wurde für lange Zeit einem Element „Coronium“ zugeschrieben, das auf der Erde nicht vorkommt. Heute weiß man, daß sie von 13fach ionisiertem Eisen FeXIV, d.h. von Fe-Atomen herrührt, denen die Hälfte der 26 Elektronen entrissen worden sind. Andere auffällige Linien werden von hochionisiertem Nickel und Kalzium erzeugt. Diese starke Ionisation zeigt, daß die Korona eine sehr hohe Temperatur von über einer Million Kelvin haben muß.

Die beobachtete Aufheizung der höheren Chromosphäre und insbesondere der Korona kann nicht durch die abkühlend wirkende Konvektion entstehen, sondern wird wahrscheinlich durch magnetohydrodynamische Alfvén-Wellen bzw. durch longitudinale Plasmawellen verursacht. Diese sollen sich in der Korona zu Schockwellen aufsteilen, ähnlich wie die Brandungswellen am Strand.

Das Aussehen der Korona ändert sich im Laufe des Fleckenzyklus. Im Fleckenminimum ist die Korona stark durch die Dipolkomponente des solaren

---

[5] Die Physiker *Debye, Weyl*, u.a. schickten Einstein zum Glückwunsch eine Postkarte mit folgendem Vierzeiler: Alle Zweifel sind entschwunden,/ Endlich ist es nun gefunden:/ Das Licht, das läuft natürlich krumm/ Zu Einsteins allergrößtem Ruhm.

Magnetfeldes geprägt, wobei die *Koronastrahlen* in der Nähe des Sonnenäquators konzentriert sind, während in der Polgegend dünne, kurze *Polarstrahlen* vorherrschen. Das koronale Plasma richtet sich im solaren Magnetfeld, grob gesprochen, ähnlich wie Eisenfeilspäne aus. Im Maximum der Sonnenfleckenaktivität ist die Korona heller, stärker strukturiert und über größere Bereiche verteilt.

Die dipolartige Magnetfeldstruktur der oberen Korona im Fleckenminimum zeigt sich am deutlichsten durch eine neutrale Schicht, welche bis ins interplanetare Medium hinausreicht. Bei einer aktiven Phase der Sonne vergrößert sich die heliograpische Breitenausdehnung dieser *Neutralschicht*. Eine Neigung der Neutralschicht gegenüber dem Sonnenäquator von im Mittel unter 40° deutet auf eine Abweichung der magnetischen Dipolachse von der Rotationsachse hin. Das großräumige Magnetfeld der Sonne besitzt für den erdgebundenen Beobachter zusätzlich zum Dipolfeld eine scheinbare Komponente mit periodisch abwechselnder Polarität am Äquator, welche aus der Neigung der Neutralschicht resultiert. Beide Komponenten rotieren unterschiedlich schnell.

Koronale Löcher markieren Gebiete schwacher Magnetfelder mit „offenen" Feldlinien. Sie sind bis zu fünfmal kühler als die übrigen Bereiche. Auf UV- und Röntgenaufnahmen erscheinen sie als dunkle Gebiete. Diese koronalen Löcher entwickeln sich nach folgendem Schema: Kleine Löcher am Äquator verbinden sich mit den Pollöchern und rotieren dann starr mit der Sonne mit. Später ziehen sich diese Löcher wieder auf die Pole zurück. Mit dem Satellit Ulysses hat man bei einem koronalen Loch über dem Südpol der Sonne Temperaturen (der Elektronen) von $1{,}5 \cdot 10^6$ K gemessen.

Seit Juni 1992 erforscht der Satelliten EUVE [*E*xtreme *U*ltra*v*iolet *E*xplorer] in einer 550 km hohen Umlaufbahn mit Hilfe von Wolter-Teleskopen den Bereich von 10 bis 100 nm Wellenlängen des *e*xtremen *u*ltra*v*ioletten Lichts [EUV]. Bis zum Januar 1993 sind bereits 400 kosmische Quellen in dem EUV-Bereich gefunden worden [40]. Dabei ist der Stern Epsilon Canis Majoris im Sternbild Großer Hund bei weitem die hellste EUV-Quelle am Himmel. Es handelt sich größtenteils um Sterne mit einer aktiven Korona oder um sehr heiße Weiße Zwerge.

Auf dem 30 Lj entfernten Stern AU Microscopii sind Flare-Ausbrüche beobachtet worden, welche die der Sonne weit „in den Schatten stellen". Bei einem der Ausbrüche stieg die EUV-Strahlung innerhalb weniger Minuten um das Zwanzigfache an, um dann erst nach mehreren Stunden auf den alten Wert zurückzufallen. Die Korona des Systems Capella, das aus zwei gelben Riesen besteht, ist sogar bis zu $6 \cdot 10^6$ K heiß.

Mit dem Satelliten ASCA [*A*dvanced *S*atellite for *C*osmology and *A*strophysics] hat man im März 1994 im Röntgenbereich Flare-Ausbrüche bei unserem „nächsten Nachbarn", dem 4,3 Lj entfernten Stern Proxima Centauri beobachtet. Dabei zeigte sich, daß dieser Zwergstern mit weniger als 1/500 der Leuchtkraft der Sonne genauso aktiv ist wie unsere Sonne im Fleckenmaximum [117].

2.16 Der Sonnenwind

Der *Sonnenwind* kommt größtenteils aus dem „löchrigen" Teil der Korona und besteht hauptsächlich aus Elektronen, Protonen und doppelt ionisiertem Helium. Diese Teilchen werden mit Geschwindigkeiten von 300 bis 900 km/s in den interstellaren Raum geblasen. Zum Vergleich: Die Fluchtgeschwindigkeit am Sonnenrand beträgt ungefähr 605 km/s. In Sonnennähe bis hin zur Erdbahn läßt sich der 600 bis 900 km/s *schnelle* Sonnenwind mit 3 % Helium-Anteil gut von dem *langsamen* Sonnenwind mit „nur" 300 bis 450 km/s unterscheiden. Im November beobachtete Ulysses [227] einen koronalen „Massenausstoß" mit einer Spitzengeschwindigkeit von 990 km/s, also eine Schockwelle, welche durch einen Flare-Ausbruch bedingt ist. Während der Sonnenwind in geringer heliographischer Breite sowohl in Temperatur als auch Geschwindigkeit *stark* im Rhythmus der Rotationsperiode von 27 Tagen der Sonne schwankt, weht er auch nach Ausweis seiner Helium-Komponente [100] über dem Südpol konstant mit fast 800 km/s und besitzt eine Temperatur von etwas über 1 Million Kelvin. Überraschenderweise fand Ulysses dort auch kaum den von einem Dipol erwarten Anstieg des Magnetfeldes sowie der Kosmischen Strahlung.

In vier bis fünf Tagen erreicht der Sonnenwind die Erde, dabei hat sich seine Dichte auf 5 bis 10 Teilchen pro Kubikzentimeter und die Temperatur auf $1{,}4 \cdot 10^5$ K reduziert, während seine Geschwindigkeit immer noch $400(\pm 80)$ km/s beträgt. Trotz dieser geringen Dichte ist der Massenverlust durch den Sonnenwind mit einer Rate von 10^9 kg pro Sekunde bzw. $2 \cdot 10^{-14}\ M_\odot$ pro Jahr für irdische Verhältnisse gesehen recht groß. Allerdings wäre selbst bei konstantem Teilchenfluß die Gesamtmasse der Sonne erst nach über 10^{13} Jahren „vom Winde verweht".

Da die Sonne zusammen mit ihrem *interplanetaren Magnetfeld* rotiert, muß der Sonnenwind in Sonnennähe mitrotieren. Außerhalb dieser *Korotationszone* hinkt der Sonnenwind wie bei einem „Gartensprinkler" der Rotation hinterher (*Parker-Spirale*). Die neutrale Schicht des Magnetfeldes verbiegt sich dabei wie ein „Ballerina-Rock" [212]. Die ersten Fingerzeige, welche auf die Existenz des Sonnenwindes hinwiesen, waren geomagnetische Störungen sowie die von der Sonne weg gerichteten Kometenschweife.

Der Sonnenwind beeinflußt auch die Form des Erdmagnetfelds. Der Einflußbereich des geomagnetischen Feldes, welches von einem irdischen Dipolfeld der Stärke $\sim 6 \cdot 10^{-5}$ Tesla herrührt, nennt man *Magnetosphäre*. Ohne den Sonnenwind würde sie einen Radius von etwa 100 Erdradien [$R_{♁}$] haben. Der Sonnenwind drückt die Magnetosphäre auf der der Sonne zugewandten Seite auf 8 bis 10 $R_{♁}$ zusammen. Zudem entsteht auf dieser Seite wegen der achtfachen „Überschallgeschwindigkeit" des Sonnenwinds (im Vergleich zur schon sehr hohen Ausbreitungsgeschwindigkeit von Druckschwankungen im dünnen Plasma) eine Stoßfront. Darin wird der Sonnenwind auf 250 km/s abgebremst und das Plasma auf ca. 10^6 K aufgeheizt. Die *Magnetopause* ist eine Zone, welche die Teilchen des Sonnenwinds nicht überqueren können, ohne abgelenkt und eingefangen zu werden. Starke Variationen im Sonnenwind erzeugen Veränderungen in der Magnetosphäre, welche sich auf der Erde in *magnetischen Stürmen* äußern.

Das Magnetfeld der Erde fängt in 1,5 $R_{♁}$ und 5 $R_{♁}$ Abstand über die Lorentz-Kraft energiereiche geladene Teilchen wie in einer „magnetischen Flasche" ein. Diese beiden Bereiche werden *Van-Allen-Gürtel* genannt und sind 1958 von den Satelliten Explorer 1 und 2 entdeckt worden.

Die solare Röntgen- und UV-Strahlung ionisiert die Atome und Moleküle der Ionosphäre ab 90 km Höhe. Bei Flare-Ausbrüchen kann die Ionisation so verstärkt werden, daß Radiowellen vollständig absorbiert werden und ein sog. fade-out in der Kurzwellenübertragung auftritt. Auch die Konzentration von O_3 in der Ozonschicht, welche in 20 bis 30 km Höhe durch Absorption von UV-Strahlung entsteht, kann durch Flare-Ausbrüche verändert werden.

Der Sonnenwind reicht bis über das Planetensystem hinaus, man spricht von einer *Heliosphäre*. Erst bei ca. 100 AE befinden sich der sehr geringe Druck des interstellaren Gases und des Sonnenwindes im Gleichgewicht.

2.17 Anatomie der Sonne

Die Erde hat eine mittlere Entfernung von der Sonne von 1 AE $\approx$ 150 Mio. km. Das entspricht 8,3 Lichtminuten oder 215 Sonnenradien [$R_{\odot}$] und bedeutet, daß ein von der Sonne emittiertes Photon etwa acht Minuten braucht, um die Erde zu erreichen. Die Sonnenscheibe erscheint uns unter einem Winkeldurchmesser von etwa 0,5°. Nach elementargeometrischen Überlegungen verhält sich dieser Wert zum Vollwinkel wie der Durchmesser $2R_\odot$ der Sonne zum Vollkreis mit 1 AE Radius: $0{,}5°/360° = (2R_\odot/2\pi\,\mathrm{AE})$. Damit erhält man für $R_\odot$ etwa den Durchmesser der Mondbahn oder den 109fachen Radius $R_♁$ der Erde. Aufgrund der Entwicklung der Sonne zum Roten Riesen nimmt ihr Radius im Mittel um 2,4 cm pro Jahr zu. Die mittlere Dichte der Sonne ist nur das 1,4fache der Dichte von Wasser bei 4 °C und irdischem Normaldruck. Allerdings nimmt die Dichte der Sonne zum Rand hin so stark ab, daß sich in einer Kugel von 0,5 $R_\odot$ bereits 90 % der gesamten Sonnenmasse befinden. Die Fallbeschleunigung $g_\odot$ an der Oberfläche hat fast den 28fachen Wert von dem der Erde. Das Alter der Sonne wird aus ihrer Entwicklungsgeschichte und dem Mischungsverhältnis von Wasserstoff und Helium im Vergleich zu anderen Sternen auf 4,6 Milliarden Jahre geschätzt [155], im Einklang mit der genaueren radiochemische Altersbestimmung von Meteroiten.

Die Leistung, d.h. die pro Zeiteinheit abgegebene Energie wird wie bei einer Glühbirne in Watt gemessen. Die Strahlungsleistung, d.h. die Leuchtkraft $L_\odot$ der Sonne ist $4 \cdot 10^{26}$ Watt und entspricht der vollständigen Energieumwandlung von 4 Millionen Tonnen Materie pro Sekunde in Strahlungsenergie.[6] In einer Sekunde strahlt die Sonne den Energiebedarf der Menschheit für 1 Million Jahre ab. Zur Beruhigung: Selbst wenn die Sonne 20 Milliarden Jahre lang mit der gleichen Stärke wie heute leuchtete, hätte sie dabei nur 0,1 % ihrer Masse zerstrahlt.

Da die Sonne ein guter „Klangkörper" ist, konnte durch Messungen von Eigenschwingungen der Sonne, eine Methode, die als *Helioseismologie* bezeichnet wird, die Ausdehnung der solaren *Konvektionszone* bestimmt werden. Der innere Rand liegt bei $0{,}713(\pm 3)\ R_\odot$ und reicht bis herauf zur Photosphäre.

Die geometrischen, physikalischen und chemischen Eigenschaften der Sonne sind in den beiden nachfolgenden Tabellen zusammengefaßt, vgl. [287, 279, 91]:

Radius:	$6{,}9599 \cdot 10^8\ \mathrm{m} \simeq 109 \cdot R_♁ \approx 10 \cdot R_{\mathrm{Jupiter}}$
Volumen:	$1{,}41 \cdot 10^{27}\ \mathrm{m}^3 \approx 10^6 \cdot V_♁$
Masse:	$1{,}9891 \cdot 10^{30}\ \mathrm{kg} \simeq 328\,900{,}5 \cdot M_♁$
Mittlere Dichte:	$1410\ \mathrm{kg/m^3}$
Dichte im Zentrum:	$1{,}6 \cdot 10^5\ \mathrm{kg/m^3}$
Oberflächengravitation:	$274\ \mathrm{m/s^2} = 27{,}9 \cdot g_♁$
Leuchtkraft:	$3{,}826 \cdot 10^{26}\ \mathrm{W}$
Solarkonstante:	$1\,368\ \mathrm{W/m^2}$

[6] Nach der berühmten Einsteinschen Formel $E_0 = mc^2$ in der „Originalfassung", vgl. [214].

Bild 2.12 Schnitt durch die Sonne. Die Energieerzeugung findet nur im inneren Kern mit einem Viertel des Sonnenradius statt. Nach außen schließen sich dann die Strahlungs- und die Konvektionszone an.

Temperaturverteilung: **Ort**	**Temperatur** [K]
Zentrum	$1{,}56 \cdot 10^7$
Oberfläche (effektiv)	5770
Photosphäre	6050
Fleckenumbra (typischer Wert)	4240
Penumbra (typisch)	5680
Chromosphäre	4300–50 000
Korona	$0{,}8\text{–}3 \cdot 10^6$

Vom Zentrum der Milchstraße ist die Sonne 26 000 Lichtjahre entfernt. Die Umlaufgeschwindigkeit um das galaktische Zentrum ist 220 km/s. Trotz dieser beträchtlichen Eigenbewegung benötigt die Sonne für einen vollen Umlauf 225 Millionen Jahre.

2.18 Kernfusion im Inneren der Sonne

Auf der Erde versucht man, durch *Kernverschmelzung* von Elementen mit kleiner Ordnungszahl Energie zu erzeugen („Zähmung der Wasserstoff-Bombe"). Um die elektrische Abstoßung der geladenen Kerne zu überwinden, müßte im Prinzip eine kinetische Energie von ca. 280 keV aufgebracht werden.[7] Wegen des quantenmechanischen *Tunneleffekts*, siehe Abschnitt 5.11, und der Geschwindigkeitsverteilung der Ionen in einem heißen Plasma genügt jedoch eine mittlere Energie 5 keV für die Fusion. Das entspricht einer Temperatur von $T_{\text{eff}} \simeq 5{,}8 \cdot 10^7$ K. Der Einschluß des Plasmas erfolgt beim Tokamak-Reaktor über Magnetfelder, welche in stromdurchflossenen Feldspulen mit toroidaler, d.h. reifenförmiger, und poloidaler Wicklung erzeugt werden. (Das Studium der Flußschläuche von bipolaren Sonnenflecken und des solaren Dynamos hat dabei quasi Pate gestanden.) Die Erhitzung erfolgt u.a. durch Induktion über einen Transformator, für den der Plasmaring die Sekundärwicklung bildet. Als „Brennmaterial" wird schwerer und superschwerer Wasserstoff, d.h. Deuterium ^{2}D [$\hat{=}\,^2$H] und Tritium ^{3}T [$\hat{=}\,^3$H] verwendet. Das Tritium ist ein radioaktives Isotop mit der kurzen Halbwertszeit von ca. 12 Jahren und muß daher in einem Blanket [$\hat{=}$ Brutmantel] aus dem nicht so häufigen Lithium über die endotherme Reaktion $^7\text{Li} + n \to {}^4\text{He} + {}^3\text{T} + n' - 2{,}47\,\text{MeV}$ erst erbrütet werden [257].

Wie sieht es nun mit der Herkunft der Sonnenenergie aus? Die Strahlungsleistung der Sonne, die auf einem Quadratmeter Fläche im Erdabstand und im Vakuum aufgefangen werden kann, d.h. die *Solarkonstante*, ist 1,368 kW/m^2. Daraus kann man die Gesamtleistung von $4 \cdot 10^{26}$ W ableiten, was dem Massenäquivalent von $4 \cdot 10^9$ kg/s entspricht.
Folgende Energieerzeugungsmechanismen wurden vorgeschlagen:

1. 1846 Robert Mayer: Die abgestrahlte Sonnenenergie wird durch kinetische Energie von den auf die Sonne einfallenden Meteoriten gedeckt, wobei man eine Rate von $2 \cdot 10^{15}$ kg/s annehmen müßte. (Aufgrund der Massenzunahme der Sonne hätte sich dies allerdings durch graduell schneller werdende Umläufe der Planeten bemerkbar gemacht.)

2. 1854 machte H.von Helmholtz zwei Vorschläge: a) Energieerzeugung über die Knallgasreaktion $2H_2 + O_2 \to 2H_2O$. (Diese Reaktion hätte allerdings den Massevorrat der Sonne schon nach 3021 Jahren erschöpft.)

[7] Das Elektronenvolt entspricht der kinetischen Energie eines Elektrons, das im Vakuum die Potentialdifferenz von 1 Volt durchlaufen hat: $1\,\text{eV} = 1{,}602 \cdot 10^{-19}$ Ws. In einer Fernsehröhre erreicht ein Elektron eine Energie von ca. 30 keV.

b) Umwandlung von Gravitationsenergie in Wärme bei einem langsamen Kollaps der interstellaren Staubwolke zum Radius der Sonne. (Damit ließe sich die Energieabstrahlung immerhin für ca. 39 Mio. Jahre aufrechterhalten.)

3. 1939 wurde von Hans Bethe und Carl Friedrich von Weizsäcker die Kernverschmelzung über den CNO-Zyklus als wesentliche Energiequelle vorgeschlagen.

4. Um 1950 erkannte Charles Critchfield, daß 91 % der Sonnenenergie durch die Verschmelzung von vier Wasserstoff-Kernen, d.h. Protonen zu Helium-Kernen über Deuterium und Helium ^{3}He als Zwischenkerne erzeugt wird.

Diese *Kernfusion* findet im zentralen Kernbereich von 0,3 $R_\odot$ statt. Die Energie entsteht durch die Freisetzung der *Bindungsenergie* bei der Reaktion 4 $^1\mathrm{H} \rightarrow {}^4\mathrm{He}$: Aus der Masse des Protons von $1{,}672643 \cdot 10^{-27}$ kg und der Masse von $6{,}646563 \cdot 10^{-27}$ kg des Helium-Kerns ^{4}He ergibt sich eine Massendifferenz von $\Delta m = 4{,}4 \cdot 10^{-29}$ kg. Das sind etwa 0,7 % der Masse von vier Protonen.

Nach Einstein ist diese Massendifferenz *äquivalent* zu der Energie von $4 \cdot 10^{-12}$ J $= 24{,}687$ MeV pro Fusion. Die vollständige Umwandlung von einem Gramm Masse in Energie entspricht der chemischen Energie von 20 000 Tonnen TNT, d.h. der durch die Hiroshima-Bombe freigesetzten Energie einer Kernspaltung. (Die Umwandlung von Wasserstoff in 1 g Helium liefert $1{,}8 \cdot 10^5$ kWh.) Realisierbar wäre dies glücklicherweise nur bei der Zerstrahlung von gleichen Teilen Materie und *Antimaterie*; letztere kann man gewöhnlich nicht so leicht mit Koffern durch die Zollabfertigung schmuggeln.

2.19 Die Proton-Proton-Kette

Die Standard-Sonnenmodelle mit [20] oder ohne Helium-Diffusion [314] liefern eine Zentraltemperatur von 15,6 Millionen Kelvin, wobei die vom Modell abhängigen Abweichungen weniger als 1 % betragen. Bei diesen Temperaturen herrscht bei der Sonne zu 98 % die *Proton-Proton-Kette* bei der Energieerzeugung vor [18, 313]:

Proton-	Proton-	Kette
$p + p \to {}^2\mathrm{D} + e^+ + \nu_e$		$p + p + e^- \to {}^2\mathrm{D} + \nu_e$
erzeugt 99,6 % ↘		↙ erzeugt 0,4 %
	${}^2\mathrm{D} + p \to {}^3\mathrm{He} + \gamma$	
ppI: 85 % ↙	ppII: ↓ 15 %	↘ ppIII: 0,019 %
${}^3\mathrm{He} + {}^3\mathrm{He} \to {}^4\mathrm{He} + 2p$	${}^3\mathrm{He} + {}^4\mathrm{He} \to {}^7\mathrm{Be} + \gamma$	${}^3\mathrm{He} + {}^4\mathrm{He} \to {}^7\mathrm{Be} + \gamma$
	↓	↓
	${}^7\mathrm{Be} + e^- \to {}^7\mathrm{Li} + \nu_e$	${}^7\mathrm{Be} + p \to {}^8\mathrm{B} + \gamma$
	↓	↓
	${}^7\mathrm{Li} + p \to {}^4\mathrm{He} + {}^4\mathrm{He}$	${}^8\mathrm{B} \to {}^8\mathrm{Be} + e^+ + \nu_e$
		↓
		${}^8\mathrm{Be} \to {}^4\mathrm{He} + {}^4\mathrm{He}$

Bei Sternen oberhalb von 1,5 Sonnenmassen [$M_\odot$] und über $1{,}8 \cdot 10^7$ K Zentraltemperatur dominiert hingegen der CNO-Zyklus bzw. über 10^8 K die Tripel-Alpha-Reaktion $3\,{}^4\mathrm{He} \to {}^{12}\mathrm{C} + \gamma$. In der pp-Kette wird über Zwischenstufen ^{4}He gebildet, der Massendefekt beträgt 0,7 %. Die Trefferwahrscheinlichkeit für die Startreaktion $p + p \to {}^2\mathrm{D} + \mathrm{e}^+ + \nu_e$ ist in der Sonne zwar nur 1 in 10 Milliarden Jahren; das wird aber durch die immense Zahl der Stoßpartner kompensiert. Das ursprüngliche Mischungsverhältnis von Wasserstoff zu Helium von 73:25 hat sich im Inneren der Sonne nach 4,6 Milliarden Jahren Kernfusion fast umgekehrt. Die dabei entstehende Strahlungsenergie in Form von hochenergetischer Strahlung, den γ-Quanten, braucht – wegen der Streuung der Photonen mit einer mittleren freien Weglänge von 0,5 cm im Plasma – ca. 10 Millionen Jahre, um an die Oberfläche zu kommen. Das wirft für alle „Sonnenanbeter“ die beunruhigende Frage auf: Könnte der Sonnenreaktor inzwischen schon „ausgegangen“ sein, ohne daß wir das bereits am Nachlassen der Leuchtkraft der Photosphäre bemerkt haben?

Es werden jedoch auch Neutrinos mit unterschiedlicher kinetischer Energie erzeugt. Dies sind Elementarteilchen ohne elektrische Ladung, mit halbzahligem Schraubensinn[8] und verschwindender oder sehr geringer Masse, welche Wolfgang Pauli 1930 zunächst nur postuliert hatte, um das Energiespektrum von β-Strahlen bei radioaktiven Zerfällen *ohne* Verletzung von Energie- und Impulserhaltung zu deuten. Bei der Sonne machen sie etwa 3 % Energieanteil des Photonenflusses aus. Neutrinos mit Energien bis zu 14 MeV entstehen auch beim radioaktiven β-Zerfall der in der Sonne gebildeten Zwischenkerne, wie z.B. des Bor-Isotops ^{8}B. Während die Neutrinos der Startreaktion der pp-Kette,

[8] Masselose Neutrinos haben anstelle eines Spins die *Helizität* von $1/2\,\hbar$.

die sog. pp-Neutrinos, nur eine maximale Energie von 0,42 MeV aufweisen, haben die beim Zerfall der Zwischenkerne ^{7}Be und ^{8}B entstehenden Neutrinos 0,86 MeV bzw. sogar maximal bis zu 14,06 MeV Energie [18]. Dies ist bei der Auswahl von Neutrino-Detektoren zu berücksichtigen.

Alle diese Neutrinos haben kaum Neigung, mit jedweder Materie in Wechselwirkung zu treten und können daher fast ungehindert die Sonne verlassen. Allerdings führt diese für die Beobachtung des Sonneninneren mit „Neutrinoaugen" so nützliche Eigenschaft auch zu erheblichen Schwierigkeiten bei deren Nachweis. Um also das Funktionieren des „Fusionsreaktors" Sonne und unsere physikalische Vorstellung von ihm zu überprüfen, gilt es, die Neutrinos aufzufangen und ihren Teilchenfluß, d.h. die durch einen Quadratmeter hindurchtretende Anzahl pro Sekunde, zu bestimmen. Aus der Leuchtkraft der Sonne kann man abschätzen, daß die solare pp-Reaktion einen so immensen Neutrinofluß produziert, daß er auf der Erde noch immer 66 Milliarden Teilchen pro Quadratzentimeter und Sekunde ausmacht. Damit wird auch der Mensch ständig „bombardiert". Zur Beruhigung aller „radioaktiven Damen und Herren"[9]: Wegen der extrem schwachen Wechselwirkung der Neutrinos mit Materie führt das im Mittel nur alle 5 Jahre zu einer(!) Kernreaktion im menschlichen Körper.

2.20 Neutrino-Detektoren

Hin und wieder reagiert ein Neutrino doch mit Materie. Die Wahrscheinlichkeit für eine Reaktion eines Neutrinos mit einem Atomkern ist äußerst gering: Als Einheit hat sich die *Solar Neutrino Unit*[10] [1 SNU = 10^{-36}/ s] eingebürgert, das ist eine Reaktion in 10^{36} Atomen des Detektors pro Sekunde.

Ab 1967 hat Ray Davis in einer Goldmine in South Dakota ein radiochemisches Experiment mit Chlor-Atomen ^{37}Cl durchgeführt, welche in der zur chemischen Reinigung verwendeten Flüssigkeit Perchlorethylen gebunden sind. Nach einer „Belichtungszeit" von etwa 50 Tagen sind in dem mit 380 m^3 Reinigungsflüssigkeit gefüllten Tank ca. 10 radioaktive Atome des Argon-Isotops ^{37}Ar über die Reaktion $^{37}Cl + \nu_e \rightarrow {}^{37}Ar + e^-$ entstanden, die mit Heliumgas „ausgewaschen" und mit einem Mini-Proportionalzähler, eine Art Geigerzähler, nachgewiesen werden müssen. Auch nach Abschirmung der Kosmischen Strahlung in einem Bergwerk ist die sprichwörtliche Suche der Stecknadel

[9] So sprach Wolfgang Pauli die Teilnehmer der Tübinger Physikertagung 1930 in einem Brief an, in dem er das Neutrino postulierte.

[10] Aussprache wie bei „Snoopy".

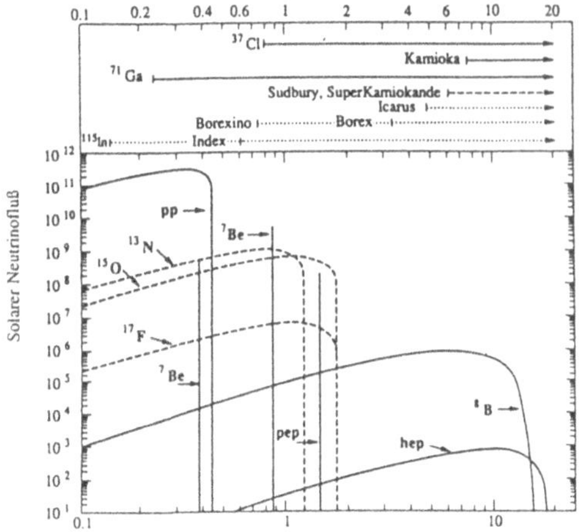

Bild 2.13
Energieabhängigkeit des solaren Neutrinoflusses aufgrund verschiedenen Erzeugungsmechanismen im Vergleich zu den Empfindlichkeitsschwellen bestehender oder geplanter Detektoren

im Heuhaufen nichts gegen diese extrem geringen „homöopathischen Dosen“. Dabei ist es heutzutage fast keine Kunst mehr, ein Ereignis pro Monat nachzuweisen; wesentlich schwieriger ist es hingegen, den Störuntergrund aufgrund natürlicher Radioaktivität niedrig zu halten. Da dieses Experiment nur auf Neutrinos mit Energien $E_\nu > 0{,}814$ MeV anspricht, sollten 80 % der gemessenen Neutrinos vom ^{8}B-Zerfall des ppIII-Zweigs in der Sonne stammen und 6 bis 7 SNU liefern, wobei 1 SNU vom Zerfall des Beryllium-Isotops ^{7}Be herrühren sollte. Gemessen werden aber nur 2,5 SNU, also etwa ein Drittel. Wegen der starken Temperaturabhängigkeit der ^{8}B-Nebenreaktion würde eine Reduktion der Zentraltemperatur der Sonne von 15,6 auf 14,7 Mio. K genügen, um die Diskrepanz zwischen Theorie und Experiment zu beseitigen. Allerdings hätte dies Folgen für die dominierende pp-Reaktion und damit für die uns gewohnte Leuchtkraft der Sonne.

Ein anderes Meßprinzip wird im Kamiokande-Experiment verfolgt. Neutrinos streuen, ähnlich wie Billiardbälle, *elastisch* an Elektronen, wobei wegen des Störuntergrunds im Detektor ihre kinetische Energie größer als 7,5 MeV sein muß. Dann sind die angestoßenen Elektronen relativistisch, d.h. haben Geschwindigkeiten nahe der Lichtgeschwindigkeit und erzeugen in einem mit 2200 t Wasser gefüllten Tank, von dem aber nur 680 t sinnvoll genutzt werden können, *Čerenkov-Licht*, das in „Echtzeit“ mit Photo-Multipliern nachgewiesen wird.

Experiment	Detektor	Energie [MeV]	Neutrinoreaktion
Chlor	Homestake Mine	> 0,814	$\nu_e + {}^{37}\text{Cl} \rightarrow e^- + {}^{37}\text{Ar}$
Gallium	GALLEX, SAGE	> 0,233	$\nu_e + {}^{71}\text{Ga} \rightarrow e^- + {}^{71}\text{Ge}$
Wasser	Kamiokande	$\gtrsim 7{,}5$	$\nu_e + e^- \rightarrow \nu_e + e^-$
(Čerenkov)	[Super-K.	$\gtrsim 5$]	(Neutrinostreuung)
Schweres Wasser	SNO (Sudbury Mine, Čerenkov)	$\gtrsim 5$	$\nu_e + {}^2\text{D} \rightarrow e^- + p + p$ $\nu_x + {}^2\text{D} \rightarrow \nu_x + p + n$
Organ. Szintillator	BOREXINO (Gran Sasso)	$\gtrsim 0{,}1$	$\nu + e^- \rightarrow \nu + e^-$

Das Čerenkov-Licht ist das elektromagnetische Pendant zum Überschallknall eines Düsenjägers. Anstelle von kugelförmig sich ausbreitenden Schallwellen entsteht ein sog. Machscher Kegel von starken Druckwellen, wenn ein Körper die Luft mit größerer Geschwindigkeit als die Schallgeschwindigkeit durchfliegt. Bei einem durchsichtigen Medium wie Wasser ist der Brechungsindex $n > 1$ und damit die Lichtgeschwindigkeit $c_n = c/n < c$ im Medium kleiner als die Vakuumlichtgeschwindigkeit c. Daher ist es leicht möglich, daß die von den Neutrinos angestoßenen Elektronen mit $v_e > c_n$ schneller als die Lichtgeschwindigkeit c_n im Medium fliegen, ohne daß es zu einer Übertretung der „Geschwindigkeitsbegrenzung" $v \leq c$ im Kosmos kommt, im Einklang mit den Grundlagen der speziellen Relativitätstheorie. Der entsprechende elektromagnetische Machsche Kegel macht sich als Čerenkov-Strahlung bemerkbar. Sie wird im Kamiokande-II-Detektor mit 948 Photomultipliern am Rande des Tanks registriert.

Ähnlich wie beim Überschallknall oder bei der Bugwelle eines Motorbootes läßt sich aus der Form des Čerenkov-Kegels auf die Flugrichtung der Elektronen und, über die Stoßgesetze, auf die Einfallsrichtung der Neutrinos zurückschließen. Damit kann der Zeitpunkt der Wechselwirkung, die Energie und die Richtung (!) der Neutrinos bestimmt werden, siehe Bild 2.14. Aus einem 24-Stunden-Rhythmus in der Winkelabhängigkeit konnte man erstmals nachweisen, daß *Neutrinos* auch tatsächlich *von der Sonne* her kommen.

2.21 Solare Neutrinos – neue Ergebnisse von GALLEX

Der GALLEX-Detektor [*Gal*lium-*Ex*periment] ist im größten dedizierten Untergrundlabor der Welt, dem Laboratori Nazionali del Gran Sasso, in einem

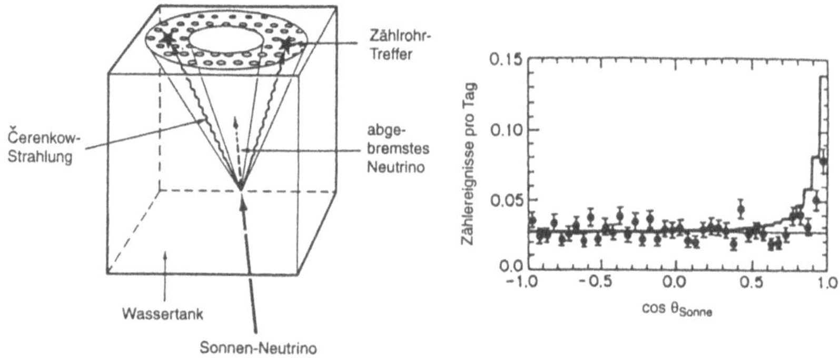

A B

Bild 2.14 A: Čerenkov-Strahlung durch Neutrinostreuung an Elektronen des Wassers. B: Abhängigkeit der Zählrate vom Winkel θ der Symmetrieachse des Čerenkov-Kegels zur Sonne.

separaten Autobahntunnel in den italienischen Abruzzen unter 1,4 km Dolomitgestein zur Abschirmung gegen Höhenstrahlung aufgebaut. Die Myonen der Kosmischen Strahlung tragen daher nur noch 3 % zum Signal bei. Da der Neutrinoeinfang durch Gallium ^{71}Ga die kleinere *Energieschwelle* von $E_\nu > 0{,}23$ MeV besitzt, besteht damit erstmals die Chance, etwa 50 % der pp-Neutrinos aus der Fusion von Wasserstoff zu Helium im Sonnenkern nachzuweisen. Nach dem Standard-Sonnenmodell [20] sollen diese Reaktionen ja den Hauptanteil der solaren Energieerzeugung beitragen.

Der Detektor enthält 30,3 t Gallium in Form von 101 t $GaCl_3$-HCl-Lösung. Das aus dem ^{71}Ga entstandene, radioaktive Germanium ^{71}Ge fällt als gasförmiges $GeCl_4$ an und wird nach 20 Tagen „Belichtungszeit" mit 2000 m^3 Stickstoff herausgespült. Um die Extraktionsrate von über 99 % zu überprüfen, wird der Gallium-Lösung jeweils 1 mg inaktives Germanium als Spuren-Indikator beigefügt und seine Ausbeute ermittelt. Nach chemischer Umwandlung in die weniger aggressive Wasserstoffverbindung GeH_4 werden die radioaktiven Isotope in einem Mini-Zählrohr nachgewiesen.

Die „Produktionsrate" bei der Neutrino-Reaktion beträgt 0,69 Atome des Germanium-Isotops ^{71}Ge pro Tag. Da diese nur eine Halbwertszeit von 11,43 Tagen haben, werden pro Belichtungszeitraum nach der Extraktion im Mittel nur 5 Germanium-Zerfälle registriert. Was wie „Kaffeesatzlesen" auf höchstem wissenschaftlichen Niveau anmutet, hat nach Abschirmung und Subtraktion der restlichen Hintergrundstrahlung erstmals den *eindeutigen Nachweis von pp-Neutrinos der Sonne* erbracht!

Experiment	Messung [SNU]	Sonnenmodell (He-Diff.)	(ohne) [SNU]
Chlor (Homestake)	$2{,}55 \pm 0{,}25$	8 ± 1	$6{,}36 \pm 1{,}4$
Wasser (Kamiokande-II)	$2{,}67 \pm 0{,}28$	5,06 ($\cdot 10^6$ pro cm^2 und s)	$4{,}4 \pm 1{,}1$
Gallium (GALLEX)	77 ± 10	$131{,}5 \pm 7$	$122{,}5 \pm 7$
Gallium (SAGE II)	69 ± 13	$131{,}5 \pm 7$	$122{,}5 \pm 7$

Die erste Meßphase (GALLEX I), die am 14. Mai 1991 begann, wurde am 29. April 1992 abgeschlossen. Wegen der geringen Zahl der Extraktionsläufe, war der Mittelwert von 81 SNU noch mit einem Fehler von ca. 20 % behaftet. Für GALLEX II wurde die $GaCl_3$-Lösung in einen zweiten Tank gefüllt, der in der Lage ist, auch eine künstliche Neutrino-Quelle auf der Basis von radioaktiven ^{51}Cr-Isotopen zur Eichung der Meßapperatur aufzunehmen. Die nächsten 15 Extraktionen lieferten den etwas niedrigere Mittelwert von 78 SNU [8], im Rahmen der Fehler im Einklang mit dem früheren Extraktionszyklus. Damit sind bislang insgesamt 98 ^{71}Ge-Atome nachgewiesen worden, welche durch solare Neutrinos erzeugt wurden. Der neue kombinierte Mittelwert [9] von 77 SNU nach insgesamt 39 Durchläufen hat sich nicht in Richtung des von Standard-Sonnenmodellen [20, 313] mit und ohne Helium-Diffusion geforderten Mittelwertes von 127 SNU verschoben.

Der Theorie nach sollten 74 SNU von der pp-Reaktion, 34 SNU von den ^{7}Be-Neutrinos, 14 SNU von ^{8}B und 10 SNU vom CNO-Zyklus zur Gesamtrate von 132 SNU beitragen. Modelle ohne Helium-Diffusion [314, 313] im Inneren der Sonne fordern 6,4 SNU für das Chlor-Experiment und 123 SNU für das Gallium-Experiment. Insgesamt scheinen die neuen Resultate das Chlor-Experiment von Davis zu bestätigen, demzufolge *zu wenig* ^{8}B-Neutrinos auftreten und die gemessene Rate fast allein von den pp-Neutrinos bestritten wird. Noch merkwürdiger ist, daß die ^{7}Be-Neutrinos aus dem ppII-Zweig fast gar nichts im GALLEX-Expriment beizutragen scheinen [238], obwohl Beryllium ^{7}Be eine notwendige Vorstufe für die Produktion von Bor ^{8}B durch Protoneneinfang im ppIII-Zweig ist.

1994 sind zur Eichung 40 kg hochradioaktives Chrom ^{51}Cr in den GALLEX-Tank eingeführt worden, welches beim β-Zerfall Neutrinos von 746 keV abgibt, also energetisch zwischen den 383 keV- und 861 keV-Linien des solaren ^{7}Be gelegen, vgl Bild 2.13. Da sich die Sonne als Neutrinoquelle nicht „abschalten" läßt, ist die immense Aktivität der künstliche Quelle so ausgelegt, daß sie bei diesen Energien ein anfangs 15fach größeres Neutrinosignal erzeugt. Mit dieser superlativen Neutrinoquelle ist das Extraktions- und Nachweisverfahren bei

GALLEX bis auf den relativ geringen Fehler von 11 % verifiziert [10]. Damit konnte auch gezeigt werden, daß der Detektor nicht nur auf die pp-Neutrinos, sondern im Prinzip auch auf die ^{7}Be-Neutrinos anspricht.

Es ist nicht klar, ob dies eine Revision[11] unseres Standard-Sonnenmodells, bzw. eine neue Theorie für die Eigenschaften von Neutrinos erforderlich macht. Nach dem Standardmodell der Schwachen Wechselwirkung sind die Massen aller Neutrinosorten, die sich mit dem Elektron, dem Myon und dem Tauon zu *Leptonenfamilien* zusammenschließen, null. Ihr Unterscheidungsmerkmal, den „Geschmack" oder *Flavor-Quantenzahl* können sie demzufolge während des Durchgangs durch das dichte solare Elektronengas als die dafür wesentliche Komponente des Plasmas oder auf dem Weg zur Erde nicht wechseln.

Lepton	**Symbol**	**Elektrische Ladung**	**Masse** [MeV/c^2]	**Lebensdauer** [s]
Neutrino	ν_e	0	$< 7{,}2 \cdot 10^{-6}$	stabil?
Elektron	e^-	-1	0,511	stabil
μ-Neutrino	ν_μ	0	$< 0{,}27$	stabil?
Myon	μ^-	-1	105,7	$2{,}197 \cdot 10^{-6}$
τ-Neutrino	ν_τ	0	< 35	stabil?
Tauon	τ^-	-1	1784,1	$2{,}957 \cdot 10^{-13}$

Hat jedoch mindestens eines der Neutrinos eine von null verschiedene Masse, so sind interferenzartige Übergänge von einer Neutrinoart zur anderen möglich, man spricht von *Neutrino-Oszillationen*. Die Strecke Erde-Sonne wirkt dann wie ein *riesiger Interferometer* für eine Überlagerung von Neutrinowellen mit verschiedener „Familienzugehörigkeit" oder Flavor-Quantenzahl. Wegen der Ellipsenform der Erdbahn wären aufgrund der unterschiedlichen Länge des „Interferometers" Erde-Sonne bei bestimmten Werten für die Neutrinomassen sogar jahreszeitlichen Schwankungen des Neutrinosignals zu erwarten [238, 19].

Neue, in der Planung befindliche Detektoren, wie z.B. BOREXINO, werden schweres, aus Deuterium gebildetes Wasser [D_2O] verwenden, um die Wechselwirkung der solaren Neutrinos mit den die Schwache Wechselwirkung vermittelnden W-Bosonen des Weinberg-Salam-Modells zu testen. Der Deuterium-Detektor des SNO [*S*udbury *N*eutrino *O*bservatory] in Ontario ist so konzipiert, daß er Neutrinos mit verschiedenem „Geschmack" unterscheiden kann [19].

[11] So blickt man klar, wie selten nur,/ Ins Innre Walten der Natur. – *Wilhelm Busch.*

2.22 Sonnenenergie „statt" Kernkraft?

Im Jahre 1992 hatte jeder Bundesbürger einen „Energieverbrauch", d.h. Gesamt-Energieumsatz, von 48 900 kWh. Dabei ist nicht nur Elektrizität, sondern auch Autoverkehr, Heizung etc. mit eingeschlossen. Bei 80 Millionen Bundesbürgern wären das $3{,}91 \cdot 10^{15}$ Wh $\sim 1/2$ Terawattjahr. Falls man den Treibhauseffekt über den CO_2-Ausstoß vermeiden möchte, wären für die erforderliche Energieversorgung 364 Kernkraftwerke vom Typ Brokdorf mit je 1330 Megawatt Leistung $= 4{,}8 \cdot 10^{11}$ W erforderlich. Auf die Bundesrepublik Deutschland verteilt hätten diese Kernkraftwerke einen „verbraucherfreundlichen" mittleren Abstand von etwa 35 km.

Ist die Nutzung der Sonnenenergie eine Alternative? Die Sonne strahlt etwa 1,4 kW Leistung pro Quadratmeter Erdboden ein, wobei diese *Solarkonstante* nur ein theoretischer Wert ohne die Absorption durch Luft und Wolken ist. Bei einer effektiven Leistungsdichte von 128 Watt pro Quadratmeter, d.h. einem Wirkungsgrad der Solarzellen von unter 10 %, müßte man in der Sahara ein Areal von 100 km ⌀ mit Solarzellen auslegen, um eine Leistung von einem Terawatt $= 10^{12}$ W zur Verfügung zu haben und damit die Bundesrepublik zu versorgen. Für die gesamte Welt benötigte man ein Areal von 700 km ⌀. Natürlich würde man diese Solarzellen eher dezentral auf verschiedene sonnenreiche Regionen verteilen. Die reichen Ölförderstaaten könnten sich durch Reinvestitionen ihrer Petrodollar in Solaranlagen eine langfristige wirtschaftliche Basis erwerben. Eine Pilot-Anlage zur elektrolytischen Gewinnung von Wasserstoff aus Solarstrom ist seit 1986 in Bayern in Betrieb [75].

Zudem ist die Entwicklung von Solarzellen noch nicht ausgereizt. Eine moderne Hochleistungssolarzelle besteht aus einer 100 μm dicken, nahezu undotierten Siliziumscheibe allerhöchster Reinheit. Der Wirkungsgrad beträgt 23 %, bei 100facher Lichtkonzentration erhöht er sich auf 28 %. Der maximale theoretische Wirkungsgrad einer Photodiode mit 1,5 eV Abstand des Leitungsbandes im Halbleiter ist 29 %. Setzt man Solarzellen für unterschiedliche Wellenlängenbereiche übereinander, läßt sich der Wirkungsgrad beträchtlich erhöhen. Für eine solche Tandem-Solarzelle aus GaAs-GaSb hat man bei 100facher Konzentration des Sonnenlichts einen Gesamtwirkungsgrad von 34 % erzielt [288]. Ein kostengünstiger polykristalliner Film aus Silizium [Si] hat einen Wirkungsgrad von immerhin 18 %.

Die Zunahme der Solarkonstante von 5 % in einer Milliarde Jahren kann nicht ernsthaft als zusätzlicher Pluspunkt gelten. Zudem kommt auch die Sonne nicht ohne „Kernkraft" aus und ist trotz der großen Entfernung zur Erde „langfristig" als „Fusionsreaktor" nicht hundertprozentig sicher. Eine Supernova-Explosion, wie die des Jahres 1987, ist bei der Sonne allerdings nicht zu befürchten, eher eine Entwicklung zum Weißen Zwerg, ähnlich wie bei dem kleinen Begleiter des Sirius.

Kapitel 3
Der Mond

3.1 Geschichte der Mondbeobachtung

Schon frühe Zivilisationen stellten Mondbeobachtungen für die Zeitmessung und für die Bestimmung der Jahreszeiten an. Noch heute deutet darauf der Zeitabschnitt *Monat* hin. Zudem sind viele Strukturen des Mondes, wie z.B. die großen dunklen Bereiche, die *Maria* [Plural von mare $\hat{=}$ Meer] , mit bloßem Auge zu sehen.

1. 450 v.Chr.: Anaxagoras aus Klazomenai argumentierte bereits, daß die Erde kugelförmig sein müsse, da ihr Schatten auf dem Mond gekrümmt ist.
2. 80 n.Chr.: Plutarch schrieb in seinem Essay „Über das Gesicht der Mondkugel", daß der Mond erdähnlich Berge und Täler besitzen müsse.
3. 1600 n.Chr.: W. Gilbert erstellt die erste Mondkarte (die allerdings erst nach seinem Tod 1651 veröffentlicht wurde.).
4. 1609: Th. Harriot zeichnet die erste Karte nach Fernrohrbeobachtungen.
5. 1609/10: Galilei hat die Höhe der Gebirge aus ihrem Schattenwurf abgeschätzt. In Zeichnungen Galileis im *Sidereus Nuncius* sind z.B. die Krater Ptolemäus und Copernicus sowie das Mare Imbrium gut zu erkennen.
6. 1647: Die Mondkarte von Hevelius verwendet Bezeichnungen in Anlehnung an die Geographie.
7. 1651: Die Mondkarte von Riccioli basiert auf Beobachtungen von Grimaldi. Riccioli führt die heute noch gültige Bezeichnungsweise ein: Gebirge in Anlehnung an irdische Erhebungen, Krater nach berühmten Personen bzw. Astronomen. Da er vom Kopernikanischen System nichts hielt, „warf er Kopernikus ins Meer der Stürme".

8. 1791: Johann H. Schröter gilt als der Vater der *Selenographie*, daher ist auch ein Tal nach ihm benannt. Er fertigte keine Karte des ganzen Mondes an, machte aber Tausende von detaillierten Einzelzeichnungen von Kratern und Mondrillen, wie z.B. von dem lunaren Mont Blanc und den Kratern Cassini und Plato.

9. Ab 1840: Erste Photographien von J. W. Draper als Grundlage der Selenographie.

10. 2.Januar 1959: Erste russische Sonde zum Mond.

11. 4.Oktober 1959: Die russische Mondsonde Lunik 3 funkte erste Aufnahmen von der *Rückseite* des Monds zur Erde.

12. 1966–68: Amerikanische Lunar-Orbiter machen Aufnahmen höchster Auflösung zur Vorbereitung des Apollo-Programms.

13. 21.Juli 1969: Neil Armstrong betritt als *erster Mensch* den Mond.

Bild 3.1
Karte des Mondes, vgl. Farbtafel VI, mit den wichtigsten Kratern und Maria: Mare Foecunditatis (Meer der Fruchtbarkeit); Mare Nectaris (Honigmeer); 3 Mare Crisium (Kritisches Meer); 4 Mare Tranquillitatis (Meer der Ruhe); Mare Serenitatis (Meer der Heiterkeit); Mare Imbrium (Regenmeer); Oceanus Procellarum (Ozean der Stürme, größer als das irdische Mittelmeer); Mare Nubium (Wolkenmeer); 9 Mare Humorum (Feuchtes Meer). Die Landestellen der Apollo- und Lunar-Landefähren sind mit A bzw. L gekennzeichnet.

3.2 Die Mondphasen

Die Phasen des Mondes[1] hängen vom Winkel ab, den Sonne und Mond mit der Erde als Scheitelpunkt aufspannen. Die Bahn des Mondes ist in Bild 3.2 übertrieben gezeichnet. In Wirklichkeit ist sie nicht wellenförmig, sondern immer konkav, d.h. zur Sonne hin gekrümmt. Man unterscheidet zwischen siderischem und synodischem Monat: Das Zeitintervall zwischen zwei aufeinanderfolgenden Neumondphasen beträgt 29,530589 Tage, dies ist die *synodische Periode* oder die Periode der Phasen. (Das war auch schon den Mayas bis auf drei Stellen hinter dem Komma genau bekannt [159].) Das Intervall, das der Mond benötigt, um an dieselbe Stelle relativ zum Frühlingspunkt ♈ zurückzukehren, dauert 27 1/3 Tage und heißt seine *siderische Periode* oder Umlaufszeit. Die siderische und synodische Periode unterscheiden sich um mehr als zwei Tage, weil das Erde-Mond-System sich während eines Monats um ca. 27 % auf seiner angenäherten Kreisbahn um die Sonne weiterbewegt, während der Mond den noch in der Erde liegenden gemeinsamen Schwerpunkt umkreist.

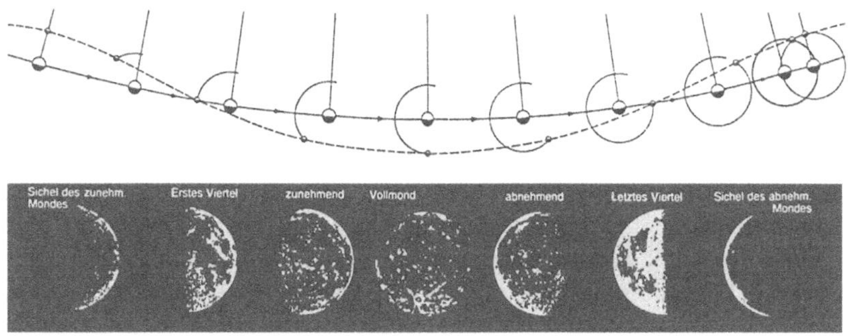

Bild 3.2 Die Mondphasen

Es gibt Hinweise, welche jedoch umstritten sind, daß bei Tieren und Menschen einige biologische Abläufe über „innere Uhren" mit den Mondphasen

[1] Als Gott den Mond erschuf,/ gab er ihm folgenden Beruf:/ Beim Zu- sowohl wie beim Abnehmen/ sich deutschen Lesern zu bequemen,/ ein α formierend und ein γ,/ daß keiner groß zu denken hätt./ Befolgend dies wird der Trabant/ ein völlig deutscher Gegenstand. *Christian Morgenstern.*

synchronisiert sind, vgl. [345]. Zur Freude der Kalenderhersteller hängen auch unsere variablen Feiertage von den Mondphasen ab. Ostersonntag folgt unmittelbar dem ersten Vollmond nach dem Frühlingspunkt am 21. März ist. (Dabei wird allerdings ein fiktiver Mond mit 29 bzw. 30 Tagen Umlaufszeit um die Erde zugrundegelegt.) Ostern kann daher von 22. März bis zum 25. April liegen.

3.3 Mondfinsternis

Der Mond mit einem Radius von 1738 km erscheint uns bei Vollmond als eine Scheibe von $31' \approx 0{,}5^\circ$ Durchmesser, etwa eben so groß wie die Sonne. Allerdings erscheint die Scheibe beim Auf- und Untergang am Horizont oftmals vergrößert. Dies ist weniger durch die stärkere Brechung an der dichten Erdatmosphäre als durch einen aus dem Vergleich mit nahen Gegenständen resultierenden Fehler in der Bildverarbeitung des Gehirns bedingt.

Der Mond kreist um die Erde – wie die Erde um die Sonne – *entgegen* dem Uhrzeigersinn. Genaugenommen ist die Bahn des Mondes keine Kreisbahn, sondern eine Ellipse, deren geringe Exzentrizität e noch wegen der Anziehung der Sonne zwischen 0,03 und 0,07 schwankt. Das *Perigäum* bezeichnet den erdnächsten, das *Apogäum* den erdfernsten Punkt dieser Ellipse. Die Abstände zur Erde variieren zwischen 356 410 km und 406 679 km. Die Bahngeschwindigkeit ist im Perigäum mit 1,02 km/s am größten. Die Ebene der Mondbahn ist gegen die Ekliptik im Mittel um $5{,}2^\circ$ geneigt.

Wegen dieser Neigung der lunaren Bahnebene, die genauer gesagt noch zwischen $4^\circ\,58'$ und $5^\circ\,19'$ schwankt, findet eine Sonnen- oder Mondfinsternis nur dann statt, wenn die Punkte, in denen der Mond die Ekliptik kreuzt, die sogenannten Knotenpunkte, auf oder nahe der Verbindungslinie Sonne-Erde liegen. Andernfalls geht der Schattenkegel dieser Himmelskörper an dem anderen vorbei. Eine Sonnenfinsternis gibt es nur bei Neumond, eine Mondfinsternis nur bei der Mondphase „Vollmond“. Die Bahnebene des Mondes schneidet die Ekliptikebene in zwei Punkten, dem *aufsteigenden* und *absteigenden Knoten*. Diese Knotenlinie bewegt sich in der Ekliptik rückläufig (retrograd) mit einer Periode von 18,61 Jahren, der sog. Nutationsperiode oder *Saros-Zyklus*.

Die Entstehung einer Sonnenfinsternis haben wir bereits in Abschnitt 2.14 erläutert. Im Vergleich dazu tritt bei einer Mondfinsternis der Mond zunächst in den Halbschatten der Erde ein, ehe er den Kernschatten, die *Umbra*, mit 9170 km ⌀ erreicht, vgl. Bild 3.3. Eine totale Mondfinsternis dauert maximal bis zu

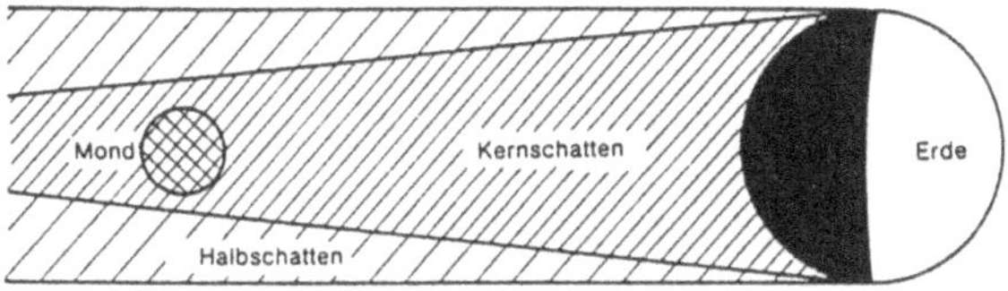

Bild 3.3 Bei einer Mondfinsternis tritt der Mond zuerst in den Halbschatten der Erde, ehe er den Kernschatten, die *Umbra*, erreicht.

1 h 44 min., während eine totale Sonnenfinsternis nur 7 min. 31 s dauert. Mitte 1995 war auf der Nordhalbkugel wieder eine Mondfinsternis zu beobachten.

Bei einer Mondfinsternis wird der Mond gewöhnlich nicht vollständig unsichtbar, da Sonnenlicht an der Erdatmosphäre so in den geometrischen Kernschatten gebrochen und gestreut wird, daß es die Mondoberfläche schwach erleuchtet. Dabei spielt die Rayleigh-Streuung eine Rolle, welche kurzwelliges Licht stärker ablenkt, so daß eher rötliches Licht durchgelassen wird und dem Mond eine leicht kupferne Farbe gibt.

Bei den Apollo-Flügen sind passive Reflektoren aus 100 bis 300 Winkelprismen, ähnlich den „Katzenaugen" von Rückleuchten an Fahrrädern, auf der Mondoberfläche zurückgelassen worden. Inzwischen hat man damit 25 Jahre lang über die Laufzeit von Laserpulsen die Entfernung des Mondes auf 2 bis 3 cm genau vermessen [67]. Der *mittlere Mondabstand* von 385 000 km ist allerdings aus Kalibrierungsgründen noch mit einem Fehler von 80 cm behaftet; gleichzeitig sind die Radien von Erde und Mond zu 6371 km bzw. 1738 km bestimmt worden.

3.4 Gebundene Rotation

Der Mond braucht 27,322 Tage, um die Erde einmal zu umrunden, andererseits braucht er 27,322 siderische Tage, um sich um seine eigene Achse zu drehen. Das bedeutet nichts anderes, als daß er der Erde immer annähernd dieselbe Seite zuwendet; man spricht von *gebundener Rotation.*

Das „Gesicht" des Mondes wackelt allerdings etwas. Dank dieser sog. *Libration* kann man von der Erde aus mehr als die Hälfte, d.h. insgesamt 59 Prozent der Mondoberfläche, studieren.

1. Die *Libration in Länge* ist darauf zurückzuführen, daß der Mond sich

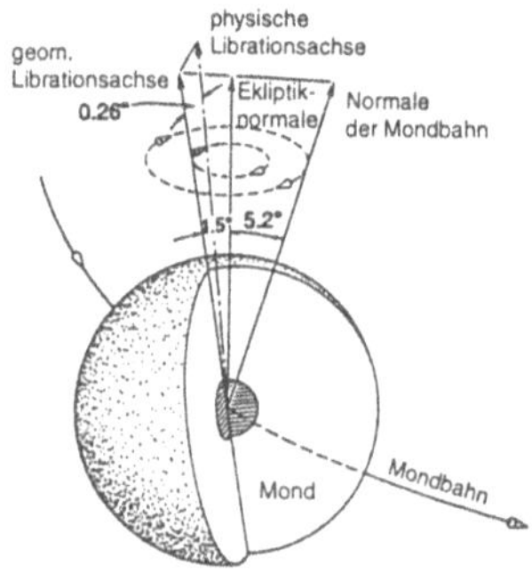

Bild 3.4
„Mondkreisel“: Orientierung der lunaren Rotationsachse relativ zur Ekliptik und der Bahnnormalen

mit konstanter Geschwindigkeit um seine Achse dreht, seine Bahngeschwindigkeit aber variiert. Nach den Keplerschen Gesetzen bewegt er sich am schnellsten, wenn er sich in der Nähe des Perigäums befindet. Dann hat er sich nach einer Umdrehung von 90° um die eigene Achse um 97,6° auf der Bahn um die Erde weiterbewegt. Daraus ergibt sich eine Verschiebung des Mondmeridians um ±7,6°.

2. Bei der *Libration in Breite* erscheinen Nord- und Südpol etwas zu kippen. Die Libration in Breite ergibt sich aus der Neigung der Mondbahn um 5,2° relativ zur Ekliptik und der Neigung der lunaren Rotationsachse von 1,5° relativ zum Lot auf die Erdbahn, d.h. relativ zur Ekliptiknormalen. Insgesamt ist die lunare Rotationsachse um 6,7° gegenüber dem Lot auf die Mondbahnebene geneigt, siehe Bild 3.4.

3. Zusätzlich zur geometrischen Libration gibt es die *physische Libration*, weil der Mond keine Kugel, sondern ein dreiachsiger Ellipsoid ist, die Abweichungen betragen nur 0,26″.

4. *Tägliche Libration:* Steht der Mond im Zenit, dann sieht man einen etwas anderen Ausschnitt seiner Oberfläche, als wenn er am Horizont steht. Diese Erscheinung ist als tägliche Libration bekannt.

3.5 Gezeiten

Da nur 81,3 Monde nötig wären, um die Erdmasse aufzuwiegen, kann man Mond und Erde quasi als „Doppelplanet“ ansehen. Die Anziehungskraft der

Sonne ist allerdings etwa doppelt so groß wie die der Erde; der Mond bewegt sich daher in einer konkaven Bahn um die Sonne. Dabei führt der Mond eine torkelartige Bewegung aus, allerdings nicht um die Erde, sondern um den gemeinsamen Schwerpunkt S des Systems. Da die Erde die 81,3fache Masse des Mondes von $M_☾ = 7{,}3483 \cdot 10^{22}$ kg besitzt, liegt der Schwerpunkt noch im Inneren der Erde.

Es war schon lange bekannt, daß die *Gezeiten* oder Tiden größtenteils durch den Mond verursacht werden. Ohne Berücksichtigung der Erdrotation entstehen zwei Flutberge auf der Erde: Aufgrund der Inhomogenität des lunaren Gravitationsfeldes entsteht ein Flutberg auf der dem Mond zugewandten Seite und ein gleich großer auf der abgewandten Seite.

Kasten 3.1 : Gezeitenkräfte

Erde und Mond stellen eine Art Doppelplanet *dar, welcher sich beinahe kreisförmig um* den gemeinsamen Schwerpunkt *S bewegen. Wegen der 81,3fach größeren Masse der Erde liegt der Schwerpunkt etwa bei 0,75 Erdradien [$R_♁$] auf der gedachten Verbindungslinie zwischen Erde und Mond, also noch im Erdinneren. Für den Mittelpunkt der Erde ist die aus dieser Kreisbewegung resultierenden Zentrifugalkraft gerade durch die Anziehungskraft des Mondes ausbalanciert. Da die Schwerkraft als Zentralfeld nicht homogen ist, sondern mit dem Quadrat der Entfernung abfällt, gilt das für alle anderen Orte der Erde (auch im Innern) nicht mehr. Die* Gezeitenkraft *ist gerade der vektorielle Unterschied der Anziehungskraft des Mondes auf einen Massenpunkt der Erde zur Anziehungskraft auf den im Mittelpunkt der Erde gelegenen irdischen Schwerpunkt im Abstand r vom Mond.*
Diese Differenzkräfte sind auf der dem Mond zu- bzw. abgewandten Seite vom Betrag her gleich groß und zeigen jeweils vom Erdmittelpunkt weg. Dort würde bei Abwesenheit der Gezeitenreibung dann jeweils ein Maximum des Flutbergs entstehen. Nach der statischen Theorie der Gezeiten gilt dort für die Beschleunigung eines Wassermoleküls im Abstand $r \pm R_♁$ vom Mond

$$a_G = GM_☾/r^2 - GM_☾/(r \pm R_♁)^2 \simeq \pm 2GM_☾ R_♁/r^3 \,.$$

Wegen des größeren Abstands der Erde von der Sonne sind die Gezeitenkräfte der Sonne – im Gegensatz zur Gravitationskraft – nur etwa halb so groß wie die des Mondes. Bei Neu- bzw. Vollmond wirken die Gezeitenkräfte von Sonne und Mond jedoch zusammen und erzeugen eine *Springflut*, vgl. Bild 3.5. Im ersten und letzten Viertel wirken sie senkrecht zueinander, es entsteht nur eine *Nippflut*. Aufgrund der Erdrotation und der Reibung am Meeresboden

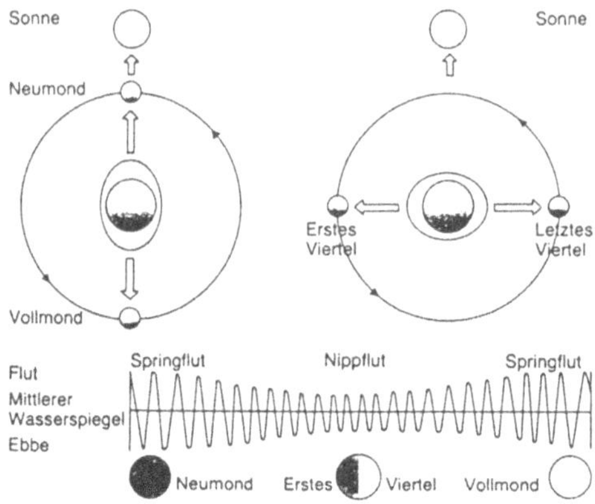

Bild 3.5 Schematische Darstellung der Entstehung von Ebbe und Flut durch das Zusammenwirken der Schwerkräfte von Sonne und Mond

„hinken" die Flutberge mit einer Verspätung von 51 Minuten hinterher. Diese Phasenverschiebung wird noch durch die Eigenfrequenzen der Meeresbuchten moduliert. Auch auf die Erdkruste wirken die Gezeitenkräfte und erzeugen z.B. am ringförmigen Teilchenbeschleuniger LEP [*L*arge *E*lectron *P*ositron Collider] des CERN in Genf meßbare periodische Störungen der Energiekalibrierung der beschleunigten Elektronen, vgl. [170].

Durch die Gezeitenreibung wird die Erdrotation um 1000″/(Jahrhundert)^2 abgebremst, während es beim Mond nur 25″/(Jahrhundert)^2 sind [286]. Diese *Abbremsung* mit einer Leistung von $4{,}8 \cdot 10^{12}$ W führt zu einer Erwärmung der Erde; allerdings sind dies nur 15 % der durch den natürlichen radioaktiven Zerfall im Inneren produzierten Wärme. Der Drehimpuls der Eigenrotation nimmt dabei ab. Das durch die Gezeitenreibung nach dem Prinzip actio=reactio auf den Mond zurückwirkende Drehmoment hebt diesen auf eine erdfernere und damit drehimpulsreichere Bahn. Der Gesamtdrehimpuls des Systems Erde-Mond bleibt dabei erhalten. Wenn man die Entwicklung der Sonne zum Roten Riesen außer acht ließe, würde die Erde in 10 Milliarden Jahren eine *gebundene Rotation* von 46 Tagen ausführen und dann dem Mond auch immer die gleiche („bessere"?) Hälfte zuwenden [42].

3.6 Frühere Mondbewegung in Sedimenten „gespeichert“?

Anhand von 650 Millionen Jahre alten Gesteinsschichten des Präkambriums in der Nähe von Adelaide läßt sich die damalige Mondbewegung rekonstruieren. Nachdem der Australier G. E. Williams die verblüffende Überstruktur der Sandsteinschichten zunächst mit dem elfjährigen Zyklus der Sonnenflecken in Verbindung gebracht hatte, sollen sie nun durch eine Meerestidenbewegung entstanden sein [272].

Aus dieser neuen Hypothese lassen sich folgende Daten über die Dynamik des Erde-Mond-Systems im Präkambrium ablesen: Die Tageslänge betrug damals 22 h, das waren „arbeitgeberfreundliche“ 399 Tage pro Jahr. Anstelle von 12 fanden damals 14 Mondumläufe um die Erde pro Jahr statt. Der Abstand von Erde und Mond war 97 % der derzeitigen Entfernung, und vergrößerte sich um 2 cm pro Jahr; heute sind es 3,5 cm/a. Die Tidenbewegung erzeugte auf der Erde Reibungswärme mit einer mittleren jährlichen Leistung von 1,8 Terawatt.

3.7 Apollo-Raumflüge

Der erste bemannte Flug zum Mond dauerte acht Tage einschließlich der 21,5 Stunden Aufenthalt auf der Mondoberfäche. Die Mannschaft bestand aus Neil Armstrong, Edwin Aldrin und Michael Collins, wobei letzterer im Kommandomodul blieb. Die Versuche bestanden u.a. aus dem Setzen von Sonnenwindsegeln und dem Aufstellen von Laserspiegeln und Seismometer für Mondbeben. Es wurden dabei 21,75 kg Gesteinsproben gesammelt, insgesamt brachte das Apollo-Programm 382 kg Mondgestein (zurück?) zur Erde.

Der Flugplan von Apollo 11 bestand aus folgenden Phasen: 1. Start von Cape Kennedy am 16. Juli 1969; 2. Abtrennung der ersten Stufe; 3. Triebwerkszündung, um die Rakete aus der Erdumlaufbahn auf einer Art „Achterbahn“ zum Mond zu bringen. Dabei wurde aus Kostengründen die ∞-förmige Gleichgewichtsfläche angestrebt, welche Erde und Mond umschließen; 4. Trennung, Drehung, Positionierung des Kommando- und Service-Moduls; 5. Antriebsphase für das Service-Modul; 6. Einsteuern in die Mondumlaufbahn; 7. Trennung von Landefähre und Service-Modul; 8. Abstiegsphase der Landefähre, welche am 21.Juli 1969 im *Mare Tranquillitatis* aufsetzte; 9. Rückstart der Landefähre; 10. Aufstieg vom Mond und Rendezvous mit dem Service-Modul; 11. Ankoppeln; 12. Umsteigen der Besatzung in das Service-Modul; 13. Rückflug;

14. Abtrennen des Service-Moduls; 15. Eintauchphase mit dem Ausfall der Funkverbindung; 16. Landung, d.h. Wasserung im Pazifik am 24.Juli 1969.

Die Apollo-Mondmeßstation ALSEP bestand aus einer Zentralstation mit Antenne, einem Isotopengenerator mit 70 Watt Leistung zur Stromerzeugung, einem Seismometer, einem dreiachsigen Magnetometer, einem Sonnenwind-Spektrometer, einem Gerät zur Messung des Wärmestroms zwischen zwei Bohrlöchern im Mondboden und einem Ionenmeßgerät.

Am 7.Dezember 1992 flog die Raumsonde *Galileo* am Erde-Mond-System vorbei und holte dabei Schwung für den Flug zum Jupiter. Dort soll die Sonde Anfang Dezember 1995 ankommen und zwei Jahre lang Aufnahmen und physikalische Meßdaten vom Planeten und seinen Monden liefern. Aus ungewöhnlicher Perspektive machte die Raumsonde Galileo eine Aufnahme des Mondes, bei der man von schräg oben auf die Nordpolregion blickt, siehe die Farbtafel VI. Diese Falschfarbenaufnahme ist von der Raumsonde Galileo 1992 in einem Abstand von 113 000 km aufgenommen worden. Im Bereich von Mare Frigoris ist die Auflösung 1,1 km pro Pixel des Halbleiter-Detektors. Rot zeigt Hochländer und Schmelzringe von Einschlagskratern an, gelb-orange eisenreiche Maria und blau Maria mit einem mittleren Titan-Gehalt von 2 bis 4 % in Form von TiO_2. Purpur deutet auf Ablagerungen des lunaren Mantels hin.

In der Farbtafel VII ist das „Gesicht des Mondes“ von der Raumsonde Galileo 1992 in einem Abstand von 169 000 km abgelichtet worden. Diese *Multispektral-Aufnahme* mit der gleichen Farbcodierung wie in Farbtafel VI deckt, bis auf einen Software-Fehler, die gesamte erdzugewandte Seite ab, welche in Bild 3.1 skizziert ist. Solche Aufnahmen in sieben Wellenlängenbereichen ermöglichen es, die mineralogische Zusammensetzung der gesamten Mondoberfläche zu kartieren [26].

3.8 Mondkrater

Viele Planeten besitzen Krater, so sieht z.B. die Oberfläche des Merkur sehr ähnlich wie die des Mondes aus.

Auf der Erde ist z.B. der Meteorkrater in Arizona mit einem Durchmesser von 1265 m und einer Tiefe von 174 m ein bekanntes Beispiel; sein Alter wird auf 22 000 Jahre geschätzt. Der Wolf-Creek-Krater in Australien hat einen Durchmesser von 853 m und ist 46 m tief. Nach ihrem Entstehen haben die Krater sich durch Erosion stark verändert. Der mit 180 bis 280 km ∅ sehr große Einschlagskrater Chicxulub auf der Yucatán-Halbinsel ist so stark von

Sedimenten verdeckt, daß seine ganze Ausdehnung erst vor kurzem erkannt worden ist [296, 190]. Er ist vor 65 Millionen Jahren durch einen etwa 10 km großen Asteroiden entstanden und soll nach Ausweis einer dünnen, überall auf der Erde nachweisbaren iridiumhaltigen Schicht für das Aussterben vieler Arten, insbesondere auch der Dinosaurier, mit verantwortlich sein.

Die Veränderung durch Erosion gilt in abgewandelter Form auch für die Mondkrater, bei denen man folgende Typen unterscheidet [110], vgl. Bild 3.7:

1. *Terrassierter Krater.* Die Innenwände zeigen deutlich Terrassen. Der Kraterboden ist eingesunken, im Zentrum erhebt sich ein auffälliger Berg. Solche Krater sind oft von Auswurfmaterial umgeben, so z.B. bei Theophilus und Alpetragius.

2. *Konzentrische Krater* mit mehreren Ringen gibt es auf dem Mond in fast jeder Größe. Obwohl anders entstanden, sind diese Formationen oft mit konzentrischen Vulkanen auf der Erde verglichen worden. Beispiele sind die Krater Taruntius, Hesiodus und Marth.

3. *Geisterkrater.* Manche Krater wurden von Marematerial so weit überdeckt, daß ihre Wälle kaum noch zu erkennen sind.

4. *Strahlenkrater.* Sie haben ein helles, bis in große Entfernungen reichendes Strahlensystem, wie z.B. Tycho und Copernikus. Das relativ dünne Material der Strahlen besitzt ein anderes Korngefüge mit einem besseren Reflexionsvermögen oder *Albedo* des Sonnenlichts. Vermutlich handelt es sich um strahlenförmig „verspritztes" Auswurfmaterial, das beim Impakt über mehrere hundert Kilometer weit vom Krater fortgetragen wurde.

5. *Rillen.* Am Boden einiger Krater gibt es ausgedehnte, komplizierte Systeme von engen Furchen, „Rillen" genannt. Solche Rillen werden in den Kratern Gassendi, Hevelius und Wilhelm Humboldt vorgefunden.

6. *Bais am Mond.* Baiähnliche Formationen sind stellenweise aus Kratern entstanden, die von einem benachbarten Mare teilweise überflutet wurden, wobei ein Teil des Walls zerstört wurde. Beispiele sind Fracastorius, Hippalus und Lemonnier.

7. *Kraterketten.* Eine aus einer Kette von Kratern gebildete Rille ist z.B. die Hyginus-Rille.

8. *Isolierter Gipfel.* Diese Berggipfel sind manchmal kuppelförmig, viele sind jedoch unregelmäßig.

3.9 Die Maria

Die Mondoberfläche ist „knochentrocken", d.h. sie enthält kein Wasser. Die Oberflächentemperatur beträgt −200 bis 125 °C, je nach Sonneneinstrahlung; in der Tiefe von einem Meter herrscht eine konstante Temperatur von −50 °C.

Die grauen Ebenen oder *Maria* nehmen 15 % der Mondoberfläche ein. Auf der Vorderseite bedecken sie 35 % der Oberfläche, sie liegen 2 bis 5 km unterhalb des mittleren Mondradius. An den „Küsten" dieser Trockenmeere dringt das Hochland ein und bildet Inseln, Kaps und Halbinseln. Dies deutet darauf hin, daß die Maria durch eine dünnflüssige Schmelze mit geringer Viskosität entstanden sind. Die Maria bestehen aus Basalten mit erdähnlicher Zusammensetzung.

Nach Bild 3.6 unterscheiden sich die Maria (2) von Hochlandregionen (1) dadurch, daß sie glatter und allgemein dunkler sind. Sie enthalten eine Reihe von Strukturen wie die gewundenen Rillen (3), Runzelrücken (4) und kuppelförmige Erhebungen mit Gipfelkratern (5). Die gewundenen Rillen werden als *Lavakanäle* interpretiert, die von Kratern in relativ hohen Gebieten der Maria ausgehen und in tiefergelegene Bereiche führen. Die Runzelrücken sind vermutlich Verwerfungen.

Hochländer und Maria besitzen kaum Spuren von Hydrat. Das Alter der Basaltproben läßt sich mit 3,2 bis 3,8 Milliarden Jahren angeben. Die Entstehung eines Mare stellt man sich folgendermaßen vor: Ein Meteoriteneinschlag erzeugt ein etwa 20 km tiefes Marebecken. Der verringerte Schweredruck in diesem Gebiet erzeugt Spannungen in der Kruste und der *Lithosphäre*. Magma fließt durch Spalten nach oben bis sich ein Druckgleichgewicht einstellt. Wenn die Lava sich abkühlt, zieht sie sich etwas zusammen und die Oberfläche sinkt wegen der größeren Dichte der erkalteten Lava um 10 %, d.h. 2 km, ein. Falls die Spalten offen bleiben, erzeugt nachströmendes Magma einen Massenüberschuß, ein sog. *Mascon* [*mas*s *con*centration] , welcher zu lokalen

Bild 3.6
Schnitt durch die Mondoberfläche mit typischen Marestrukturen

Schwankungen der lunaren Schwerkraft, d.h. zu *Gravitationsanomalien* führen kann.

Ein Vergleich der chemischen Zusammensetzung von Basaltproben auf der Erde und dem Mond zeigt die folgende Tabelle, wobei alle Angaben in Prozent gemacht sind:

Stoff	**Erde** Tiefseeboden (Lava)	**Mond** Maria
SiO_2	49,2	37,0–49,0
TiO_2	1,4	0,3–13,0
Al_2O_3	15,8	7,0–14,0
FeO	9,4	18,0–23,0
MnO	0,16	0,21–0,29
MgO	8,5	6,0–17,0
CaO	11,1	8,0–12,0
Na_2O	2,7	0,1–0,5
K_2O	0,26	0,02–0,3
P_2O_5	0,15	0,03–0,18
Cr_2O_3		0,12–0,70

Die Maria besitzen demnach einen höheren Anteil von Titan-, Eisen- und Manganoxiden. Mit dem Satelliten Clementine hat man in den Hochländern 3 %, im tieferen Krustenmaterial 7 bis 8 % Eisen festgestellt [178]. Diese Unterschiede müssen bei der Beurteilung von Hypothesen über die Entstehung des Mondes berücksichtigt werden.

3.10 Entstehung der Mondoberfläche

Auf dem Mond sind Krater am häufigsten, welche durch den Einschlag von Objekten mit Geschwindigkeiten von mehr als 15 km/s gebildet wurden. Einfache Krater unter 10 km ⌀ sind wie ein Granattrichter geformt: die Tiefe beträgt ca. ein Fünftel des Durchmessers. Bei Durchmessern von 20 bis 150 km führt der Rückprall zu einem Zentralberg; das Abrutschen von Gestein führt zu Terrassenbildung. Krater über 200 km ⌀ haben einen so starken Rückprall des Gesteins erfahren, daß statt des Zentralbergs konzentrische Ringe übrigbleiben.

Die selteneren vulkanischen Krater besitzen keinen Zentralberg, sondern einen glatten Lavaboden und einen Rand in Form eines Keils $\wedge$.

Es lassen sich folgende Zeiträume der Mondgeschichte unterscheiden:

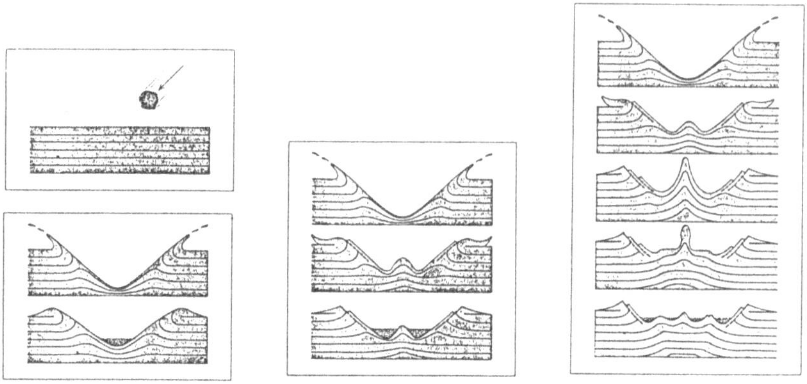

Bild 3.7 Entstehung verschiedener Einschlagkrater. A: Einfache Krater. B: Terrassenkrater. C: Ringkrater.

1. 4,5 Milliarden Jahre (*Präimbrische Periode*): Bildung des Mondes; Schmelzen und Separation der Kruste durch „magmatische Differentiation", wobei die Hochländer entstanden. Vor ca. 4,4 Milliarden Jahren kristallisierte die Schmelze beim Abkühlen, und die Kristalle niedrigerer Dichte stiegen an die Oberfläche. Der Großteil der ursprünglichen Kruste wurde durch die Kraterbildung wieder zerstört.

2. 4,3 bis 3,85 Milliarden Jahre: Bildung der großen Marebecken in einer Periode heftigsten Meteoritenbombardements. Das Tranquillitatisbecken dürfte 4,4, das Orientalebecken „nur" 3,85 Milliarden Jahre alt sein.

3. 3,9 bis 3,2 Milliarden Jahre (*Imbrische Periode*): Die Marebecken wurden von Lava überflutet, die schubweise aus dem Mondinneren kam. Dadurch wurden mehrere Schichten gebildet, die den Maria etwa das heutige Aussehen gaben.

4. 3,2 bis 1,0 Milliarden Jahre (*Eratosthenische Periode*): Dem ziemlich plötzlichen Ende der *magmatischen Überflutungen* folgte eine Periode, in der Krater nur noch durch schwachen Vulkanismus und Meteoriteneinfall gebildet wurden.

5. 1 Milliarde Jahre bis zur Gegenwart (*Kopernikanische Periode*): Die jüngere Geschichte des Mondes ist durch nahezu völlige vulkanische und meteoritische *Inaktivität* gekennzeichnet; ein paar Strahlenkrater dürften aber jünger als 1 Milliarde Jahre sein.

Bild 3.8
Mikrokrater auf der Oberfläche einer Glaskugel aus dem Regolith der Landestelle von Apollo 11. Der Krater hat einen Durchmesser von weniger als 0,3 mm.

Zur Überprüfung dieser Vorstellungen hat man im Labor kleinere *Einschlagkrater* durch schräge Impakte von Aluminium in nicht verfestigten Sand bei einer Einschlagsgeschwindigkeit von 1,7 km/s mit einer Gaskanone erzeugt. Bei Einschlagswinkel von über 5° entstanden – wie bei Explosionskratern – kreisförmige Krater.

Der *Regolith* des Mondes ist eine Schuttschicht, die im wesentlichen aus unsortierten Partikeln besteht, deren Größe von tausendstel Millimeter bis zu mehreren Metern reicht. Der feinere Anteil des Regoliths wird oft Mondboden genannt. Die an Apollo-Landestellen gesammelten Proben bestehen im allgemeinen aus folgenden Komponenten: Fragmente des Untergrunds, Agglutinate von Teilchen durch Glastropfen, Glastropfen aus Impaktschmelzen und meteoritisches Material.

3.11 Innerer Aufbau

Der innere Aufbau des Mondes unterscheidet sich deutlich von dem der Erde. Kruste und Mantel des Mondes sind dicker als bei der Erde, weil die Temperatur im Innern viel niedriger ist. Die äußere Regolithschicht aus zertrümmertem Grundgestein ist relativ dünn: Darunter befindet sich die Kruste bis 60 km Tiefe. Die obere Kruste (bis 20 km) ist kompaktes Gestein: Der Rest besteht aus Material mit ähnlichen Eigenschaften wie die Anorthosite und die feldspatreichen Gabbros der Hochländer. Unter der Kruste liegt der Mantel und darunter die *Asthenosphäre*, die als teilweise geschmolzen angenommen wird. Schließlich

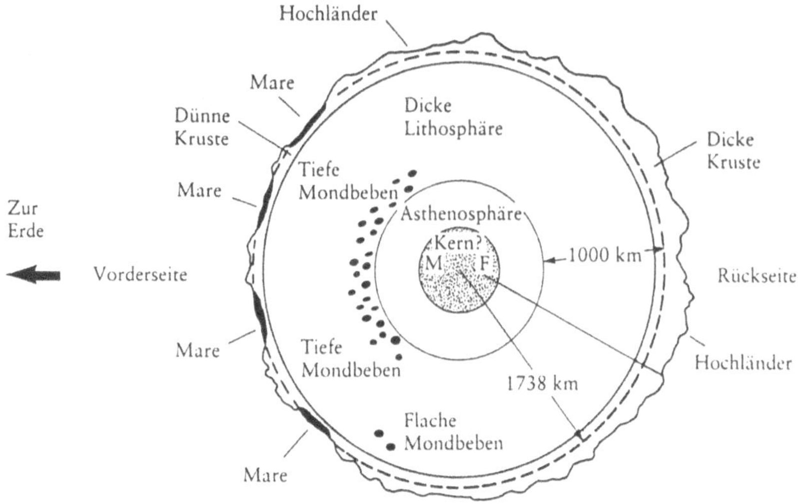

Bild 3.9 Schnitt durch den Mond. Aufeinanderfolgend Kruste, Lithosphäre, Astenosphäre und Ort der Mondbebenwellen.

kommt der relativ dichte Kern. Durch Radarmessungen des Satelliten Clementine hat sich gezeigt, daß die lunaren Höhenunterschiede bis zu 16 km betragen können. Außerdem ist die Kruste der erdabgewandten Seite mit 68 km um 8 km dicker als auf der Vorderseite [270].

Untersuchungen von natürlichen *Mondbeben* haben wichtige Detailinformationen über das Mondinnere geliefert: Bei 20 km Tiefe wächst die Geschwindigkeit der Wellen plötzlich auf 7 km/s an und bleibt dann bis 60 km ziemlich konstant. Dieser Geschwindigkeitssprung weist auf den Übergang zu kompakterem Material hin. Bei 60 km, am Boden der Mondkruste, erfolgt ein weiterer Sprung in der Geschwindigkeit der *Bebenwellen*. Nützliche Informationen ergab auch der Aufschlag eines 1000 kg schweren Meteoriten am 17. Juni 1972. Die erzeugten Wellen deuten an, daß unterhalb von 1000 bis 1200 km das lunare Material geschmolzen sein muß.

Die nachfolgende Tabelle zeigt den ungefähren Anteil in Prozent der wichtigsten Elemente in Mond und Erde zum Vergleich (Sauerstoff ist immer das wesentliche Anion in der chemischen Verbindung). Die globalen Unterschiede zwischen Erde und Mond, besonders im Eisengehalt, schließen die Hypothese aus, daß der Mond nahe bei der Erde entstanden ist. Die Unterschiede zwischen dem Mond und dem ursprünglichen Erdmantel, insbesondere im Gehalt an Alkalimetallen und Titan, schließt die Abspaltungshypothese aus.

Element	Mond	Erde
Silizium	20	14
Magnesium	19	16
Eisen	10,6	33
Kalzium	3,2	1,2
Aluminium	3,2	1,2
Titan	0,18	0,06
Natrium + Kalium	0,07	0,17
Uran	0,033	0,01

3.12 Die „Atmosphäre“ des Mondes

Hat der Mond etwa auch eine „Atmosphäre“, oder besser, eine Exosphäre? Bei den Apollo-Missionen hat das Landegerät durch seine „Ausgasung “ die Messungen leider stark verfälscht. Demzufolge herrscht ein Vakuum mit einem minimalen Druck von 10^{-14} bar. Die Restatmosphäre besteht nachts im wesentlichen aus den Edelgasen Argon, Neon und Helium, sowie Krypton und Xenon. Bei Sonnenaufgang gibt es auch Hinweise auf die Existenz von Methan und Ammoniak. Die gesamte lunare Gashülle könnte gerade eine Sporthalle bei irdischem Atmosphärendruck füllen.

Für feinere Untersuchungen ist insbesondere Natrium als „Spurengas“ geeignet, weil seine charakteristische Doppellinie bei 589,6 und 588,97 nm spektroskopisch gut meßbar ist. (Das gelbe Licht ist von den Natriumdampflampen

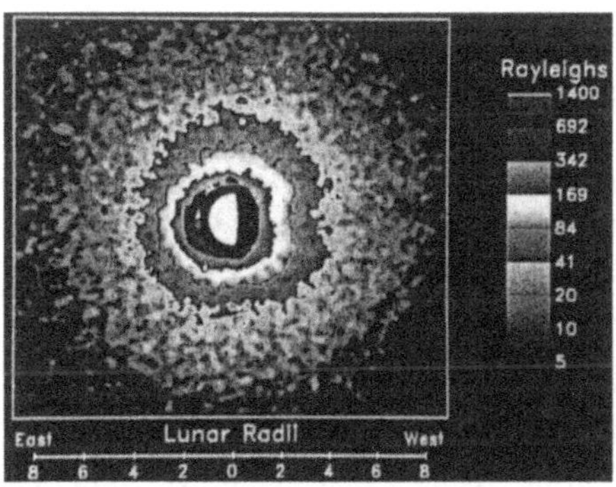

Bild 3.10
Streuintensitäten nach Abschirmung des Mondlichts in Einheiten von Rayleigh [$\hat{=}\ 10^6$ Photonen/(cm^2 s)]

der Straßenbeleuchtung her bekannt.) 1988 fanden Potter und Morgan erste Hinweise: Unter 100 km lunarer Höhe waren weniger als 50 Na-Atome pro Kubikzentimeter vorhanden [230]. Durch vollständige Abschirmung des Mondlichts mit $\approx 0{,}5^\circ$ Winkeldurchmesser durch eine Verdunklungsscheibe von 1° konnte 1992 mit irdischen Teleskopen gezeigt werden [89], daß die *Natrium-Exosphäre* mehrere Mondradien weit hinausreicht, siehe Bild 3.10. Die gemessene Abhängigkeit von dem solaren Einstrahlungswinkel zeigt, daß die Na-Atome hauptsächlich, d.h. zu 85 %, durch Sonnenwind und Photonen über Erhitzung und nur zu 15 % durch Mikrometeoriten freigesetzt werden.

Eine ähnliche Natrium-Exosphäre ist im Zusammenhang mit schwachen Magnetfeldern auch beim Merkur festgestellt worden [231].

3.13 Der Ursprung des Mondes?

Der Mond nimmt eine einzigartige Stellung im Sonnensystem ein. Zwar sind die Satelliten anderer Planeten absolut gesehen größer, wie etwa die Monde Callisto und Ganymed des Jupiter, der Titan des Saturn und der Triton des Neptuns. Jedoch beträgt der Äquator-Durchmesser des Mondes von 3476 km etwas mehr als ein Viertel des Erddurchmessers von 12 742 km. Man kann daher bei dem System Erde-Mond beinahe von einem Doppelplaneten sprechen. Die Oberfläche des Mondes macht 7,4 % und das Volumen 2 % der entsprechenden Werte der Erde aus. Da die mittlere Dichte des Mondes von 3340 kg/m^3 geringer als die 5520 kg/m^3 der Erde ist, beträgt die Masse allerdings nur 1/81stel der Erdmasse.
Folgende Hypothesen zur Mondentstehung sind in der Diskussion:

1. *Abspaltungshypothese* von George Darwin 1878, einem Sohn von Charles Darwin: Der Mond ist in der Frühzeit der Erdgeschichte abgespalten worden, und die verbleibende Narbe hat den Pazifischen Ozean gebildet. (Das Alter des Bodens des Pazifischen Ozeans von 200 Mio. Jahren spricht aber dagegen. Außerdem hätte sich die Erde ursprünglich alle 2,5 Stunden einmal um ihre Achse drehen müssen, damit die Fliehkräfte groß genug für eine Abplattung und Abspaltung gewesen wären.)

2. *Einfanghypothese*: Der Mond hat sich in einem anderen Bereich des Sonnensystems gebildet und wird später von der Erde eingefangen. Damit dies geschehen konnte, müssen die Bahnen ähnlich gewesen sein, wie bei einem Doppelplaneten, und damit auch die Zusammensetzung des

Ausgangsmaterials. (Dafür spricht die gleiche Mischung der Isotope ^{16}O und ^{18}O des Sauerstoffs [296], allerdings nicht der eisenarme Kern des Mondes.)

3. *Kondensationshypothese* von Ringwood 1970: Die Urerde besaß nach der Kondensation eine 1500 °C heiße Atmosphäre aus Kohlenmonoxid und Wasserstoff. Dabei verdampften selektiv Silikate. Aufgrund einer kurzzeitig stark erhöhten Leuchtkraft der Ursonne (T-Tauri-Zustand) dehnte sich diese Atmosphäre aus. Die Silikate kondensierten danach in einen Ring und deren feste Teilchen bildeten dann langsam den Mond. (Allerdings besitzt der Mond eine 50 % höhere Konzentration der schwerflüchtigen Oxide von Aluminium, Kalzium und Thorium als die Erde.)

4. *Kollisionshypothese* von Reginald A. Daly 1946: Neuere Untersuchungen [296] scheinen eher auf eine *streifende* Kollision der Erde mit einem Planetoiden von der Größe des Mars hinzudeuten. Ähnlich wie bei einem gutem Fußballspieler, der einen Ball „anschneidet", hat jedoch dieser enorme Impakt schrägt stattfinden müssen, um die im Vergleich zur Venus zehnmal schnellere Rotation der Erde zu erklären.

3.14 Astronomische Observatorien auf dem Mond?

Da der Mond praktisch keine Atmosphäre besitzt und seismisch sehr stabil ist, würde der Erdtrabant eine ideale Plattform für zukünftige astronomische Observatorien abgeben [46]. Bei einem typischen Mondbeben beträgt die Verschiebung des Gesteins allenfalls ein Nanometer, also wesentlich weniger als die Wellenlänge von sichtbarem Licht. Dies und die fehlende Absorption würde die Kopplung von Teleskopen zu Interferometern mit großer Basislänge ermöglichen. Das Auflösungsvermögen der mondgestützten Teleskope könnte das der besten irdischen um mehr als das Hunderttausendfache übertreffen.

Im Vergleich dazu haben selbst satellitengestützte Teleskope bei der üblichen Bahnhöhe von ca. 600 km erhebliche Nachteile. Etwa 23 mikroskopisch kleine Einschläge pro Quadratmeter und Jahr hat man auf Schutzschirmen an Satelliten festgestellt. Immerhin fängt die Erde 100 Tonnen Staub pro Tag aus dem Weltall auf [177]. Neben der Gefahr für die Optik durch Weltraummüll, gibt es in dieser Höhe Gas- und Staubwolken, welche für eine nicht vernachlässigbare Hintergrundstrahlung im infraroten Bereich sorgen. Das Nachthimmelsleuchten entsteht durch Rekombination von ionisiertem Sauerstoff, Natrium etc. in

100 km Höhe. Selbst der Satellit überträgt kinetische Energie an die dünne Restatmosphäre, so daß die Atome zum Leuchten [Fluoreszenz] angeregt werden. Zudem erzeugt die irdische Magnetosphäre einen niederfrequenten Radiohintergrund, so daß der Bereich unterhalb von 300 Kilohertz astronomisch bislang nicht zugänglich ist.

Für entsprechende Antennen auf seiner Rückseite würde der Erdtrabant selber eine gute Abschirmung gegen den natürlichen „Elektrosmog" bewirken (vgl. [213]). Optische Teleskope könnten bevorzugt in Kratern nahe der Mondpole aufgestellt werden, welche immer im Schatten liegen und daher die CCDs automatisch mit konstanten 70 K kühlen. Bereits ein Spiegel mit 1 m ⌀ hätte mit 0,1" eine bessere Auflösung als die größten irdischen Einzelteleskope. Wegen der geringen Oberflächengravitation kämen auch der Bau von voll beweglichen Radioteleskopen mit 500 m ⌀ in Betracht.

Als ein astronomisches Großprojekt ist der Bau von VLFA [*V*ery *L*ow *F*requency *A*rray], einer Gruppe von elektronisch gekoppelten Dipolantennen zur Beobachtung von Radiowellen mit mehr als 1 km Wellenlänge, d.h. unterhalb von 30 Megahertz, vorgeschlagen worden. Dieser Bereich ist von der Erde aus völlig unzugänglich. Ein noch ehrgeizigeres Projekt ist der Bau des großen optischen Interferometers LOUISA [*L*unar *O*ptical-*U*ltraviolet-*I*nfrared *S*ynthesis *A*rray]. Die projektierte Anlage besteht aus zwei konzentrischen Ringen von 42 optisch gekoppelten Teleskopen mit je 1,50 m ⌀. Während das Hubble-Weltraumteleskop nur eine zehnmal bessere Auflösung als erdgebundene Teleskope besitzt, könnte dieses optische Interferometer mit einer Auflösung von (1/100 000)" im Prinzip noch ein Zehnpfennigstück auf der Erde erkennen. Damit ließen sich erdähnliche Planeten von nahen Sternen aufspüren, Oberflächendetails wie „Sonnenflecken" und Flares von Sternen direkt beobachten und die Akkretionsscheiben von Neutronensternen und Schwarzen Löchern genauer studieren.

Wegen der guten seismischen Stabilität wäre der Mondboden auch ein idealer Standort für einen *Gravitationswellen-Detektor*, welcher auf dem Prinzip des Michelson-Interferometers basiert. Große Interferometer-Arme mit mehr als 1000 km Abstand der Laser-Spiegel, die wegen der geringen Intensität der Gravitationswellen nötig sind, wären vergleichsweise leicht zu realisieren.

Aufgrund der fehlenden Wechselwirkung der kosmischen Strahlung mit seiner Exosphäre besitzt der Mond auch einen tausendmal schwächeren Neutrino-Hintergrund als die Erde und empfiehlt sich daher auch als Standort für einen *Neutrino-Detektor*.

Kapitel 4
Das Sonnensystem

4.1 Rückläufige Bewegung der Planeten?

Normalerweise bewegen sich die Planeten in bezug auf die Sterne in östlicher Richtung (*rechtläufige* Bewegung, entgegengesetzt zum Uhrzeigersinn). Zeitweilig kehrt sich die Bewegung in die entgegengesetzte Richtung um; sie wird *rückläufig* oder *retrograd*. Astronomen vergangener Zeiten hatten Schwierigkeiten, derart komplizierte Wenden und Schleifen zu erklären.

Die scheinbare Bewegung des Mars im Jahre 1984 ist in Bild 4.1 angegeben. Während der Opposition am 11. Mai befand sich der Mars in der Nähe des absteigenden Knotens, an dem er die Ebene der Ekliptik durchstößt. Die ekliptikale Länge nimmt dabei ab, und der Mars beschreibt am Himmel eine S-förmige Kurve. Im rechten Teil der Abbildung ist die relative Stellung von Erde und Mars während des ersten Halbjahres 1984 dargestellt. Die Projektion der Marsbahn von einem irdischen Betrachter auf die unendlich weit entfernt gedachte Himmelskugel täuscht dann die Schleifenbahn vor.

Der „Stern von Bethlehem", welcher den „Magiern"[1] aus dem Osten die Geburt Jesu (6 ± 2 v.Chr.) ankündigte, wird heute als eine ungewöhnlich enge Schleifenbewegung von Jupiter und Saturn im Sternbild Pisces [Fische] angesehen. Neben dieser Dreifachkonjugation im Jahre 7 v.Chr. werden auch Novae und Kometen zur Deutung herangezogen [72].

[1] Hätt einer auch fast mehr Verstand/ Als wie die drei Weisen aus Morgenland/ Und ließe sich dünken, er wär wohl nie/ Dem Sternlein nachgereist wie sie;/ Dennoch, wenn nun das Weihnachtsfest/ Seine Lichtlein wonniglich scheinen läßt,/ Fällt auch auf sein verständig Gesicht,/ Er mag es merken oder nicht,/ Ein freundlicher Strahl/ Des Wundersternes von dazumal. *Wilhelm Busch.*

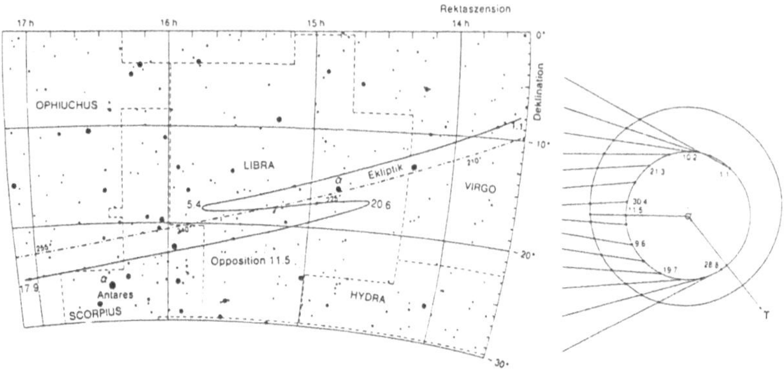

Bild 4.1 Die scheinbare Bewegung des Mars im Jahre 1984 und ihre Deutung über die Projektion der Marsbahn auf die Himmelskugel

4.2 Das Ptolemäische Weltbild

Schon in frühesten Zeiten beschäftigte man sich mit *Weltmodellen*, die teilweise mythischen Ursprungs waren und eine Deutung der Phänomene im ganzen Kosmos anboten [147]. Aus heutiger Sicht haben sich diese mehr auf den Nahbereich des Sonnensystems beschränkt:

1. 624–547 v.Chr.: Thales von Milet sieht die Erde als eine im Wasser schwimmende Scheibe an, er kannte schon den Saros-Zyklus der Mondfinsternisse.

2. 310–230 v.Chr.: In dem Weltsystem von Aristarch von Samos kreist die Erde bereits um die Sonne(!) und dreht sich um die eigene Achse. Seine Abschätzung des Abstandes von Erde und Mond war leider noch sehr ungenau.

3. 276–195 v.Chr.: Eratosthenes machte in Alexandria eine recht gute Abschätzung des Erdumfangs über die Messung des Zenitwinkels ($\hat{=}$ Stufenwinkel eines kleinen Kreissegments der Erde) bei senkrechtem Einfall der Sonnenstrahlen in einem Brunnen in Syene.

4. 190–125 v.Chr.: Hipparch von Nikäa bestimmte den Mondabstand bei einer Sonnenfinsternis auf das 59fache des äquatorialen Erdradius [$R_{\oplus}$]. Dies kommt dem richtigen Wert von etwa 60 $R_{\oplus}$ sehr nahe.

5. 150 n. Chr.: Claudius Ptolemäus aus Alexandria entwickelte eine Beschreibung des Weltsystems, das fortan nach ihm benannt wurde, obwohl er es nicht selbst geschaffen hat. Da er angenommen hat, daß die Erde ruhend im Mittelpunkt des Universums liegt, wird dieses System auch *geozentrisches Weltbild* genannt. In dem *Ptolemäischen System* kreisen der Mond, die Planeten Merkur, Venus, Mars, Jupiter und Saturn sowie die Sonne in verschiedenen Entfernungen um die Erde herum. Außerhalb Saturns, des entferntesten der damals bekannten Planeten, lag die Kugel mit den Fixsternen, die „Fixsternsphäre". Da man von der Voraussetzung ausging, alle Himmelsbahnen seien perfekte Kreise, mußte Ptolemäus auf die Zusatzannahme von Apollonius von Perga zurückgreifen, daß sich die Planeten auf kleinen *Aufkreisen* oder *Epizykeln* bewegen, deren Mittelpunkte die Erde wiederum in einem perfekten Kreis, dem Deferenten, umkreisen. Das ganze System war zwar unübersichtlich und künstlich, aber es paßte recht genau zu den damaligen Beobachtungen der Planetenbewegungen.

Diese Theorie galt unangefochten mehr als 1300 Jahre über Ptolemäus' Tod hinaus.

4.3 Die Kopernikanische Revolution

Im Jahre 1543 veröffentlichte der deutsch-polnische Domherr Nikolaus Kopernikus ein Buch mit dem Titel *De revolutionibus orbium coelestium* (Über die Umläufe der Himmelskörper). Es war der Beginn einer neuen Ära, eine wissenschaftliche „Revolution" [$\rightarrow$ revolutio $\hat{=}$ Umdrehung] im doppelten Wortsinn. Kopernikus lehnte die Ptolemäische Theorie ab und stellte ein System auf, in dem nicht die Erde, sondern die Sonne den Mittelpunkt des Planetensystems bildete.

Kopernikus war kein astronomischer Beobachter im heutigen Sinne, aber ein überragender Mathematiker, dem das unübersichtliche und künstliche Schema von Ptolemäus widerstrebte. Stünde die Sonne im Mittelpunkt, so könnten viele Komplikationen mit einem Streich aus der Welt geschafft werden. Da Kopernikus aber an der Vorstellung perfekter Kreisbahnen festhielt, konnte auch er in einigen Fällen nicht ohne Epizykel auskommen. Kopernikus stellte seine Theorie vermutlich schon vor 1530 auf, sträubte sich aber gegen ihre Veröffentlichung. Erst im hohen Alter ließ er sich durch Joachim Rhäticus, Professor

Kasten 4.1 : Ptolemäisches und kopernikanisches System: Ein „relativistischer" Vergleich

Vom Zentrum der Sonne aus betrachtet, d.h. im heliozentrischen System, sei r_P der Ortsvektor zum Schwerpunkt eines Planeten, bzw. r_E der zur Erde. Dann ist der vom Mittelpunkt der Erde aus, d.h. geozentrisch gesehene Ort eines Planeten durch den Differenzvektor $R_P = r_P - r_E$ gekennzeichnet (vgl. 4.2).

	äußere Planeten	**innere Planeten**
Deferent	r_P	$-r_E$
Epizykel	$-r_E$	r_P

In einer rein kinematischen Betrachtung können wir zum geozentrischen Weltbild durch einen Wechsel des Bezugssystems zurückkehren. Bei einem inneren Planeten läuft dann die Sonne auf dem Deferenten, um den sich z.B. die Venus mit dem „Epizykelradius" r_P bewegt. Bei einem äußeren Planeten hat der Deferenten-Kreis den Radius r_P und der Epizykel den Radius r_E. Zur Zeit des ptolemäischen Weltbilds konnte man noch keine Entfernungen messen: Die Vektoren $R'_P = A_P \cdot R_P$ mit einem festen, aber sonst willkürlichen „Eichfaktor" A_P für jeden Planeten geben im ptolemäischen Weltbild daher eine einwandfreie Darstellung der Bewegungen der Planeten am Himmel. Insofern ist der Streit zwischen den beiden Weltbildern gegenstandslos, da er nur den Übergang zu einem anderen Bezugssystem bedeutet, welcher die Kinematik nicht ändert. Das gleiche gilt auch für den Übergang zum Tychonischen System.
Dynamisch gesehen bedeutet der Wechsel des Koordinatensystems *den Verzicht auf eine einfache mechanische Erklärung. Darüber hinaus lassen die Maßstabsfaktoren A_P zwar die Positionen der Planeten an der Sphäre unverändert, aber die wechselseitigen Lagebeziehungen der Planeten im Raum gehen dadurch verloren. Daß in der ptolemäischen Darstellung die jährliche Periode – entsprechend der Änderung von r_E – für jeden Planeten* unabhängig *eingeführt wird, bedingt mit die „Umständlichkeit" des alten Weltbildes. Aus heutiger Sicht war Kopernikus' entscheidende Leistung die Einführung eines* Inertialsystems, *das es Newton später erleichterte, sein Gravitationsgesetz aufzufinden.*

der Mathematik in Wittenberg, die Erlaubnis zum Druck seines Werkes abringen. In weiser Voraussicht widmete Kopernikus das Buch dem Papst Paul III., aber der Herausgeber, Osiander, schrieb unbefugterweise ein Vorwort, aus dem man den Eindruck gewinnen mußte, das kopernikanische System sei lediglich eine „mathematische Spielerei" und nur für die Vorhersage der Planetenpositionen nützlich. Auch Luther verurteilte den „Narren, der die Erde in Bewegung versetzen wollte". Kopernikus' Werk blieb bis 1835 auf dem Index.

Die Kontroversen, die das 1543 erschienene Hauptwerk des Kopernikus ausgelöst hatte, kennzeichnet der deutsche Mathematiker Hermann Weyl später

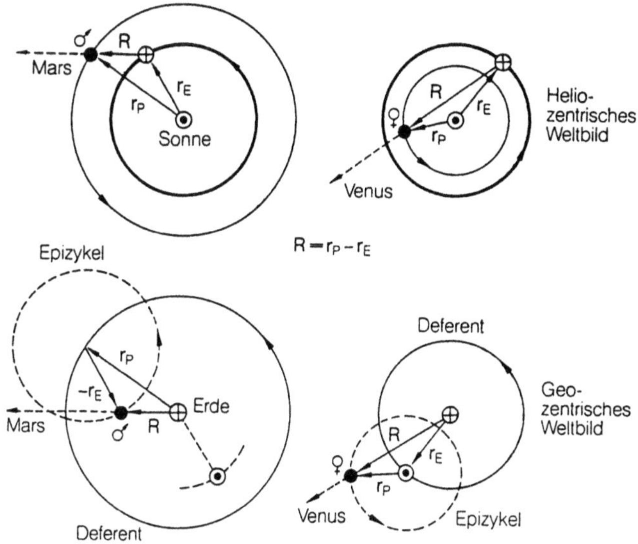

Bild 4.2 Durch Ortsvektoren dargestellte Lagebeziehung von Mars und Venus im heliozentrischen bzw. geozentrischen Weltbild

[333] so: „Die erschütternde Erlösungstat des Gottessohnes, Kreuzigung und Auferstehung, nicht mehr einmaliger Angelpunkt der Weltgeschichte, sondern ein rasch absolviertes Gastspiel in einem kleinen Nest, sich wiederholend von Stern zu Stern – in dieser Blasphemie zeigt sich vielleicht am prägnantesten das Religiös-bedenkliche einer Lehre, welche die Erde aus dem Mittelpunkt der Welt verdrängt".

Der „Kopernikaner" Giordano Bruno wurde 1600 in Rom verbrannt; Galileo Galilei, ein Verfechter des Kopernikanischen Weltbildes, mußte 1633, teilweise wegen der schon damals bekannten Mängel bei der Bestimmung der Planetenörter (vgl. [164]), der *heliozentrischen* Lehre abschwören und wurde von der Inquisition interniert. Die katholische Kirche hat sich erst 1822 bereit gefunden, das Kopernikanische Weltbild zu tolerieren, und die Verurteilung Galileis am 22. 6. 1633 durch die Inquisition ist erst im Oktober 1992 von Papst Johannes Paul II. aufgehoben worden ist. Der Ausspruch Galileis „Eppur si muove – und sie bewegt sich doch", ist wohl Legende [28], genauso wie seine „Fallversuche" vom damals noch nicht schiefen Turm zu Pisa.

Daneben gab es noch das Tychonische System. Tycho Brahe, der von 1546 bis 1601 lebte, war zweifellos der gewissenhafteste Beobachter *vor* der Erfindung des Fernrohrs. Auf der Uranienborg in Dänemark stand ihm ein Mauerquadrant zu Verfügung, mit dem er Planetenörter auf wenige Bogenminuten genau bestimmen konnte. Allerdings reichte dies nicht, um die Aberration der Fixsterne aufgrund der Erdbewegung von etwa $1'' = (1/60)'$ festzustellen. Daher lehnte er das Kopernikanische System ab und hielt an der Erde als Mittelpunkt der Welt fest. In seinem System bewegen sich zwar die Planeten um die Sonne, während diese selbst um die Erde kreist. Er beschrieb die Supernova des Jahres 1572 und konnte nachweisen, daß der helle Komet des Jahres 1577 viel weiter von der Erde entfernt war als der Mond.

Auf einer allegorischen Darstellung in Ricciolis *Almagestum novum* von 1651 neigt sich die Waage mehr zu dem Tychonischen System, während das Kopernikanische System als (noch) „zu leicht befunden" wird. „Am Boden zerstört" sitzt Ptolemäus mit einer Darstellung seines Weltsystems in den Händen, vgl. [103].

Aus heutiger, säkularisierter Sicht sind das erdfeste und das sonnenfeste Bezugssystem gleichermaßen zur Beschreibung der *Kinematik* des Sonnensystems geeignet: Die Koordinaten des einen Bezugssystems können ohne weiteres in die des anderen umgerechnet werden. Insofern zerfließt dieser Streit in nichts. Wenn wir aber die *Dynamik*, d.h. insbesondere die Kraft- und die daraus folgenden Bewegungsverhältnisse des Sonnensystems, in Gesetze fassen wollen, wie Kepler und Newton dies taten, dann bietet das Kopernikanische Bezugssystem den Vorteil, ein Trägheits- oder *Inertialsystem* zu sein, während dies für das Ptolemäische, das sich im Vergleich dazu wie ein Karussell dreht, nicht gilt.

4.4 Die Keplerschen Gesetze

Johannes Kepler (1571–1630) benutzte Tychos Beobachtungen, um seine drei Gesetze der Planetenbewegungen abzuleiten. Tycho hatte von 1575 bis 1600 mit Oktanten, Sextanten und Quadranten, also ohne Fernrohr, Beobachtungsdaten mit 2 bis 3 Bogenminuten Genauigkeit zusammengetragen. Kepler wußte von der ovalen Form der Planetenbewegung, konnte aber damals die genaue *Ellipsenform* vermutlich nur „erraten".

1. Keplersches Gesetz (*Astronomia Nova* 1609): Die Körper bewegen sich relativ zur Sonne in Ellipsen, in deren einem Brennpunkt die Sonne steht. (Der Begriff „focus" [$\hat{=}$ Brennpunkt] tauchte bereits 1604 in Keplers Werk *Astronomiae Pars Optica* auf.)

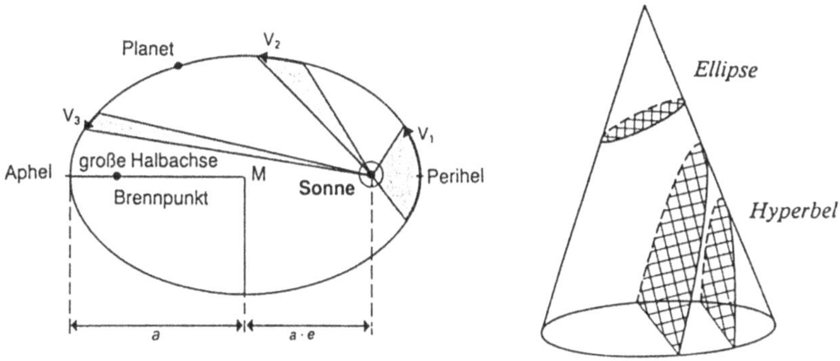

Bild 4.3 A: Achsen und Brennpunkte der Ellipse. B: Ellipse, Parabel oder Hyperbel als Kegelschnitte.

2. Keplersches Gesetz (*Astronomia Nova* 1609): Der von der Sonne bis zum umlaufenden Himmelskörper reichende Radiusvektor überstreicht in gleichen Zeiten gleiche Flächen. (Dies wird heutzutage als eine Konsequenz der Erhaltung des Bahndrehimpulses verstanden).

3. Keplersches Gesetz (*Harmonice mundi* 1619): Das Quadrat der Umlaufszeit P wächst proportional zur dritten Potenz der großen Halbachse a.

So gilt z.B. für die Umlaufzeiten (Periodendauer P) und Halbachsen der Planeten Mars, Jupiter und Saturn in Jahren und Astronomische Einheiten[2] im Vergleich zur Erde:

$$\frac{P^2}{a^3} = \left.\frac{1^2}{1^3}\right|_{♁} = \left.\frac{1{,}88081^2}{1{,}52369^3}\right|_{♂} = \left.\frac{11{,}86179^2}{5{,}2028^3}\right|_{♃} = \left.\frac{29{,}4566^2}{9{,}53884^3}\right|_{♄} .$$

Der geistige Umbruch seiner Zeit stellt sich in Johannes Kepler geradezu personifiziert dar. In seinen Briefen, seinen Werken, seinem Leben sind eine tiefe Religiosität, unerschütterliche Glaubensgewißheit und die feste Überzeugung von der Vollkommenheit Gottes und seiner Schöpfung erkennbar. Gleichzeitig ist er aber auch, neben Galilei, der erste Naturwissenschaftler im modernen Sinn, ein Mensch, der die Natur in ihrer Gesetzmäßigkeit erkennen will, der sich nicht mit einem „So ist es“ zufrieden gibt, sondern weiter fragt nach dem „Warum“.[3]

[2] Die große Halbachse der Erdbahn stellt die Astronomische Einheit dar: 1 AE =149 597 871 km.

[3] Keplers geistige Grundhaltung bei der Betrachtung des Kosmos kommt treffend in seinen Worten zum Ausdruck, die er einer Prognostik auf das Jahr 1604, also einem Kalender, voranstellt: „Mit

Kasten 4.2 : „Gärtnerkonstruktion" der Ellipse

Die Bahnen der Planeten bzw. Kometen werden durch Ellipsen, bzw. Parabeln oder Hyperbeln beschrieben. Geometrisch lassen sich diese Bahnen durch Kegelschnitte veranschaulichen, welche beim Durchschneiden etwa einer (gefrorenen und noch gefüllten) Eistüte entstehen, vgl. Bild 4.3. Im Falle der Ellipse, *ein „Schrägbild" des Kreises, findet auch die „Gärtnerkonstruktion", immer noch praktische Anwendung: sie ist diejenige Kurve, bei der die Summe der Abstände eines jeden ihrer Punkte von zwei festen Punkten (den Brennpunkten oder den beiden Pflöcken an denen eine gespannte Schnur befestigt ist) konstant ist.*
Die Gleichung der Ellipse lautet in rechtwinkligen Koordinaten

$$x^2/a^2 + y^2/b^2 = 1.$$

Dabei bedeuten:

Ellipsen-Parameter	***Symbol***
Große Halbachse	a
Kleine Halbachse	$b = a\sqrt{1-e^2}$
Numerische Exzentrizität	$e, \quad 0 \leq e < 1$
Abstand des Brennpunktes vom Mittelpunkt	$f = ea$
Halbparameter („Sperrung")	$p = a(1-e^2)$
Ellipsen-Fläche	$A = \pi\ ab$

Die Gleichung der Ellipse ist die Verallgemeinerung der Kreisgleichung $x^2 + y^2 = a^2$ *, welche aus der Ellipsengleichung für* $a = b$ *hervorgeht. In Polarkoordinaten* (r,ϕ) *lautet die Ellipsengleichung*

$$r = p/(1 + e\cos\phi)\,,$$

wobei p die Sperrung der Ellipse auf der Höhe des Brennpunktes ist. Den Wert von p erhält man durch Einsetzen des Brennpunktabstandes $f = ea$ *in die Ellipsengleichung: Aus* $e^2a^2/a^2 + p^2/b^2 = 1$ *folgt* $p^2 = b^2(1-e^2) = a^2(1-e^2)^2$, *d.h.* $p = a(1-e^2)$. *Parabeln und Hyperbeln sind durch* $e = 1$ *bzw.* $e \geq 1$ *gekennzeichnet.*

Für die vollständige Beschreibung einer *Planetenbahn* und ihrer Lage relativ zur Ekliptik werden sechs *Bahnparameter* benötigt, wie sich das bei einer

Wahrheit mag ichs sagen/ das so oft ich die schöne ordnung/ wie eins aus dem andern folget und/ abgenommen wird/ mit meinen Gedanken auff einmahl/ durchlauffe/ so ists als hett ich ein göttlichen/ nit mit bedeuttenden Buchstaben/ sondern mit wesentlichen Dingen/ in die Welt selbsten geschribenen Spruch/ gelesen/ dessen Inhalts: Mensch streckh deine/ Vernunft hieher/ diese Dinge zu begreiffen."

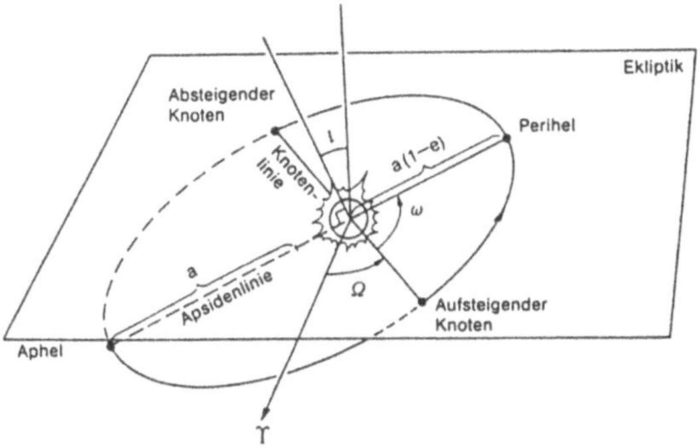

Bild 4.4
Anfangsdaten und Bahnparameter einer Planetenbahn

längeren „Reise" gehört. Diese Parameter sind z.B. der Ort (3 Koordinaten) und die Geschwindigkeit (3 Komponenten) am sonnenfernsten Punkt; in der Astronomie nimmt man stattdessen die ekliptikale Länge Ω des aufsteigenden Knotens, die Länge ω des Perihels, die Bahnneigung l, die große Halbachse a auf der Apsidenlinie, die Exzentrizität e und die Perihelzeit τ als Anfangspunkt, vgl. Bild 4.4.

Die Keplerschen „Gesetze" haben historisch eine große Rolle gespielt, heute sind sie lediglich Konsequenzen des Newtonschen Gravitationsgesetzes und der Bewegungsgleichungen der Mechanik. Diese wiederum sind in den Einsteinschen Feldgleichungen der Gravitation als nicht-relativistischer Grenzfall enthalten. Erst die Einsteinsche Formulierung[4] der Gravitation, die *A*llgemeine *R*elativitäts*t*heorie [ART], besitzt nach heutigem Verständnis den Charakter eines *Naturgesetzes* [82, 83].

4.5 Hat auch Kepler gemogelt?

Allerdings gibt es Hinweise auf geschönte Daten in der „Astronomia Nova", rund 380 Jahre nach ihrer Veröffentlichung. Nach W. H. Donahue [73] ist bei einer neuen Übersetzung des Textes ins Englische aufgefallen, daß offenbar nicht alle Tabellen in dem Buch die Daten enthalten, die sie nach Keplers Darstellung auflisten müßten. Letztlich geht es um die Frage, wie Kepler damals

[4] Der Eine läßt das Wort zum Ausdruck reifen,/ ein And'rer sucht, die Formel streng zu schleifen./ Sie ringen je auf ihre Art im Stillen,/ und folgen doch gemeinsam einem Willen.// In Beiden wirken Kräfte, die sie treiben,/ das Wesentliche gültig zu beschreiben,/ drängt rastlos diese Hoffnung, zu erkennen,/ und, was sie finden, treffend zu benennen.// So greift die Formel in des Kosmos Weiten/ und streift mit ihren Chiffren Ewigkeiten./ Erfährt die Wahrheit Niederschlag im Wort,/ dann lebt sie darin alle Zeiten fort. *Elke Meyer.*

den Nachweis geführt hat, daß sich die Planeten in elliptischen Bahnen um die Sonne bewegen.

Kepler hat sich bei seinen Berechnungen auf Tychos Daten von der Bahn des Mars gestützt und damit – wie man im nachhinein weiß – großes Glück gehabt; denn diese Bahn weicht besonders stark von der Kreisbahn ab. Dennoch hatte der Astronom einige Mühe, seine Gesetze zu formulieren. So konnte er zwar den Abstand zwischen Erde und Sonne zu einem bestimmten Zeitpunkt recht genau ermitteln. Aber es war weit schwieriger, den Abstand des Mars zur Sonne sowie den Winkel, unter dem Erde und Mars von der Sonne aus erscheinen, zu bestimmen. Kepler bediente sich dafür eines Probierverfahrens, das er, wie bei einem Iterationsverfahren, so lange anwandte, bis die Daten zueinander paßten.

Schon im Jahr 1968 hatte C. Wilson darauf hingewiesen, daß die Ergebnisse einer solchen „Berechnung" der Marsbahn äußerst ungenau sind. Zeichnet man die mit dem Verfahren für verschiedene Zeitpunkte ermittelten Mars-Positionen in bezug auf die Sonne auf, erhält man keineswegs eine klar erkennbare Ellipse. Kepler aber ging sogar einen Schritt weiter und berechnete aus den Daten, an welcher Stelle des Himmels der Mars jeweils zu sehen war. Dieses Ergebnis verglich er, eigenen Angaben zufolge, mit den tatsächlichen Beobachtungen. Donahue glaubt dagegen herausgefunden zu haben, daß der Astronom die Daten mit dem von ihm postulierten Flächensatz konstruiert hat.

4.6 Übersicht über unser Sonnensystem

Das Sonnensystem besteht aus einer(!) Sonne mit $1{,}4 \cdot 10^6$ km ⌀. Neun große Planeten und viele kleine Körper umkreisen die Sonne. Nahe der Sonne befinden sich die sog. *terrestischen Planeten* Merkur, Venus, Erde und Mars, welche hauptsächlich aus Eisen und Silikaten bestehen, vgl. [225, 233, 269, 275]. Der Asteroidengürtel trennt die inneren von den äußeren Planeten. Ceres enthält mit seinem 1000 km ⌀ bereits 30 % der Asteroidenmasse. Im äußeren Bereich befinden sich die vier großen Planeten Jupiter, Saturn, Uranus und Neptun, welche vorwiegend aus den leicht flüchtigen Elementen Wasserstoff und Helium sowie den Verbindungen Wasser, Ammoniak und Methan aufgebaut sind [139, 140]. Normalerweise ist Pluto am weitesten von der Sonne entfernt; aufgrund seiner stark elliptischen Umlaufbahn befindet er sich allerdings von 1979 bis 1999 innerhalb der Neptunbahn.

Die neun Planeten haben Größen von 2274 bis 142 796 km ⌀, wenn man von Kleinstplaneten, wie „Smiley" im Kuiper-Gürtel und dem äußeren Asteroiden

2060 Chiron, einmal absieht. Jupiter als größter Planet verkörpert bereits 2/3 der Gesamtmasse des Sonnensystems ohne die Sonne. Es gibt mindestens 36 Monde mit 10 bis 5000 km ⌀, und in 30 bis 60 AE Entfernung sollen 40 000 Planetoiden mit 1 bis 800 km ⌀ und 10^7 bis 10^{11} Kometen mit einem Kerndurchmesser von 1 bis 100 km existieren.

Am 30. August 1992 haben David Jewitt und Jane Luu [144, 127] mit dem 2,2 m-Teleskop auf dem Mauna Kea in Hawaii und einem CCD-Detektor ein schwach rötlich leuchtendes Objekt von 22^m scheinbarer Helligkeit in den Fischen entdeckt. Der Trabant mit der Bezeichnung 1992 QB1 befindet sich außerhalb der Bahn von Neptun und leuchtet nur schwach rötlich. Dieser Kleinstplanet wurde von den Entdeckern nach John le Carré's Spion vorläufig *Smiley* getauft. Dieser „schmutzige Eiszwerg" besitzt einen Durchmesser von rund 250 km, das sind etwa ein Achtel der Größe Plutos. Er umkreist die Sonne nahe der Ekliptik auf einer Bahn knapp außerhalb der stark elliptischen Bahn von Pluto. Nach Angaben der Europäischen Südsternwarte ESO betrug die Entfernung von 1992 QB1 etwa 41 AE, das sind $6{,}1 \cdot 10^9$ km. Er scheint konstante Leuchtkraft zu haben, könnte aber dennoch ein Komet sein. Seine Umlaufszeit wird auf 296 Jahre geschätzt.

Jenseits des Neptun soll es im Bereich von 35 bis 45 AE, dem *Kuiper-Gürtel*, neben Smiley etwa 10^8 Kometenkerne mit einer sehr geringen Helligkeit von mindestens 28^m geben. Davon haben 30 000 bis 40 000 einen Durchmesser über 100 km. Die mögliche Existenz eines „zehnten" Planeten kann inzwischen aufgrund verbesserter Berechnungen der Planetenbahnen und einer um 0,5 % *reduzierten* Neptunmasse ausgeschlossen werden [280, 235].

	Masse	**Siderische Umlaufzeit**	**Große Halbachse**	**Exzentrizität**	**Inklination**
	$[M_{♁}]$	[a]	[AE]		[Grad]
Merkur	0,0546	0,241	0,387	0,206←	7,0←
Venus	0,805	0,615	0,723	0,007	3,4
Erde	1,000	1,000	1,000	0,017	0
Mars	0,106	1,881	1,524	0,093	1,8
Ceres	0,000194	4,601	2,766	0,077	10,6←
Jupiter	314,03	11,87	5,205	0,048	1,3
Saturn	94,03	29,63	9,576	0,056	2,5
Uranus	14,36	84,67	19,28	0,050	0,8
Neptun	16,94	165,5	30,14	0,008	1,8
Pluto	0,002	251,9	39,88	0,253←	17,1←
Smiley		296	44,4	0,11	2,2

In der vorstehenden Tabelle sind die Massen und einige Bahnparameter der Planeten angegeben [279, 280], wobei $M_{\odot}/M_{♁} = 328\,900{,}5$ das Verhältnis von Sonnen- zu Erdmasse ist. Da sich nicht alle Planeten in der Ekliptik ähnlich wie die Kugeln auf dem Teller eines Roulett-Tisches bewegen, sind große Abweichungen von der Kreisbahn, d.h. eine starke *Exzentrizität*, und starke Neigungen gegenüber der Ebene der Ekliptik, d.h. große *Inklinationen*, mit einem Pfeil gekennzeichnet: Alle Planeten laufen gegen den Uhrzeigersinn um die Sonne. Bis auf Venus und Uranus, die sich *retrograd* drehen, hat die Achsenrotation bei der Sonne und allen anderen Planeten den gleichen Drehsinn.

Die drei Abbildungen 4.5, 4.6 und 4.7 geben einen Überblick über wichtige Eigenschaften des Sonnensystems, siehe auch [203, 25, 109, 122].

Man unterscheidet folgende *Planetenkonfigurationen*, vgl. Bild 4.7: Ein Planet, dessen Bahn innerhalb der Erdbahn liegt, heißt „unterer" Planet, die übrigen „obere" Planeten. Ein oberer Planet ist in *Opposition* (J_1), wenn er sich direkt gegenüber der Sonne am Himmel befindet, er ist in *Quadratur* (J_2, J_4), wenn der Winkel von Sonne-Erde-Planet, die *Elongation*, 90^0 beträgt. Wenn ein unterer oder oberer Planet in der gleichen Richtung wie die Sonne liegt, ist er in *Konjunktion* (J_3). Die Konjunktion eines unteren Planeten kann eine untere (V_1) oder obere (V_3) sein. Die maximale Elongation eines unteren Planeten ist bei V_2.

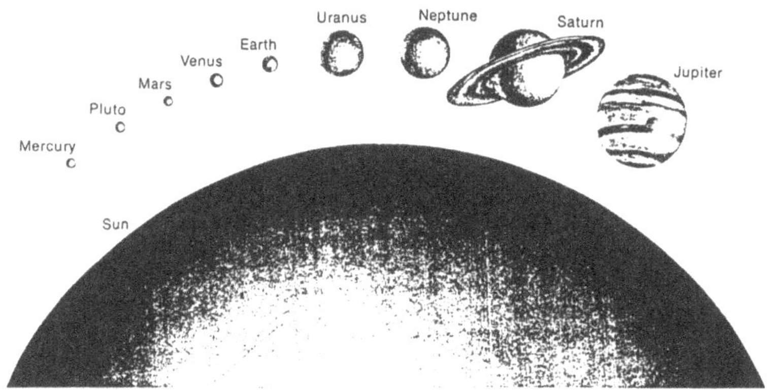

Bild 4.5 Größe der Sonne und Planeten: Die Sonne hat fast den 10fachen Radius von Jupiter und mehr als das 100fache des Erdradius.

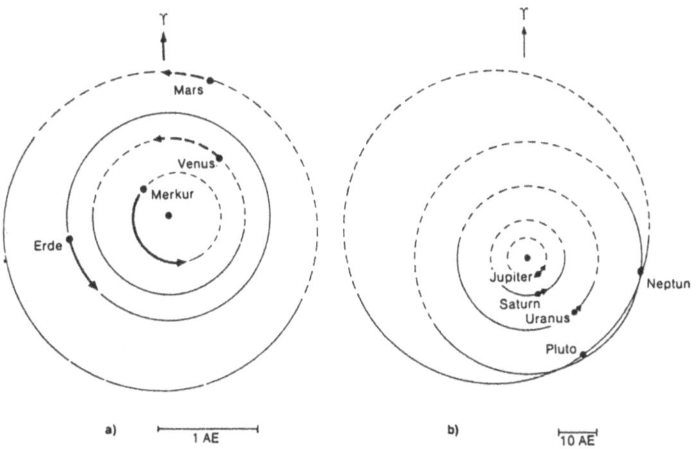

Bild 4.6 A: Die Planetenbahnen von Merkur bis Mars. Die gestrichelte Linie stellt den Teil der Bahn unterhalb der Ekliptik dar, die Pfeile zeigen die durch die Planeten innerhalb eines Monats zurückgelegte Wegstrecke. B: Die Planeten von Jupiter bis Pluto. Die Pfeile kennzeichnen die von den Planeten während eines Jahres durchlaufenen Entfernungen. Die mittlere Bewegung der Planeten pro Jahr ist eingezeichnet. Bei einem Erdumlauf macht die Venus 1,62 Umläufe, der Merkur 4,15 Umläufe.

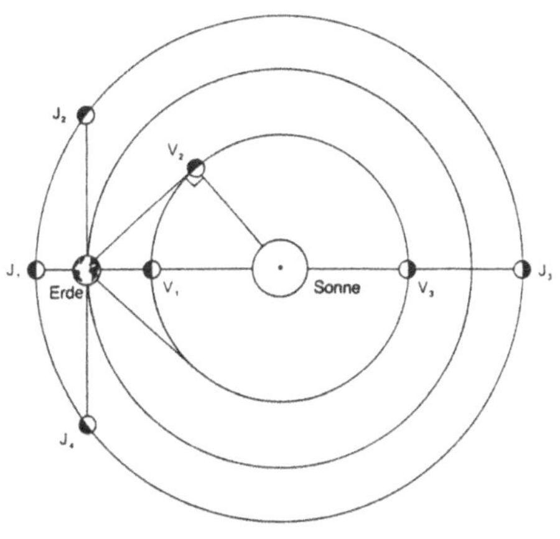

Bild 4.7
Planetenkonfigurationen

4.7 Die Newtonschen Gesetze der Mechanik

Isaac Newton wurde 1643 in Woolsthorpe, Lincolnshire geboren. Im Jahre 1687 formulierte er in der *Philosophia naturalis principia mathematica*, kurz Principia genannt, die folgenden Grundgesetze der Mechanik:

1. Ein Körper (z.B. Student oder Professor) beharrt im Zustand der Ruhe oder bewegt sich mit konstanter Geschwindigkeit auf einer Geraden, sofern er nicht einer äußeren Kraft (Bafög- oder Drittmittelkürzungen) unterworfen ist (*Trägheitsgesetz*).

2. Die zeitliche Änderung des Impulses [*Masse*×*Geschwindigkeit*] eines Körpers ist proportional der Größe der äußeren Kraft, die auf ihn wirkt, und erfolgt in der Richtung dieser Kraft. (In dieser allgemeinen Form ist das Gesetz auch auf die Beschleunigung einer Rakete, deren Masse sich aufgrund des Gasausstoßes laufend ändert, anwendbar.) Falls die *träge Masse* des Körpers konstant ist, gilt die bekannte Beziehung *Kraft*=*Masse*×*Beschleunigung*.

3. Die Kräfte, welche zwei Körper aufeinander ausüben, sind ihrer Größe nach gleich und entgegengesetzt gerichtet (*actio*=*reactio*).

Von großer Bedeutung für die Planetenbewegungen und die Eigenrotation von Himmelskörpern ist auch die *Zentripetalkraft*, die zum Zentrum hin gerichtet ist und einer Trägheitskraft, der *Zentrifugalkraft*, das Gleichgewicht leistet.

4.8 Das Newtonsche Gravitationsgesetz

Erst Newton erkannte, wie man Kegelschnitte in der Mechanik „realisieren" kann. Dazu dachte er sich eine Superkanone auf einem hohen Berg aufgestellt, welche tangential zur Erdoberfläche feuerte, vgl. Newton's Originalzeichung in der 1731er Ausgabe von *De mundi systematic*. Je nach Stärke der Pulverladung, d.h. der Anfangsgeschwindigkeit v_0, folgte das Geschoß einer elliptischen Bahn, deren „Perihel" innerhalb der Erde liegt (also keiner Wurfparabel), einer Kreisbahn oder Ellipsenbahn um die Erde, oder schließlich, bei Erreichen oder Überschreiten der Fluchtgeschwindigkeit, einer Parabel- bzw. Hyperbelbahn. Im Jahrhundert der Weltraumfahrt ist dieser Gedankenversuch mit Raketen längst in die Realität umgesetzt worden. Grundlage dafür war das folgende Gravitationsgesetz, welches er um 1665 aufstellte:

Zwei Massenpunkte mit der *gravitativen Masse* M_1 und M_2 im Abstand r ziehen sich in Richtung ihrer Verbindungslinie mit einer Kraft an, die proportional zu dem Produkt der beiden Massen M_1 und M_2 und umgekehrt proportional zum Quadrat ihres Abstandes r ist. Die Proportionalitätskonstante ist die Gravitationskonstante G, welche so klein ist, daß Automobile auf einem ebenen Parkplatz trotz ihres Namens nicht von selbst kollidieren.

Kasten 4.3 : Newtons Mondrechnung

Das Gewicht des Mondes, d.h. die gravitative Anziehungskraft der Erde, hält denselben [angenähert!] auf seiner Kreisbahn mit dem Radius $r = 384\,000$ km *um die Erde. Bei einer Kreisbewegung zeigt der Geschwindigkeitsvektor* $\vec{v} = d\vec{r}/dt$ *in Richtung der Bahntangente und ist dem Betrag nach* $v = r \cdot d\varphi/dt$. *Bei konstanter Winkelgeschwindigkeit* $\omega := d\varphi/dt = v/r = 2\pi/P$ *ist die Beschleunigung* $\vec{a}$ *dem Betrag nach* $a := dv/dt = v\,\omega = v^2/r$. *Es gilt daher für die (Kreis-) Beschleunigung des Mondes*

$$g_{☾} = v^2/r = (2\pi r/P)^2/r = 4\pi^2 r/P^2 = 0{,}00272 \text{ m/s}^2 ,$$

wobei der siderische Monat mit $P = 27{,}32$ *Tage angesetzt ist. Der Apfel fällt in Mitteleuropa mit der Beschleunigung von* $g_{♁} := GM_{♁}/R_{♁}^2 = 9{,}81 \text{ m/s}^2$. *Damit erhalten wir*

$$\frac{g_{☾}}{g_{♁}} \simeq \frac{0{,}0027}{9{,}81} \simeq \frac{1}{r^2} : \frac{1}{R_{♁}^2} = \frac{R_{♁}^2}{r^2} = \frac{1}{3600} .$$

Die Beschleunigungen $g_{☾}$ *und* $g_{♁}$ *verhalten sich in der Tat umgekehrt wie die Quadrate der Radien von Erde* $R_{♁}$ *und Mondbahn* r.

Die $1/r^2$-Abhängigkeit läßt sich aus der Analogie zur Leuchtkraft einer Kerze verstehen: Bei doppeltem Abstand muß das Vierfache an Fläche ausgeleuchtet werden. Daher nimmt die Helligkeit, genauso wie die Gravitation, mit dem Quadrat des Abstandes ab.

Es gab allerdings einen Prioritätsstreit zwischen Hooke und Newton um die Entdeckung der Gravitationsformel: Newton setzte wohl selbst die bekannte Geschichte in Umlauf, ein fallender Apfel habe ihn zu den Überlegungen veranlaßt, die schließlich zur Entdeckung des universellen Gravitationsgesetzes führten. Vermutlich wollte er mit dieser Legende den Eindruck erwecken, als habe er das $1/r^2$-Gesetz bereits zwanzig Jahre vor seiner Arbeit an den Principia und damit 10 Jahre vor Hooke entdeckt [55].

Der Newtonschen Gravitationstheorie zufolge verhält sich der Mond im Gravitationsfeld der Erde genauso wie ein Apfel,[5] also „Mond=Apfel“, wie *Newtons Mondrechnung* zeigt. Mit Neutronen-Interferometern auf beschleunigten Experimentier-Plattformen oder im Gravitationsfeld der Erde kann man heutzutage sogar die Beziehung „Apfel=Neutron“ experimentell bestätigen [170].

Aus dem Newtonschen Gesetz läßt sich sowohl die Gravitationsbeschleunigung g auf der Oberfläche eines Planeten oder Sterns, d.h. die *Oberflächengravitation*, als auch die Flucht-oder *Entweichgeschwindigkeit* v_e berechnen. Sie ist der parabolische Grenzfall einer Satellitenbahn, bei der die kinetische Energie gleich der potentiellen Gravitationsenergie ist.

Himmelskörper	**Masse** $[M_\odot]$	**Oberflächen-gravitation** $[g_♁ = 9{,}81\ \mathrm{m/s^2}]$	**Fluchtge-schwindig-keit** [km/s]
Erde	$3 \cdot 10^{-6}$	1	11
Jupiter	0,001	2,69	59,6
Sonne	1	28	605
Beteigeuze	~ 20	0,0062	156
Weißer Zwerg	0,6	10^5	4025
Neutronenstern	1,4	10^{11}	0,63 c
Schwarzes Loch	10	$1{,}55 \cdot 10^{11}$	c
Superschweres SL	10^9	1550	c

In dem Vorwort von Newtons „Principia“ [211] wird die Extrapolation der irdischen Gesetze auf die Himmelsmechanik als neues *Paradigma* betont:

„. . . Alle Schwierigkeit der Physik besteht nämlich dem Anschein nach darin, aus den Erscheinungen der Bewegung die Kräfte der Natur zu erforschen und hierauf durch diese Kräfte die übrigen Erscheinungen zu erklären. Hierzu dienen die allgemeinen Sätze, welche im ersten und zweiten Buch behandelt werden. Im dritten Buch haben wir, zur Anwendung derselben, das Weltsystem erklärt. Dort wird nämlich aus den Erscheinungen am Himmel, vermittels der in den ersten Büchern mathematisch bewiesenen Sätze, die *Kraft der Schwere* abgeleitet, vermöge welcher die Körper sich bestreben, der Sonne und den einzelnen Planeten sich zu nähern. Aus derselben Kraft werden dann, gleichfalls

[5] Haben Planetenkonstellationen einen Einfluß auf den Menschen? Bei der Geburt eines Kindes befinde sich Jupiter mit $M_♃ = 1{,}9 \cdot 10^{27}$ kg in Opposition, d.h. in $628{,}8 \cdot 10^9$ m Abstand von der Erde; außerdem sei eine Hebamme von 190 kg mit einem Schwerpunktsabstand von 1 m zugegen. Dann hat der Jupiter eine 25fach größere Gravitationswirkung auf das Neugeborene als die Hebamme, die Astrologie hat also „doch Recht“.

vermittelst mathematischer Sätze, die Bewegung der Planeten, Cometen, des Mondes und des Mars abgeleitet ..."

„Der Mond ist gegen die Erde schwer, er wird durch die Schwere von der geradlinigen Bewegung abgezogen und in seiner Bahn erhalten."

4.9 „Chaotische" Planetenbahnen?

Obwohl die Bahn eines Planeten durch die Keplerschen „Gesetze" schon sehr gut beschrieben wird, treten doch kleine Abweichungen durch den Einfluß der anderen Planeten auf. Diese Abweichungen sind proportional zur Masse des störenden Planeten und umgekehrt proportional zum Quadrat des gegenseitigen Abstands; sie bewirken, daß die tatsächliche Bahn um eine mittlere Ellipse oszilliert. Außerdem verursachen sie eine Drehung der Apsidenlinie der Ellipse in der Bahnebene, diese Bewegung bezeichnet man als *Periheldrehung*.

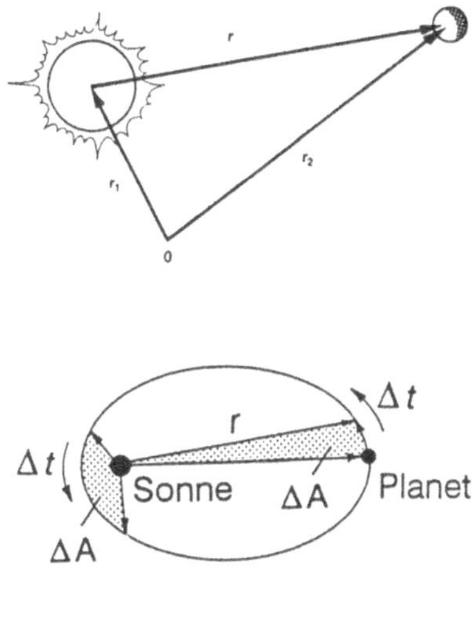

Bild 4.8 A: Ortsvektoren beim Zweikörperproblem. B: In gleichen Zeiten überstrichene Flächen bei der Kepler-Bewegung.

Kasten 4.4: Ableitung der Keplerschen Gesetze

In der Newtonschen Mechanik ist die Kraft $\vec{F}$ gleich der zeitlichen Änderung (mit einem Punkt bzw. Doppelpunkt gekennzeichnet) des Impulses $\vec{p} := m\vec{v} = m\dot{\vec{r}}$. Für konstante träge Massen m *gelten die Bewegungsgleichungen*

$$\dot{\vec{p}} = d(m\vec{v})/dt = \vec{F}\,, \qquad m = \text{const} \quad \rightarrow \quad m\ddot{\vec{r}} = \vec{F}\,,$$

und das Gravitationsgesetz

$$\vec{F} = -\frac{GM_1M_2}{r^2}\vec{n}\,, \qquad \vec{n} := \frac{\vec{r}}{r} \quad \left[\hat{=} \;\; \text{Einheitsvektor}\right].$$

Dabei ist $G = 6{,}67259(\pm 13) \cdot 10^{-11}$ (m^3/kgs^2) die Gravitationskonstante, welche neuerdings über die Resonanzfrequenz eines „Mikrowellenofens" dessen Spiegel als Pendel aufgehängt sind, zu $6{,}6719(\pm 8) \cdot 10^{-11}$ m^3/kgs^2 bestimmt worden ist. Genaue Messungen im Sonnensystem über den Viking-Satelliten liefern als obere Schranke $\dot{G}/G <$ 10^{-12} pro Jahr für eine mögliche Zeitabhängigkeit.
Daraus lassen sich die Keplerschen Gesetze für zwei Körper mit den schweren Massen *M_1 und M_2 ableiten, welche sich im Abstand $\vec{r} = \vec{r}_2 - \vec{r}_1$ umeinander bewegen. Nach dem Prinzip von actio=reactio, d.h. $F_2 = -F_1 = F$, gilt für die wechselseitigen Beschleunigungen unter der Annahme, daß die träge Masse gleich der schweren Masse ist:*

$$\ddot{\vec{r}}_2 = -\frac{GM_1}{r^3}\vec{r}\,, \qquad \ddot{\vec{r}}_1 = \frac{GM_2}{r^3}\vec{r} \quad \text{und} \quad \ddot{\vec{r}} = -\frac{G(M_1 + M_2)}{r^3}\vec{r}\,.$$

In die Subtraktion beider Gleichungen geht damit die Gesamtmasse $M = M_1 + M_2$ ein. Multiplizieren wir diese Gleichung vektoriell mit $\vec{r}$, und beachten $\vec{r} \times \vec{r} = 0$ für das Kreuzprodukt, so ergibt sich aus der Produktregel des Differenzierens $(\ddot{\vec{r}} \times \vec{r}) = d(\dot{\vec{r}} \times \vec{r})/dt = 0$. Dabei ist der Vektor $\vec{N} := \dot{\vec{r}} \times \vec{r}$ proportional zum Drehimpuls $\vec{J} = M\vec{N} = M\dot{\vec{r}} \times \vec{r} = \vec{r} \times \vec{p}$ des Systems und damit, im Einklang mit dem Erhaltungssatz für den Drehimpuls, konstant.
Für die Änderung dA der zwischen $\vec{r}$ und $\vec{r} + d\vec{r}$ aufgespannten Fläche A gilt $dA = (1/2) r dr \sin\alpha = (1/2) r (dr/dt) \sin\alpha dt = (1/2) N dt$. Da $N = |\vec{N}|$ konstant ist, entspricht dies dem 2. Keplerschen Gesetz

$$dA/dt = \text{const}\,.$$

Bilden wir nun das doppelte Vektorprodukt $\vec{N} \times \ddot{\vec{r}} = -G(M_1 + M_2)/r^3\ (\dot{\vec{r}} \times \vec{r}) \times \vec{r}$ $= -G(M_1 + M_2)\left(-\dot{\vec{r}}/r + (\dot{r}/r^2)\vec{r}\right)$, so liefert eine Integration $\vec{N} \times \dot{\vec{r}} = G(M_1 + M_2)(\vec{r}/r) + \vec{C}$, wobei $\vec{C}$ Integrationskonstanten sind. Multiplizieren wir diese Gleichung mit $\vec{r}$ im Sinne des Skalarproduktes, so ergibt sich für das resultierende Spatprodukt $(\vec{N} \times \dot{\vec{r}}) \cdot \vec{r} = N \cdot (\dot{\vec{r}} \times \vec{r}) = N^2 = G(M_1 + M_2) r + \vec{C} \cdot \vec{r}$.

Kasten 4.4: Ableitung der Keplerschen Gesetze (Fortsetzung)

Dies entspricht wegen $N = \text{const}$ *und* $\vec{C} \cdot \vec{r} = Cr\cos\phi$ *gerade der Polargleichung eines Kegelschnitts. Das Auflösen nach dem Betrag* r *von* $\vec{r}$ *liefert das* 1. Keplersche Gesetz*:*

$$r = p/(1 + e\cos\phi),$$

wobei $p = N^2/[G(M_1 + M_2)]$ *und* $e = C/[G(M_1 + M_2)]$.
Nach der Umlaufszeit P *hat der Radiusvektor* $\vec{r}$ *eine Ellipse der Fläche* $A = (N/2)P = \pi a^2\sqrt{1-e^2}$ *überstrichen, wobei* $a = p/(1-e^2)$ *gilt. Quadrieren und eliminieren der Exzentrizität* e *liefert das* 3. Keplersche Gesetz

$$P^2 = \frac{4\pi^2}{G(M_1 + M_2)} a^3 .$$

Die Umlaufzeit zum Quadrat hängt damit umgekehrt proportional von der Gesamtmasse $M_1 + M_2$ *des Systems ab. Noch einfacher läßt sich das 3. Keplersche Gesetz aus der Tatsache ableiten, daß das Newtonsche Gravitationsgesetz unter der* konformen *(oder Skalen-) Transformation* $\vec{r}\,' = \Omega^2\,\vec{r}$ *und* $t' = \Omega^3\,t$ *invariant ist [112]. Der Skalenfaktor ist gerade* $\Omega = 2\pi/\sqrt{G(M_1 + M_2)}$.
Die Kepler-Frequenz

$$\omega_K := 2\pi/P = \sqrt{G(M_1 + M_2)/a^3}$$

eines Umlaufs ist unabhängig von der Exzentrizität e *der Bahn. Im Spezialfall einer Kreisbahn gilt* $v_K = r\omega_K = \sqrt{G(M_1 + M_2)/r}$ *für die Bahngeschwindigkeit.*
Für die Flucht- oder Entweichgeschwindigkeit, welche sich aus dem Gleichsetzen $(1/2)M_2 v_e^2 = GM_2(M_1 + M_2)/a$ *von kinetischer und potentieller Energie ergibt, gilt daher* $v_e = \sqrt{2}v_K$*. Ordnet man der Masse* M *den charakteristischen* Gravitationsradius $R_S := 2GM/c^2$ *zu, so gilt* $v_e = \sqrt{R_S/r}\,c$.

Die Oszillationsperioden sind sehr lang, nämlich in der Größenordnung von 100 000 Jahren. Bei einigen Mitgliedern des Sonnensystems sind diese Störungen derart groß, daß die zukünftige Bahn nicht genau[6] vorhersagbar ist. So zeigt vermutlich Saturns kleiner Satellit Hyperion und der innerste Mond von Uranus solch ein, modern ausgedrückt, „chaotisches" Verhalten. Auch die

[6] „How many bodies are required before we have a problem? G.E. Brown points out that this can be answered by a look at history. In eighteenth-century Newtonian mechanics, the three-body problem was insoluble. With the birth of relativity around 1910 and quantum electrodynamics in 1930, the two- and one-body problems became insoluble. And within modern quantum field theory, the problem of zero bodies (vacuum) is insoluble. So, if we are out after exact solutions, no bodies at all is already too many!" [183].

Kasten 4.5: Periheldrehung durch die Raumzeit-Krümmung

Die Allgemeine Relativitätstheorie [ART] von Einstein, die eine relativistische Verallgemeinerung der Newtonschen Gravitationstheorie darstellt, liefert für ein ungestörtes System pro Umlauf die Periheldrehung

$$\Delta\phi_{\text{ART}} = [3\pi/(1-e^2)](R_S/a)\,.$$

Um die Winzigkeit dieses Effekts im Sonnensystem zu verdeutlichen, ist – im Vorgriff auf Schwarze Löcher – der charakteristische Schwarzschild-Radius $R_S := 2GM/c^2 \cong 3$ km $M/M_\odot$ einer Punktmasse M verwendet worden. Bei Bewegungen dicht am Zentrum mit kleinem a und schlankeren Ellipsen [$e \approx 1$] ist dieser allgemein-relativistische Effekt stärker bemerkbar.
Üblicherweise wird die Periheldrehung nicht pro Umlauf, sondern pro Erdjahrhundert angegeben. Für einige Planeten sind die entsprechenden experimentellen Daten, nach Abzug aller bekannten Bahnstörungen, in der untenstehenden Tabelle mit den theoretischen Vorhersagen verglichen. Dabei ist N die Zahl der Umläufe pro Erdjahrhundert. Icarus ist ein 1949 entdeckter Kleinplanet mit einer bemerkenswert exzentrischen Bahn.

Planet	**Große Halbachse** a [10^6 km]	**Exzentrizität** e	**Umläufe** N	**Periheldrehung** $\Delta\phi_{\text{ART}}$	$\Delta\phi_{\text{Exp}}$
Merkur	57,91	0,2056	*415*	42,98″	43,11 ± 0,45″
Venus	108,21	0,0068	*149*	8,6″	8,4 ± 4,8″
Erde	149,60	0,0167	*100*	3,8″	5,0 ± 1,2″
Mars	227,9	0,093	*53*	1,4″	1,5 ± 0,15″
Icarus	161,0	0,827	*89*	10,3″	9,8 ± 0,8″

Infolge der Rotation der Sonne könnte die Massenverteilung im Innern nicht exakt kugelsymmetrisch, sondern etwas abgeplattet sein. Hierdurch entsteht ein Massen-Quadrupolmoment, welches auch einen Beitrag zur Periheldrehung insbesondere des innersten Planeten, Merkur, liefert. Obwohl das Quadrupolmoment der Sonne nicht bekannt ist, kann dieser Effekt für sich genommen die gemessenen Periheldrehungen der Planeten nicht erklären. Der zusätzliche Beitrag vom relativistischen Quadrupolmoment ist auf jeden Fall vernachlässigbar klein [234, 344].

Resonanzen in der Bahn von Pluto mit einer Periodendauer von 15 bis 60 Mio. Jahren weisen auf eine chaotische Bahn hin [292], welche durch seine Nähe zu Neptun verursacht wird. Chaotisch bedeutet hier, daß eine kleine Störungen einen Einfluß auf die Bahn hat, die exponentiell mit der Zeit wächst. Allerdings zeigen die Berechnungen, daß sich z.B. der Asteroid 522 Helga, der sich mit

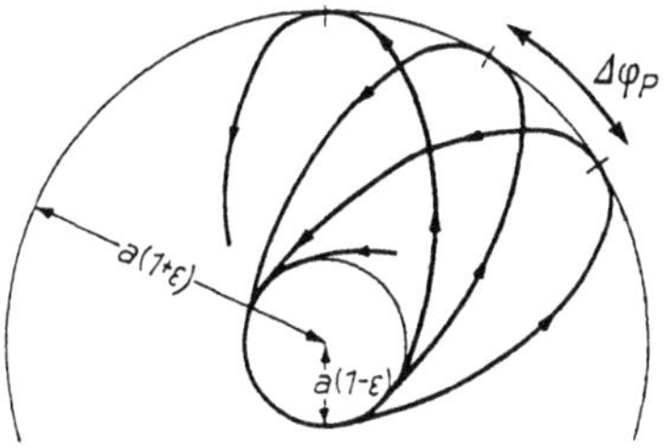

Bild 4.9
Rosettenbahn eines Planeten und die Periheldrehung

einer Zeitskala von 6900 Jahren in Resonanz mit Jupiter befindet, trotz seines „chaotischen“ Verhaltens auch nach 7 Mio. Jahren nur wenig von seiner jetzigen Position entfernt haben wird [309]. Auch die nach Neptun im Abstand von 35 bis 45 AE gelegenen 10^9 Kometen des Kuiper-Gürtels bzw. der Kuiper-Scheibe zeigen chaotisches Verhalten mit kurzen Perioden. Der 1977 entdeckte Chiron mit 148 bis 208 km ⌀ ist 40mal größer als ein typischer Komet. Er scheint dem Kuiper-Gürtel entflohen zu sein und umkreist die Sonne auf einer stark elliptischen Bahn mit 8,5 bis 19 AE Abstand bei 8,5° Neigung gegenüber der Ekliptik. Den Berechnungen zufolge ist die Bahn wegen Störungen durch Jupiter, Saturn und Uranus bereits nach einer Million Jahre instabil. Chiron ist auch wegen seines gravitativ gebundenen Komas mit jetartigen Gasausbrüchen interessant [86].

Im schlimmsten Fall sorgt meist der Riesenplanet Jupiter wieder „für Ordnung“ im Sonnensystem, wie die Einschläge des durch Gezeitenkräfte zerrissenen Kometen Shoemaker-Levy 9 vom 16. bis 22. Juli 1994 gezeigt haben [139, 140, 118].

4.10 Saturn: Herr der Ringe

Schon 650 v. Chr. gab es in Mesopotamien einen Bericht über die Verfinsterung des Saturns durch den Mond. Im Jahre 1610 hielt Galilei den Saturn wegen der damaligen geringen Neigung des Rings für drei Körper, zwei Jahre später waren die beiden „Begleiter“ anscheinend verschwunden. Dieses Phänomen, daß der Ring von der Seite erscheint und er damit für kleine Teleskope unsichtbar wird, tritt bei einer Umlaufzeit des Saturn von ca. 30 Jahren alle 15 Jahre auf. Da die Erdbahn gegenüber der des Saturns eine Neigung von 6° hat, findet am 22. Mai und 11. August 1995 sowie am 12. Februar 1996 ein dreifacher Durchgang der Erde durch die Ringebene statt.

Im seinem Werk *Systema Saturnium* konnte Huygens 1659 die Neigung der Ringebene aus der Stellung des Planeten in Bezug auf die Ekliptik erklären. In einer von G. D. Cassini 1676 angefertigten Skizze vom Saturn ist die erste Teilung im Ring unmißverständlich eingezeichnet. Daher gilt Cassini als ihr Entdecker. Eine Teilung im A-Ring wurde 1837 von J.F. Encke entdeckt.

Saturn ist beinahe zehnmal größer als die Erde, mit $R_♄ = 60\,330$ km ist sein Radius aber etwas kleiner als der von Jupiter.

Sichtbare Wolkenstrukturen formen sich in der Troposphäre, die durch ein Temperaturminimum von anderen Bereichen der Atmosphäre abgegrenzt ist. Die Winde des Saturns sind völlig symmetrisch zum Äquator verteilt. Wegen der Achsenneigung von 27° relativ zur Ekliptik scheint die Sonneneinstrahlung nur geringen Einfluß auf die Bewegung der Wolken zu haben. Der Saturn strahlt zweimal soviel Energie ab, wie er von der weit entfernten Sonne erhält. Hauptsächlich handelt es sich um Wärme, die durch gravitative Kontraktion entstanden ist; die „kalte" Fusion von Deuterium spielt als innere Energiequelle von Saturn und Jupiter nur eine untergeordnete Rolle [138].

Ähnlich wie beim Jupiter läßt sich die atmosphärische Zirkulation auf dem Saturn grob durch ein *Zylindermodell* deuten: Innerhalb der molekularen Flüssigkeitshülle von Saturn gibt es möglicherweise zylinderförmige großräumige Strömungen. Für jeden Zylinder gibt es eine bestimmte Rotationsgeschwindigkeit, die sich an der Oberfläche in den sichtbaren *zonalen Winden* manifestiert, vgl. die Farbtafel VII.

Durch Reflexions-Spektroskopie hat man festgestellt, daß die äußere Hülle der Ringteilchen und der inneren Satelliten aus 100 K kaltem *Wassereis* besteht [145]. Die Größe der Partikel reicht von Mikrometern [$\hat{=}10^{-6}$ m] bis zur Größe eines Lastzuges. Der Ring ist höchstens 100 m dick, zum Teil sogar nur wenige Meter. Die Masse des Rings ist weniger als $5 \cdot 10^{-8}\ M_♄$. Alle Partikel zusammen genommen würden einen „Schneeball" von 600 km ⌀ ergeben. Die Geschwindigkeit der Ringteilchen ist im Einklang mit den Keplerschen Gesetzen (vgl. die Tabelle auf der nächsten Seite).

Die Voyager-Aufnahmen der Saturnringe erinnern an das Aussehen einer Schallplatte; mit mehr als tausend Einzelringen sind sie viel feiner aufgeteilt als erwartet [25, 229]. Selbst die Cassini-Teilung ist mit vielen sehr dünnen Ringen durchsetzt. Die zopfartig *verknotete* Gestalt zweier Komponenten des äußeren F-Rings ist vermutlich das Resultat von elektromagnetischen Kräften auf die dort nur mikrometergroßen Ringteilchen.

Saturn-Ring	**Innere**	**Äußere**	**Geschwindigkeit**
	Grenze		
	$R_♄$		(km/s)
D	Wolken	1,23	
C	1,23	1,53	18,94
B	1,53	1,95	17,37
Cassini-Teilung	1,95	2,02	
A	2,02	2,27	15,8
F	2,34	2,34	
G	2,82	2,82	
E	3,0	8,0	

Gelegendlich treten sog. *Speichen* in den Ringen des Saturns auf. Einige dieser Speichen haben Keilform, wobei das breitere Ende zum Riesenplaneten zeigt. Anscheinend ist das Magnetfeld des Saturns für deren Bildung verantwortlich und die Keplerbewegung für die Dynamik der Teilchen. Die meisten Speichen befinden sich im zentralen B-Ring. Man nimmt an, daß die Speichen zunächst als radiale Struktur entstehen, welche aufgrund von differentieller Rotation Scherkräften unterliegen. Im reflektierten Licht erscheinen die Speichen dunkel, im Streulicht hell. Das ist nur möglich, falls diese Teilchen eine mit der Wellenlänge des Lichts vergleichbare Ausdehnung von ca. 1 μm besitzen.

Am 2. und 3. Oktober 1992 ist mit dem Hochgeschwindigkeits-Photometer des Hubble-Weltraumteleskops [HST] der Grad der Bedeckung des Sterns GSC 6323-01396 von $11{,}9^m$ scheinbarer Helligkeit durch die Saturn-Ringe verfolgt worden. Da der Saturn in der Nähe seines stationären Punktes war, ist die schleifenartige Bewegung des Sterns durch die Parallaxe aufgrund der Bahngeschwindigkeit des HST von 8 km/s um die Erde bedingt. Die Farbtafel VIII zeigt ein synthetisches Bild vom Saturn zusammen mit dem scheinbaren helixförmigen Weg des Sterns durch die Ringe [85]. Mit Grün sind die eigentlichen Beobachtungsbereiche gekennzeichnet.

4.11 Entstehung und Stabilität der Ringe

Scheibenartige Gebilde spielen im Kosmos eine zentrale Rolle, man denke nur an die Spiralgalaxien oder an die Akkretionsscheiben um Weiße Zwerge, Neutronensterne und Schwarze Löcher. Man vermutet sie auch als Vorläufer von Planetensystemen. Die Ringe des Saturn und die von Jupiter und Uranus stellen daher eine Art natürliches „Laboratorium“ dar, um die Dynamik von Scheiben über Zeitskalen der Umlaufperiode quasi aus „nächster Nähe“ zu studieren.

Ein Teilchenschwarm im Gravitationszentrum eines Planeten wird sich bei nichtverschwindendem Gesamtdrehimpuls in der sog. Laplace-Ebene sammeln. Alle Teilchen, welche sich noch quer zu dieser Ebene bewegen, werden durch Gravitationswirkungen untereinander und Stöße in ihrer *senkrechten* Bewegungskomponente gedämpft, wie Computer-Simulationen zeigen.

Nachdem die Teilchenwolke zu einer flachen Scheibe kollabiert ist, entstehen durch unterschiedliche Keplergeschwindigkeiten eine differentielle Rotation und daher Scherungsbewegungen im Ring. Dabei werden innere Teilchen abgebremst und fallen später auf den Planeten.

Alle Ringe im Sonnensystem liegen innerhalb der *Roche-Grenze* ihrer Planeten. Sie kennzeichnet jenen Abstand, bei dem die Gezeitenkräfte anfangen, die *Eigengravitation* des Flüssigkeitsklumpens oder vielmehr des „Schneeballs“ zu übertreffen und damit zu seinem Zerreißen führen würde. Innerhalb dieser Grenze können sich die Teilchen nicht zu größeren Satelliten zusammenballen; im Gegenteil, ein zufällig vom Planeten eingefangener Komet würde durch die Gezeitenkräfte in seine Bestandteile zerfallen.

Bei den Hauptkomponenten der Ringe ist die Dynamik durch häufige, aber sehr „weiche“ Zusammenstöße der „Schneebälle“ gekennzeichnet. Diese kosmische „Schneeballschlacht“ findet mit Relativgeschwindigkeiten von nur einigen Millimetern pro Sekunde statt. Dabei können nach Computer-Simulationen [248] gravitative oder *Dichtewellen* sowie Zusammenballungen von 10 m ⌀ innerhalb des Roche-Radius des Saturn von 136 500 km (bei Eisteilchen) entstehen.

Neben den Dichtewellen, die bereits 1856 von James C. Maxwell studiert wurden [342], gibt es auch Biegewellen [273], der Verbiegung einer Hutkrempe nicht unähnlich. Berücksichtigt man nur die Anziehungskraft des Planeten und die Eigengravitation der Teilchen untereinander, so werden in der Scheibe allerdings alle anfänglichen Dichtefluktuationen „ausgebügelt“.

Resonanzstellen sind ganzzahlige Verhältnisse der Umlaufzeiten der Monde und der Ringteilchen.[7] Das bedeutet, daß z.B. die Ringteilchen den Planeten exakt k-mal umrunden, falls der Mond gerade $(m-1)$-mal den Planeten umkreist hat. Dann spüren die Ringteilchen die durch den Satelliten hervorgerufene Störung exakt an der gleichen Stelle, und es kommt zu Geschwindigkeitsdifferenzen im Ring und damit zum Anwachsen der Stoßhäufigkeit. Im Endeffekt

[7] Nach den Keplerschen Gesetzen gilt dann $k/(m-1) = P_M/P_T = (a_M/a_T)^{3/2}$.

wird hierbei auf Kosten der Bewegungsenergie Drehimpuls nach außen und Materie nach innen, d.h. in Richtung auf den Planeten, transportiert. Das führt auf die Entstehung von Lücken im Ring, wie z.B. die Cassini-Teilung, deren Innenrand mit dem Satelliten Mimas in einer 2:1 Resonanz steht.

Zwei *Moonlets* oder „Schäferhundmonde" können einen *engen Ring* flankieren. Der äußere Mond bewegt sich nach den Keplerschen Gesetzen langsamer als der Ring und übt daher einen leichten gravitativen Zug aus, so daß die benachbarten Ringteilchen abgebremst werden und etwas in Richtung zum Planeten „fallen". Umgekehrt überträgt der innere Mond, der schneller kreist, Energie an benachbarte Teilchen des Ringes und „befördert" sie damit in eine höhere Umlaufbahn. Gemeinsam zwingen diese Monde ihre „Schäfchen" zu einer Bewegung in einem schmalen Ring. Auch in der Encke-Teilung hat man auf Bilddaten von Voyager [204] einen 20 km großen Moonlet entdeckt.

1996 soll die Raumsonde Cassini ins All geschickt werden, um in den ersten Jahren des nächsten Jahrtausends den Saturn und seine Monde noch genauer zu studieren.

Kapitel 5
Die Sterne

5.1 Die Milchstraße

Das leuchtende Band am Himmel, die Milchstraße, war schon von Galilei als unaufgelöste Sterne erkannt worden. Es wird geformt von „fernen Sonnen", den Sternen, Sternhaufen, Doppelsternen, Staub- und Gaswolken, welche sich relativ zu kosmischen Dimensionen in unserer „Nähe" befinden. Unsere Galaxis ist eine flache Scheibe mit einer Verdickung im Zentrum, wobei die Sonne in der Scheibenebene weit draußen liegt.

Der Durchmesser der Milchstraße beträgt ungefähr 100 000 Lj, ihre Dicke etwa 3000 Lj. Unsere Sonne als Mitglied dieses „Sternvereins" läuft auf einer Kreisbahn um den Mittelpunkt der Milchstraße mit dem Radius von $r_\odot =$ 26 000 Lj. Obwohl ihre Tangentialgeschwindigkeit stolze $v_\odot = 220$ km/s beträgt, benötigt sie für einen vollen Umlauf 225 Millionen Jahre.

Massenreiche, neu entstandene Sterne finden sich in einer „nur" 100 bis 500 Lj dicken Schicht der Scheibe. Falls man die Milchstraße auf die Größe einer Langspielplatte von 30 cm ⌀ schrumpfen ließe, wäre diese Sternentstehungsschicht nur 0,3 mm dünn.

	Entfernung
Mond	1,2 Lichtsekunden
Sonne	8,3 Lichtminuten
Pluto	5,3 Lichtstunden
nächster Stern	4,3 Lj
Siebengestirn (Plejaden)	410 Lj
Zentrum unserer Galaxis	26 000 Lj
Dicke der Milchstraße	ca. 3000 Lj
Durchmesser unserer Galaxis	etwa 100 000 Lj

Unsere Galaxis ist von einem Halo von rund 160 000 Lj ⌀ mit etwa 100 Kugelsternhaufen und vielen Einzelsternen umgeben. Die Milchstraße enthält $2 \cdot 10^{11}$ Sterne, was grob geschätzt eine Masse von ebensoviel Sonnenmassen $[M_\odot]$

ausmacht. Bei der großen Ausdehnung der Milchstraße erhält man so nur eine mittlere Dichte von ca. 10^{-20} kg/m^3, das sind 6 Atome pro Kubikzentimeter. Dieser Durchschnittswert entspricht allerdings nur 8 % der Gesamtdichte („Dunkelmaterie"). Der Großteil der leuchtenden Materie liegt in der galaktischen Ebene.

Die mit 2,36 Millionen Lj Entfernung nächste Spiralgalaxie liegt im Sternbild Andromeda, und wird nach dem von Messier 1784 aufgestellten Positionskatalog auch mit M 31 bezeichnet. Obwohl schon mit bloßem Auge sichtbar, läßt sich die diskusförmige Anordnung der Sterne, ähnlich wie bei der Milchstraße, erst mit einem Teleskop in voller Schönheit überblicken. Die Andromeda-Galaxie enthält etwa doppelt soviel Sterne wie die Milchstraße [130]. Die Galaxie mit der größten bekannten Masse ist die elliptische Riesengalaxie M 87 im Virgo-Haufen mit $3 \cdot 10^{13}$ bis 10^{14} $M_\odot$.

5.2 „Hautfarbe" der Sterne

Schon mit bloßem Auge erkennt man, daß einige Sterne ein rötlich-weißes, andere ein bläulich-weißes Licht abstrahlen, wie z.B. Rigel im Sternbild Orion. Das Licht von Beteigeuze [α Orionis], dem Schulterstern und zweithellsten Stern im Sternbild Orion, ist mehr orange-rötlich. Er ist ein *Roter Überriese* in 650 Lj Entfernung mit einer mittlere Oberflächentemperatur von $T_{\text{eff}} \sim 3000$ K. Mit Hilfe der Speckle-Interferometrie hatte man bei diesem Stern sogar versucht, Gebiete niedriger Oberflächentemperatur mit einem Durchmesser von ungefähr 2 AE, also Erdbahndurchmesser, auszumachen, vgl. [167]. Die wesentlichen Charakteristika von Sternen sind:

Helligkeit, Leuchtkraft	Masse, Dichte	Rotation
Farbe, Spektraltyp	Radius, Entfernung	Magnetfeld
Oberflächentemperatur	Schwerebeschleunigung	chemische Zusammensetzung

Ein Stern strahlt nicht im gesamten Bereich des elektromagnetischen Spektrums gleichmäßig ab, sondern folgt in erster Näherung der spektralen Verteilung eines Schwarzen Körpers mit gleicher Effektivtemperatur. Seine scheinbare Helligkeit hängt außerdem von der Farbempfindlichkeit des „Detektors", d.h. des Auges, der Photoplatte oder des CCD-Detektors [$\hat{=}$ *c*harge *c*oupled *d*evice] sowie der Durchlässigkeit der Erdatmosphäre und der benutzten Filter ab.

5.3 Sterne im „Prisma“

Bekanntlich zerlegen Prismen weißes Licht in seine Spektralfarben, wobei rot am wenigsten und violett am stärksten gebrochen wird. Im Prinzip kann man damit auch die Spektralfarben von Himmelskörpern untersuchen. Heute werden Prismenspektrographen nur noch für die Durchmusterung größerer Himmelsgebiete verwendet, ansonsten kommen Gitterspektrographen zur Anwendung, die das Licht, ähnlich wie bei der Reflexion von Sonnenstrahlen an der mit feinen „Rillen“ versehenen Aluminiumschicht einer CD-Scheibe, in Regenbogenfarben zerlegen.

Wie werden die Wellenlängen der Spektrallinien identifiziert? Mit einer Photoplatte wird das Spektrum eines Sterns aufgenommen. Zu beiden Seiten des Sternspektrums wird die Platte gleichzeitig mit dem Emissionsspektrum eines Eisenbogens (oder einer anderen Vergleichsquelle im Labor) belichtet. Da die Wellenlängen dieser Referenzlinien bekannt sind, läßt sich das Sternspektrum nach Wellenlänge „eichen“, so daß man die zu den Linien gehörenden Elemente bestimmen kann. Die Breite und Form der Linien werden mit den theoretischen *Linienprofilen* aus den Berechnungen von Sternmodellen verglichen. Die im Prinzip daraus bestimmbaren Größen sind die chemische Zusammensetzung, die Dichte, der Druck und die Temperatur. Die letzten drei Parameter sind innerhalb der *Sternatmosphäre* nicht konstant, sondern variieren mit der Tiefe. Bei höherem Druck verbreitert sich eine Linie, man spricht von einer *Druckverbreiterung*. Infolge der thermischen Geschwindigkeitsverteilung der Atome und turbulenter Strömungen in der Sternatmosphäre tritt eine zusätzliche Verbreiterung durch den Doppler-Effekt ein [318].

Die erste umfangreiche Sternklassifizierung machten Wissenschaftlerinnen des Harvard-Observatoriums 1918 bis 1924 und erstellten unter Federführung von Annie J. Cannon den Henry-Draper-Katalog. Bei den Spektren handelt es sich um *Fraunhofersche Absorptionslinien* vor dem kontinuierlichen Hintergrund der Regenbogenfarben, seltener sind Emissionsspektren.

Ähnlich wie die Balkenkodierung der Waren im Supermarkt, sind die Spektralmuster eines Sterns ein charakteristischer Fingerabdruck. Den dominierenden physikalischen Ursachen der Emission und Absorption von Spektrallinien folgend, werden die *Spektralmuster* von Sternen in folgende *Typen* eingeteilt:

O: Bläuliche Sterne mit Oberflächentemperaturen von 20 000 bis 30 000 K. Linien von neutralem und ionisiertem Helium [He I und He II] dominieren.

B: Bläulich-weiße Sterne mit 15 000 K. Die Linien des neutralen Heliums [He I] sind am stärksten, der Wasserstoff wird sichtbar.

Kasten 5.1 : Gitterspektrograph

Für die Spektralanalyse von Einzelsternen verwendet man Strichgitter. Das Prinzip ist ähnlich wie beim Doppelspalt. Monochromatisches Licht, d.h. „einfarbiges Licht nur einer Wellenlänge", wird nach dem Huygensschen Prinzip an dem Gitter gebeugt, und durch konstruktive und destruktive Überlagerung von Wellenbergen bzw. -tälern entstehen Interferenzstreifen. Deren Lage hängt von der Wellenlänge λ und der Geometrie des Spektrographen ab.
In der Astronomie benutzt man Reflexionsgitter, das sind feine, terrassenförmig geritzte Strukturen auf einer Glasoberfläche, welche nach Bedampfen mit Aluminium – durch das sogenannte „blazing" – das Licht möglichst nur in eine bestimmte Ordnung n lenken. Dieses Gitter ist zugleich die Eintrittsblende einer Kamera vom Typ des Schmidt-Spiegels und befindet sich daher im Abstand des doppelten Krümmungsradius des Hauptspiegels, der das Licht auf die Photodetektoren lenkt. Mit Echelette-Gittern [Stufengittern] erhält man große spektrale Auflösungen bei hohen Blaze-Winkeln von ca. 65°.

A: Weiße Sterne von etwa 9000 K. Wasserstoff mit seinen Balmer-Linien H_α, H_β, ... H_8, H_9,... dominiert, sog. H- und K-Linien von ionisiertem Kalzium [Ca II] treten auf.
F: Gelblich-weiße Sterne von etwa 7000 K. Wasserstoff-Linien schwächer, H und K des Kalzium Ca II werden stärker, zusätzlich Metall-Linien von Eisen [Fe], Chrom [Cr] und Titan [Ti].
G: Gelbliche Sterne wie die Sonne von 5500 K. Die H- und K-Linien des Kalziums sind am stärksten, weitere Metall-Linien von Eisen, Natrium [Na] und Magnesium [Mg], die G-Bande ist deutlich sichtbar.
K: Orange-gelbliche Sterne von 4000 K. Die G-Bande wird am stärksten, neutrales Kalzium [Ca I] ist deutlich sichtbar, bei der niedrigeren Temperatur von K5 treten schon Moleküle und deren Schwingungen auf, wie z.B. die Titanoxid-Banden.
M: Rötliche Sterne von 3000 K. Das Bandenspektrum von Titanoxid [TiO] dominiert, viele Linien neutraler Metalle.

Später kamen weitere Spektraltypen hinzu: *R, N, S,* in denen sich hauptsächlich die Absorptionsbanden von Molekülen bemerkbar machen. Jeder Spektraltyp wird noch in 10 Untergruppen unterteilt, z.B. A0 bis A9. Für sehr hohe Temperaturbereiche ist diese Klassifizierung noch durch *P*: sog. Planetarische Nebel, *W*: Wolf-Rayet-Sterne und *Q*: Novae erweitert worden, vgl. [318].

Stern	Spektral-typ	Tempe-ratur [K]	Entfernung [Lj]	Radius [$R_\odot$]
Spica	B1 V	15 000	260	~ 7
Rigel (β Orionis)	B8 Ia	11 500	815	50
Sirius (α Canis Majoris)	A1 V	10 250	8,8	1,68
Sonne	G2 V	5770	8,3 Lm	1
Arcturus (α Bootis)	K2 IIIp	4200	36	23
Aldebaran (α Tauri)	K5 III	4000	68	36
Antares (α Scorpii)	M1 Ib	3200	425	320
Beteigeuze (α Orionis)	M2 Iab	3000	650	250–375
Proxima Centauri	M5e V	2600	4,3	$\sim 0,25$

Um sich die Bezeichnungen der Spektraltypen in ihrer Reihenfolge besser merken zu können, gibt es folgenden schönen Merksatz:[1]

„*O*h, *b*e *a* *f*ine *g*irl *k*iss *m*e – *r*ight *n*ow *s*weetheart."

5.4 Wieviel Watt hat ein Sternreaktor?

Bei dieser Frage interessieren wir uns für die Leuchtkraft oder die Gesamt-Strahlungsleistung der Sonne oder eines Sterns. Der Strahlungsfluß [$\hat{=}$ Leistung/Fläche] mit der Einheit Watt pro Quadratmeter aller Sonnenstrahlen, die hier auf der Erde auftreten, beträgt $s_\odot = 1{,}368\ \mathrm{kW/m^2}$. Dies ist die über alle Wellenlängen summierte *Solarkonstante* am Erdboden, aber „unter Weltraumbedingungen", d.h. ohne Berücksichtigung der Absorption durch die Erdatmosphäre.

Die Sonne, wie jeder anständige Stern ohne große Oberflächenaktivitäten auch, verteilt seine Strahlungsenergie völlig „demokratisch" in alle Raumrichtungen. Dieses „Gießkannenprinzip" hat jedoch den Nachteil, daß die Strahlungsleistung für alle Empfänger mit dem Quadrat der Entfernung von der

[1] Alternativ gibt es für diejenigen, die derartig chauvinistische Sprüche nicht mögen, folgende Eselsbrücke: „*O*ffenbar *b*enutzen *A*stronomen *f*urchtbar *g*erne *k*omische *M*erksätze."

Kasten 5.2 : Effektive Oberflächentemperatur

Die Flußdichte F eines Sterns mit Radius R in der Entfernung r ergibt sich aus der auf der Erde gemessenen Gesamt-Strahlungsleistung L nach Division durch seine Oberfläche $4\pi R^2$ zu

$$F = \frac{L}{4\pi R^2} = \sigma T_{\text{eff}}^4 \approx \int_0^\infty I_\nu \, d\nu \, .$$

Der zweite Teil der Gleichung drückt aus, daß die Strahlungsleistung pro Fläche nach dem Stefan-Boltzmann-Gesetz *proportional der vierten Potenz der Temperatur an der Oberfläche ist. Der letzte Term schließlich erinnert daran, daß die Strahlungsleistung sich aus den Intensitäten $I_\nu(T)$ bei verschiedenen Frequenzen ν zusammensetzt. Alle diese Beiträge müssen für die Gesamtleistung aufsummiert werden. Mit dem auf der Erde gemessenen Strahlungsfluß s hängt sie über $L = 4\pi r^2 \cdot s$ zusammen. Da die Solarkonstante* $s_\odot = 1368\ \text{W/m}^2$ *ist, gilt für die Sonne somit* $L_\odot = 4\pi r_\odot^2 \cdot s_\odot = 3{,}826 \cdot 10^{23}$ kW.

Bei bekannter effektiver Oberflächentemperatur T_{eff} und Leuchtkraft L läßt sich umgekehrt auf den Sternradius $R = \sqrt{L/4\pi\sigma T_{\text{eff}}^4}$ *schließen. Im Vergleich zur Sonne besteht folgender Zusammenhang zwischen Strahlungsleistung, Radius und effektiver Oberflächentemperatur:*

$$\lg(L/L_\odot) = 2\lg(R/R_\odot) + 4\lg(T_{\text{eff}}/T_\odot) \, .$$

Quelle abnimmt, oder anders ausgedrückt: Die gesamte Strahlungsleistung der Sonne verteilt sich über die Oberfläche einer gedachten Kugel, bei der die Quelle (die Sonne) im Zentrum steht.

Um die Gesamt-Strahlungsleistung der Sonne zu bestimmen, müssen wir den auf der Erde ankommenden Strahlungsfluß, d.h. die Solarkonstante, mit der von der Sonne „beleuchteten" Kugelfläche im Erdabstand multiplizieren, wobei wir $r_\odot = 1$ AE als mittlere Entfernung von Erde und Sonne annehmen. Obwohl die Sonne ein eher durchschnittlicher Stern ist, ist die gesamte Strahlungsleistung der Sonne somit $L_\odot = 3{,}826 \cdot 10^{23}$ kW, das entspricht immerhin der Leistung von 300 Billiarden Kernkraftwerken.

Natürlich ist die Sonne keine Punktquelle, sondern hat selber eine Ausdehnung. Ihre Leistung pro Fläche an der Oberfläche wird als die *Flußdichte* der Strahlung der Sonne oder eines Sterns bezeichnet. Bei bekanntem Sternradius ist dies gerade die gesamte Strahlungsleistung geteilt durch die Oberfläche. Unabhängig davon wissen wir, daß die Flußdichte zur vierten Potenz der *absoluten* Temperatur proportional ist. Da dieses Stefan-Boltzmann-Gesetz genau genommen nur für einen Schwarzen Körper gilt, legt man bei Sternen damit deren *effektive Oberflächentemperatur* fest.

Aus dieser Gesetzmäßigkeit können wir auf die Temperatur an der Oberfläche des Sterns, bzw. der Sonne, schließen. Da wir den Radius der Sonne mit $R_\odot = 6{,}96 \cdot 10^8$ m kennen, können wir aus dem Stefan-Boltzmann-Gesetz die Oberflächentemperatur zu $T_{\odot,\mathrm{eff}} = 5770$ K bestimmen. Dieser Wert stimmt mit der an das Spektrum angepaßten Planck-Kurve überein, vgl. Bild 2.7, welche mit Hilfe des Satelliten-Experiments SOLSTICE [*Sol*ar *Ste*llar *I*rradiance *C*omparison *E*xperiment] gewonnen worden ist. Seit 1991 wird damit die Sonne auf Langzeitschwankungen hin überwacht [166].

5.5 Entfernung der Sterne

Mit Hilfe von Winkelmessungen bestimmte der griechische Gelehrte Hipparch (190 bis 125 v.Chr.) als erster die *Parallaxe* [→ griech. das Hin- und Herbewegen] des Mondes. Der Vorschlag, diese Methode auch auf die Bestimmung der Entfernung weit entfernter astronomischer Objekte anzuwenden, stammt von Galileo Galilei. Ähnlich wie bei der Triangulation irdischer Grundstücke, wird dabei die Entfernung aus den Winkelmessungen eines Basisdreiecks gewonnen. Dabei macht man sich zunutze, daß „nahe“ Sterne im Laufe des Jahres, im Vergleich zu noch weiter entfernten Sternen oder Galaxien, sich scheinbar am Himmel ein wenig hin- und herbewegen, bzw. kreisen, falls die Blickrichtung senkrecht zur Ekliptik ist. Den von der großen Halbachse der Ellipse aufgespannte Winkel p nennt man die *heliozentrische* oder die jährliche *Parallaxe* des Sterns. Die Einheit der Entfernung ist so gewählt, daß von einem Raumschiff in der Entfernung von einem *Parsec* [pc] = 3,26 Lj die große Halbachse der Erdbahn von einer Astronomischen Einheit [1 AE] gerade unter dem Winkel von einer Bogensekunde erscheinen würde.[2] Umgekehrt erscheint ein Fixstern, welcher 1 pc von uns entfernt liegt, nach einem halben Umlauf der Erde um die Sonne (Basislänge $\hat{=}$ 2 AE) gerade um zwei Bogensekunden verschoben.

Bereits 1838 hatte Friedrich W. Bessel in Königsberg die Parallaxe des Sternes 61 Cyg im Schwan zu $p = 0{,}314''$ bestimmt. Der heutige Wert ist

[2] Nach der Defintion des Tangens eines Winkels in einem rechtwinkligen Dreieck als Verhältnis von Gegenkathete zu Ankathete muß sich 1 AE zu 1 pc nach der Näherung $\tan p \approx p$ wie $1'' = (2\pi/360 \cdot 60 \cdot 60)$ verhalten. Da ein Radiant, die Einheit im Bogenmaß, $(360 \cdot 60 \cdot 60/2\pi)$ = 206 265 Bogensekunden ist, gilt die Beziehung 1 pc = $(360 \cdot 60 \cdot 60/2\pi)$ AE = 206 265 AE = 3,26 Lj.

$p = 0{,}293''$. Dies entspricht dem Öffnungswinkel eines 1 DM-Stückes in 8 km Entfernung! Da der Kehrwert der Parallaxe p in Bogensekunden dem Abstand in pc entspricht, ist die Entfernung von 61 Cyg daher 3,41 pc gleich 11,1 Lj.

Einheit	**Entfernung**	**Kilometer** [km]	**Umrechnung**
Lichtsekunde [Ls]	≈ Mond	299 792,458	≅ 300 000 km
Astr. Einheit [AE]	Sonne	149 597 871	$1{,}58 \cdot 10^{-5}$ Lj
Lichtstunde [Lh]	≈ Saturn	1 079 252 849	7,21 AE
Lichtjahr [Lj]		$9{,}46053 \cdot 10^{12}$	$6{,}32 \cdot 10^{4}$ AE
Parsec [pc]	≈ Proxima Centauri	$3{,}0856 \cdot 10^{13}$	3,2615 Lj = $2{,}06 \cdot 10^{5}$ AE

Unser nächster Nachbar im Weltraum, der mehr als 2° von seinem Begleiter entfernte Stern *Proxima Centauri* im Doppelsternsystem Alpha Centauri nahe dem Kreuz des Südens, hat eine Parallaxe von $p = 0{,}76''$. Damit ist er 1,316 pc oder 4,3 Lj von uns entfernt.

Eine Meßgenauigkeit von $\pm 0{,}01''$ in der Winkelbestimmung reicht aus, um eine Entfernungsbestimmung bis zu 100 pc gleich 326 Lj zu gewährleisten. Über die Parallaxe konnten immerhin für rund 1000 Sterne die Entfernungen bestimmt werden. Mit dem im August 1989 gestarteten europäischen Astronomie-Satelliten HIPPARCOS [*Hi*gh *P*recision *Par*allax *Co*llecting *S*atellite] sind vier Jahre lang Position und Eigenbewegung von über 100 000 Sternen vermessen worden. Da die Genauigkeit bei der Bestimmung der Parallaxe nun bei $\pm 0{,}002''$ bzw. $\pm 0{,}005''$ bei der Eigenbewegung lag, konnte der Entfernungsbereich auf über 1500 Lj erweitert werden. Nach Auswertung aller Beobachtungsdaten wird dies zu einer Verbesserung der stellaren Massenskalen sowie zu einer genaueren Festlegung des Anfangspunkts der kosmischen Entfernungsskala, den Hyaden, führen [23, 172].

5.6 Hell, heller, am hellsten?

Im zweiten Jahrhundert v.Chr. teilte Hipparch die sichtbaren Sterne in drei Klassen ein, die dann von Ptolemäus zu sechs Klassen erweitert wurden, wobei die erste die hellsten Sterne, die sechste die mit bloßem Auge gerade noch sichtbaren enthielt. Dabei ging er von der Annahme aus, daß die Sterne der ersten Klasse rund 100mal heller als die der sechsten sind. Falls sich der Strahlungsstrom von drei Sternen wie 1:10:100 verhält, so scheint für das menschliche Auge der Helligkeitsunterschied vom ersten zum zweiten Stern

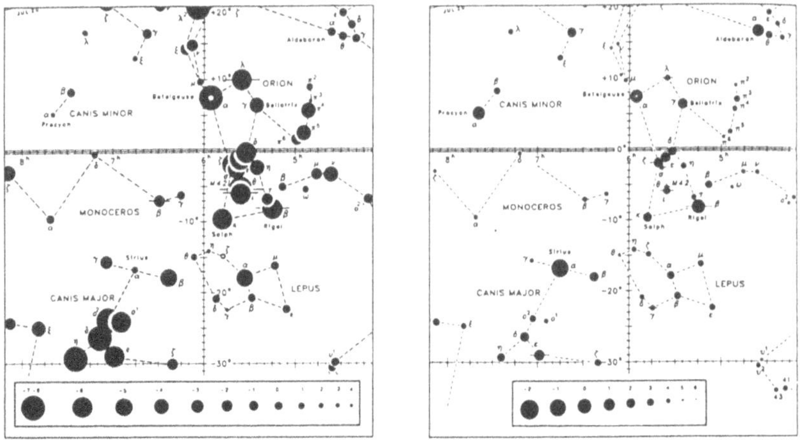

Bild 5.1 Vergleich der absoluten (rechts) und scheinbaren Helligkeit (links) von Sternen in der Nähe des Orion

gleich dem vom zweiten zum dritten zu sein. Das liegt daran, daß das Auge Helligkeitsunterschiede nicht linear wahrnimmt. Die scheinbare Helligkeit ist ein Maß für die vom Detektor (Auge) registrierte Energie pro Zeit und pro Flächeneinheit.

In Anlehnung an Hipparch führte Norman R. Pogson 1856 die folgende Definition ein: Ein Stern der Helligkeitsklasse m hat im Vergleich zur nächsthöheren Klasse $m + 1$ eine um den Faktor 2,512 größere Strahlungsleistung pro Flächeneinheit. Der Faktor ist so gewählt, daß er mit Hipparchs Einteilung kompatibel[3] ist, und trotzdem eine Erweiterung der Skala zuläßt. Man nennt die Einheit der Größenklasse *Magnitudines* und schreibt z.B. 10^{m} für die zehnte Größenklasse. Dabei entsprechen größere positive Zahlen *kleinerer* Helligkeit.

Die schwächsten mit dem Keck I-Teleskop bzw. vom Hubble-Weltraumteleskop noch registrierbaren Himmelsobjekte haben eine Größenklasse von etwa 28^{m}. Für den scheinbar hellsten Stern des Nordhimmels, Sirius, ist sie negativ: $-1{,}5^{\mathrm{m}}$. Die Sonne hat eine bolometrische Größenklasse von $-26{,}9^{\mathrm{m}}$, der Vollmond eine von $-12{,}6^{\mathrm{m}}$. Damit scheint Sirius zehnmilliardenfach schwächer zu leuchten als die Sonne, denn aus $\Delta m \approx -25$ folgt umgekehrt $F_{\mathrm{Sirius}}/F_{\odot} = 10^{-10}$. Im visuellen Bereich wurde die Skala der Magnitudines ursprünglich durch Polaris, den Nordstern, mit $2{,}12^{\mathrm{m}}$ „geeicht“. Heute fixieren zehn ausgewählte Eichsterne die Skala der Magnitudines.

[3] Pogsons Definition ist also „aufwärtskompatibel“, wie man es sich beim „update“ eines Computer-Programms wünscht.

Kasten 5.3 : Scheinbare und absolute Helligkeiten

Die Flußdichte F ist das Verhältnis von Strahlungsleistung pro Fläche mit der Einheit W/m^2. *Als* scheinbare Helligkeit *oder* Größenklasse *eines Sterns bezeichnet man*

$$m := -2{,}5 \lg(F/F_0) \,,$$

wobei der dekadische Logarithmus nach dem Exponenten des Verhältnisses F/F_0 *„fragt". Das ist im Einklang mit dem psycho-physischen Grundgesetz von Weber (1825) und Fechner (1856), nachdem die Stärke eines Reizes nur logarithmisch wahrgenommen wird. Der Faktor* $2{,}5 = 5/2$ *ist so gewählt worden, daß für zwei aufeinander folgende Magnitudines wegen* $F_m/F_{m+1} = \sqrt[5]{100} = 10^{2/5} \approx 2{,}512$ *die Differenz* $m - (m+1) = -2{,}5 \lg(F_m/F_{m+1})$ *minus eins ist. Unsere Definition stimmt also mit der von Pogson überein, sie macht die Klasse jedoch an dem Wert* F_0 *der Flußdichte einiger ausgewählter Sterne fest.*
Als absolute Helligkeit *M (nicht zu verwechseln mit der Sternmasse) bezeichnet man die scheinbare Helligkeit m, welche der Stern in 10* pc *Entfernung haben würde. Sieht man von der Absorption z.B. durch Dunkelwolken oder Gas ab, so nimmt die Helligkeit proportional zu* $1/r^2$ *ab. Demnach berechnet sich die Flußdichte in der Entfernung r über* $F(r)/F(10\,\text{pc}) = (10\,\text{pc}/r)^2$.
Bei bekanntem r ist der Entfernungsmodul, welcher zur Bestimmung der absoluten Helligkeit dient,

$$m - M = 2{,}5 \lg[F(r)/F(10\,\text{pc})] = 5 \lg(r/10\,\text{pc}) \,.$$

So bedeutet ein Entfernungsmodul von $m - M = -5$ *eine Entfernung von 1* pc, *ein Modul von 0 eine Entfernung von 10* pc.
Unter der absoluten bolometrischen Helligkeit M_{bol} *schließlich versteht man die über alle Wellenlängen integrierte Helligkeit.*

Bei der *absoluten Helligkeit*, bei der man in Gedanken alle Sterne in die Einheitsentfernung von 32,6 Lj [= 10 pc] „befördert", sieht das ganz anders aus, der „Schein" trügt also: Die Sonne wäre mit $+4{,}7^{M}$ ein schwaches Objekt, der Polarstern als Überriese mit $-4{,}6^{M}$ ein sehr heller Stern, und Rigel würde mit $-7{,}1^{M}$ in der Nacht Schatten werfen!

In den üblichen photometrischen Maßsystemen sind die sich teilweise überlappenden Spektralbereiche durch Symbole gekennzeichnet: U gilt für die scheinbare Helligkeit oder Größenklasse eines Himmelsobjekts im ultravioletten Licht, B für seine Größe im blauen und V für seine Größe im visuellen Bereich, in dem unser Auge seine maximale Empfindlichkeit im Grünen besitzt.

UBV-System (H.L. Johnson/W.W. Morgan)	**Wellenlänge** [nm]
U (ultraviolett)	340→400
B (blau)	390→490
V (visuell)	505→595

Als Farbindex bezeichnet man die Differenz in zwei verschiedenen Wellenlängenbereichen gemessenen Helligkeiten, wie z.B. $m_V - m_B$.

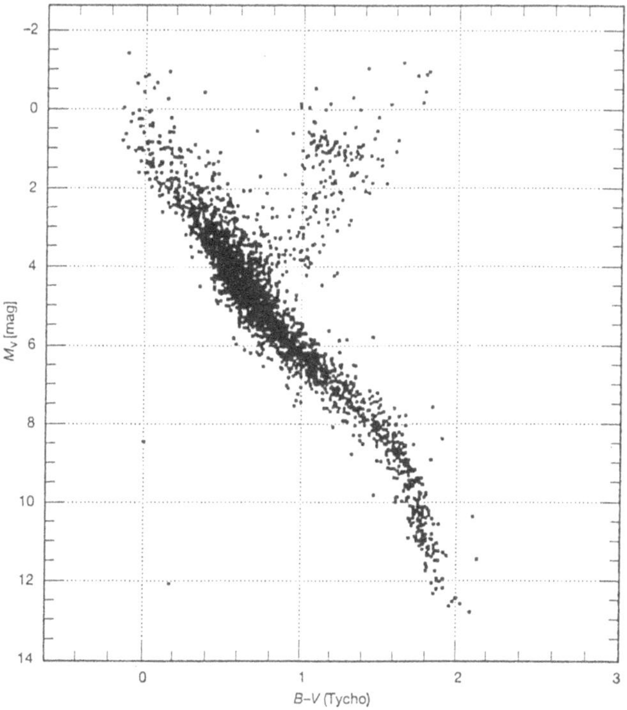

Bild 5.2 Hertzsprung-Russell-Diagramm für rund 3000 Sterne, deren absolute Helligkeit mit den von HIPPARCHOS gemessenen Parallaxen geeicht sind. Der Farbindex B-V (Tycho) ist das 1,2fache des Standardindex B-V.

5.7 Farben-Helligkeits-Diagramm

Das Problem bei der Einteilung der Sterne ist, daß unsere Lebensspanne ausgesprochen kurz ist im Vergleich mit den Zeiträumen, in denen Sterne sich entwickeln. Wir sind damit in einer ähnlichen Situation wie eine Eintagsfliege bei dem Versuch, die verschiedenen Entwicklungsstadien der Menschen allein durch die Beobachtung der Beweglichkeit und Größe einer Population zu klassifizieren. Mit zunehmender Größe wird meist auch die Beweglichkeit in etwa linear anwachsen, wenn man von den zwergwüchsigen Menschen absieht. Um sich dies zu verdeutlichen, mögen Sie sich fragen, wie eine Eintagsfliege einen Menschen des öffentlichen Lebens, wie z.B. unseren Bundeskanzler, beurteilen würde.

Nach etwa dem gleichen Schema stellten 1910 Ejnar Hertzsprung und Henry N. Russell eine Beziehung zwischen den absoluten Helligkeiten und den Spektraltypen bzw. gleichwertig dazu, den Farbindizes der Sterne fest. Bild 5.2 zeigt ein Farben-Helligkeits-Diagramm, bei dem die absolute Helligkeit von 3000 Sternen über die genaueren Entfernungsbestimmungen von HIPPARCOS geeicht ist [23]. Um Auswahleffekte zu vermeiden, beschränkt man sich oft auf Entfernungen unter 32,6 Lj. Andernfalls gäbe es Verfälschungen der Sternverteilung, da bei sehr großen Entfernungen sehr helle Hauptreihen-Sterne bzw. Riesen leichter auffindbar sind und damit im Farben-Helligkeits-Diagramm dominieren würden.

Eine weitere Klassifikation der Sterne stammt von Astronomen des Yerkes-Observatorium:

	Yerkes-Klassifikation
Ia	die leuchtkräftigsten Überriesen
Ib	weniger leuchtkräftige Überriesen
II	leuchtkräftige Riesen
III	normale Riesen
IV	Unterriesen
V	Hauptreihensterne (Zwerge)
VI	Unterzwerge

Oftmals ist der Angabe des Spektraltyps die Yerkes-Klassifikation nachgestellt: Die Sonne z.B. hat ein Spektrum vom Typ G2 V, Sirius hingegen ist vom Typ A2 V, Arktur (α Boo) K2 III und Beteigeuze (α Orionis) als etwas veränderlicher Stern M2 Iab. Ein nachgestelltes e deutet auf ein Emissionsspektrum hin, wie etwa bei unserem Nachbarstern Proxima Centauri, der vom Typ M5e V ist.

5.8 Sternradius

Bei bekannter Entfernung eines Sterns kann man dessen Durchmesser bzw. Radius im Prinzip dadurch bestimmen, daß man den Öffnungswinkel mißt, unter dem der Stern erscheint.

Zur Rechnung bedient man sich eines anderen Winkelmaßes als die altvertraute Einteilung in Grad. Bei der Einteilung im Bogenmaß entspricht dem Umfang eines Vollkreises mit einem Winkel von 360° die doppelte Kreiszahl 2π multipliziert mit dem Radius. Für die Einheit 1 Radiant ist der Kreisbogen gleich dem Radius, was für einen Winkel von $180°/\pi = 57{,}2958°$ zutrifft. Das Bogenmaß hat den Vorteil, daß die Bogenlänge eines Kreissegments (Tortenstücks) genau das Produkt aus Winkel α und Radius ist. Umgekehrt folgt aus dem sehr kleinen Öffnungswinkel α und der Entfernung r der Durchmesser eines Sterns.

Allerdings besteht eine Schwierigkeit darin, daß der Öffnungswinkel von Sternen zu klein ist, um sich direkt messen zu lassen. Dies ist eigentlich nur bei der Sonne möglich und liefert bei einem Winkelradius [$\hat{=}$ halber Öffnungswinkel] von $\alpha_\odot = 15{,}6' = 960''$ und der Entfernung von $r_\odot = 1$ AE den Sonnenradius von $R_\odot = 6{,}96 \cdot 10^8$ m.

Bei weiter entfernten Sternen nutzt man die Wellennatur des Lichts aus und bedient sich interferometrischer Verfahren, wie z.B. der in Abschnitt 1.17 erwähnten Speckle-Interferometrie. Rund 30 Sterne, darunter auch Zwergsterne mit einem Öffnungswinkel von etwa $0{,}001''$, lassen sich mit dem zuerst von Albert A. Michelson entwickelten *Sterninterferometer* vermessen, vgl. [262]. Für die Sterne in der Nähe der Ekliptik können auch Bedeckungen durch den scharfen Rand des Mondes zur Bestimmung von Öffnungswinkeln herangezogen werden. Das ist ebenfalls mit einer Genauigkeit von bis zu etwa $0{,}001''$ möglich, indem man aus Intensitätsschwankungen in den Fresnelschen Beugungsstreifen auf die Größe des Öffnungswinkels schließt.

Für Beteigeuze (α Orionis) hatte Michelson 1920 einen Öffnungswinkel von $0{,}047''$ gemessen. Der Winkelradius von $\alpha = 0{,}024''$ liefert einen Sternradius von $300\ R_\odot \simeq 1{,}4$ AE, das ist in etwa die große Halbachse der Marsbahn!

Meistens werden die Sternradien R aber aus der Leuchtkraft abgeschätzt, welche bei gleicher Oberflächentemperatur mit dem Quadrat des Sternradius anwächst. Hauptreihensterne haben einen Radius im Bereich von $0{,}5\ R_\odot < R < 10\ R_\odot$.

5.9 „Okkultismus“ bei Doppelsternen

Viele Sterne, die an der Himmelskugel als benachbart erscheinen, befinden sich in Wirklichkeit in sehr unterschiedlicher Entfernung. Allerdings sind weniger als 50 % der Sterne „Singles“ wie unsere Sonne. Krüger 60 im Sternbild Cepheus z.B. ist ein Doppelsternsystem, bei dem sich die Bewegung der beiden Sterne um den gemeinsamen Schwerpunkt über einen Zeitraum von Jahrzehnten direkt verfolgen läßt. Das Doppelsternsystem Krüger 60 ist 12,9 Lj entfernt, der dunklere Partner gehört zu den Flare-Sternen, dessen Helligkeit um 2 bis 3 Größenklassen ansteigen kann.

Meistens sind Doppelsternsysteme auch mit den besten Teleskopen nicht auflösbar. Nur an ihren *periodischen Helligkeitsschwankungen*, den Lichtkurven, geben sie sich als solche zu erkennen. So beobachtete der Astronom H. Schneller in Babelsberg 1931/32, daß die Helligkeit von Zeta Aurigae im Sternbild Fuhrmann innerhalb von 24 Stunden um 65 % sank und der Stern 37 Tage lang so stark „abgeblendet“ blieb. Alle 9,72 Tagen wiederholte sich dieser „okkulte“ Vorgang. Aus dieser Lichtkurve lassen sich über die ganz normalen Keplerschen Gesetze folgende Daten ablesen: Der heiße Stern Zeta Aurigae B mit etwa 1 000 Grad besitzt 3 $M_{\odot}$, während der „kühle“ leuchtschwache Überriese aus 22 $M_{\odot}$ besteht. Sein Radius von 200 $R_{\odot}$, in dem die Bahn der Erde um die Sonne fast Platz hätte, macht seiner Klassifikation als Überriese alle Ehre. Da er für 37 Tage den kleineren Stern mit größerer Leuchtkraft verbirgt, nennt man solche Sterne *Bedeckungsveränderliche*. Meist sind sie noch nicht auf der Hauptreihe und zeichnen sich durch helle Ca II- und H_{α}-Linien aus.

Photometrische Doppelsterne geben sich nur durch Ausmessen der Lichtkurven zu erkennen. Je nach Form der Lichtkurve unterscheidet man folgende Typen: Bei Bedeckungsveränderlichen vom *Algol-Typ*, wie z.B. Algol, der 92 Lj entfernte Teufelsstern, oder Beta Persei in der Nähe von Andromeda, gibt es ein tiefes Minimum, das ein kühler Riese als Begleiter durch seine Abschirmung verursacht. Beim *Beta-Lyrae-Typ* ist die Variation der Helligkeit kontinuierlich, da die Sterne schon eng benachbart sind. Das führt bei Beta Lyrae dazu, daß ein Stern sein Volumen bis zur tropfenförmigen *Roche-Grenzfläche* aufgebläht hat, vgl. Bild 5.5, und dabei Masse an seinen kleineren Begleiter verliert. Die Bedeckungsveränderlichen vom *W-Ursae-Majoris*-Typ sind sehr enge Doppelsterne in *permanentem Kontakt*, wobei beide Sterne sich über die Roche-Grenzfläche hinaus ausgedehnt haben. Dieses Modell, bei dem gemeinsame Gashüllen und Gasströme von der einen zur anderen Komponente wegen starker wechselseitiger Gezeitenkräfte übertreten, hatte Otto Struve schon in

Bild 5.3
Die enge Zwillingssonne ER Vulpeculae, von einem *imaginären* nahen Planeten aus betrachtet

den 40er und 50er Jahre vorgeschlagen. Solche *Kontakt-Doppelsterne* sind nicht so selten, man schätzt sie auf 100 Millionen allein in unserer Galaxis.

Im Sternbild Füchschen gibt es die 150 Lj von uns entfernte Konstellation ER Vulpeculae, welche eine sehr enge *Zwillingssonne* darstellt, deren Komponenten sich in 16 Stunden einmal umkreisen,vgl. Bild 5.3. Die Sterne haben die gleiche Größe, Masse und Oberflächentemperatur wie die Sonne, jedoch rotieren sie 40mal schneller um ihren Schwerpunkt. Diese schnelle Rotation erzeugt starke Magnetfelder, welche ihrerseits für 100mal größere Sonnenflecken und starke Emissionen im Röntgen und UV-Bereich verantwortlich sind.

Einer der bemerkenswertesten Doppelsterne ist Mizar (ζ U Ma neben Alcor), der mittlere Deichselstern im Großen Wagen, welcher bereits 1650 von Riccioli entdeckt wurde. Im Jahre 1889 bemerkte E. C. Pickering, daß sich die Linien von Mizar mit einer Periode von 20,54 Tagen verdoppeln. Genau genommen sind Mizar und Alcor nach Ausweis ihrer Spektren beide doppelt, außerdem gibt es noch ein fünftes Mitglied dieses Systems. Aus der Verschiebung der Spektrallinien läßt sich die Umlaufzeit ablesen, man spricht von *spektroskopischen Doppelsternen*.

Kann man die Spektren beider Komponenten aufnehmen, so findet man zwei unterschiedliche Doppler-Verschiebungen. Relativ zu uns hat jeder Begleiter eine Relativgeschwindigkeit, welche zwischen $v_0 + v$ und $v_0 - v$ schwankt, falls v_0 die Eigengeschwindigkeit des Systems ist. Dies führt zu einer entsprechenden periodischen Schwankung der Spektrallinien. Daraus kann man auf die Bahngeschwindigkeit in Richtung der Sehlinie, die sog. *Radialgeschwindigkeit*, und damit auf die Kepler-Bewegung sowie das Massenverhältnis M_1/M_2 schließen.

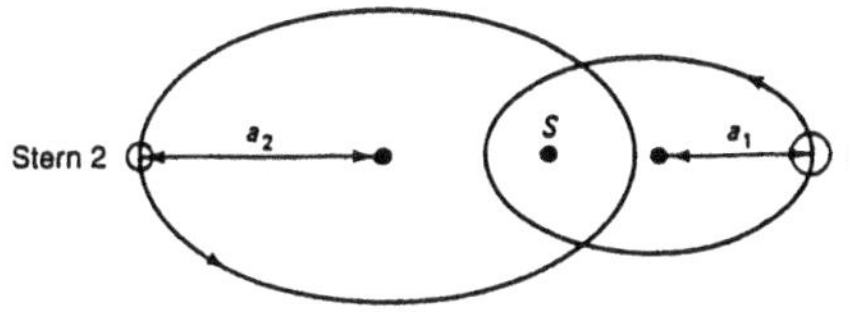

Bild 5.4
Ähnliche Bahnellipsen eines Doppelsternsystems mit dem Schwerpunkt S als Brennpunkt

Ist nur ein Spektrum sichtbar, so läßt sich immerhin noch die Projektion einer Halbachse auf die Sichtlinie ablesen.

5.10 Mehr Masse, größere Ausstrahlung!

Die Massen der Sterne können im Falle von einander umkreisenden Doppelsternen über die Keplerschen Gesetze bestimmt werden. Dies dient zur Kalibrierung der *Masse-Leuchtkraft-Beziehung* auch von Einzelsternen. Der Vergleich mit den Spektraltypen zeigt, daß die Massen der Hauptreihensterne um so größer sind, je höher sie in der Hauptreihe stehen. Für Sterne mit mehr als drei $M_\odot$ ist die Leuchtkraft zur dritten Potenz der Masse proportional.[4]

Die kleinsten Sternmassen liegen bei 1/20 $M_\odot$. Darunter reicht die Zentraltemperatur nicht aus, um die Kernfusion zu zünden, d.h. es können keine Sterne, höchstens große Jupiter entstehen. Überriesen liegen zwischen 10 und 50 $M_\odot$. Bei über 90 $M_\odot$ würde ein Hauptreihenstern durch seine enorme Energieproduktion über die Wasserstoff-Fusion sein Inneres so erhitzen, daß er in Schwingungen gerät und dabei einen Teil seiner Hülle abstößt. In diesem oszillierenden Stadium wechseln Phasen größerer Energiefreisetzung mit einer Abkühlung der Zentralregion ab, bis der Stern nach mehreren „Enthüllungen" wieder bei etwa 50 $M_\odot$ angelangt ist und dann wieder für längere Zeit *stabil* „brennen" kann.

Sterne mit mehr als 100 $M_\odot$ verschmelzen ihren zentralen Kernbereich nicht bis hin zum Eisen, sondern werden aufgrund der hohen Zentraltemperaturen schon vorher durch thermische Erzeugung von Elektron-Positron-Paaren instabil.

[4] Für kleine Massen gilt dagegen $L \sim M^{4,5}$. Für Hauptreihensterne gilt im Massenbereich $M \geq 0{,}2 M_\odot$ recht gut die Formel $\log(L/L_\odot) = 3{,}8 \log(M/M_\odot) + 0{,}08$.

Kasten 5.4 : Massen und Äquipotentialflächen von Doppelsternsystemen

In einem Doppelsternsystem bewegen sich die beiden Komponenten so auf Ellipsenbahnen umeinander, daß der gemeinsame Schwerpunkt S jeweils in einem der Brennpunkte liegt. Außerdem sind die beiden Ellipsen einander ähnlich, *d.h. sie haben die* gleiche Exzentrizität *e. Daher gilt für jede Phase der Bahnen* $r_1/r_2 = a_1/a_2$ *und damit für die Abstände* a_1 *und* a_2 *vom gemeinsamen Schwerpunkt:*

$$a_1/a = M_2/(M_1 + M_2)\,, \quad a_2/a = M_1/(M_1 + M_2)\,.$$

Kennt man die Summe $a = a_1 + a_2$ *der beiden Großen Halbachsen und die Bahnperiode* P *so läßt sich über das 3. Keplersche Gesetz* $P^2 \sim a^3/(M_1 + M_2)$ *die Gesamtmasse erschließen:*

$$(M_1 + M_2)/M_\odot = (a/\mathrm{AE})^3/(P/\mathrm{Jahr})^2\,.$$

Besitzt die Bahn den Neigungswinkel ι *zur senkrecht auf der Sehlinie stehenden Himmelsebene, so liefert das 3. Keplersche Gesetz und der Schwerpunktsatz nur die „Massenfunktion" in Einheiten der Sonnenmasse:*

$$\mathcal{M} := (a_1 \sin\iota)^3/P^2 = M_2^3 \sin^3\iota/(M_1 + M_2)^2\,.$$

Bei unbekanntem Neigungswinkel ι *wird zur Auswertung der Messungen oftmals der über die Kugel integrierte Mittelwert 0,59 von* $\sin^3\iota$ *als wahrscheinlichster Wert angenommen.*
Bei einem Doppelsternsystem ergänzen sich die Schwerkraft und die Zentrifugalkraft der Kepler-Bewegung um den gemeinsamen Schwerpunkt zu einer resultierenden Kraft F, *welche aus einem effektiven Potential* U *durch negative Gradientenbildung abgeleitet werden kann. Bei der Kepler-Frequenz* $\omega_K = 2\pi/P$ *und dem Abstand* z *von der Drehachse durch den Schwerpunkt hat das Gravitationspotential zweier Körper plus das Potential der Zentripetalbeschleunigung* $z\,\omega^2$ *die Form*

$$U = U_G + U_z = -G\left(\frac{M_1}{r_1} + \frac{M_2}{r_2}\right) - \frac{1}{2}z^2\omega^2\,.$$

In Analogie zu den Höhenlinien der Geographie werden Flächen mit konstantem Potential, d.h. $U = \mathrm{const}$, *als* Äquipotentialflächen *bezeichnet. Bei Vernachlässigung der Reibung kann ein Probekörper auf einer solchen Fläche ohne Arbeitsaufwand bewegt werden, wie z.B. Wassermoleküle auf der Meeresoberfläche.*
Das Potential, das erstmals von Edouard Roche 1850 studiert wurde, besitzt genau fünf ausgezeichnete Punkte, die Lagrange-Punkte L_1 *bis* L_5, *für welche die effektive Kraft Null ist. Die ersten drei sind Sattelpunkte, also* labile *Gleichgewichte, während die beiden anderen Maxima sind, d.h.* stabile *Gleichgewichte, weil die Kraft über den* negativen *Gradienten abgeleitet wird. Die* Roche-Grenzfläche *in Bild 5.5 hat eine tropfenförmige Gestalt mit dem* inneren Lagrange-Punkt L_1 *als Spitze der beiden Tropfen.*

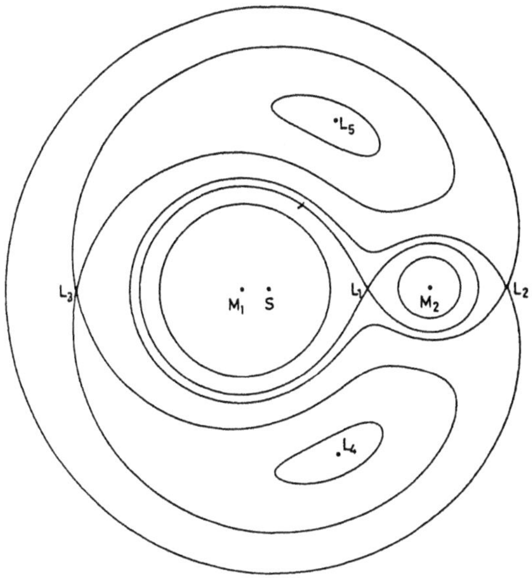

Bild 5.5
Querschnitt durch die Äquipotentialflächen eines Doppelsternsystems mit dem Massenverhältnis $M_1/M_2 = 0,17$. S ist der Schwerpunkt des Systems.

5.11 Kernfusion mit Katalysator

Die Fusion zweier Atomkerne kann als Umkehrung des radioaktiven Zerfalls, angesehen werden. Als Beipiel soll der radioaktive α-Zerfall dienen, bei dem ein ^{4}He-Kern emittiert wird. Mechanisch gesehen kann das α-Teilchen den Potentialtopf, welcher durch die Kernkraft der *Starken Wechselwirkung* hervorgerufen wird, nicht ohne große kinetische Energie verlassen. Umgekehrt kann ein α-Teilchen aufgrund seiner zweifach positiven elektrischen Ladung die Coulomb-Barriere des gleichfalls positiv geladenen Atomkerns nicht durchdringen.

Wie George Gamow gezeigt hat, können jedoch *quantenmechanische Materiewellen* durch einen solchen Potentialberg „hindurchtunneln“. Ähnliches gilt auch für die Photonen, die unter bestimmten Winkeln an Glasoberflächen total reflektiert werden. Im Wellenbild dringt das Licht zwar etwas in das Glas ein, wird jedoch durch destruktive Interferenz zur vollständigen Umkehr gezwungen, so daß Totalreflexion eintritt. Durch eine geeignete Beschichtung der Glasoberfläche kann man aber die Potentialbarriere erniedrigen bzw. für bestimmte Wellenlängen sogar ganz aufheben. Die Brille ist dann „entspiegelt“,

Kasten 5.5 : Innerer Aufbau: Gaskugeln im Gleichgewicht

Bereits 1869 entwickelte J. H. Lane das Konzept einer durch seine eigene Schwerkraft zusammengehaltenen Gaskugel mit zentraler Energiequelle, das um 1900 von Robert Emden verfeinert wurde. Schon 1926 vermutete Arthur S. Eddington [79, 299], daß die Energiequelle nuklearen Ursprungs ist, ohne jedoch den für eine „kontrollierte" Kernfusion wesentlichen Tunneleffekt zu kennen.
Der Gleichgewichtszustand einer heißen Gaskugel mit der radialen Verteilung $\rho = \rho(r)$ der Dichte wird durch folgende Beziehungen bestimmt:
1. Für die Verteilung der Masse $m = m(r)$ einer Kugelschale der Oberfläche $4\pi r^2$ im Abstand r vom Ursprung gilt die Kontinuitätsgleichung $dm = 4\pi r^2 \rho dr$.
2. Die Energieerzeugung im Inneren der Kugel über Kernfusion wird durch die temperaturabhängige Energieproduktionsrate ε pro Masseneinheit mit der Einheit W/kg gekennzeichnet. Sei $\ell = \ell(r)$ der durch eine Kugelschale hindurchtretende Energiefluß und $L = \int_0^R d\ell$ die Gesamtstrahlungsleistung des Sterns an seiner Oberfläche. Dann gilt aufgrund der Energieerhaltung $d\ell = 4\pi r^2 \rho \varepsilon dr$.
3. In jedem Flächenelement dA müssen sich Druck $p = p(r)$ mal Fläche und Schwerkraft auf das Massenelement $\rho\, dA\, dr$ einer (inneren) Kugelschale des Sterns die Waage halten, d.h. es gilt das hydrostatische Gleichgewicht $dp = -\rho(Gm/r^2)dr$.
4. Hauptursache für Temperaturgleichgewicht ist der Wärmetransport [Konvektion], bei der heißes Gas aufwärts in kühlere Schichten steigt. Für den adiabatischen [→ griech.: a $\hat{=}$ nicht; diabainein $\hat{=}$ hinübergehen] Temperaturgradienten, d.h. ohne Wärmeaustausch, gilt $d \ln T = (1 - 1/\gamma)\, d \ln p$, wobei $\gamma = c_p/c_V$ das Verhältnis der spezifischen Wärme bei konstantem Druck bzw. Volumen bezeichnet. Dies entspricht der Verallgemeinerung $T \sim p^{1-1/\gamma}$ der Zustandsgleichung idealer Gase. Dominiert der Strahlungstransport, d.h. die Diffusion von Photonen, so gilt stattdessen das Stefan-Boltzmann-Gesetz $L/R^2 \sim T^4$ in seiner differentiellen Form.
Das gesamte Differentialgleichungssystem kann meist nur mit Hilfe von Computern numerisch gelöst werden, siehe [156].

Photonen geeigneter Energie bzw. Wellenlänge können hindurchtunneln und das Auge ohne Abschwächung erreichen.

Bei der Kernfusion in Sternen ist es die für die elektrische Abstoßung gleichnamiger Ladungen verantwortliche Coloumb-Barriere, die es für die positiv geladenen Protonen zu „durchtunneln" gilt. Die Tunnelwahrscheinlichkeit[5] hängt umgekehrt exponentiell von dem Unterschied zwischen der Höhe des Potentialberges und der Energie des Teilchens ab.

[5] Die Tunnelwahrscheinlichkeit eines Teilchens der kinetischen Energie $E = mv^2/2$ durch eine Potentialbarriere der Höhe V und der Dicke Δr ist $W \approx \exp\left[-(2/\hbar)\sqrt{2m|V - E|}\Delta r\right]$.

Ohne den quantenmechanischen Tunneleffekt würde die Sonne im Inneren nicht ruhig „brennen“, sondern aufgrund der Gravitation in kurzer Zeit zu höheren Dichten kollabieren. Dabei würde die Energie des Gravitationskollaps sowie einer abrupten Kernverschmelzung in Form eines gewaltigen, aber nur sehr kurzen „Feuerwerks“ frei.

Die langsame thermonukleare Fusion hingegen hält die Zentraltemperatur des Sterns *kleiner*, als sie es bei Kontraktion zu höheren Dichten wäre [47]. Nicht nur für „Kernkraftgegner“ klingt es auf den ersten Blick paradox: Aber die Kernfusion stabilisiert den Stern gegenüber der Gefahr eines weitergehenden Gravitationskollaps und bewirkt eine *Verringerung* der Temperatur im Zentrum.

Die Atomkerne im Stern besitzen eine nach Maxwell-Boltzmann benannte Geschwindigkeitsverteilung bei der die Anzahl der Teilchen höherer Energie bei gegebener effektiver Temperatur exponentiell abnimmt. Umgekehrt nimmt bei Erhöhung der Temperatur T die Anzahl der Kerne mit genügend hoher Energie für solche „Annäherungsversuche“ ebenfalls exponentiell zu, der „Wirkungsquerschnitt“ und damit die *Fusionsrate* ist also stark temperaturabhängig. Dies gilt auch für zukünftige irdische Fusionsreaktoren. 1929 konnten Atkinson und Houtermans mit diesem Effekt die Energieerzeugung der Sterne qualitativ erklären. Die starke Temperaturabhängigkeit wichtiger Fusionsreaktionen ist in der folgenden Tabelle durch die Angabe der führenden Potenz verdeutlicht:

Reaktion	**Wirkungsquerschnitt**
$p+p$	$\sim T^{3,9}$
CNO-Zyklus	$\sim T^{16}$
$3\,\alpha$	$\sim T^{30}$
^{4}He + ^{12}C	$\sim T^{42}$
^{16}O + ^{16}O	$\sim T^{128}$

Im Jahre 1938 schlugen Hans Bethe [Nobelpreis 1967] und Carl Friedrich von Weizsäcker die Umwandlung von Wasserstoffkernen ^{1}H, d.h. Protonen p, in Helium ^{4}He über instabile Zwischenkerne als Energiequelle der Sterne vor. Dabei kommen folgende Kernreaktionen und radioaktive Zerfälle der Zwischenprodukte vor, wobei Photonen γ im Energiebereich von Gammastrahlen und Neutrinos ν_e freigesetzt werden.

Da der Kohlenstoff ^{12}C bei dieser Reaktionskette zurückgewonnen wird, wirkt er ähnlich wie ein chemischer Katalysator. Man nennt die Reaktion auch den *Kohlenstoff-* oder *CNO-Zyklus*.

	CNO-Zyklus			Energie [MeV]	Reaktionszeit (bei $15 \cdot 10^6$ K)
1	$^{12}C + {}^{1}H$	$\longrightarrow$	$^{13}N + \gamma$	1,94	1 Mio. Jahre
2	^{13}N	$\longrightarrow$	$^{13}C + e^{+} + \nu_e$	2,22	14 Minuten
3	$^{13}C + {}^{1}H$	$\longrightarrow$	$^{14}N + \gamma$	7,55	300 000 Jahre
4	$^{14}N + {}^{1}H$	$\longrightarrow$	$^{15}O + \gamma$	7,29	300 Mio. Jahre
5	^{15}O	$\longrightarrow$	$^{15}N + e^{+} + \nu_e$	2,76	82 Sekunden
6	$^{15}N + {}^{1}H$	$\longrightarrow$	$^{12}C + {}^{4}He$	4,97	10 000 Jahre

Bei sonnenähnlichen Sternen um 1 $M_\odot$ und 10 Millionen K *Zentraltemperatur* herrscht die pp-Kette vor, der CNO-Zyklus trägt weniger als 14 % zur Energieerzeugung bei. Ab $18 \cdot 10^6$ K sind pp- und CNO-Zyklus gleich effektiv, dies trifft auf Sterne mit 1,5 $M_\odot$ zu. Oberhalb dieser Temperatur dominiert der sehr effektive CNO-Zyklus wie bei Sirius A, so daß die Wärme im Zentrum durch Konvektion abgeführt werden muß.

Für die ersten Sterne, die „Ursonnen", war nur die pp-Kette von Bedeutung, da die „Katalysatoren" Kohlenstoff ^{12}C und der Stickstoff ^{14}N aus den Sternen der zweiten Generation noch nicht zur Verfügung standen. Sie werden erst später bei höheren Temperaturen aus Helium „erbrütet". Aus dem Mengenverhältnis der Isotope ^{12}C, ^{13}C, ^{14}N und ^{15}N kann man rückschließen, ob und bei welchen Temperaturen die Fusion des Wasserstoffs abgelaufen ist.

Daneben gibt es bei höheren Temperaturen noch den Neon-Natrium- [Ne-Na] und den Magnesium-Aluminium [Mg-Al]-Zyklus, welche für die Nukleosynthese von ^{20}Ne und ^{27}Al von Bedeutung sind.

5.12 Sterne als Brutreaktoren

Was geschieht, wenn im Zentralbereich eines Sterns der gesamte Wasserstoffvorrat in Helium umgewandelt worden ist?

Bei massenreichen Sternen über 2 bis 3 $M_\odot$ kontrahiert der zentrale Kernbereich relativ rasch, bis bei Temperaturen von etwa 10^8 K das *Helium-„Brennen"* beginnt. Allerdings ist ^{4}He, verglichen mit Wasserstoff, ein Brennstoff „minderer Qualität", der pro Masseneinheit nur 10 % der Fusions-Energie des Wasserstoffs freisetzt. Dabei entfernt sich der Stern von der Hauptreihe, die Hülle expandiert bei etwa gleicher Leuchtkraft bis zur *Hayashi-Linie*. Diese grenzt, nach Berechnungen von Chushiro Hayashi im Jahre 1962, den „verbotenen"

Bereich totaler Konvektion und damit instabiler Sterne im Farben-Helligkeits-Diagramm aus.

Während des Heliumbrennens durchläuft der Stern im Hertzsprung-Russell-Diagramm eine Schleife nach links und dann nach rechts im Bereich der *Roten Riesen*. Er kreuzt dabei einen Instabilitätsstreifen und wird für einige Zeit zu einem pulsierenden Stern vom Typ der Cepheiden.

Es ist schwieriger, vom Helium zu höheren Elementen zu gelangen, weil die dabei entstehenden Zwischenkerne instabil sind. Der Stern muß Temperatur und Dichte stark erhöhen, damit resonante Kernreaktionen, wie die *Tripel-Alpha-Reaktion*

$$\begin{array}{llll} (1) & {}^{4}\mathrm{He} + {}^{4}\mathrm{He} & \leftrightarrow & {}^{8}\mathrm{Be} \\ (2) & {}^{8}\mathrm{Be} + {}^{4}\mathrm{He} & \rightarrow & {}^{12}\mathrm{C} + 2\gamma \ , \end{array}$$

wirksam werden können. In der ersten, leicht *endothermen Reaktion*, bei der also Energiezufuhr von außen nötig wäre, ist Beryllium ^{8}Be instabil und zerfällt mit einer Halbwertszeit von $T_{1/2} = 2{,}6 \cdot 10^{-16}$ s. Ab einer Temperatur von 10^{8} K ist die *exotherme* Gesamtreaktion $3\ {}^{4}\mathrm{He} \rightarrow {}^{12}\mathrm{C} + 2\gamma$ möglich. Die zweite Reaktion, bei der zunächst der angeregte Kohlenstoffkern ^{12}C* entsteht, ist aufgrund des Kohlenstoff-Vorkommens im Universum vorausgesagt worden und 1957 im Labor indirekt durch den Zerfall $^{12}\mathrm{C}^{*} \rightarrow {}^{12}\mathrm{C} + \gamma$ des angeregten Kohlenstoffs ^{12}C* nachgewiesen worden. Die Bindungsenergie von 7,4 MeV wird über Photonen im Gamma-Bereich abgeführt.

Während des Heliumbrennens können die produzierten ^{12}C-Kerne mit α-Teilchen zu Sauerstoff-, Neon- oder sogar Magnesiumkernen fusionieren. Diese seltenen *Alpha-Reaktionen*

$$\begin{array}{lll} {}^{12}\mathrm{C} + {}^{4}\mathrm{He} & \rightarrow & {}^{16}\mathrm{O} + \gamma \\ {}^{16}\mathrm{O} + {}^{4}\mathrm{He} & \rightarrow & {}^{20}\mathrm{Ne} + \gamma \\ {}^{20}\mathrm{Ne} + {}^{4}\mathrm{He} & \rightarrow & {}^{24}\mathrm{Mg} + \gamma \end{array}$$

sind für das ruhige „Brennen“ der Sterne unbedeutend, dominieren aber bei einem Helium-Blitz.

Für Sterne größer als 8 $M_\odot$ und Zentraltemperaturen von $5 - 8 \cdot 10^{8}$ K setzt das *Kohlenstoffbrennen* ein:

$$\begin{array}{lll} {}^{12}\mathrm{C} + {}^{12}\mathrm{C} & \rightarrow & {}^{24}\mathrm{Mg} + \gamma \\ & \rightarrow & {}^{23}\mathrm{Na} + p \\ & \rightarrow & {}^{20}\mathrm{Ne} + {}^{4}\mathrm{He} \\ & \rightarrow & {}^{23}\mathrm{Mg} + n \\ & \rightarrow & {}^{16}\mathrm{O} + 2\ {}^{4}\mathrm{He} \quad . \end{array}$$

Der angeregte Magnesiumkern $^{24}Mg^*$ besitzt verschiedene Zerfallskanäle. Die dabei entstehenden Wasserstoff- und Heliumkerne fusionieren bei diesen hohen Temperaturen sofort wieder mit anderen Kernen.

Ab Temperaturen von $1{,}4 \cdot 10^9$ K verschmelzen die beim Heliumbrennen entstandenen Sauerstoffkerne zu Silizium-, Phosphor-, Magnesiumkernen etc. über das *Sauerstoffbrennen*:

$$\begin{aligned} {}^{16}O + {}^{16}O \quad &\rightarrow \quad {}^{32}Si + \gamma \\ &\rightarrow \quad {}^{31}P + p \\ &\rightarrow \quad {}^{28}Si + {}^{4}He \\ &\rightarrow \quad {}^{31}S + n \\ &\rightarrow \quad {}^{24}Mg + 2\,{}^{4}He \quad . \end{aligned}$$

Bei Temperaturen von $2 \cdot 10^9$ K wird schließlich Nickel bzw. Eisen über das *Siliziumbrennen* erzeugt:

$$\begin{aligned} {}^{28}Si + {}^{28}Si \quad &\rightarrow \quad {}^{56}Ni + \gamma \\ {}^{56}Ni \quad &\rightarrow \quad {}^{56}Fe + 2e^+ + 2\nu_e \ . \end{aligned}$$

Die Bindungsenergie pro Nukleon, d.h. Proton oder Neutron, steigt nach starken Schwankungen bei kleinen Kernen steil an und erreicht bei ${}^{56}_{26}Fe$ ein Maximum. In den obigen Fusionskaskaden laufen daher alle Reaktionen „freiwillig“ ab, bis ein Eisenkern aus ${}^{56}_{26}Fe$ erreicht ist. Bei der Bildung höherer Kerne würde keine nukleare Bindungsenergie mehr freigesetzt, sondern Energie benötigt, es handelt sich dann um einen *endothermen Prozeß*. Steigt die Temperatur über 10^9 K, so werden die zufällig gebildeten höheren Kerne durch die dann vorhandene Gammastrahlung sehr schnell wieder *gespalten*, man spricht von nuklearer *Photodissoziation*.

Man kann daher davon ausgehen, daß das „ausgebrannte“ Zentrum eines Sterns im wesentlichen aus Eisen besteht. Daneben tritt ein Anteil von nichtzerfallenem ^{56}Ni als „Asche“ des Siliziumbrennens auf.

An Schwerionen-Beschleunigern lassen sich Kernreaktionen wie im Zentrum eines *Roten Riesen* studieren. Im TRIUMF-Laboratorium in Kanada wurde die Alpha-Reaktion ${}^{12}C +{}^{4} He \rightarrow {}^{16}O + \gamma$, welche bei sehr hohen Dichten einen Beitrag zum Heliumbrennen liefert, genauer untersucht. Bei den Energien von 0,3 MeV des Heliumbrennens ist der Wirkungsquerschnitt für solche Reaktionen sehr klein und die Extrapolation der bisherigen Daten zu höheren Energien noch unsicher. Um dies zu verbessern, wurde die umgekehrte Reaktion studiert, d.h. der α-Zerfall von ^{16}O, welcher seinerseits aus dem β-Zerfall von ^{20}N entsteht.

Bei höheren Temperaturen als beim Tripel-Alpha-Prozeß wird auch das ^{14}N des CNO-Zyklus in das Isotop ^{22}Ne des Neons umgewandelt. Hieran kann sich nach neueren Beschleuniger-Experimenten [74] die Reaktion $^{22}Ne + ^4He \rightarrow\ ^{25}Mg + n$ anschließen, welche freie Neutronen zum Aufbau schwerer Elemente über den langsamen Neutroneneinfang liefert, wie man es in Roten Riesen vermutet hatte.

5.13 Gravitationskollaps: Stellares „Notstrom-Aggregat"

Schon früher gab es zahlreiche Mutmaßungen über die Energiequelle der Sonne und der Sterne, die sie mit der Gravitation in Verbindung bringen wollten: Nach seiner Entdeckung des Satzes von der Erhaltung der Energie stellte Julius R. Mayer 1846 die Hypothese auf, daß die Sonne ihre Energie durch den Einfall von Meteoriten deckt. Hermann von Helmholtz und Lord Kelvin wiesen 1854 bzw. 1861 darauf hin, daß die Kontraktion eines Sterns selbst eine wirksame Energiequelle ist.

Für die Sonne ist die gravitative Bindungsenergie ungefähr $E_G = 3{,}8 \cdot 10^{41}$ Ws; der Inhalt der Sonne an thermischer Energie ist von derselben Größenordnung. Die Energie E_G könnte die Ausstrahlung der Sonne entsprechend der heutigen Leuchtkraft von $L_\odot = 3{,}85 \cdot 10^{26}$ W nur über $E_G/L_\odot \sim 3 \cdot 10^7$ Jahre decken. Da das Sonnensystem schon etwa $4{,}6 \cdot 10^9$ Jahre existiert, ist die Gravitation als Energiequelle ausgeschlossen.

Allerdings kann mit der Gravitationsenergie das mögliche „Aussetzen" der Kernfusion für eine kurze Zeitspanne überbrückt werden. Für die Fusion schwerer Elemente bei höheren Temperaturen liefert die Gravitation die Energie für den „Zündfunken". Ab 1938 wurde durch die Arbeiten von Hans A. Bethe und Fred Hoyle klar, daß ein Stern nichts anderes ist als ein durch die *Gravitation zusammengehaltener Kernfusionsreaktor.*

Obgleich die schwächste aller Fundamentalkräfte, ist die Gravitation an der Bildung der „Sternreaktoren" und ihrer Entwicklung wesentlich beteiligt. Als „Zündmechanismus" für die Kernfusion, initiiert sie die Entstehung höherer Elemente und damit letztendlich von Leben, das dann zuweilen mit Erstaunen das großartige astronomische Schauspiel verfolgt.

Kasten 5.6: Energie eines Gravitationskollaps

Die gravitative Bindungsenergie *einer homogenen Vollkugel konstanter Dichte* ρ_0 *setzt sich aus dem Newtonschen Gravitationspotential aller Kugelschalen der Masse* dm *im Abstand* $r = (3m/4\pi\rho_0)^{1/3}$ *vom Zentrum zusammen. Demzufolge ist das Newtonsche Potential* $U = -Gm\,dm/r$ *im Inneren der Kugel zu* $m^{2/3}dm$ *proportional. Die Integration über alle Kugelschalen bis zum Radius* R *liefert:*

$$E_G = -G\int_0^R \frac{m\,dm}{r} = -G\int_0^R \frac{m^{2/3}\,dm}{(3/4\pi\rho_0)^{1/3}} = -\frac{3}{5}\frac{GM^2}{R}\,.$$

Ein sich zusammenziehender Stern wandelt potentielle Energie in kinetische Energie um, welche – über Reibung – sich vollständig als thermische Energie manifestiert. Im Mittel ist diese pro Atom $\frac{1}{2}kT$*, multipliziert mit den drei Freiheitsgraden der Translation. Wenn* μ *das Molekulargewicht und* m_u *das Atomgewicht des Gases sind, ergibt sich für den gesamten Stern der Ausdruck* $E_T = (3kT/2\mu m_u)\,M$*. Nach dem* Virialsatz *ist das zeitliche Mittel der kinetischen Energie nur halb so groß wie das der potentiellen Energie, d.h.* $\bar{E}_{kin} = -\frac{1}{2}\bar{E}_{pot}$*. Ist die potentielle Energie* E_G *größer als die doppelte kinetische Energie* $2E_T$*, so tritt die von James H. Jean bereits 1902 entdeckte* Gravitationsinstabilität *ein: Die Masse kollabiert, falls sie auf einen Raumbereich unter dem Jeans-Radius*

$$R_J = (\mu m_u c^2/10kT)\,R_S$$

zusammengedrängt ist. Der charakteristische Gravitationsradius $R_S := 2GM/c^2 \cong 3(M/M_\odot)$ km *eines relativistischen Kollaps bietet sich hier bereits als Vergleich an.*

5.14 Geburt der Sterne

Man nimmt an, daß Atom- und Molekülwolken mit einer Dichte von 1 Atom pro Kubikzentimeter die „Kinderstuben" der Sterne sind. In der Milchstraße haben solche Wolken einen Durchmesser von bis zu 300 Lj. Nur große Gasansammlungen von 2000 bis zu 100 000 $M_\odot$ sind gravitativ instabil und können aus dem interstellaren Medium kondensieren. In den kühleren Bereichen von 10 bis 30 K entstehen Dichtekonzentrationen von 10^3 bis 10^{11} Atomen pro Kubikzentimeter. Mit 1500 Lj Entfernung ist der Orion-Nebel im Schwertgehänge des gleichnamigen Sternbilds wohl der nächste „Kreißsaal" im Universum.

Diese interstellaren Wolken haben 10^5mal so viel Drall wie die späteren, langsam rotierenden Sterne. Computer-Simulationen zeigen, daß bei der Kontraktion sich im Inneren häufig erst ein Staubring bildet, der später in einzelne

Protosterne auseinanderbricht. Die Bahnbewegung der umeinander kreisenden Protosterne nimmt dabei den Löwenanteil des Gesamtdrehimpulses der Wolke auf. Bei leichteren Wolken bildet sich zunächst ein *spiralförmiger Protostern* als „Single“, welcher versucht, Drehimpuls an die Außenregion abzugeben [39, 278].

Die Kühlung der kontrahierenden Wolke wird durch die Infrarot-Strahlung des interstellaren Mediums bewerkstelligt. Daher entstehen die ersten Sterne an der Oberfläche der Wolke. Diese sehr heißen Protosterne erzeugen über ihren Strahlungsdruck im ultravioletten Bereich sehr langsam „Stoßfronten“, welche zur Bildung von O- und B-Sternen der zweiten Generation Anlaß geben. Die Energie dazu beziehen die Protosterne aus der 10^6 K heißen Schockwelle, die durch die kinetische Energie des Gravitationskollaps entsteht.

Junge Sterne mit über 3 $M_\odot$ sind in der Phase des „Trockenlegens“ wegen der sie noch einhüllenden Staubwolken nur als leuchtkräftige Infrarotquellen beobachtbar. So ist z.B. die Gas- und Staubwolke Barnard 5 im Sternbild Perseus mit dem Satelliten IRAS im Infraroten vermessen worden. Der Protostern IRS1 entspricht etwa dem Zustand der Sonne vor $4{,}6 \cdot 10^9$ Jahren. Größere Protosterne können nach nur 200 000 Jahren 5 $M_\odot$ an Staub eingesammelt haben, bis sie eine Endmasse von etwa 10 $M_\odot$ erreichen.

Es beginnt mit der Kontraktion einer Gaswolke, wobei zunächst die Energie über Strahlung abgeführt wird. Bei anwachsender Dichte ist dies nicht mehr möglich, die Energie wird über Konvektion, d.h. Wärmetransport, an die Oberfläche des Protosterns abgegeben.

Dabei kollabiert die Wolke des Protosterns nach der *dynamischen Zeitskala*, bis bei 10^4 K der Wasserstoff atomar vorliegt und bei 10^5 K vollständig ionisiert ist. Am Ende der Kontraktion erreicht der Protostern einen Punkt der Hayashi-Linie vollständig konvektiver Sterne. Die weitere Entwicklung des aus der Gaswolke gebildeten Protosterns läuft nach der *thermischen Zeitskala* ab: Zunächst entwickelt sich der Protostern in der Helmholtz-Kelvin-Zeit von einigen 10 Millionen Jahren parallel zur Hauptreihe, bis die überschüssige Wärme im Inneren durch Strahlung nach außen abtransportiert ist. Die anfängliche Zentraltemperatur von 10^6 K reicht nicht zur Fusion von Wasserstoff aus, wohl aber von seinem schwereren Isotop, dem Deuterium ^{2}D. Obwohl es im Universum nur zu 0,001 % beigemischt ist, reicht es aus, um den Protostern vollständig konvektiv zu machen und ihn dabei zum Anschwellen zu bringen [277]. Später wird die Zentraltemperatur groß genug zur Zündung der Wasserstoff-Fusion, der Stern entwickelt sich zur Hauptreihe im Hertzsprung-Russell-Diagramm hin.

Kasten 5.7: Zeitskalen bei der Sternentwicklung

1. Dynamische Zeitskala: *Die recht kurze „Freifallzeit" des Gravitationskollapses eines Sterns läßt sich aus dem 3. Keplerschen Gesetz mit $a = R/2$ als Halbachse abschätzen:*

$$t_{\mathrm{D}} = \frac{2\pi}{2}\sqrt{\frac{(R/2)^3}{GM}} \approx \sqrt{\frac{R^3}{GM}} \approx \frac{(R/R_\odot)^{3/2}}{M/M_\odot} \cdot \frac{1}{2}\,\mathrm{h}\,.$$

2. Thermische Zeitskala: *Darunter versteht man die Dauer der Abstrahlung der gespeicherten Wärmeenergie ohne Berücksichtigung der Kernfusion. Nach dem Virialsatz ist dies gerade die Hälfte der Gravitationsenergie geteilt durch die Strahlungsleistung:*

$$t_{\mathrm{T}} = \frac{GM^2/R}{2L} \approx \frac{(M/M_\odot)^2}{(R/R_\odot)(L/L_\odot)} \cdot 2 \cdot 10^7\,\mathrm{a}\,.$$

Während dieser Helmholtz-Kelvin-Zeit *kann der Stern seine Abstrahlung auf Kosten der Gravitationsenergie bestreiten.*

3. Nukleare Zeitskala: *Dies ist die Zeitspanne für die Energieerzeugung durch reine Wasserstoff-Fusion mit 0,7 % Massendefekt. Bei 10 % Wasserstoffumsatz ist die „Brenndauer" des Sterns von der „astronomischen" Größenordnung:*

$$t_{\mathrm{N}} \approx \frac{0{,}007 \cdot 0{,}1 Mc^2}{L} \approx \frac{M/M_\odot}{L/L_\odot} \cdot 10^{10}\,\mathrm{a}.$$

5.15 Entwicklungswege

Die weitere Entwicklung eines Sterns ist noch nicht in allen Details bekannt, hängt aber im wesentlichen von der Masse ab: Unter 0,08 $M_\odot$ reicht die Zentraltemperatur nicht zur Zündung des Wasserstoffbrennens aus. Der Stern endet als Brauner Zwerg [48], im Aufbau dem Jupiter nicht unähnlich, der allerdings nur ungefähr 0,001 $M_\odot$ aufweisen kann.

In dem Hauptreihenstadium ist die Wasserstoff-Fusion die dominante Energiequelle des Sterns. Die Dauer dieser durch die nukleare Zeitskala bestimmten Phase, wobei etwa 10 % des Wasserstoff-Vorrats umgesetzt wird [318], hängt von der Masse ab: Ein Stern mit 15 $M_\odot$ verbringt dort nur 10 Millionen Jahre, die Sonne etwa 10 Milliarden Jahre, und ein 0,26 $M_\odot$ kleiner Stern mit seinem bescheidenen Energieumsatz würde es dort 70 Milliarden Jahre „aushalten". Die Wahrscheinlichkeit, im Universum auf einen kleinen Hauptreihenstern zu stoßen, ist also groß.

Bei Sternen über 1,5 $M_\odot$ ist der CNO-Zyklus so effektiv, daß die Strahlung nicht zur Kühlung des Zentralbereichs ausreicht, der Kern wird vollständig konvektiv, wie der Boden einer köchelnden Brühe. In der äußeren Sternhülle erfolgt der Wärmetransport durch Strahlung. Bei Sternen zwischen 0,26 und 1,5 $M_\odot$ ist es umgekehrt. Bei diesen unteren Hauptreihensternen, wie z.B. der Sonne, dominiert die pp-Kette mit radiativem Kern. Die „Hülle" ist wenig lichtdurchlässig, daher wird die Wärme durch Konvektion abgeführt. Sehr kleine Sterne zwischen 0,08 und 0,26 $M_\odot$ sind *vollständig konvektiv*.

Ein Stern auf der Hauptreihe erzeugt seine Energie nur durch Wasserstoffbrennen. Seine stabile Phase ist dabei durch die nukleare Zeitskala bestimmt:

Masse [$M_\odot$]	**H-Fusion**	**Konvektion**	**Verweildauer** [a]
0,08–0,26	pp-Kette	überall	$70 \cdot 10^9$
0,26–1,5	pp-Kette	nur Hülle	$10 \cdot 10^9$
1,5–100	CNO-Zyklus	nur Kern	$\sim 10 \cdot 10^6$

Nachdem der größte Teil des Wasserstoffs im Zentralbereich fusioniert ist, tritt der Stern in ein fortgeschrittenes Stadium seiner Entwicklung ein. Er wird zu einem *Roten Riesen*, bei dem der Wasserstoff in einer Schale um den inaktiven Helium-Zentralkern „brennt". Später zündet auch das Helium und wird über die Tripel-Alpha-Reaktion in Kohlenstoff umgewandelt. Der Stern befindet sich dabei im Horizontalast des Hertzsprung-Russell-Diagramms bzw. im Bereich der *Blauen Riesen* bei schweren Sternen. Sterne im Bereich von 3 bis 8 $M_\odot$ erschöpfen dabei ihren Heliumvorrat im zentralen Kern und entwickeln sich längs des asymptotischen Riesenzweigs.

Sobald ein Stern mit weniger als 3 $M_\odot$ einen Helium-„Aschenkern" von 0,45 $M_\odot$ aufgebaut hat, werden die Elektronen des kontrahierten Heliumgases bei sehr hohen Dichten von über 10^7 kg/m^3 *entartet*, d.h. der Druck hängt nur von der Dichte, nicht von der Temperatur ab. Wegen der großen Wärmeleitfähigkeit des entarteten Gases läuft dann die Helium-Fusion schnell „aus dem Ruder" und bei einer Temperatur über 10^8 K kann daher das Helium innerhalb von Sekunden überall im Stern über die Tripel-Alpha-Reaktion zu Kohlenstoff ^{12}C verschmelzen. Man spricht von einem *Helium-Blitz*, obwohl die dabei freigesetzte Energie ca. 1000 Jahre benötigt, um an die Sternoberfläche zu gelangen. Dann ist der Effekt dieser thermischen Pulse so abgemildert, daß kaum noch eine Erhöhung der Leuchtkraft zu beobachten ist.

Bei massenreicheren Sternen über 2,5 $M_{\odot}$ ist der zentrale Helium-Kern größer als 0,47 $M_{\odot}$ und wegen der geringeren Dichte nicht entartet. Sobald das ruhige Helium-Brennen beginnt, machen diese massenreichen Sterne öfter „eine Wanderung ins Blaue", allerdings nur im Hertzsprung-Russell-Diagramm. Der Grund ist, daß auch die äußere Wasserstoff-Brennschale kontrahiert und die Oberflächentemperatur dabei zunimmt.

Sterne zwischen 2,25 und 5 $M_{\odot}$ besitzen eine so große Zentraldichte, daß die Elektronen des bei der Helium-Fusion gebildeten Kohlenstoffs entarten und es zu einem *Kohlenstoff-Blitz* kommt.

Größere Sterne mit mehr als 1,5 $M_{\odot}$ Kohlenstoff im zentralen Kern bleiben konvektiv, bis der gesamte Kohlenstoff über Sauerstoff und Magnesium zu Eisen fusioniert ist.

5.16 Riesenstadium

Nachdem ein Stern mit 5 $M_{\odot}$ seinen Wasserstoff im zentralen Kern umgewandelt hat, kühlt er ab. Da er wegen des nun einsetzenden Wasserstoff-Schalenbrennens auch seinen Radius vergrößert, erhöht er seine Leuchtkraft ein wenig. Nach dem Zünden des Heliums ist er nicht sehr stabil, sondern „bewegt" sich im Hertzsprung-Russell-Diagramm horizontal hin und her, seinen Temperaturschwankungen entsprechend.

Die massenreichsten Sterne von 12 bis 15 $M_{\odot}$ durchlaufen im Kern alle Fusionsstadien bis zum ^{56}Fe. Die Brennzonen besitzen schließlich eine zwiebelartige Struktur, vgl. Bild 5.6. Dies ist jedoch kein stabiler Zustand: Das Ende der Kernfusion im zentralen Eisenkern, deren Atomkerne nicht mehr exotherm verschmelzen können, führt innerhalb von Bruchteilen von Sekunden zu einem

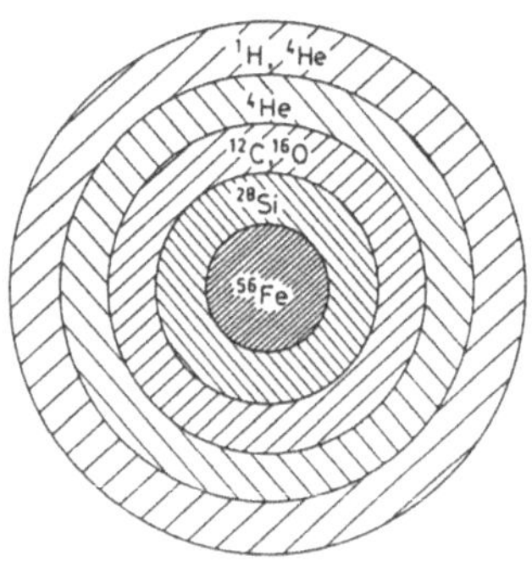

Bild 5.6
Schichtenaufbau eines Überriesen (30 $M_{\odot}$) mit „Zwiebelschalen"-artig ineinander geschachtelten Brennzonen.

Druckabfall[6] und zu einem Gravitationskollaps im Zentrum. Falls die äußeren Schichten über Schockwellen abgesprengt werden können, hat dies eine Supernova zur Folge.

Bei normalen Sternen ist der Lichtdruck kleiner als der Gasdruck. Falls der Strahlungsdruck überhandnimmt, entstehen Instabilitäten: Der Stern wird vollständig konvektiv, d.h. es brodelt überall, wie bei einer Suppe, die beim Kochen überläuft. Dies soll bei etwa 100 $M_\odot$ der Fall sein und stellt theoretisch die Grenzmasse von Überriesen dar. Die meisten der beobachteten Sterne weisen jedoch weniger als 70 $M_\odot$ auf. Bei Sternen mit höheren Elementen in der äußeren Hülle kann der Strahlungsdruck schon vorher eine „Abmagerungskur" bewirken: Durch Sternwinde verliert z.B. ein Stern von 60 $M_\odot$ im 30 Doradus Nebel Masse mit einer Rate von $2 \cdot 10^{-5}$ $M_\odot$ pro Jahr, das wäre ein Verlust von 20 $M_\odot$ in der für astronomische Verhältnisse kurzen Zeit von einer Million Jahre!

Eta Carinae ist mit 50 bis 100 $M_\odot$ und $4 \cdot 10^6$ $L_\odot$ einer der massenreichsten und leuchtkräftigsten der bekannten Sterne. Aufgrund seiner Entfernung von mehr als 10 000 Lj ist er jedoch kaum mit dem bloßen Auge zu erkennen. Jedoch erlebte der Stern 1843 einen großen Ausbruch und war damals der zweithellste Stern am Himmel. Mit dem Hubble-Weltraumteleskop hat man zwei Explosionswolken (Jets) gesehen, die sich aus einem äquatorialen Ring heraus auf uns zu bzw. von uns weg bewegen. Mit Hilfe der Speckle-Interferometrie [131] kann man die Struktur dieses Sternsystems auch gut mit irdischen Teleskopen erkennen, wie die Farbtafel I zeigt.

Der Stern HDE 269810 vom Typ O in der Großen Magellanschen Wolke soll sogar 190 $M_\odot$ und extrem starke und 3700 km/s schnelle Sternwinde besitzen.

5.17 Sternhaufen

Woher weiß man, ob unsere theoretisch-physikalischen Vorstellungen von der Sternentwicklung in der Natur realisiert sind? Diese Frage läßt sich anhand von *Sternhaufen* beantworten. Aufgrund der Häufung und der gleichen Eigenbewegung der Sterne kann angenommen werden, daß sie zur gleichen Zeit aus der gleichen Gaswolke entstanden sind. Da die nukleare Zeitskala von der Masse der entstandenen Sterne abhängt, sehen wir quasi eine „Momentaufnahme" der Entwicklung verschieden schwerer Sterne.

[6] Dies ist auch bei irdischen Kernspaltungsreaktoren gefürchtet, allerdings eher beim Kühlmittelkreislauf.

Offene Sternhaufen, von denen man 650 in der Milchstraße kennt, sind relativ jung, wie beispielsweise die Plejaden oder die Hyaden im Sternbild des Stiers. Die Plejaden, auch Siebengestirn genannt, sind mit ca. 120 Sternen und einem Durchmesser von 30 Lj bei gleicher Eigenbewegung auch gleichzeitig entstanden. Das „Abbiegen" einiger ihrer Sterne von der Hauptreihe liefert damit den Schlüssel zum Verständnis der Entwicklungsgeschichte. Die untere Hauptreihe ist bis zum Abknickpunkt zum Riesenast besetzt, aus dem das Alter des Haufens abgelesen werden kann. Nur wenige Rote Riesen mit Helium-Brennen befinden sich jenseits der sog. *Hertzsprung-Russell-Lücke* . Das Sternentstehungsgebiet 30 Doradus, das sich 163 000 Lj entfernt in der Großen Magellanschen Wolke befindet, ist ein sehr kompakter Sternhaufen von tausend superschweren Sternen.

Die *Kugelsternhaufen* mit 10^5 bis 10^7 Sternen repräsentieren mit einem Alter von 13 bis 17 Milliarden Jahren die ältesten Sterne der Milchstraße. Die Hauptreihe ist nur bei kleinen Massen besetzt, massenreichere Sterne haben schon ihre Entwicklungspfade längs der Hayashi-Linie, bzw. dem Horizontalast mit Helium-Brennen folgend, durchlaufen [152].

Der besonders kompakte Kugelsternhaufen 47 Tucanae, der sich in 15 000 Lj Entfernung befindet, ist zwischen 10 bis 16 Milliarden Jahre alt. Besonders deutlich ist in Bild 5.7 die Besetzung der unteren Hauptreihe, das „Knie" zum ansteigenden Riesenast und der Horizontalast zu erkennen. Dieser Kugelsternhaufen ist auch deswegen so interessant, weil man in ihm 12 Pulsare, davon 9 im Millisekundenbereich, entdeckt hat. Dies ist ein Indiz dafür, daß 1 bis 2 % seiner Sterne bereits eine Entwicklung bis hin zu den extrem kompakten Neutronensternen vollzogen haben.

Die Energie der Helium-Fusion im zentralen Kern wird auch über Neutrinos abgeführt. Aus der Helligkeit von Riesensternen in Kugelsternhaufen konnten Astrophysiker indirekt Schranken für die physikalischen Eigenschaften der Neutrinos ableiten, wie z.B. deren magnetische Momente und mögliche Massen [332]. Die daraus gewonnenen sehr kleinen oberen Schranken schließen Schwankungen des solaren Neutrinoflusses durch Kopplung an das solare Magnetfeld aus.

5.18 Cepheiden als pulsierende „Standardkerzen"

Im Jahre 1572 entdeckte Tycho Brahe eine Supernova. Die Helligkeitsvariation von Mira im Walfisch hielt D. Fabricius 1596 fälschlicherweise ebenfalls für

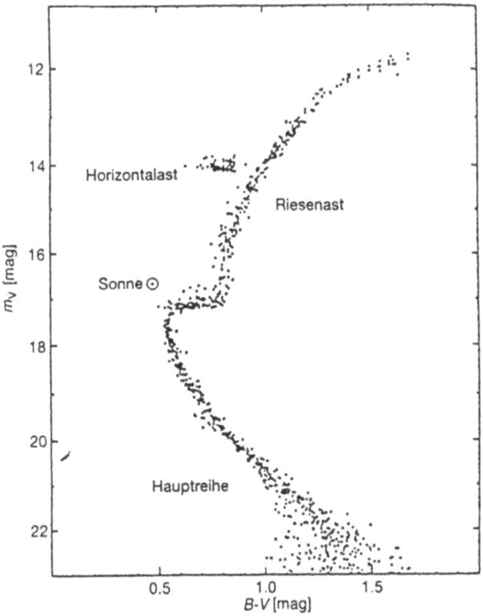

Bild 5.7
Farben-Helligkeits-Diagramm der Sterne des Kugelsternhaufens 47 Tuc in 15 000 Lj Entfernung. Zum Vergleich ist die Position der Sonne markiert.

eine Supernova. Heute weiß man durch photoelektrische Messung der Lichtkurven, daß es sich um Bedeckungsveränderliche, ähnlich den Doppelsternen, handelt. Man unterscheidet folgende Haupttypen von *Veränderlichen*:

1. *Rotationsveränderliche*, bei denen Magnetfelder und ungleichmäßige Temperaturverteilung an der Oberfläche des Sterns zu „Sonnenflecken" führen. Durch die Rotation des Sterns wandern diese durch das Gesichtsfeld, wie z.B. bei den α Canum Venaticorum-Sternen.

2. *Eruptionsveränderliche* oder *Flackersterne* mit Flare-Ausbrüchen. Zwergsterne z.B. hellen sich um 4 bis 5 Größenklassen auf. Die freigesetzte Energie aus den Magnetfeldern führt zu starken Radioquellen.

3. *T-Tauri-Sterne* sind sehr junge Sterne unter $4 \cdot 10^8$ Jahren mit Massen unter 2 $M_\odot$, welche im Bereich von Sternhaufen und Dunkelnebeln, wie z.B. in den Plejaden im Stier oder im Orionnebel, zu finden sind.

Eine eigene „Spezies" in der Sternentwicklung bilden die *Cepheiden* mit dem Prototyp δ Cephei im Sternbild Cepheus, das nach dem gleichnamigen äthiopischen König, dem Vater der Andromeda, benannt ist. Es sind Überriesen der Spektralklasse F bzw. K mit 5 bis 15 $M_\odot$ und haben im Zentrum mit der

Helium-Fusion begonnen. Sie verändern ihre Helligkeit in einem regelmäßigen Rhythmus von 10 bis 50 Tagen um 0,3 bis 2,5 Größenklassen. Auf Ideen von Ritter (1880) und Shapley (1914) aufbauend, zeigte Arthur Eddington um 1917, daß es sich um Eigenschwingungen[7] des Sterns in seinem eigenen Gravitationsfeld handelt, ähnlich den Pendelschwingungen.

In einem normalen Stern wird eine Auslenkung vom Druckgleichgewicht über die „Reibung" im Plasma schnell unterdrückt, ähnlich wie bei den (Gasdruck-)Stoßdämpfern eines Autos. Bei den Cepheiden entsteht aber eine Abnahme der Lichtdurchlässigkeit der äußeren Hülle bei höherer Temperatur, so daß Druck und Temperatur im Inneren so weit ansteigen, bis die Sternhülle expandiert. Dieser Effekt bewirkt zunächst eine Verstärkung der Auslenkung und damit bis zu einer gewissen Amplitude das Aufschaukeln von Schwingungen.

Obwohl Eisen im stellaren Plasma nur einen Anteil von 0,001 % hat, trägt es auch zur *Opazität*, d.h. der Lichtundurchlässigkeit bei, und zwar mit einem vierfach höheren Wert als früher angenommen. Dies ist in Labor-Experimenten überprüft worden, in denen starke Röntgen-Laser Eisenfolien in ein 250 000 K heißes und 8 kg/m^3 dichtes Plasma verwandelt haben. Dies entspricht in etwa den Bedingungen der *parametrischen Schwingungsverstärkung* klassischer Cepheiden [241].

Auch Beteigeuze ist etwas veränderlich: Von September 1994 bis März 1995 hat sich die Leuchtkraft des Schultersterns des Orion um $0{,}4^m$ auf $+0{,}8^m$ im sichtbarem Licht abgeschwächt. Polaris, der Nordstern, war Anfang des Jahrhunderts ein klassischer Cepheid mit einer Periode von 4 Tagen und Helligkeitsschwankungen von $0{,}1^m$. Inwischen ist er zu einem konstant leuchtenden Stern geworden.

Im Jahre 1912 fiel Henrietta Leavitt an Hunderten von Cepheiden in der Magellanschen Wolke eine gesetzmäßige Korrelation zwischen Helligkeit und Periodendauer auf. Da alle diese Sterne den gleichen Entfernungsmodul haben, war es nach Korrekturen wegen der interstellaren Absorption und zweier verschiedener Typen von Cepheiden möglich, die Entfernung von Galaxien zu bestimmen. Mit dem Hubble-Weltraumteleskop versucht man, die Entfernung von M 100, eine der hellsten und größten Galaxien im Virgo-Haufen, mit Hilfe der Cepheiden auf 10 % genau zu bestimmen. Derzeit schwanken die Entfernungsangaben noch immer zwischen 35 bis 80 Millionen Lichtjahren.

---

[7] Die Pulsationsdauer ist umgekehrt proportional zur Wurzel aus der Dichte, d.h. es gilt $P \sim 1/\sqrt{\rho}$.

5.19 Pirouette mit Anhang?

Im Jahre 1909 entdeckte Frank Schlesinger, daß bei Doppelsternsystemen oftmals vor und nach der Hauptbedeckung Doppler-Verschiebungen der Spektrallinien auftreten. Dieses Phänomen läßt sich als *Eigenrotation* des partiell „beschatteten" Sterns deuten, wobei Hauptreihensterne eine stark vom Spektraltyp abhängige Rotationsgeschwindigkeit besitzen. Die „wahre" Rotationsgeschwindigkeit wird nach Mittelung über alle Achsenrichtungen berechnet. Rotationsgeschwindigkeiten von über 300 km/s führen zu Instabilität aufgrund der Zentrifugalkraft. Im Vergleich dazu rotiert die Sonne sehr langsam mit einer Oberflächengeschwindigkeit von $v_{\rm rot} = 2$ km/s. Diese nimmt mit der Zeit langsam ab. Der Zentralbereich der Sonne rotiert möglicherweise mit einer etwas größeren Winkelgeschwindigkeit. Der Gesamtdrehimpuls der Sonne ist $J_\odot = 1{,}63 \cdot 10^{41}$ kg m^2/s.

Der im Farben-Helligkeits-Diagramm ersichtliche steile Temperaturabfall innerhalb der Spektralklasse F2 wird auf einen Drehimpulstransport vom Protostern auf die umgebende Scheibe zurückgeführt, ähnlich wie bei einer Eiskunstläuferin, die zum Abbremsen einer Pirouette die Arme ausstreckt. Bei Sternen wird der Drehimpuls über großräumige Magnetfelder auf eine den Stern umgebende Staubwolke übertragen, welche mit protoplanetaren Nebeln in Verbindung gebracht wird. Dies ist eine mögliche Erklärung dafür, daß im Sonnensystem die Planeten 99,46 % des Gesamtdrehimpulses besitzen, aber nur 0,135 % der Masse.

Der beste Beweis von kleinen Begleitern ist neuerdings beim Millisekunden-Pulsar PSR 1257+12 gelungen [349], siehe Abschnitt 8.8.

Kapitel 6
Weiße Zwerge

6.1 Der kleine Begleiter des Sirius

Im Jahre 1834 fiel Friedrich W. Bessel auf, daß Sirius, der Hauptstern im Großen Hund, eine geringfügige periodische Bewegung am „Fixsternhimmel" ausführt. Nach einer zehnjährigen Beobachtungphase konnte er auf einen kleinen Begleiter von etwa einer Sonnenmasse schließen.

Erstmals gesehen wurde Sirius B von Alvin G. Clark, einem Fernrohr-Konstrukteur, als beide Sterne 1862 gerade den maximalen Winkelabstand von 9,5″ besaßen. Um die aus den Spektren erschlossene Oberflächentemperatur von 30 000 K mit der geringen scheinbaren Helligkeit in Einklang zu bringen, bot sich nur eine Lösung an: Der Stern hat einen Radius von nur 1/78 $R_\odot = 1{,}4\ R_\male$, also etwas mehr als der Erdradius [12]. Ab 1915 war klar, daß es sich bei Sirius B um einen *Weißen Zwerg* (WZ) von etwa einer Sonnenmasse mit einer mittleren Dichte von etwa 1000 kg/cm^3 handelt. Ein Teelöfel dieser Sternmaterie „wöge" auf der Erde eine Tonne!

Ein anderer Begleiter von ähnlicher *Kompaktheit* ist 40 Eridani B mit 17 000 K Oberflächentemperatur. Aus der extremen Breite der Wasserstoff-Linien in den Spektren von 40 Eri B im Vergleich zu Hauptreihensternen läßt sich auf einen hohen Druck in der Zwerg-Atmosphäre schließen.

Bild 6.1
Das Doppelsternsystem Sirius mit seinem kleinen Begleiter B, einem Weißen Zwerg

Weißer Zwerg	Masse $[M_\odot]$	Oberflächen-temperatur
Sirius B	1,053(±28)	30 000 K
40 Eri B	0,43(±2)	17 000 K
RE 1738+665	0,7	88 000 K

Viele dieser sehr kompakten Zwergsterne werden auch durch einen leuchtenden Gasnebel wie von einem weißen Schleier umhüllt. Der erste *Ringnebel* wurde 1779 von A. Darguier in der Leier entdeckt, heute kennt man über 700 solcher Gebilde. Diese hohlkugelförmige Gaswolke mit einem Durchmesser von einem halben Lichtjahr dehnt sich heute mit einer Geschwindigkeit von 19 km/s aus. Daraus kann man auf das Alter des Nebels von rund 6000 Jahren schließen. Die effektive Temperatur des Zentralsterns, der sich im Abkühlprozeß zum Weißen Zwerg befindet, ist 100 000 K. In der Nähe des Zentrums werden die Sauerstoff- und Stickstoff-Atome des Nebels durch UV-Licht zum Leuchten angeregt.

Nicht alle Zwerge sind weiß, es gibt auch welche mit gelblichem Licht wie Hauptreihensterne. Im Bereich zwischen den großen Planeten wie Jupiter mit etwa ein Tausendstel der Sonnenmasse und der unteren Grenze 0,085 $M_\odot$ für die Zündung des Wasserstoff-Brennens der Hauptreihensterne gibt es zudem noch eine *Terra incognita*: den Zweig der *Braunen Zwerge* [48, 162].

Politisch heutzutage eher vernachlässigbar, tragen sie möglicherweise den Hauptanteil zur *Dunkelmaterie* bei, welche nach Ausweis der Rotationskurven etwa 90 % der Masse der Milchstraße und anderer Galaxien ausmacht. Braune Zwerge haben weniger Masse als Weiße, sollen im nahen Infrarot strahlen und dabei schnell unter eine Leuchtkraft von 10^{-4} $L_\odot$ abkühlen. Ein Indiz für deren Existenz wäre die doppelte Absorptionslinie des kurz nach dem Urknall gebildeten, d.h. primordialen Lithium ^{7}Li bei 670,7 nm, welches bei Sternen unter 0,06 $M_\odot$ noch nicht „verbrannt" ist. Inzwischen ist mit dem Keck-Teleskop ein solcher schwach leuchtender Zwerg mit Lithium-Anteil in den Plejaden gefunden worden. In der galaktischen Scheibe bzw. Halo gibt es erste, noch unsichere Anzeichen [220] von Roten Zwergen mit 0,03 bis 0,3 $M_\odot$, welche sich allerdings nur indirekt über gravitative Mikrolinseneffekte bei Hintergrund-Sternen in der Großen Magellanschen Wolke zu erkennen geben.

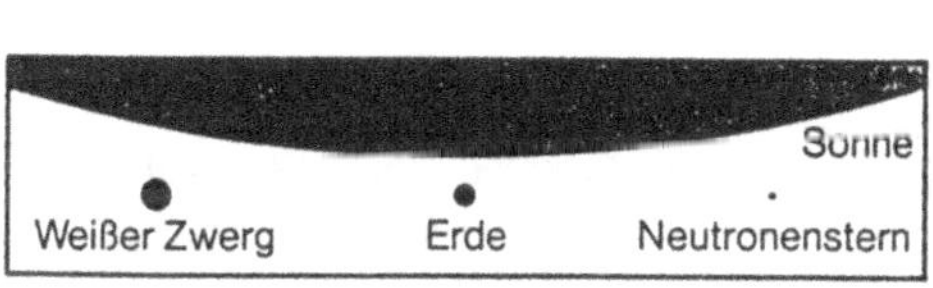

Bild 6.2
Größenvergleich von Sonne, Weißer Zwerg, Erde und Neutronenstern

6.2 Der Weg zum Zwerg – über eine „Schlankheitskur"

Für die späten Entwicklungsphasen der Sterne mit einer ursprünglichen Masse von weniger als 8 $M_\odot$ ist der *Massenverlust* im Gebiet der Roten Riesen und Überriesen entscheidend. Ist dieser so stark, daß der Reststern unterhalb der *Chandrasekhar-Grenzmasse* von 1,4 $M_\odot$ bleibt, so beendet der Stern nach Erlöschen seiner nuklearen Energiequellen (Wasserstoff- und Heliumbrennschalen) seine Entwicklung in der stabilen Konfiguration eines *Weißen Zwerges* aus ^{12}C und ^{16}O, bei dem der Druck des *entarteten* Elektronengases der Gravitationskraft die Waage hält. Viele Weiße Zwerge hat man in galaktischen Sternhaufen, wie den Hyaden im Sternbild Stier, gefunden, die im Farben-Helligkeits-Diagramm einen deutlichen Abknickpunkt von der Hauptreihe aufweisen, vgl. Bild 5.7. Dies belegt, daß in der Tat ein großer Teil der Sterne von weniger als 8 $M_\odot$ durch Sternwinde von bis zu 10^{-4} $M_\odot$ pro Jahr genügend Masse verliert, um sich bei konstanter Leuchtkraft zu höheren Temperaturen in den Bereich von Zentralsternen sog. *Planetarischer Nebel* zu bewegen [326]. Auf dem asymptotischen Riesenast ist der spätere Weiße Zwerg bereits im Roten Riesen von 100 $R_\odot$ als 10^8 bis 10^9 kg/m³ dichter zentraler Kern von 1/100 $R_\odot$ und mehr als 0,6 $M_\odot$ „versteckt".

In dem Hertzsprung-Russell-Diagramm 6.3 ist der Entwicklungsweg eines

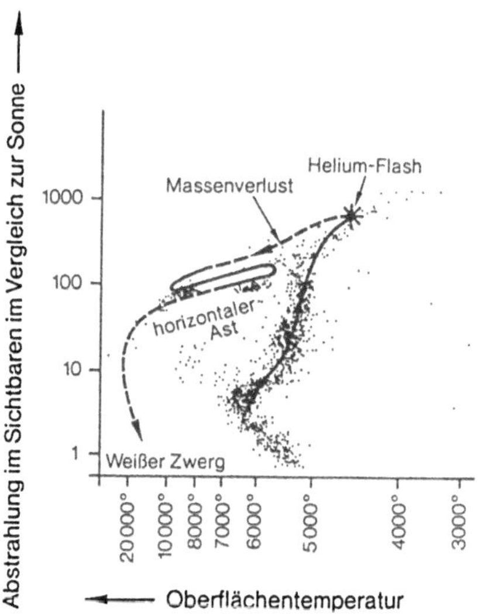

Bild 6.3
Entwicklung eines sonnenähnlichen Sterns zum Weißen Zwerg im Hertzsprung-Russell-Diagramm (Leuchtkraft als Vielfaches von $L_\odot$)

Sterns mit 1,1 $M_\odot$ schematisch eingezeichnet. Durch thermische Pulsation beim Helium-Schalenbrennen und durch „Sternwinde" verringert sich nach 10^6 Jahren die Masse auf 0,6 $M_\odot$. In weiteren 10 000 Jahren wird bei konstanter Leuchtkraft das Gebiet der Planetarischen Nebel mit höheren Temperaturen erreicht. Bei Oberflächentemperaturen von 10^4 bis 10^5K wird der Planetarische Nebel durch die extreme UV-Strahlung des Weißen Zwergs ionisiert und damit zum Leuchten angeregt. Mit dem 1992 gestarteten Satelliten EUVE [*E*xtreme *U*ltra*V*iolet *E*xplorer] ist gezeigt worden, daß die meisten Weißen Zwerge eine solche Entwicklung mit Temperaturen über 45 000 K durchmachen.

Die Schwerebeschleunigung an der Oberfläche ist bei Weißen Zwergen von 0,6 $M_\odot$ mit ihrem hundertfach kleineren Radius um das 10 000fache größer als bei Hauptreihensternen, also etwa das 100 000fache der Erdbeschleunigung $g_♁$. Wegen dieser enormen Oberflächengravitation sollte bei Weißen Zwergen aufgrund des Auftriebs nur das leichteste Element, der Wasserstoff, für die Spektren verantwortlich „zeichnen", höchstens noch mit einer sehr geringen Beimischung von Helium. Die Photosphäre eines Weißen Zwergs wird daher durch eine (möglicherweise geschichtete) Wasserstoff- und Helium-Atmosphäre modelliert, wobei die effektive Temperatur, das Mischungsverhältnis von He/H und die Oberflächengravitation[1] als Parameter eingehen.

Die obenauf „schwimmende" Wasserstoffhaut sollte bei den hohen Temperaturen eine sehr starke Quelle im *e*xtrem *u*ltra*v*ioletten Licht [EUV] darstellen. Tatsächlich hat man mit dem Satelliten IUE [*I*nternational *U*ltraviolet *E*xplorer] in höheren Schichten von über 45 000 K heißen Weißen Zwergen aber auch schwerere Elemente wie Kohlenstoff und ionisiertes Eisen gefunden, das die EUV-Strahlung absorbiert. Aufgrund des nach oben gerichteten starken *Lichtdrucks* sinken diese „Metalle" bei Temperaturen über 65 000 K nicht ab, sondern der Strahlungsdruck übertrumpft die Schwerkraft und hebt sie in die Zwerg-Atmosphäre. Damit ist tatsächlich nachgewiesen, daß sich unter der Wasserstoffhaut des Zwergs Kohlenstoff befindet – wie es die Theorie der Sternentwicklung fordert.

Nur unter etwa 40 000 K Oberflächentemperatur liegen reine Wasserstoff-Atmosphären vor.

---

[1] Die Oberflächen-Schwerebeschleunigung $g = GM/R^2$ steht stellvertretend für den Druck der äußeren Schicht, welcher sich aus der Druckverbreiterung der Spektrallinien bestimmen läßt. Bei Weißen Zwergen liegt sie im Mittel bei $\lg(g/g_♁) \cong 5$.

Kasten 6.1 : Grenzmasse der Zwerge

Die mittlere Dichte eines Weißen Zwerges liegt bei 10^8 *bis* 10^9 kg/m^3. *Bei diesen hohen Dichten ist die Zustandsgleichung idealer Gase nicht mehr anwendbar.*
Die Elektronen sind dann nicht mehr an den Atomkern gebunden, sondern bilden ein sog. entartetes Elektronengas, *welches der Fermi-Dirac-Verteilung genügt. Aufgrund der Heisenbergschen Unschärferelation ist der Ort eines Elektrons nur bis auf* Δx *lokalisierbar und nimmt daher im Impulsraum ein Volumen von* $(h/\Delta x)^3$ *ein. Wegen des Pauli-Prinzips*[2] *können in einer solchen „Zelle" maximal zwei Elektronen mit entgegengesetztem Spin „Platz" finden. In einer Kugel im Impulsraum mit dem maximalen* Fermi-Impuls p_F *als Radius finden wir* $n := N/V = (2/h)^3\,(4\pi/3)\,p_\mathrm{F}^3$ *Elektronenzustände pro Volumeneinheit. Für ein nicht-relativistisches Elektronengas ist die kinetische Energie* $E = mv^2/2$, *bzw. bei Mittelung über alle Impulse* $\bar{E} = (3/5)\,(p_\mathrm{F}^2/2m)$. *(Im relativistischen Grenzfall geht dies wegen* $E = c\sqrt{m^2c^2 + \vec{p}^{\,2}}$ *in* $\bar{E} \simeq c\,p_\mathrm{F}$ *anstelle von* $\sim p_\mathrm{F}^2$ *über.) Aufgrund der Stoßgesetze gilt daher für den Druck in Abhängigkeit von der Teilchendichte:*

$$p = \frac{2}{3} n \bar{E} = \frac{1}{5m}\left(\frac{3h^3}{8\pi}\right)^{2/3} n^{5/3} \qquad [\text{relativistisch}:\ p = \frac{1}{3} n \bar{E} \sim n^{4/3}]\,.$$

Die Teilchendichte n ist mit der Massendichte über $\rho = \mu_\mathrm{e}\, m_\mathrm{u}$ *verknüpft, wobei* $\mu_\mathrm{e}\, m_\mathrm{u}$ *das zu einem Elektron gehörige Atomgewicht des Gases ist. Da der Druck über* $p \sim \rho^\gamma$ *mit dem Adiabatenindex* $\gamma := d\ln p/d\ln\rho$ *nur von der Dichte, aber nicht von der Temperatur abhängt, nennt man das Elektronengas* entartet.
Schon 1926 hatte Ralph H. Fowler erkannt, daß dieser Fall bei einem Weißen Zwerg zutrifft und die Zustandsgleichung im Zwerginneren unabhängig von der Temperatur ist. Die Bindungsenergie $E_\mathrm{B} \simeq [(4/3-\gamma)/(\gamma-1)]\,(GM^2/R)$ *ist für* $\gamma > 4/3$ *negativ, der Stern damit gebunden und stabil. Aus dem hydrostatischen Gleichgewicht folgt aber, daß der Radius gemäß* $R \sim M^{(\gamma-2)/(3\gamma-4)}$ *mit der Masse abnimmt und damit für* $\gamma \to 4/3$ *gegen Null streben würde.*
Dieser relativistische Grenzfall entspricht der Grenzmasse

$$M_\mathrm{Ch} = 3{,}15\,(\mu_\mathrm{e}\, m_\mathrm{u})^{-2}\left(\frac{hc}{2\pi G}\right)^{3/2} = \frac{5{,}836}{\mu_\mathrm{e}^2}\, M_\odot\,,$$

welche erstmals von S. Chandrasekhar abgeleitet worden ist. Da für Helium ^{4}He, *Kohlenstoff* ^{12}C *und Sauerstoff* ^{16}O *das Molekulargewicht* $\mu_\mathrm{e} \cong 2$ *ist, sind solche Weißen Zwerge nur für Massen bis* 1,459 $M_\odot$ *stabil.*

In der ROSAT-Durchmusterung [317] wurden zehnmal weniger Weiße Zwerge registriert als erwartet. Man nimmt an, daß die Wasserstoff- und Helium-Photosphäre der Weiße Zwerge durch schwere Elemente mit höherer Ordnungszahl Z [$\hat{=}$ Protonenzahl] verunreinigt sind, welche die Röntgenstrahlen proportional zu Z^4 absorbieren. Darüber hinaus sind 1994 auch sehr heiße, wasserstoffreiche Weiße Zwerge gefunden worden, wie z.B. RE 1738+665 mit 0,7 $M_\odot$ und 88 000 K. Isolierte Objekte wie PG 0948+534 haben sogar Temperaturen von 130 000 K und befinden sich noch in der Abkühlphase zum Weißen Zwerg, welche 6 bis 14 Milliarden Jahre dauern kann.

Bereits im Jahre 1931 hat Subrahmanyan Chandrasekhar gezeigt, daß Weiße Zwerge nur für Massen bis 1,46 $M_\odot$ stabil sind. Bei der Herleitung dieser Grenzmasse geht das *Plancksche Wirkungsquantum h* in entscheidender Weise ein. Es beherrscht daher nicht nur die mikroskopische Quantenphysik, sondern bestimmt auch die Grenzmasse von maskroskopischen Körpern. Außerdem besitzen die Elektronen in der sehr dichten Materie von Weißen Zwergen oberhalb 0,6 $M_\odot$ mittlere Geschwindigkeiten nahe der Lichtgeschwindigkeit. Man spricht von *relativistischer Entartung*, die zu einem, im Vergleich zu den Gesetzen der klassischen Physik, „weicheren" Elektronengas führt. Allerdings hat man bislang nur wenige Weiße Zwerge wie Sirius B gefunden, welche die aus den relativistischen Rechnungen resultierende Chandrasekharsche Masse-Radius-Beziehung empirisch bestätigen.

Die genaue Form der Masse-Radius-Beziehung ist auch etwas von der atomaren Zusammensetzung des Zwergs abhängig. Da allgemein-relativistische Effekte nur 0,01 % ausmachen, genügt es bei Weißen Zwergen, im Gegensatz zu Neutronensternen, mit der Newtonschen Gravitationstheorie zu arbeiten. Auch die Berücksichtigung des inversen Betazerfalls, Korrekturen zur Zustandsgleichung und allgemein-relativistischer Effekte reduzieren die Grenzmasse nur wenig. Für $\mu_e = 2$ findet man anstatt 1,46 nur 1,42 $M_\odot$. Gleichförmig rotierende Zwerge können hingegen eine bis zu 15 % höhere Grenzmasse besitzen; eine differentielle Rotation der entarteten Materie würde zwar eine noch höhere Grenzmasse liefern [95], ist aber physikalisch nicht sehr realistisch.

In den letzten Jahrzehnten hat es sich herauskristallisiert, daß 90 % der Weißen Zwerge in dem erstaunlich engen Massenbereich von 0,5 bis 0,7 $M_\odot$ liegen, also mit einem großen „Sicherheitsabstand" zur Chandrasekhar-Grenzmasse. Der Mittelwert von Weißen Zwergen mit wasserstoffreichen Atmosphären [326] liegt bei 0,58 $M_\odot$ und der typische Radius bei 10 000 km. Im Reich der Zwerge ist Sirius B mit einer Sonnenmasse daher eher die Ausnahme.

Etwa 30 % der Weißen Zwerge besitzen Magnetfelder von 5 bis 10 000 Tesla. Im Oktober 1994 entdeckte man bei dem Roten Zwerg Van Biesbrock 10 mit weniger als 0,1 $M_\odot$ einen Flare-Ausbruch im UV-Bereich. Dies zeigt, daß auch kleine Sterne starke Magnetfelder besitzen können. Weiße Zwerge stellen mit ca. 95 % das häufigste Endstadium der stellaren Entwicklung dar; etwa 4 % der Sterne enden als Neutronensterne und nur 1 % als Schwarze Löcher. Welchem Schicksal geht nun unsere Sonne entgegen?

6.3 Entstehung der Sonne

Man geht davon aus, daß sich die Sonne vor weniger als fünf Milliarden Jahren aus einer Gaswolke durch Gravitationskollaps gebildet hat. Nach Ansteigen der Temperatur begann die Kernfusion und die Kontraktion war bis auf weiteres gestoppt. Richard B. Larsons Modell von der Entstehung der Sonne, das durch neue Rechnungen [246] verbessert worden ist, unterscheidet folgende Entstehungsphasen:

1. Vor 4,55 Milliarden Jahren kollabierte eine homogene interstellare Gaswolke.

2. Der *dynamischen Zeitskala* entsprechend hat sich nach 390 000 Jahren die Zentraldichte verhundertfacht.

3. Ein heißer Kern bildet sich nach 423 000 Jahren. Die Kerndichte ist nun 10^7mal größer als die Ausgangsdichte.

4. Kurze Zeit danach dissoziieren die Wasserstoff-Moleküle H_2. Der Kern kontrahiert so stark, daß nach 50 Millionen Jahren die Fusion des Wasserstoffs bei 12 Mio. K Zentraltemperatur „zünden" kann.

Die Protosonne hatte damals eine Leuchtkraft von 0,7 $L_\odot$ und eine effektive Oberflächentemperatur von von 5500 K. Bis heute stieg die Leuchtkraft um 43 % an, die effektive Temperatur auf 5770 K, und der Radius vergrößerte sich um 10 %. Glücklicherweise befindet sich die Sonne in ihren „besten Jahren", ca. 4,5 Milliarden Jahre nach ihrer Entstehung. Ihre Strahlungsleistung variiert zur Zeit um weniger als 0,01 % und sollte daher keinen direkten Einfluß auf irdische Klimaschwankungen haben.

In 5 Milliarden Jahren wird die Leuchtkraft um weitere 70 % ansteigen und dabei der Radius sich um 30 % vergrößert haben. Schon nach weiteren 2 Milliarden Jahren wird der Radius sich mehr als verdoppelt haben und die

Leuchtkraft trotz der verringerten Oberflächentemperatur von 4900 K so ansteigen, daß auf der Erde ein (definitiver!) Treibhauseffekt eintritt, vergleichbar mit den Bedingungen auf der Venus heute.

6.4 Von der Sonne zum Zwerg

Die Sonne wird insgesamt 10 Milliarden Jahre auf der Hauptreihe verbringen, jetzt ist gerade „Halbzeit“ in diesem Spiel.

In 5 Milliarden Jahren ist der Wasserstoffvorrat im Kern jedoch aufgebraucht, und der Kern wird sich unter seiner eigenen Schwerkraft zusammenziehen. Dadurch wird die äußere Wasserstoff-Schale um den Helium-Kern zünden. Es beginnt dann der Aufstieg auf den Zweig zum Roten Riesen. Später wird die Helium-Fusion zu Kohlenstoff und Sauerstoff im Kern dazu führen, daß die äußere Schale der Sonne expandiert. Die Sonne wird „beim ersten Anlauf“ in 6,5 Milliarden Jahren dabei zum Roten Riesen mit einer Leuchtkraft von zunächst 2,2 $L_\odot$, einem um 75 % größeren Radius als heute, und mit einer Oberflächentemperatur von nur 3100 K.

Die weitere Entwicklung der Sonne ist in Bild 6.3 noch einmal schematisch verfolgt: Nach einem Helium-Blitz expandiert der Kern, während die Hülle etwas kontrahiert und die Leuchtkraft abnimmt. Bei dieser Stabilisierung steigt die Sonne den Riesenast wieder ab, bis sie auf der Höhe des Horizontalastes „anschlägt“. Viele K-Riesen, wie etwa Acturus im Sternbild Bootes und Aldebaran im Stier, befinden sich heute in diesem Zustand.

Beim zweiten Aufstieg auf den Riesenast wird der Sonne Energie durch das Wasserstoff- und Helium-Brennen zweier innerer Schalen geliefert. Es ist zu erwarten, daß die Sonne pulsiert, ähnlich wie der langperiodisch veränderliche Stern Mira im Sternbild Walfisch, deren Radius von 2 AE sich alle 330 Tage aufbläht und dann wieder auf den ursprünglichen Wert zurückkehrt. Durch thermische Pulse aufgrund des flackernden Helium-Schalenbrennens kann es alle 10 000 bis 100 000 Jahre zu mehreren solchen Auf- und Abwärtsbewegungen im Farben-Leuchtkraft-Diagramm kommen. Dabei wird sie schon den Merkur in ihre Gashülle mit einschließen. Auf der Erde wäre sie innerhalb eines Blickwinkels von 50° zu sehen, das Vierfache der Winkelgröße des Orion. Sie wird dann etwa 3 Stunden benötigen, um am Horizont vollständig auf- oder unterzugehen. Die Sonnenstrahlung wird dann über 2000mal so stark sein wie heute und alle Ozeane zum Verdampfen bringen.

Schließlich bläht sie sich stark bis auf 0,84 AE bzw. 0,99 AE auf und wird

Merkur und Venus einschließen. Bei ihrer größten Ausdehnung nach dem ersten Helium-Blitz wird sie also fast die Erdbahn erreichen. Die Oberflächentemperatur beträgt wegen des vergrößerten Radius dann nur 2500 K. Die geschmolzene Erde wird dann von der geringen Dichte der äußeren Sonnenhülle abgebremst und würde schließlich auf einer spiraligen Bahn in das Zentrum stürzen. Mars bleibt dieses Schicksal erspart, und einige äußere Planeten werden auf „frühlingshafte" Temperaturen erwärmt.

Allerdings verliert die Sonne auch Masse durch den Sonnenwind, heute etwa 10^{-14} $M_\odot$ pro Jahr. Bei Roten Riesen kann dieser Massenverlust auf 10^{-5} $M_\odot$ pro Jahr ansteigen. Die mit dem Massenverlust von 40 % verbundene Verringerung der Anziehungskraft im Riesenstadium der Sonne könnte die Erde „retten". Nach den Keplerschen Gesetzen vergrößert sich langsam die große Halbachse der Erdbahn, und „wir" könnten der sich aufblähenden Sonnenoberfläche auf etwa der heutigen Marsbahn ausweichen. Nach neueren Rechnungen [246] werden Venus und Erde dabei auf neue stationäre Bahnen mit einer 1,22 AE bzw. 1,69 AE großen Halbachse angehoben.

Nach 11 Milliarden Jahren „Brenndauer" ist der Wasserstoffvorrat erschöpft, die Sonne wird bei höherer Kerntemperatur schwerere Elemente aus der Helium-„Asche" bilden. Schließlich sind nach einigen Zyklen der Kontraktion und Wiederaufblähung alle äußeren Hüllen abgestoßen, und es bleibt ein Weißer Zwerg von 0,5 bis 0,6 $M_\odot$ Kohlenstoff-Sauerstoff-„Asche" mit 20 000 km ⌀, d.h. etwa von der Größe der Erde übrig. Aufgrund seiner Oberflächentemperatur von 120 000 K strahlt er blauweißes Licht ab; da aber keine Kernfusion mehr stattfindet, wird er langsam abkühlen.

Die sog. Planetarischen Nebel, welche durch diesen Masseverlust entstehen, enthalten auch Wasser. Das kann jedoch nicht als Hinweis auf Überreste erdähnlicher Planeten angesehen werden.

6.5 Novae: Wenn Zwerge „aus der Haut fahren"

Eine Nova ist nicht, wie der Name besagt, ein „Neuer Stern", sondern ein leuchtschwacher Stern, der in gewissen Abständen seine Leuchtkraft um das 1000fache auf 10^5 $L_\odot$ erhöht. Die 1892 aufleuchtende Nova T Aurigae im Sternbild Fuhrmann war die erste, die aufgrund ihrer Spektren als Explosion gedeutet wurde.

Anhand der Nova Herculis 1934 hat sich erstmals gezeigt, daß alle Novae

Mitglieder von Doppelsternsystemen sind, wobei ein Weiße Zwerg große Gezeitenkräfte auf seinen Begleiter ausübt. Die kühlere Komponente, ein Hauptreihenstern, füllt seine Roche-Grenzfläche ganz aus und nimmt dabei eine tropfenförmige Gestalt an, so daß Materie auf den Weißen Zwerg überströmt. Bei den Zwergnovae werden etwa 10^{-7} $M_{\odot}$ pro Jahr, bei den eigentlichen Novae die geringere Rate von $5 \cdot 10^{-10}$ $M_{\odot}$ pro Jahr übertragen. Man bezeichnet solche Sterne auch als *kataklysmische Veränderliche*.

Bei engen Doppelsternen fällt die Masse nicht direkt auf den Weißen Zwerg, sondern bildet um ihn eine rasch rotierende *Akkretionsscheibe*. Die Scheibe bzw. der sog. *heiße Fleck*, an dem die überströmende Materie auf die bereits vorhandene Scheibe trifft, liefert den Hauptbeitrag zur Leuchtkraft. Bei einer Zwergnova steigt die Helligkeit dieser Scheibe vermutlich wegen einer Instabilität stark an.

Im Großen Wagen befindet sich das enge novaähnliche Doppelsternsystem UX UMa mit einer Umlaufperiode von $T = 4{,}72$ h und einer hohen Massenübertragung von der Hauptkomponente zum Weißen Zwerg. Im Juni 1992 ist mit dem Isaac Newton Teleskop von 2,5 m ⌀ auf La Palma das Spektrum während der *Bedeckung* der Akkretionsscheibe aufgenommen worden. Während der Bedeckung der Scheibe wird das kontinuierliche Spektrum schwächer, jedoch die Balmer-Serie mit Ausnahme der H_α-Linie stärker. Daraus schließt man, daß das Zentrum der Scheibe für Absorptionslinien verantwortlich ist, welche die Emissionslinien des Randes kompensieren. Die Geschwindigkeitsverteilung wird aus der Verschiebung der Einzellinien über eine Art „Doppler-Tomographie" gewonnen. Ein Computer-Algorithmus [245] erlaubt es, die Lage der Scheibe relativ zum Hauptstern aus dem Spektrum abzulesen und zu visualisieren, siehe Bild 6.4.

Das engste beobachtete Sternenpaar besteht aus einem winzigen Weißen Zwerg von 0,06 $M_{\odot}$ und einem Neutronenstern, welche sich alle 11,5 Minuten in einem Abstand von 160 000 km, also weniger als die halbe Entfernung Erde-Mond, umkreisen [123]. Durch überströmende Materie entsteht auf der Oberfläche des Neutronensterns ausbruchartig Röntgenstrahlung.

Bei den eigentlichen Novae verliert die Materie der Scheibe durch Reibung an Drehimpuls, bewegt sich auf spiralförmigen Bahnen nach innen und „landet" schließlich auf der Oberfläche des Weißen Zwerges. In unregelmäßigen Abständen zündet der sich angesammelte Wasserstoff explosionsartig, wobei Kohlenstoff und Sauerstoff aus dem Inneren des Zwergs über den CNO-Zyklus als Katalysator wirken. Dabei stößt der Weiße Zwerg innerhalb weniger Minuten die „neue" Hülle von einem Tausendstel Sonnenmasse wieder ab. Man spricht daher von einer „Hautkrankheit" des Weißen Zwerges, obwohl die ther-

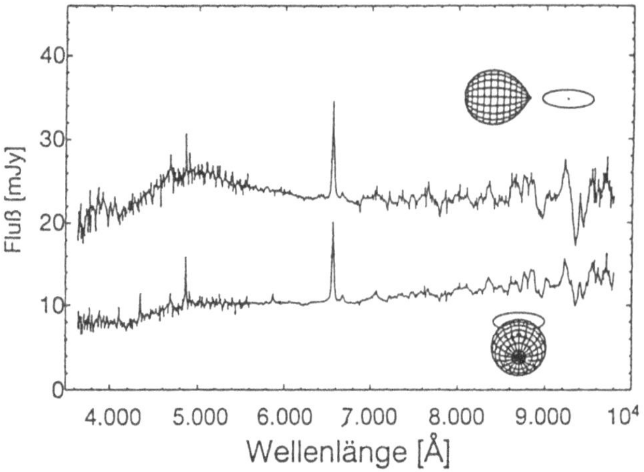

Bild 6.4 Das Spektrum des kataklysmischen Doppelsternsystems UX UMa ohne und mit Bedeckung der Akkretionsscheibe um den Weißen Zwerg

mische Energie, welche diese überdimensionierte „H-Bombe" freisetzt, immerhin 10^{38} Ws beträgt und die Expansionsgeschwindigkeit 2000 km/s erreicht. Das Spiel wiederholt sich alle 10 000 bis 100 000 Jahre. In der Milchstraße finden immerhin ca. 100 Novaausbrüche pro Jahr statt.

Es sind 132 Weiße Zwerge in Doppelsternsystemen mit Hauptreihensternen als Begleiter und 5 als „Doppel-Zwerge" gefunden worden, jedoch scheint keiner von ihnen einen guten Kandidaten für eine im nächsten Kapitel genauer erläuterte Supernova vom Typ Ia abzugeben.

6.6 Die Novae im Schwan

Im Jahre 1975 entdeckte man eine Nova im Sternbild Cygnus. Im hellsten Stadium hatte die Nova Cygni 1975 eine Leuchtkraft von $1{,}8^m$, welche dann wieder auf 15^m abklang. 20 Jahre später hat man mit dem Hubble-Weltraumteleskop dieses *kataklysmische Doppelsternsystem* in 2900 Lj Entfernung spektroskopisch untersucht. Es besteht aus einem Weißen Zwerg von etwa 0,9 $M_\odot$ und der Größe der Erde, welcher einen Hauptreihenstern mit einem „heißen Gesicht" und der normalen Rückseitentemperatur von 3000 K in 3,35 Stunden umkreist. Von dem Nova-Ausbruch hat sich der Zwerg mit einer Oberflächentemperatur von 70 000 bis 120 000 K auch heute noch nicht ganz „erholt" [253].

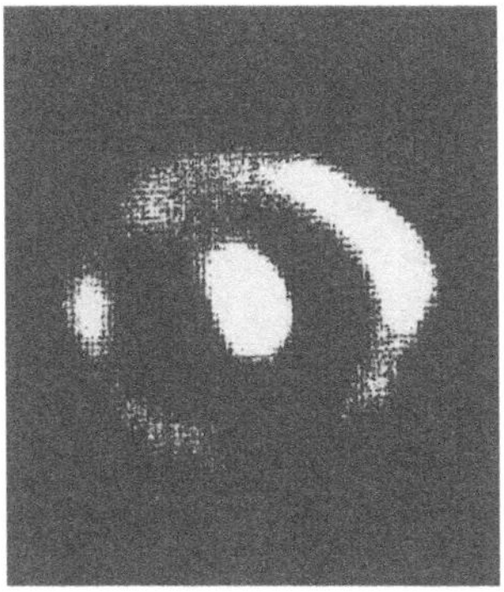

Bild 6.5
Gashülle von Nova V1974 Cygni 1992 mit einem schwachen Balken. Aufnahme des Hubble-Weltraumteleskops vom Mai 1993.

Die Ausbrüche aller Novae erfolgen abrupt. Innerhalb von ein oder zwei Tagen erreicht die Helligkeit ihr Maximum, welche 7 bis 16 Größenklassen über dem Normalwert liegt. Bei wiederkehrenden Novae liegt dieser Anstieg bei 10^m, bei Zwergnovae bei 2^m bis 6^m.

Die Nova V1974 Cygni, die von dem amerikanischen Amateurastronomen Peter Collins am 19. Februar 1992 entdeckt wurde, ist mit der von 1975 nicht verwandt. Mit 4^m war sie eine der hellsten Nova-Erscheinungen der vergangenen zwanzig Jahre. Seitdem breitet sich deren expandierende Gashülle mit einer durchschnittlichen Geschwindigkeit von rund 1260 km/s in alle Richtungen aus. Diese junge Wolke ist im Mai 1993 mit dem Hubble-Weltraumteleskop beobachtet worden, siehe Bild 6.5.

Aus der Expansionsgeschwindigkeit konnte der damaliger Durchmesser der Gaswolke zu knapp 2,3 Lichttagen oder rund 60 Milliarden km und einer Entfernung von 10 400 Lj berechnet werden [282]. Der Nova-Ausbruch war nach 18 Monaten wieder vorüber. Es wurden $10^{-4}\ M_\odot$ an Materie abgestoßen, zehnmal mehr als erwartet [283]. Die Hülle enthielt dreißigmal mehr schwere Elemente, wie Sauerstoff, Neon, Stickstoff und Aluminium, als die Sonne. Man vermutet, daß durch Turbulenzen bei der Explosion auch etwas Materie aus dem Zwerginneren mit herausgeschleudert worden ist.

Kapitel 7
Supernovae

7.1 Kandidatenauswahl

Ein Überriese mit mehr als 15 $M_\odot$ bezieht seine Energie aus einem Schalenbrennen von Wasserstoff, Helium, Kohlenstoff, Sauerstoff und Silizium (von außen nach innen). Nach nur 10 Millionen Jahren „Energieverschwendung" besteht sein zentraler Kern aus Eisen und Nickel und geringen Anteilen anderer Elemente der Eisengruppe, wie Chrom, Titan, Vanadium, Kobalt und Mangan. Die Brennzonen des Sterns haben dann den Aufbau einer Zwiebel, allerdings mit einem Eisenkern, vgl. Bild 5.6. Dessen Atomkerne sind am dichtesten gepackt, die Fusion höherer Elemente gelänge nur in einem *endothermen Prozeß*, bei dem Energiezufuhr von außen nötig ist. Eisen liegt im Minimum der Kurve für die Kernbindungsenergie pro Nukleon: Sowohl das Verschmelzen zu schweren Kernen als auch die Aufspaltung zu leichteren Kernen erfordert Energie.

Bei einem Stern von 15 $M_\odot$ hat sich vor der Explosion ein Eisen-Nickel-Kern von 1,33 $M_\odot$ gebildet, quasi als „Asche" der mehrstufigen Kernfusion. Dieser zentrale Kernbereich, in Masse und Größe mit einem Weißen Zwerg vergleichbar, wird unter seiner eigenen Schwerkraft instabil. Es ist, als wenn die Erde plötzlich auf die Größe der Stadt New York schrumpfte. Dies gilt allerdings nicht für kleinere Vorläufersterne unter 9 $M_\odot$, da sich dort keine Silizium-Brennzone im Zentrum ausbilden konnte und damit auch kein Eisen gebildet wird. Sterne mit 4 bis 8 $M_\odot$ können allerdings unter sehr speziellen Bedingungen Kohlenstoff zünden, um dann in einer Art Supernova vollständig zerstört zu werden.

Nach diesen Sternentwicklungsmodellen ist der *Vorläuferstern* einer Supernova (genauer: vom Typ II) ein *Roter Überriese*. Im Prinzip ist daher Beteigeuze, der Schulterstern des Orion, ein guter Kandidat. Obwohl es unwahrscheinlich ist, könnte dieser 650 Lj entfernte Stern schon zur Zeit von Columbus oder Galilei explodiert sein. Ist das Licht des Explosionsblitzes, welcher im Maximum an die Helligkeit des Vollmonds heranreichen mag, bereits auf seiner

650 Jahre währenden Reise zu uns unterwegs? Eine Supernova in 10 bis 50 Lj Entfernung wäre wegen der starken Röntgen- und Ultraviolettstrahlung sogar eine Gefahr für das irdische Leben.

Bei der Supernova SN 1987A (A steht für die erste im jeweiligen Jahr beobachtete Supernova) war der Vorläuferstern Sanduleak $-69°$ 202 allerdings ein Blauer Überriese, der vor 20 Jahren von dem Astronom Nicholas Sanduleak im Sternentstehungsgebiet 30 Doradus in der 163 000 Lj entfernten Großen Magellanschen Wolke, einer kleinen Schwestergalaxie der Milchstraße, verzeichnet worden war. Da in einem engen Winkelfeld zwei weitere Sterne liegen, gelang seine Identifizierung erst, nachdem sein Ort mit dem Zentrum der Explosion bis auf $0,1''$ genau verglichen worden war. Die Tatsache, daß alle Sterne im benachbarten Sternentstehungsgebiet 30 Doradus, im Vergleich zur Sonne, nur ein Drittel des Gehalts an schweren Elementen aufweisen, soll dazu beigetragen haben, daß Sk $-69°$ 202 vor seiner Explosion von der Hauptreihe im Hertzsprung-Russell-Diagramm hin zum Gebiet der Roten Überriesen und dann zurück zum Blauen „gewandert" ist.

7.2 Stern-Katastrophen

Neutronensterne und möglicherweise Schwarze Löcher entstehen in einem der spektakulärsten Ereignisse im Universum: einer Supernova. In den ersten zehn Sekunden eines Supernova-Ausbruchs wird in der zentralen Kernregion von 30 km ⌀ hundertmal mehr Energie freigesetzt als die Sonne während ihrer gesamten Existenz von 10 Milliarden Jahren bei konstanter Leuchtkraft abstrahlen würde. Im sichtbaren Licht erreicht die Leuchtkraft bis zu $10^{10}\ L_\odot$.

Falls der zentrale Eisen-Nickel-Kern des Vorläufersterns die Chandrasekhar-Grenzmasse M_{Ch} von 1,4 $M_\odot$ (der „verborgene Zwerg" im Überriesen) überschreitet, wird er instabil und kollabiert unter seiner Eigengravitation innerhalb weniger Zehntelsekunden zu einem Proto-Neutronenstern. Bei dieser Stern-Katastrophe rast der äußere Kernbereich mit Geschwindigkeiten bis etwa einem Viertel der Lichtgeschwindigkeit auf das Zentrum. Bei einem Zwischenstadium mit degeneriertem Elektronengas ist der Kern anfangs in einer Kugel von einigen tausend km Durchmesser konzentriert, hat also etwa die Größe des Mars. Ab einer Dichte von 10^{12} kg/m^3 wird durch Elektroneneinfang und/oder Photodissoziation von Eisen in α-Teilchen der Polytropenindex unter den für Weiße Zwerge typischen Wert von $4/3$ gedrückt.

Der *Kollaps* des zentralen Kernbereichs ist der eigentliche „Bombenmechanismus" einer Supernova, viel wirkungsvoller als Kernenergie. Dabei wird mehr als 10^{46} Ws an Gravitationsenergie freigesetzt, das entspricht dem Energieäquivalent von 0,1 bis 0,2 $M_{\odot}$.

Bei einem nicht zu schweren Zentralbereich wird der *Gravitationskollaps* beim Erreichen der Atomkerndichte von $\rho_{\mathrm{Nukl}} \simeq 10^{17}$ kg/m^3 und einem Radius unter 100 km gestoppt: Nach der Bildung von Neutronen steigt der Kompressionsindex, wegen der nun abstoßenden Kernkräfte, von 5/3 auf 2 bis 3 an. Dadurch wird die Materie im Zentrum „steifer", ähnlich wie die Federbeine eines Autos beim Durchfahren eines Schlaglochs, und innerhalb von 0,1 ms „prallt" der innerste Zentralbereich mit einer Masse von 0,5 bis 0,8 $M_{\odot}$ an sich selbst ab. Es bildet sich eine Schockwelle nach außen, welche sich allerdings durch Materieschichten von über 10 $M_{\odot}$ hindurchkämpfen muß! Das gelingt nicht immer: Für Vorläufersterne mit Kernen über 1,4 $M_{\odot}$ und entsprechend massiven Schalen ist die prompte Auslösung einer Supernova-Explosion so kaum möglich. Zudem werden die von der Schockwelle aufgeheizten äußeren Sternschalen durch Photodesintegration und Neutrino-Emission gekühlt. Dies nimmt der Schockwelle den nötigen Schwung; sie läuft Gefahr, sich bei einem Radius von 200 km „totzulaufen".

Bei Dichten von 10^{14} bis 10^{15} kg/m^3 im Zentralbereich setzt der Elektroneneinfang $p + e^- \rightarrow n + \nu_e$ („inverser Betazerfall") innerhalb von Millisekunden Neutrinos mit einer mittleren Energie von 10 MeV frei. Dabei werden nur etwa 10 % der beim Kollaps insgesamt frei werdenden Energie abgeführt. Die Gesamtladung bleibt dabei erhalten: Die positive Ladung des Protons p kompensiert sich mit der negativen Ladung eines Elektrons zu einem ungeladenen Teilchen, dem Neutron n, wobei das ebenfalls ungeladene Neutrino ν_e

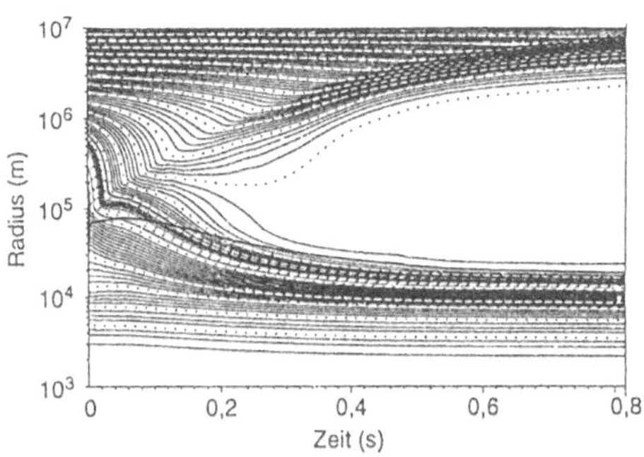

Bild 7.1
Computersimulation einer Supernova-Explosion mit „Blasenbildung" nach 0,3 s durch die von Neutrinos „wiederbelebte" Schockwelle. Die Neutrinosphäre (dicke Linie) liegt am unteren Rand der Blase. Der Proto-Neutronenstern hat 1,55 $M_{\odot}$.

entweicht. Diese *prompten Neutrinos* werden innerhalb von wenigen Millisekunden nach Durchlauf der Implosionswelle von einer „durchsichtigen" Strahlungsoberfläche, der rasch von 120 auf nur 20 km ⌀ schrumpfenden *Neutrinosphäre*, abgestrahlt. Der Grund für das Entstehen einer Strahlungsoberfläche ist, daß die Neutrinos bei einer Dichte von 10^{14} kg/m^3 eine mittlere freie Weglänge von der Größe des kollabierenden Kernbereichs von 0,55 $M_\odot$ haben.

Kurz darauf „fällt" der heiße Mantel des Proto-Neutronensterns auf das Zentrum. Dabei wird der größte Teil der Energie, d.h. über 10^{46} Ws, frei und durch Neutrinokühlung abgeführt. In der extrem dichten Kernmaterie entstehen Positronen und Elektronen, welche durch *Paarvernichtung* $e^+ + e^- \rightarrow \nu + \overline{\nu}$ alle Neutrinoarten $(\nu_e, \nu_\mu, \nu_\tau)$ und deren Antineutrinos mit Anfangsenergien von 15 MeV erzeugen. Nach Erreichen von Atomkerndichten von 10^{17} kg/m^3 sind selbst die extrem schwach wechselwirkenden Neutrinos im einfallenden Materiefluß „gefangen". Die Hauptursache für diese Undurchlässigkeit ist die dann einsetzende Streuung der Neutrinos an Atomkernen und Elektronen, welche durch die elektrisch neutralen Z-Bosonen der Schwachen Wechselwirkung vermittelt wird. Aufgrund ihrer Diffusion nach außen zur Neutrinosphäre sind diese Neutrinos „verzögert" und liefern daher einen Puls von mehreren Sekunden Dauer.

Einem aus den sechziger Jahren stammenden Vorschlag von Sterling Colgate zufolge sollen diese *verzögerten Neutrinos* auch die „festgefahrene" Schockwelle wieder in Gang bringen [56]. Ein Teil der Antineutrinos $\bar{\nu}_e$ erzeugt über Streuung an Atomkernen (vermittels der elektrisch geladenen W-Bosonen der Schwachen Wechselwirkung) und Elektronen 150 km vom Zentrum eine Schale niedriger Dichte, aber extrem hohen Drucks und hoher Temperatur, eine sog. *Hochentropieblase*, vgl. Bild 7.1. Diese nach einer Drittelsekunde auftretende Neutrinoheizung mit ihrer Impuls- und Energieübertragung von wenigen Tausendstel der frei werdenden Gravitationsenergie, soll für die „Wiederbelebung" und erneute Ausbreitung der Schockwelle nach außen durch die dicke Sternschale verantwortlich sein, und damit für die eigentliche Supernova-Explosion. Bei Computer-Simulationen [344] scheinen auch zusätzliche Strömungs- und Diffusionsvorgänge, wie die Ausbildung von „Neutronenfingern" direkt unter der Neutrinosphäre, für den Erfolg der Neutrinoheizung notwendig zu sein. Während dieser Phase strahlt der Kern von seiner Neutrinosphäre von 60 km ⌀ insgesamt 10^{58} Neutrinos jeden „Geschmacks" [$\hat{=}$ Flavor-Quantenzahl] mit einer mittleren Energie von 4,5 MeV ab. Sie entstammen gleichmäßig verteilt aus jeder der drei Leptonen-Familien. So paradox es klingen mag: Für die stärksten Explosionen nach Beginn des Universums spielen die extrem schwach wechselwirkenden Neutrinos die entscheidende Rolle.

Der Baby-Neutronenstern wird mit einer Temperatur von 10^{11} K sehr heiß „geboren“, durch Neutrino-Emission kühlt er sich innerhalb eines Tages auf 10^9 K ab. In den nächsten 100 000 Jahren dominiert aufgrund der hohen Energien immer noch die Neutrinokühlung, bevor Photonen die Wärmeabstrahlung übernehmen. Danach wird das Innere des gebildeten Neutronensterns von der isolierenden 10^6 K heißen Kruste wie in einer Thermosflasche bei 10^7 K „warm“ gehalten.

7.3 Supernova-Typen

Ähnlich wie die Sterne werden auch Supernovae nach ihren Spektren eingeteilt. Im Maximum der Lichtkurve wird danach unterschieden, ob die Wasserstoff-Linien vorhanden sind wie beim Typ II oder nicht (Typ I). Die Unterklassen des Typs II unterscheiden sich dadurch, ob die Lichtkurve einen linearen Abfall (L), ein Plateau (P) bzw. ein Zwischenminimum wie bei SN 1987A besitzt. Diese Unterscheidung läßt sich auch in den Spektren der *Supernebel*, den Explosionswolken, wiederfinden.

1. *Typ I*: Hier handelt es sich um einen Weißen Zwerg mit einem dichten Kohlenstoff-Sauerstoff-Kern, der sich in einem Doppelsternsystem befindet und von seinem Begleiter Materie einfängt, bis die Chandrasekhar-Grenzmasse überschritten ist. Die Explosion wird durch das Überströmen der Materie vom Begleiter ausgelöst („getriggert“), wobei die Temperatur und Dichte des Weißen Zwergs rasch ansteigt. Es kommt dann zum Gravitationskollaps und zum Zünden einer „aus dem Ruder laufenden“ Kernfusion, die den Weißen Zwerg vollständig zerstört. Die Energie wird hauptsächlich von einer nuklearen Kohlenstoff-Detonation aufgebracht, die in einer halben Stunde den gesamten Stern erfaßt. Neutrinos entstehen dabei kaum. Die fusionierten höheren Elemente wie Nickel sind radioaktiv und zerfallen später in Kobalt und Eisen. Es werden ca. 0,6 $M_\odot$ radioaktives ^{56}Ni produziert. Der exponentielle Abfall der Leuchtkraft der Expansionshülle ist mit der Halbwertszeit von 55 Tagen des radioaktiven Kobalts korreliert.

2. *Typ II*: Wie bereits beschrieben, kollabiert der Kern eines „ausgebrannten“ Roten Überriesen von ungefähr 20 $M_\odot$ und einem Kernbereich von etwa 5 $M_\odot$, wobei ein Neutronenstern (möglicherweise ein Pulsar) oder ein Schwarzes Loch übrigbleibt. Über eine nach außen gerichtete

Schockwelle, welche noch der Anheizung durch die verzögerten Neutrinos bedarf, werden alle Schalen und die äußere Hülle abgestoßen.

Supernovae zeigen Absorptions- und Emissionsspektren wichtiger Elemente in der Explosionswolke: Supernovae vom Typ I besitzen keine Wasserstoff-Linien, dafür sind beim Typ Ia Absorptionslinien von Silizium II bei 615 nm und beim Typ Ib Linien vom Helium nachweisbar. Bei allen Unterarten der Typ II-Supernovae ist die wasserstoffreiche äußere Hülle des Vorgängersterns für die Dominanz der Balmer-Linien verantwortlich. Neutrinos und Schockwellen treiben die äußere Hülle einer Supernova vom Typ II soweit an, daß sie mit 5000 km/s expandiert. Da bei einem Weißen Zwerg die Schockwelle nicht so stark von äußeren Schalen gebremst wird, kann beim Typ Ia die Expansionsgeschwindigkeit sogar bis auf 20 000 km/s ansteigen.

Eine eigene Unterklasse Ib stellt die Explosion massenreicher Helium-Rumpfsterne dar, welche vorher ihre Wasserstoff-Hülle an einen engen Begleiter verloren haben. Der ausgebrannte Kern dieser „entkleideten" Sterne zwischen 8 bis 25 $M_\odot$ kollabiert dann ähnlich wie eine Supernova von Typ II. Die Spektren der Explosionswolke zeigen deutlich Linien des Sauerstoffs, die nur einer inneren Schale entstammen können [339].

7.4 Die Felszeichnungen im Navaho-Cañon und der Crabnebel

Die erste gesicherte Supernova wurde von chinesischen Astronomen Ende 185 n.Chr. im Sternbild Centaurus bemerkt.

Der Crabnebel im Sternbild des Stiers ist der Überrest einer Supernova, welche am 4. Juli 1054 an verschiedenen Stellen der Erde beobachtet worden ist, wahrscheinlich auch in Europa [343]. In der Chronik der Sungh-Dynastie ist vermerkt, daß der Stern wochenlang auch am Tageshimmel zu beobachten war (er war damals heller als die Venus). Ein Piktogramm im Chaco Canyon, Neu Mexiko, scheint auch dieses Ereignis darzustellen. In Arizona findet man in der Höhle White Mesa und im Navaho-Cañon Felszeichnungen, in der anscheinend diese Supernova nahe der Mondsichel abgebildet ist. Nach heutigen Berechnungen war der Winkelabstand von der Mondsichel 2° bis 4°.

Aus der Doppler-Verschiebung von Spektrallinien läßt sich ablesen, daß die Gaswolke sich mit 1000 bis 1500 Kilometern pro Stunde ausdehnt. Deren heutige Größe liefert eine Bestätigung des Explosionsdatums und die Entfernung von

6500 Lj. Mit Spezialfiltern läßt sich die unterschiedliche Verteilung der Elemente in der Explosionswolke sichtbar machen. Während die Synchrotronstrahlung auf den innersten Bereich beschränkt ist, zeigen sich Sauerstoff-Linien in der äußeren Hülle. Der Wasserstoff, an seiner H_α-Linie erkenntlich, ist weit außen in Filiamente zerfranst. Im Zentrum des Crabnebels befindet sich der Pulsar PSR 0531+21, ein Neutronenstern, der sich 30mal in der Sekunde um seine Achse dreht.

7.5 Überreste der Explosionswolke

Von den über 150 Supernova-Überresten innerhalb der Milchstraße lassen sich sechs Sternexplosionen zuordnen, die in den letzten 1000 Jahren stattgefunden haben. Die Angaben über Entfernung und Größe der Überreste sind nicht sehr genau; das gilt insbesondere für den Kepler-Überrest. Das exakte Datum der zu Cassiopeia A gehörigen Supernova-Explosion um etwa 1680 ist zudem unbekannt, da es keine zweifelsfreien Berichte über dieses Ereignis gibt. Die Supernovae aus den Jahren 1006, 1054 und 1181 wurden von Astronomen u.a. in China aufgezeichnet. Die Supernova des Jahres 1006 hatte im Maximum -9^m, also etwa 10 % der Helligkeit des Halbmondes! Mit Radioteleskopen lassen sich bei einer Wellenlänge von 6 cm [$\hat{=}$ 5 GHz] die Konturen gleicher Radiointensität, d.h. der *Radiograph*, des Supernova-Überrests von Tycho Brahes Supernova aus dem Jahr 1572 sowie den von Cassiopeia A heute gut aufzeichnen [224].

Außerhalb der Milchstraße wurde erst 1885 in der 2,2 Millionen Lichtjahre entfernten Andromedar-Galaxie eine Supernova entdeckt. Seitdem sind in anderen Galaxien bis 1987 ca. 600 Supernovae entdeckt worden.

Auch am Röntgenhimmel gehören die Supernova-Überreste zu den schönsten Objekten. Deren ausgedehnte Explosionswolken weisen Temperaturen von über 10^6 K auf und sind deshalb intensive Röntgenstrahler. In der ROSAT-Aufnahme von 1990 des etwa 18 000 Jahre alten und 1600 Lj entfernten Vela Supernova-Überrests erkennt man deutlich Ausbuchtungen vor der Stoßfront. (Siehe die Farbtafel VIII, bei der die Flächenhelligkeit in ansteigender Reihenfolge mit Blau, Gelb, Rot und Weiß farblich codiert ist.) Diese interpretiert man als Mach- oder Überschall-Kegel von Materie, welche sich mit höherer als der mittleren Expansionsgeschwindigkeit bewegt.

Supernova-Überrest	Jahr	Typ	Entfernung [Lj]	Röntgendurchmesser [Lj]	Intensität [rel. Einh.]
SNR 1006 (in Lupus)	1006	I ?	3300	28	6
Crabnebel	1054	II ?	6500	$2{,}8 \times 3{,}2$	1000
SNR 1181	1181	II ?	8500	10×15	0,2
Tychos SNR (Cassiopeia)	1572	I	10 000	22	14
Keplers SNR (Ophiuchus)	1604	I	16 300 –32 600	14–28	5
Cassiopeia A	~ 1680	II?	9100	10	40

Die Symmetrieachsen dieser *Explosionspilze* schneiden sich im Zentrum der Explosionswolke, wo sich in der Farbtafel der blaue kompakte Synchrotronnebel um den Vela-Pulsar befindet (nicht zu verwechseln mit dem weißen Fleck rechts oben vom dahinterliegenden Supernova-Überrest Puppis A). Die Zusammensetzung deutet daraufhin, daß bei Supernova-Explosionen Instabilitäten wie in Bild 7.2 auftreten, die dazu führen, daß Materieballen aus tieferen Brennschalen wie „Pilze nach oben schießen" [11, 205]. Mit ROSAT konnte erstmals [311] die mit 89 ms gepulste Röntgenemission dieses Pulsars nachgewiesen werden, welche aus der $1{,}6 \cdot 10^6$ K heißen Polkappe des Neutronensterns entstammt.

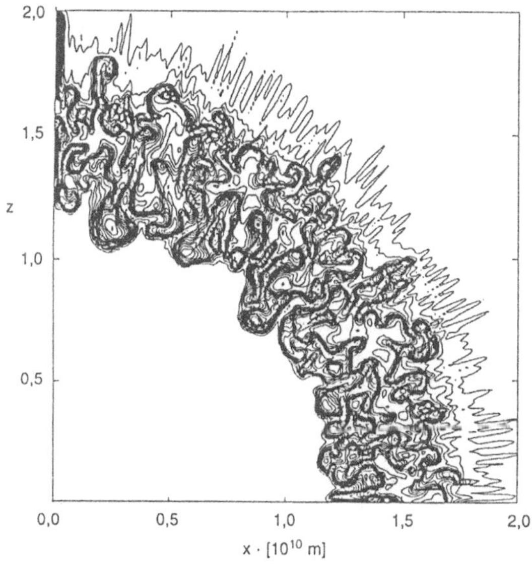

Bild 7.2
Computer-Simulation der wie Pilze hervorschießenden Rayleigh-Taylor-Instabilitäten während der Supernova-Explosion eines Sterns von 20 $M_\odot$

Beim Urknall werden im wesentlichen nur Wasserstoff und Helium im Verhältnis 76:24 erzeugt, man spricht von *primordialer Nukleosynthese*. Alle schweren Kerne bis zum Eisen entstehen dann in Sternen durch katalytische Fusion bzw. durch „langsamen" Neutroneneinfang, den sog. s-Prozeß [→ engl. slow]. Bei einer Supernova-Explosion liefert der schnelle Neutroneneinfang (r-Prozeß [$\hat{=}$ rapid]) bei Neutronenanzahldichten von $10^{26}/m^3$ in der Schockwelle die schwersten Elemente, wie Uran ^{235}U und ^{238}U, bis hin zum Plutonium ^{244}Pu. Nach Materieabgabe durch Sternenwinde bzw. durch die Supernova-Explosion selbst stehen die Elemente für eine erneute Sternbildung der „zweiten Generation" zur Verfügung.

Man braucht daher nicht allzuweit zu gehen, um quasi auf einen „Supernova-Überrest" zu stoßen. Die Atome unseres Körpers sind alle, bis auf den Wasserstoff, dank Kernkraft erst in Sternen oder in einer Supernova „erbrütet" worden. Das Eisen des roten Blutfarbstoffs, des Hämoglobins, wüßte dabei von einer besonders dramatischen Entstehungsgeschichte zu berichten.

7.6 Die Supernova von 1987

Am 23. Februar 1987 wurde die seit Keplers Supernova entstandene 383 Jahre lange „Pause" beendet, und am Südhimmel erschien eine mit bloßem Auge sichtbare Supernova. Am Las-Campanas-Observatorium in Chile hatte Ian Shelton ein helles Objekt, offensichtlich eine Supernova, in der 50 ± 3 kpc = 163 000 Lj entfernten Großen Magellanschen Wolke, einer Schwestergalaxie unserer Milchstraße, entdeckt [126]. Ein Monat später erschien im Time Magazine ein Bericht, der schlicht mit dem Wort „Bang" überschrieben war.

Die größte Helligkeit der Supernova SN 1987A betrug $4{,}3^m$, also wie ein durchschnittlich heller Vordergrundstern, und lag damit um 8 Größenklassen, d.h. um den Faktor 1600, über der Helligkeit des Vorläufersterns. Er konnte als der Stern Sanduleak $-69°$ 202 identifiziert werden, ein 16 000 K heißer Blauer Überriese vom Spektraltyp B31 und der 100 000fachen Leuchtkraft der Sonne. Vor dem Verlassen der Hauptreihe besaß er 19 $M_\odot$, doch noch vor der Explosion hatten starke Sternenwinde ihn auf 15 $M_\odot$ „abmagern" lassen.

Nach Beendigung des Wasserstoffbrennens hatte er im Zentrum einen Heliumkern von 6 $M_\odot$ ausgebildet, der schließlich zu 1,45 $M_\odot$ Eisen, 1,8 $M_\odot$ Sauerstoff und weiteren höheren Element fusioniert ist. Man geht davon aus, daß Sanduleak noch 7000 Jahre vor der Explosion ein Roter Überriese gewesen ist, der Materie abgegeben hat. Danach muß ein bisher unbekannter Übergang

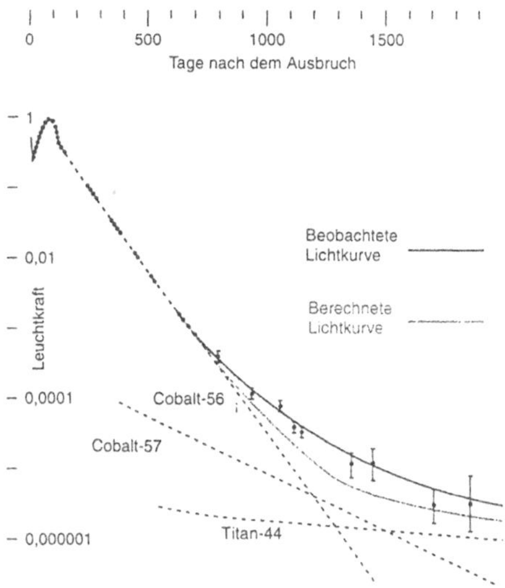

Bild 7.3
Lichtkurve von SN 1987A, d.h. deren Gesamt-Leuchtkraft über einen Zeitraum von 5 Jahren nach Ausbruch

zum Blauen Überriesen stattgefunden haben, der dann nur noch den 30fachen Sonnenradius, d.h. den 25ten Teil des Radius eines Roten Überriesen, besaß. In späteren Entwicklungsstadien stieg die Abstrahlung der Neutrinos aus dem Sterninneren stark an und bewirkte einen ruinösen Energieverlust, der den Untergang des Sterns vorantrieb.

Der Anstieg der Leuchtkraft, d.h. die Lichtkurve der Supernova, war in den ersten Wochen ungewöhnlich schwach und schwang sich nur sehr langsam bis zum Maximum auf. Das Spektrum im sichtbaren und im ultravioletten Bereich zeigt einige Besonderheiten, wie z.B. starke Absorptionslinien des Wasserstoffs. Die Supernova SN 1987A stellt daher eine eigene Unterklasse des Typs II dar. Der nach 120 Tagen einsetzende exponentielle Abfall der Leuchtkraft zeigt, daß die Explosionswolke nun fast ausschließlich durch Energie aus dem Zerfall von radioaktivem Nickel und Kobalt mit ihren charakteristischen Halbwertszeiten $T_{1/2}$ gespeist wurde:

$$^{56}\mathrm{Ni} \quad \xrightarrow{6,1\,\mathrm{d}} \quad ^{56}\mathrm{Co} \quad \xrightarrow{78,8\,\mathrm{d}} \quad ^{56}\mathrm{Fe}\,.$$

Dabei sind 0,1 $M_\odot$ Nickel nötig, um den Energieverlust der Explosionswolke durch Abstrahlung zu decken. Die Röntgen-Linien bei 1238 keV, und 847 keV aus dem Zerfall von Kobalt ^{56}Co sind nachgewiesen worden. Damit sind zum ersten Mal über 30 Jahre alte Theorien über die Entstehung höherer Elemente auch direkt bestätigt worden.

7.7 Extrasolare Neutrino-Astronomie

Beim Gravitationskollaps des Supernova-Kerns von 1,5 $M_\odot$ zu einem Neutronenstern von 10 km Radius wird gravitative Bindungsenergie von mehr als $3 \cdot 10^{46}$ Ws freigesetzt, das 10^5fache des solaren Gravitationspotentials. Diese Gravitationsenergie entspricht dem Energieäquivalent von 0,1 bis 0,2 $M_\odot$. Die kinetische Energie der Hülle, die zum Teil auch von Gravitationswellen abgestrahlt wird, sowie die elektromagnetische Strahlung machen nur ungefähr 1 % bzw. 0,01 % dieser Energie aus. Der Neutrino-Ausbruch (auf neudeutsch „Burst") führt 99 % der gravitativen Bindungsenergie ab und ist für wenige Sekunden genauso hell wie die gesamte Neutrinostrahlung des Universums!

Die Supernova 1987A markiert daher auch die Geburtsstunde der Neutrino-Astronomie außerhalb unseres Sonnensystems: Mit dem japanischen Kamiokande II-Detektor wurden am 23. Februar 1987, um 7:35($\pm$1) Uhr Weltzeit, die ersten elf Neutrinos einer Supernova entdeckt. Durch jeden Quadratzentimeter der Erde gingen 10 Milliarden dieser extrem schwach wechselwirkenden Teilchen und damit $3 \cdot 10^{16}$ durch den großen Detektor. Bei 15 MeV mittlerer Energie entsprach das einer Energie von $8 \cdot 10^{45}$ Ws am Ort der Supernova. Da alle sechs Neutrinosorten erzeugt werden, kommt dies $4{,}8 \cdot 10^{46}$ Ws gleich, also

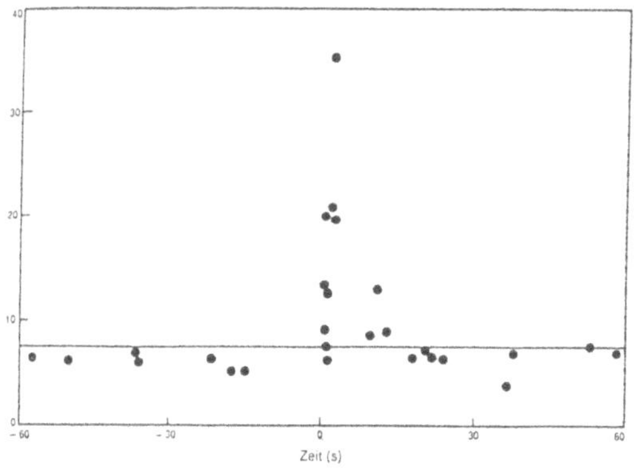

Bild 7.4
Die elf Neutrinoereignisse im Kamiokande II-Detektor vom 23. Februar 1987 mit Energien zwischen 6 und 35 MeV in einem Zeitintervall von 12,5 s

ziemlich genau der bei der Implosion des zentralen Eisenkerns freigesetzten Gravitationsenergie.

Der Kamiokande II-Detektor besteht aus einem Tank mit 2200 Tonnen Wasser, in dem Antineutrinos über die Reaktion $\overline{\nu}_e + p \rightarrow e^+ + n$ von Protonen absorbiert werden. Diese Reaktion ist dominant, daneben tritt noch die reine Neutrinostreuung $\nu + e^- \rightarrow \nu + e^-$ an Elektronen auf. Die von den Neutrinos „angestoßenen“, sehr schnellen Positronen bzw. Elektronen erzeugen im Wasser *Čerenkov-Licht*, welches dann über Photomultiplier nachgewiesen wird. Aus der räumlichen Verteilung der angesprochenen Photomultiplier konnte grob, d.h. nur auf 20° genau, auf die Herkunft der Neutrinos aus der Großen Magellanschen Wolke geschlossen werden.

Auch das ursprünglich zur Messung des Protonenzerfalls konzipierte IMB [*I*rvine-*M*ichigan-*B*rookhaven]-Experiment in einem Salzbergwerk 600 m unter dem Erie-See hat zu dieser Zeit einen Puls von acht Neutrinos registriert. Unter der Annahme von $2 \cdot 10^{46}$ Ws Gravitationsenergie und einer mittleren Neutrinoenergie von 4,5 MeV bei der Supernova-Explosion überlappen sich die Meßergebnisse beider Experimente. Die daraus resultierende Leuchtkraft ist mit einem Radius der Neutrinosphäre von 30 km im Einklang.

Die Schockwelle benötigte bei der SN 1987A nur zwei Stunden, um die äußere Hülle des Blauen Überriesen zu erreichen, im Vergleich zu einem Tag bei einem Roten Überriesen. Diese geringe Zeitdifferenz zwischen dem Neutrino-Burst und dem später sichtbaren Supernova-Ausbruch zerstreute anfängliche Zweifel, ob Sanduleak 69° 202 wirklich der Vorläuferstern gewesen ist.

Der Neutrinopuls von über 12 Sekunden Dauer beweist zwar schlüssig die Bildung eines Proto-Neutronensterns; bei sofortiger Entstehung eines Schwarzen Loches hätte der Neutrinopuls nur eine Sekunde gedauert, danach wären die verzögerten Neutrinos *abrupt* von dem *Ereignishorizont* eingeschlossen worden [224]. Dies wäre ein charakteristisches Neutrinosignal für ein *promptes* Schwarzes Loch. Allerdings ist nicht ausgeschlossen, daß bei einem *zweistufigen Kollaps* durch zurückfallende Materie die Grenzmasse eines Neutronensterns nachträglich überschritten wurde und daher kurz nach der Explosion doch ein Schwarzes Loch entstanden ist, vgl. auch [44].

Da man zum gleichen Zeitpunkt keinen Puls von Gammastrahlen verzeichnet hat, können die Neutrinos auf ihrer 163 000 Jahre währenden Reise zu uns keinen radioaktiven Zerfall erlitten haben. Zudem haben die Photonen des sichtbaren Lichts und die Neutrinos, bis auf die Entdeckungsunsicherheit des Supernova-Ausbruchs von wenigen Stunden, die Erde *gleichzeitig* erreicht. Dies belegt, daß ungeladene Elementarteilchen den Raum auch bei astronomisch großen Distanzen in gleicher Weise durchqueren, im Einklang mit dem *Äquivalenzprinzip* von Einstein, vgl. [170].

Ein noch größerer Detektor, *Super-Kamiokande*, soll 1996 einsatzbereit sein. Er wird 50 000 Tonnen Wasser enthalten und das Čerenkov-Licht mit Photomultipliern von 50 cm ø auffangen. Darüber hinaus versucht man, den über 1000 m tiefen Baikal-See als Neutrino-Detektor zu benutzen. Die ersten Photomultiplier sind schon für Testläufe in die Tiefe des Sees abgesenkt worden. Ein weiterer Unterwasser-Detektor ist DUMAND [*D*eep *U*nderwater *M*yon *A*nd *N*eutrino *D*etector], bei dem 35 km vor Hawaii 216 Photomultiplier an Trossen bis in 4,5 km Tiefe in das klare Wasser des Pazifischen Ozeans abgesenkt werden sollen [274].

7.8 Die Supernova 1987A – der aktuelle Stand

Die SN 1987A hat man erneut zum Anlaß genommen, die Explosion massenreicher Sterne auf dem Computer zu simulieren. Die Erwartung, daß der verzögerte Neutrinopuls mit $3 \cdot 10^{46}$ Ws mit einem Teil seiner Energie die nach außen laufende Schockwelle weiter antreibt und damit die sichtbare Explosion auslöst, ist bislang nicht vollständig gesichert.

Eine zusätzliche Energiequelle ist möglicherweise das durch den Anfangsschock ausgelöste explosive nukleare Brennen der äußeren Schalen. Ein Indiz dafür liefert die Spektralanalyse, welche auf nur 0,2 $M_\odot$ Sauerstoff in der anfangs 34 600 km/s schnellen Explosionshülle von SN 1987A hinweist [284]. Ein großer Teil der im Endstadium des Vorläufersterns vorhandenen 1,8 $M_\odot$ Sauerstoff könnten bei einem solchem *explosiven Schalenbrennen* zu schweren Elementen wie Silizium und Schwefel fusioniert sein.

Aus der Lichtkurve und der zeitlichen Entwicklung einer Kobalt II-Linie bei 10,53 μm läßt sich die spätere Helligkeitsentwicklung von SN 1987A über die Zerfallsreihe Ni$\rightarrow$Co$\rightarrow$Fe recht gut erklären. Aus der Leuchtkraft kann man auf 0,078 $M_\odot$ radioaktives Nickel ^{56}Ni und einen kleinen Anteil ^{57}Ni schließen, im Einklang mit theoretischen Modellen [344].

Nachdem 1991 das meiste ^{57}Co bereits zerfallen war, liefert nun der Zerfall von radioaktivem Titan ^{44}Ti mit einer Halbwertszeit von 54 Jahren einen Beitrag zur Energiebilanz der Explosionswolke, allerdings, nach Ausweis der gemessenen Lichtkurve, nur zu einem Teil. Es ist noch ungewiß, ob sich ein zentraler Pulsar gebildet hat; jedenfalls sollte er dann Energie an die Explosionswolke abgeben, ähnlich wie beim Crabnebel. Bei einer Supernova-Explosion wird der

„Lichtblitz" für das „Geburtstagsphoto" gleich kostenlos mitgeliefert. Da SN 1987A sich in der Nähe von 30 Doradus, einem jungen Sternentstehungsnebel, befindet, war es nicht überraschend, im Februar 1988 sogar Reflexionen im Gas der interstellaren Wolken vorzufinden [29]. Die Ringe dieses doppelten *Lichtechos* breiten sich, aufgrund perspektivischer Effekte, *scheinbar* mit Überlichtgeschwindigkeit aus.

Wenn die UV-Strahlen der Supernova-Explosion den wasserstoffreichen Sternenwind des Vorläufersterns ionisiert, sind durch Fluoreszenz charakteristische Leuchterscheinungen zu erwarten: Das Hubble-Weltraumteleskop hat im Februar 1994 um SN 1987A drei „Hula-Hoop"-Reifen gefunden, wobei der innerste 1,4 Lj ⌀ besitzt. Diese in der Farbtafel IX wiedergegebene Aufnahme ist ästhetisch sehr ansprechend; allerdings haben viele Astronomen eher eine dünne, sanduhrförmige Gasschale erwartet, die aus den 20 km/s langsamen Ausgasungen des Roten Überriesen und der anschließenden Kompression durch die etwa 1000 km/s schnellen Sternwinde während der Phase des Blauen Überriesen entstanden sein sollte, und nicht nur die Taille und die beiden Ränder eines zur Sichtlinie um 43° geneigten einschaligen Hyperboloids. Nach einer neuen Hypothese [188] könnte einer der Ringe den inneren Rand der alten protostellaren Scheibe vom Vorgängerstern Sanduleak darstellen. Demzufolge sollte die Explosionswolke 1999±3 weitere Teile der Scheibe zum Aufleuchten bringen. Eine andere Vermutung geht von einem früheren Doppelsternsystem aus, dessen kegelförmige Sternwinde durch den schnellen Wind während der Blauen-Überriesen-Phase zu Ringen „zusammengefegt" worden sind.

7.9 Röntgenstrahlung und Radioringe von SN 1993J

Der spanische Amateur-Astronom Francisco García hat als erster die Supernova SN 1993J in der Spiralgalaxis M 81 im Großen Wagen entdeckt und am 30. März mit einem Telegramm die *I*nternationale *A*stronomische *U*nion [IAU] alarmiert. Der Vorgängerstern war ein Roter Überriese vom Spektraltyp K und entsprach damit den Erwartungen bei einer Supernova vom Typ II. Es ist die zweitnächste Supernova seit Erfindung des Teleskops und mit 10^m die hellste am Nordhimmel seit 50 Jahren.

Die Analyse der Sauerstoff-Linien zeigt, daß die sich mit 13 000 km/s ausbreitende Explosionswolke [321] nicht vollständig kugelsymmetrisch ist, ähnlich wie beim Vela-Überrest im Röntgenbereich. Der Grund soll in einer Instabilität in der Grenzschicht zwischen Helium- und Sauerstoff-Schale während der Explosion gelegen haben.

Nur sechs Tage nach ihrer Entdeckung hat der deutsche Satellit ROSAT die Röntgenstrahlung von SN 1993J in der zwölf Millionen Lj von der Erde entfernten Spiralgalaxie M 81 gefunden. Schockwellen in der Explosionswolke müssen das Plasma auf anfänglich 10^8 K aufgeheizt haben.

Auch Radiowellen konnten schon zwei Wochen später empfangen werden. Die mit dem VLB-Interferometer [181] bei 8,4 GHz aufgezeichneten Konturlinien der Radiostrahlung der Explosionswolke sind nach 239 Tagen fast kugelsymmetrisch, siehe Bild 7.5. Die Ausbuchtung in Richtung Südost könnte darauf hindeuten, daß der Vorläuferstern Mitglied eines Doppelsternsystems war. Jedoch zeigt auch SN 1987A als Einzelstern solche „hervorschießenden Pilze" wie in der Computer-Simulation in Bild 7.2. Die Lichtkurve von SN 1993J hatte zunächst alle Charakteristika vom Typ II, obwohl die Masse der Explosionswolke mit 2,5 $M_\odot$ nicht an den dafür typischen Wert von 10 $M_\odot$ heranreichte. Allerdings könnte ein 20 bis 30 $M_\odot$ großer Vorläuferstern auch vorher die Hälfte seiner Masse durch starke Sternwinde verloren haben. Später zeigte SN 1993J starke Helium-Absorptionslinien wie eine Supernova vom Typ Ib. Eine Vorhersage des Supernova-Typs ist, ähnlich wie beim Wetterbericht, noch immer mit Unwägbarkeiten behaftet [207].

7.10 Supernovae als kosmische Leuchtfeuer?

Seit Edwin P. Hubbels Vermessung [35, 217] von Weltinseln oder Galaxien „auf der Flucht" im Jahre 1929 streiten sich die Kosmologen über die genaue Geschwindigkeit der Expansion des Weltraums. Ist das Universum etwa jünger als seine ältesten Sterne, wie z.B. die 15 Milliarden alten Sterne im Halo der Milchstraße? Je nach Wahl der „Leuchtbaken" führen die Entfernungsmessungen zu einer anderen *Expansionsgeschwindigkeit*, d.h. *Hubble-Konstante*, des Universums und damit zu einem anderen Weltalter. Dies hat unter Kosmologen bereits zu einem „Krach um den Urknall" geführt.

So hat man (sinnigerweise!) mit dem Hubble-Weltraumteleskop [HST] aus der Beobachtung von Cepheiden der Galaxie M 100 im Virgo-Haufen eine Hubble-Konstante von 80 ± 17 km/s pro Megaparsec [$\hat{=} 3{,}26 \cdot 10^6$ Lj] abgeleitet [94, 98], was jedoch nur zu einem maximalen Weltalter von nur 8 bis 12 Milliarden Jahren führt, vgl. [4].

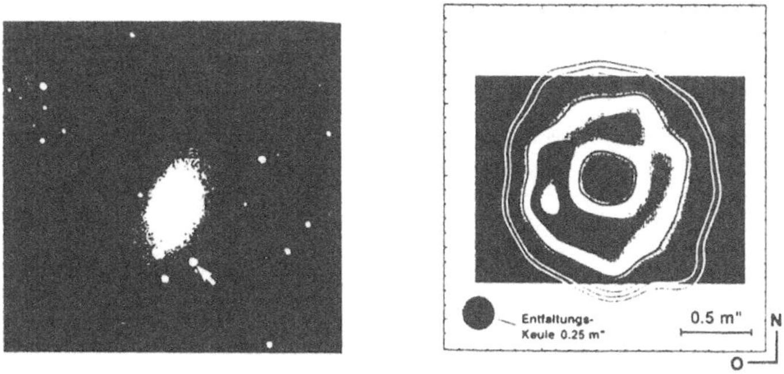

Bild 7.5 Die Supernova SN 1993J am Rande der Galaxis M 81, am 4. April. Rechts die Radio-Konturlinien 239 Tage nach der Explosion im Bereich von Millibogensekunden

„Standardkerzen"	Hubble-Konstante [(km/s Mpc)]	Weltalter [10^9 a]
Galaxien (Hubble)	450	2
Cepheiden	80 ± 17	8–12
Supernovae (Typ Ia)	45 ± 15	15–20
Quasar 0957+561 (Gravitationslinse)	37	18–27

Die verschiedenen Supernovae-Typen unterscheiden sich auch in der Form ihrer Lichtkurven. Beim Typ Ia klingt sie stetig ab, fast exponentiell, während Typ II-Supernovae weniger gleichmäßig und im Maximum weniger leuchtkräftig sind. Typ Ia-Supernovae werden auch als „Standardkerzen" für die Entfernungsmessung im Universum herangezogen, da sie nicht nur die hellsten aller Supernova sind, sondern auch sehr ähnliche, bzw. nach Normierung des Maximums auf 0^m vergleichbare Lichtkurven besitzen. Der Grund dafür ist, daß sie kosmische Superbomben vom „gleichen Hersteller" sind: Nach dem Standardmodel einer Supernova vom Typ Ia sammelt ein Weißer Zwerg in einem Doppelsternsystem Materie vom Begleiter ein, bis er die Chandrasekhar-Grenzmasse von 1,4 $M_\odot$ überschritten hat. Da diese Grenzmasse unabhängig von der Vorgeschichte ist, sollten alle Supernova-Explosionen vom Typ Ia gleiche Leuchtkraft und Lichtkurven besitzen und damit ideale „Standardkerzen" im Kosmos darstellen. Außerdem sind sie 10^6mal heller als die Cepheiden, so daß man weiter in den Kosmos „hinausschauen" kann.

Eine mit 117 ± 20 Mpc sehr weit entfernte Supernova vom Typ II ist z.B. mit der CCD-Aufnahmetechnik am 2,1 m Spiegel von Kitt Peak entdeckt worden. Geeicht wird die kosmische Skala über wenige historische Supernova wie z.B.

die von Tycho Brahe. Nach neueren Messungen [247] mit dem HST ergeben sich für die *Hubble-Konstante* folgende Werte:

Supernovae	**Hubble-Konstante** [(km/s Mpc)]
Typ Ia (blau)	45 ± 9
Typ Ia (visuell)	54 ± 8
Typ II	60 ± 10

Aus der 16 000 km/s großen Ausbreitungsgeschwindigkeit der Explosionswolke von SN 1993J kann man auf eine Entfernung von $3{,}8 \pm 0{,}8$ Mpc schließen, was sich innerhalb der Fehlergrenzen mit der Cepheiden-gestützten HST-Messung der Entfernung $3{,}63 \pm 0{,}34$ Mpc ihrer Mutter-Galaxie M 81 deckt [181]. Die Galaxie M 81 im Großen Wagen ist daher als eine relativ gut vermessene „Leuchtbake" im Kosmos anzusehen.

Die Supernova SN 1993bg war zwar vom Typ Ia, besaß jedoch in allen Phasen eine dafür unterdurchschnittliche Leuchtkraft. In der Tat passen die aufgenommenen Spektren [243] besser zu einem Modell, bei dem auf der Oberfläche eines nur 0,65 $M_\odot$ großen Weißen Zwergs die Ansammlung von 0,1 bis 0,2 $M_\odot$ Materie einen Helium-Blitz ausgelöst hat. Diese Explosion könnte dann die Initialzündung für die Detonation des Zentrums abgegeben haben, die letztendlich den Weißen Zwerg zerstört hat. Dieses Modell stellt natürlich die Eignung von Typ Ia-Supernovae als Standardkerzen in Frage, zumal gerade Weiße Zwerge mit Massen um 0,58 $M_\odot$ in unserer Galaxis am häufigsten sind.

Kapitel 8
Pulsare und Neutronensterne

8.1 Der erste Radiopulsar: Signale von ET?

Am Mullard Radio Astronomy Observatory, Cambridge, haben Jocelyn Bell und Antony Hewish mit einem großen Radioteleskop am 6. August 1967 die ersten regelmäßig alle 1,3373 Sekunden „blinkenden" Radiosignale empfangen. Zunächst dachte man an eine Interferenz der auf die Frequenz von 81,5 MHz eingestellten Antenne mit dem von Autos bzw. elektrischen Weidezäunen erzeugten „Elektrosmog".

Als man im November 1967 bemerkte, daß die Radiopulse jeden Tag 4 Minuten früher ankamen, wurde sofort die Bewegung der Erde um die Sonne als Ursache dieser Verzögerung in Erwägung gezogen. Damit war klar, daß es sich um eine „kosmische Radioquelle" handeln mußte. Waren es Signale von Außerirdischen (ETs $\hat{=}$ *E*xtra *T*errestrians)? Zunächst gab man der mysteriösen Angelegenheit den einprägsamen, aber neutralen Namen *Pulsar* [*Pulsa*ting *r*adio source] und die Abkürzung PSR 1919+21; die Zahlen geben dabei die Rektaszension und die (positive) Deklination an, d.h. RA = 19 h 19 min und $\delta = +21^\circ$ sind seine Koordinaten.

Mit dem 76-m-Radioteleskop von Jodrell Bank hatte man schon früher Signale mit einer Periode von 0,715 Sekunden von dem Objekt PSR 0329+54 erhalten, hatte sie aber als Interferenz von irdischen Quellen gedeutet.

8.2 Pulsare: „Leuchttürme" im All

Bereits 1964, also vor der Entdeckung von Pulsaren, haben Fred Hoyle, J.V. Narlikar und John A. Wheeler darauf hingewiesen, daß auf der Oberfläche eines Neutronensterns, wie man ihn im Zentrum des Crabnebels vermutet, starke Magnetfelder von 10^6 Tesla existieren könnten [134]. Seine schnelle Rotation sollte, nach einem Vorschlag von Pacini im Jahre 1967, die Energiequelle des Crabnebels sein.

Heute geht man davon aus, daß es sich bei einem Radiopulsar um einen sehr schnell rotierenden Neutronenstern [NS] handelt, dessen Magnetfeld in der Nähe des Sterns *dipolartig*, d.h. ähnlich wie das eines Stabmagneten ausgebildet ist [106, 173]. Falls die magnetische Achse – wie bei der Erde – gegenüber der Rotationsachse geneigt ist, entsteht ein (zweiseitiger) *Leuchtturm-Effekt*. Entlang der Feldlinien an den Polen fließt hochenergetisches Plasma ab und erzeugt bei der Beschleunigung der geladenen Teilchen im Magnetfeld Synchrotronstrahlung. Diese kann auf der Erde nur registriert werden, wenn die „Radiokeule“ des Pulsars die Sichtlinie eines irdischen Empfängers trifft.

Die Anzahl der Neutronensterne in der Milchstraße wird auf mindestens 100 Millionen geschätzt; aber nur etwas weniger als 600 Pulsare sind bislang bekannt, davon 40 in einem Doppelsternsystem.

Aufgrund des Hintergrundrauschens in der Nähe des galaktischen Zentrums ist die dort beobachtete Anzahl gering. Die Konzentration von Pulsaren bei 50° galaktischer Länge geht auf eine tiefgreifende Durchmusterung mit dem großem feststehenden Radioteleskop mit 305 m ⌀ in Arecibo auf Puerto Rico zurück. In einer Projektion auf die galaktische Ebene steht die Sonne im Zentrum dieser Verteilung. Dies ist jedoch nicht ein Anzeichen für ein „Neues heliozentrischen Weltbild“, sondern nur ein Auswahleffekt aufgrund der begrenzten Empfindlichkeit irdischer Radioteleskope.

8.3 Anatomie eines Neutronensterns

Bereits 1934 sagten Walter Baade und Fritz Zwicky voraus, daß der Kern eines massenreichen Sterns zu einem sehr kompakten Neutronenstern kollabieren kann. (In einem Gespräch mit Niels Bohr soll der russische Physiker Lev Landau schon 1932 auf die Möglichkeit solcher „unheimlichen Sterne“ hingewiesen haben.) Ein Neutronenstern verhält sich, grob gesprochen, wie ein gigantischer, aus 10^{57} Neutronen gebildeter Atomkern. Im Zentrum ist seine Dichte 10^{15}mal größer als die der Sonne. Ein Teelöffel seiner Materie hätte die Masse von 100 Millionen Tonnen, das entspricht 20 Cheops-Pyramiden.

Ein Vergleich mit den kernphysikalischen Daten zeigt, daß auch Neutronensterne einen zwiebelschalenartigen Aufbau haben. Dabei kann man folgende Schichten unterscheiden:

1. Die *„Atmosphäre“* ist aufgrund der starken Oberflächengravitation nur etwa 1 cm hoch und hat die achtfache Dichte von Wasser, also $8 \cdot 10^3$ kg/m^3.

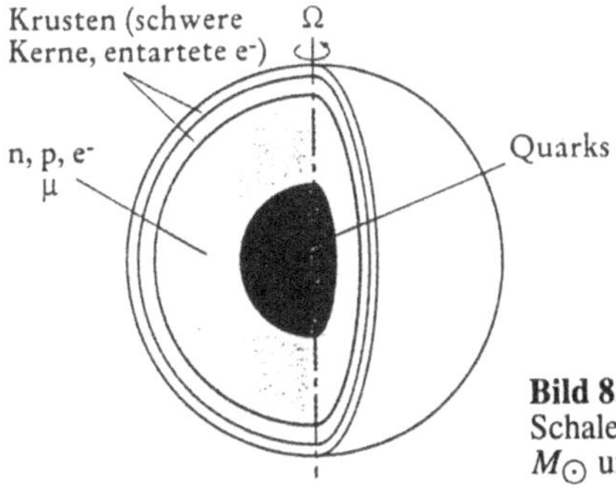

Bild 8.1
Schalenstruktur eines Neutronensterns von 1,4 $M_{\odot}$ und 10 km ⌀

2. Die *äußere Kruste* ist etwa 100 m dick und besteht aus einem Gitter von Eisenatomen, zwischen denen sich das (entartete) Elektronengas frei bewegen kann. Die elektrische Leitfähigkeit übertrifft die von Kupfer um das 10^5fache. Magnetfelder, die in der Kruste „eingefroren" sind, haben daher eine Lebensdauer von mehr als 10 Millionen Jahren. Nach Innen nimmt die Dichte von 10^{13} bis $3 \cdot 10^{14}$ kg/m³ zu.

3. In der *äußeren Schale* von ca. 1 km Dicke werden über den *inversen Betazerfall* $p + e^- \rightarrow n + \nu_e$ Protonen in Neutronen umgewandelt, und mit anwachsender Dichte entstehen neutronenreichere Kerne. Ein *freies* Neutron ist nicht stabil, sondern zerfällt mit einer Halbwertszeit von $T_{1/2} \cong 10$ min in ein Proton unter Aussendung eines Elektrons (Betastrahlen) und eines Antineutrinos. Ähnlich wie im Fermigas-Modell des Atomkerns sind im Neutronenstern bereits alle Protonenzustände besetzt, daher verbietet das Pauli-Prinzip den anschließenden Betazerfall des Neutrons, das Neutronenkondensat ist daher gegenüber radioaktivem Zerfall *stabil.* Die Neutronisierung setzt bei einer Dichte zwischen $3 \cdot 10^{14}$ und $3 \cdot 10^{17}$ kg/m³ ein. Oberhalb der Kerndichte von $\rho_{Nukl} = 2{,}8 \cdot 10^{17}$ kg/m³ (typischer Wert von ^{56}Fe-Atomkernen) beginnen die Neutronen aus dem Kern auszutreten, man spricht von „neutron drip". Die freien Neutronen neigen zur Paarbildung mit entgegensetzt ausgerichtetem Spin. Nach der Quantentheorie können diese Neutronenpärchen sich ohne Reibungsverluste frei bewegen; es liegt im Neutronenstern teilweise eine Supraflüssigkeit vor, welche „weicher" ist als das entartete Fermi-Gas.

Kasten 8.1 : Grenzmasse eines Neutronensterns

Die Gravitationsbeschleunigung $g_{NS} = 10^{11}\, g_{♁}$ auf der Oberfläche eines Neutronensterns ist hundertmilliardenmal so groß wie die Erdbeschleunigung $g_{♁}$. Beim Einschlag eines Atomkerns auf einen Neutronenstern werden 100 MeV Energie pro Nukleon frei, im Vergleich zu den 8 MeV bei einer Kernreaktion, d.h. die gravitative Bindungsenergie macht 10 % der Ruhmasse von 1 GeV/c^2 aus. Daher muß die Allgemeine Relativitätstheorie [ART] von Einstein bei Modellrechnungen benutzt werden. Das ist zum ersten Male von Robert Oppenheimer und George Volkov im Jahre 1939 in Angriff genommen worden, vgl. [197]. Bei variabler Dichte $\rho = \rho(r)$ wird die baryonische Masse, wie in der Newtonschen Theorie, aus den Massenbeiträgen $dm = 4\pi\rho r^2 dr$ aller Kugelschalen der Dicke dr durch Aufintegration bis zum Sternradius R erhalten:

$$M = \int_0^R dm = 4\pi \int_0^R \rho r^2\, dr\,.$$

(Für die Gesamtenergie eines isolierten Sterns hat Richard C. Tolman 1930 einen allgemein-relativistischen Ausdruck abgeleitet, zu dem aufgrund des Äquivalenzprinzips auch der Druck mit $3p/c^2$ als Summand beiträgt.)
Nur in der radialen Abhängigkeit des Drucks p tritt eine allgemein-relativistische Korrektur in Form der Tolman-Oppenheimer-Volkov-Gleichung (TOV) auf:

$$\frac{dp}{dr} = -\frac{G(\rho + p/c^2)[m + 4\pi r^3 p/c^2]}{r[r - 2Gm/c^2]} \qquad \left[(c \to \infty) \overset{\text{Newton}}{\simeq} -\frac{G\rho m}{r^2}\right].$$

Im Vergleich zur Newtonschen Theorie nimmt die Gravitationswechselwirkung in der ART stärker zu als $1/r^2$ und koppelt aufgrund der Universalität auch an den Druck p an.

4. Im eigentlichen Zentrum mit wenigen km Durchmesser hören bei Dichten zwischen $3 \cdot 10^{17}$ und 10^{18} kg/m^3 einzelne Atomkerne auf zu existieren, und das abstoßende Kernpotential kommt zum Tragen: Bei einer Mischung von 80 % Neutronen und je 10 % Protonen und Elektronen mit kinetischen Energien oberhalb von 105 bzw. 140 MeV bilden sich Myonen und Pionen. Bei der zehnfachen Dichte von Atomkernen, d.h. oberhalb von ca. 10^{18} kg/m^3, entstehen auch angeregte Kernteilchen, die sog. Σ-Teilchen und Hyperonen. Da diese über Kaonen als Zwischenstufe [44] weiter in ihre elementaren Bausteine, den *Quarks*,[1] zerfal-

[1] James Joyce's „-Three quarks for Muster Mark!" aus seinem Roman *Finnegan's Wake* ist für die Namensgebung verantwortlich, obwohl Wilhelm Busch dies schon 1891 in *Eduards Traum*

Kasten 8.1 : Grenzmasse eines Neutronensterns (Fortsetzung)

Für viele mit der Kernphysik verträgliche Zustandsgleichungen $p = p(\rho)$ ist die Phasengeschwindigkeit $v_s = \sqrt{dp/d\rho}$ von Schallwellen im Neutronenstern kleiner als die Lichtgeschwindigkeit c. Eine modellunabhängige Abschätzung der Grenzmasse *geht daher von der Bedingung*

$$0 < dp/d\rho < c^2$$

aus. Da $dm/d\rho = 4\pi\rho r^2\, dr/d\rho = 4\pi r^3\, (d\ln r/d\ln\rho)$ ist, gilt auch die umgeformte TOV-Gleichung $dp/d\rho = (dp/dr)(dr/d\rho) = -(c^2 + p/\rho)\,[(r_S + 8\pi r^3 Gp/c^4)/2(r - r_S)]\,(d\ln r/d\ln\rho)$, wobei $r_S := 2Gm/c^2$ der für die Massenfunktion $m = m(r)$ charakteristische (Schwarzschild-) Radius ist.
Am Rande $r \simeq R$ des Sterns soll der Druck klein werden und die Dichte wie eine Potenz mit $1/r^a$ abfallen: $p << \rho$, $d\ln\rho/d\ln r = -a$. Dann folgt aus der TOV-Gleichung für $R_S = r_S(R)$, d.h. für die „Masse in geometrischen Einheiten", die Abschätzung $R_S/R < 2a/(2a+1) < 1$. Unter der zusätzlichen Annahme einer konstanten Dichte ρ_c im Zentralbereich wäre die Gesamtmasse größer als $M \geq (4\pi/3)R^3\rho_c$. Für $a = 4$ findet man aus beiden Ungleichungen als typischen Wert der Grenzmasse

$$M_{NS} \leq \frac{4}{9}\frac{c^3}{\sqrt{3\pi\rho_c G^3}} = 6{,}8\sqrt{\frac{\rho_{Nukl}}{\rho_c}}\, M_\odot$$

bei $\rho_{Nukl} = 2{,}8\cdot 10^{17}$ kg/m³ *sowie $R_{NS} \leq c/\sqrt{3\pi\rho_c G} = 22{,}6\sqrt{\rho_{Nukl}/\rho_c}$* km *als* Grenzradius. *Diese grobe Abschätzung zeigt nur die Existenz von Obergrenzen; für kernphysikalisch* realistische *Zustandsgleichungen [96, 58] liegt die obere* Grenzmasse *eines Neutronensterns bei 3,23 $M_\odot$.*

len können, würde der innere Zentralbereich, diesen noch spekulativen Vorstellungen zufolge, einen Quark-Stern darstellen. Inbesondere eine Mixtur mit einem Drittel Anteil von Quarks mit *Strangeness* wäre energetisch begünstigt. Da die äußere Schale den gleichen Aufbau behielte, gäbe sich ein Neutronenstern mit einem Quark-Kern wegen der größeren Zentraldichte von $2 \cdot 10^{18}$ kg/m³ nur durch eine höhere Obergrenze der Rotationsfrequenz zu erkennen [327, 151].

Die genaue Form und Größe des Neutronensterns hängt vom Druck p in Abhängigkeit von der Dichte ρ im Zentrum ab: „Steifere" Zustandsgleichungen $p = p(\rho)$, bei denen die Kernflüssigkeit im Zentrum weniger komprimierbar ist, liefern bei gleicher Masse einen größeren Radius und eine dickere Kruste. Je nachdem, ob Hyperonen-Produktion oder sogar 3-Nukleon-Wechselwirkungen

mit „Nichts als Quark" abgetan hatte.

berücksichtigt werden, erhält man für einen nicht-rotierenden Neutronenstern Radien zwischen 8 bis 15 km.

Kalte Neutronenmaterie ist nicht für beliebig hohe Massen stabil gegenüber einem *vollständigen Gravitationskollaps*: Kernphysikalisch *realistische* Zustandsgleichungen liefern 3,23 $M_\odot$ als „kanonische" obere *Grenzmasse* eines Neutronensterns [58]. Modelle mit starker Kaonen-Kondensation und einem zentralen Quark-Kern haben sogar nur 1,5 bis 2 $M_\odot$ als Obergrenze. Zu „weiche" Zustandsgleichungen mit Grenzmassen unter der sehr genau bestimmten Masse von 1,44 $M_\odot$ des Pulsars PSR 1913+16 scheiden inzwischen aus. Andererseits reicht unter 0,2 $M_\odot$ die Gravitation nicht aus, um den kondensierten Zustand zu erhalten. Die Massen von Röntgen-Pulsaren, welche aus der Massenfunktion der Keplerbewegung um den Begleiter gewonnen worden sind, liegen im Mittel auch bei 1,4 $M_\odot$.

8.4 Rotierende Neutronensterne

Aufgrund der Drehimpulserhaltung muß ein langsam rotierender Stern sich beim Kollaps immer schneller um seine Achse drehen, ähnlich wie eine Eisläuferin, die bei einer Pirouette die Arme anzieht. Die Schwerkraft auf der Oberfläche eines Neutronensterns ist allerdings so groß, daß er mehr als tausendmal in der Sekunde um seine Achse rotieren kann, ohne daß sich der Äquatorwulst durch Fliehkräfte ablöst. Ein Satellit, der den Stern genau auf der Höhe des Äquators mit der *Kepler-Frequenz* $\omega_K = \sqrt{GM/R^3}$ umkreist, befände sich gerade in der Grenzsituation eines sich ablösenden Wulstes. Da ein Teilchen am Äquator bei dieser hohen Winkelgeschwindigkeit fast die Fluchtgeschwindigkeit erreicht, ist ω_K eine strikte Obergrenze für die Rotation eines Sterns.

Für einen typischen Neutronenstern von 1,4 $M_\odot$ und einem Radius von 10,6 km ist $\omega_K = 12{,}5$ kHz, was einer Rotationsperiode von $P_K = 0{,}5$ ms entspricht. Bei dieser maximalen Frequenz würde der Äquator eines Neutronensterns immerhin mit einem Viertel der Lichtgeschwindigkeit rotieren.

Viele realistische Zustandsgleichungen führen selbst bei einer allgemeinrelativistischen Rechnung zu einer minimalen Periodendauer,[2] welche von der Masse M und dem Radius R des Pulsars ähnlich wie beim 3. Keplerschen Gesetz abhängt [96, 58]. Da mit wachsender „Steifheit" der Materie die Radien

[2] Die minimale Umdrehungsperiode ist $P_{\min} \cong 0{,}8\sqrt{(M_\odot/M)(R/10\,\mathrm{km})^3}$ ms.

größer werden, liegen die kritischen Rotationsperioden bei 0,7 bis 1,6 ms. In der Klasse der *Millisekunden-Pulsare* [261, 16, 49] ist bislang keiner unter 1,56 ms gefunden worden. Die Entdeckung eines Pulsars unter 0,8 ms würde alle konventionellen Modelle in Frage stellen, so ist z.B. 0,4 ms bei starker Kaonen-Kondensation im Kernbereich möglich.

Bei rotierenden Neutronensternen kann die Grenzmasse um 15 bis 20 % ansteigen [96], wobei sich der Radius am Äquator auf 12 bis 20 km vergrößert.

8.5 Magnetfeld eines rotierenden Neutronensterns

Wenn man von einem sonnenähnlichen Vorläuferstern mit $R_\odot = 7 \cdot 10^5$ km ausgeht, der an seiner Oberfläche ein geordnetes Magnetfeld $\vec{B}$ von $4 \cdot 10^{-4}$ Tesla besaß, so entsteht aufgrund der Erhaltung des magnetischen Flusses $\Phi = 4\pi R^2 |\vec{B}|$ beim Kollaps auf 10 km Radius ein enormes Magnetfeld von $2 \cdot 10^6$ Tesla, wie es z.B. beim Doppelsternpulsar PSR 1913+16 der Fall ist. (Zum Vergleich: Das Erdmagnetfeld ist im Mittel nur 10^{-5} Tesla stark, supraleitende Magnete können immerhin ein Feld von etwa 10 Tesla erzeugen.) Das Magnetfeld wird quasi zusammen mit der Materie komprimiert. Nach Ausweis der Zyklotron-Linien von Röntgen-Pulsaren liegen die Magnetfelder sogar bei $1 - 3 \cdot 10^7$ Tesla; Modelle mit Abstrahlung liefern sogar noch höhere Werte. Aus der Zyklotronresonanzlinie des Neutronensterns Hercules X-1 konnte die magnetische Polfeldstärke zu $5 \cdot 10^8$ Tesla bestimmt werden.

Die Stärke des Magnetfeldes ist dadurch begrenzt, daß die Ionengitter der Kruste bei Feldern über $3 \cdot 10^9$ Tesla aufbrechen würden. Diese Obergrenze stimmt gut mit Beobachtungen von klassischen Radiopulsaren überein.

Bei einem *rotierenden* Neutronenstern folgen die in der Kruste „eingefrorenen" Magnetlinien der Rotation. Die in der Neutronenflüssigkeit noch vorhandenen restlichen Elektronen und Protonen koppeln umgekehrt die Supraflüssigkeit stark an das Magnetfeld an. Daher gehen andere Modelle bei der Entstehung der Magnetfelder von einem Dynamo-Effekt durch den superfluiden Anteil im Neutronenstern aus.

Die *Magnetosphäre*, ein Plasma aus ionisiertem Gas, hat bei einem mit der Winkelgeschwindigkeit ω rotierenden Neutronenstern die Form eines Reifens oder Torus, der von der Oberfläche des Neutronensterns bis an den „Lichtgeschwindigkeitszylinder" bei $r_c = c/\omega$ reicht. Bis zu diesem Grenzradius r_c kann das Plasma noch mitrotieren, ohne daß es die Lichtgeschwindigkeit erreicht. Dies stellt den prinzipiellen Rand der korotierenden Magnetosphäre dar,

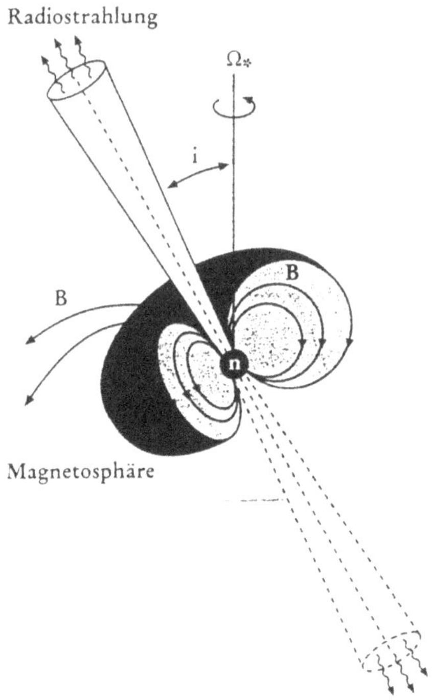

Bild 8.2
Magnetosphäre eines Radiopulsars. Der Rand des mitrotierende torusförmigen Bereichs ist durch die Lichtgeschwindigkeit begrenzt.

vgl. Bild 8.2. Die geladenen Teilchen des Plasmas sind in dem Torus durch Lorentz-Kräfte wie in einer „Magnetischen Flasche" eingeschlossen.

Durch dieses rotierende Magnetfeld wird auch ein *elektrisches Feld* im Plasma der Magnetosphäre induziert. Die *kohärente* Radiostrahlung der Pulsare soll durch Plasmateilchen erzeugt werden, die an den magnetischen Polen *beschleunigt* wegfliegen. Beschleunigte elektrisch geladene Teilchen senden *Synchrotronstrahlung* aus, wie sie z.B. am Teilchenbeschleuniger DESY in Hamburg technisch genutzt wird. Rotierende Neutronensterne können sich allerdings nur dann als *Pulsare* zu erkennen geben, wenn die Achse des magnetischen Dipolfeldes, ähnlich wie beim irdischen Magnetfeld, gegenüber der Rotationsachse geneigt ist. Da nur die Bereiche in der Nähe der magnetischen Pole die Radiostrahlung emittieren, stellt sich nur bei einem solchen *schiefen Rotator* ein „Leuchtturm-Effekt" ein. Damit der für uns sichtbar werden kann, muß der Strahlenkegel die Sichtlinie eines genügend empfindlichen irdischen Teleskops treffen.

Die „Schieflage" könnte aus der Entwicklungsgeschichte des Pulsars herrüh-

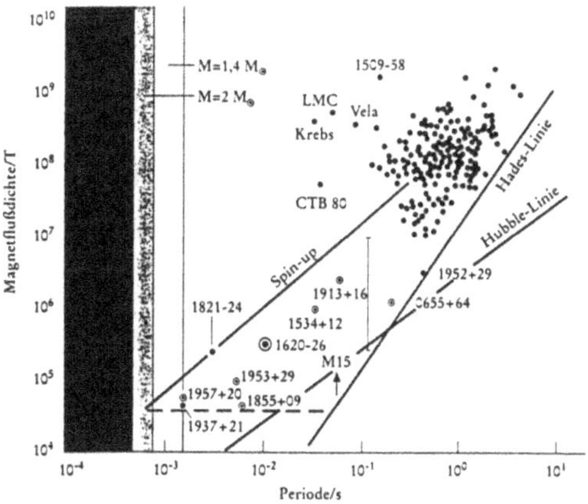

Bild 8.3 „Hertzsprung-Russell-Diagramm“ von Pulsaren: Magnetfeld in Abhängigkeit von der Pulsperiode. Der schraffierte Bereich ist die „Gefahrenzone“ zu schneller Rotation.

ren: Alte rotierende Neutronensterne in Doppelsternsystemen sammeln Materie aus Akkretionsscheiben ein und werden dabei schneller. Das Magnetfeld des Neutronensterns erzeugt dabei eine Rückwirkung auf das Plasma der Scheibe in Form von Kippmomenten, ähnlich wie die Schwerkraft beim Kinderkreisel. In einem vereinfachten Modell verschwindet dieses Kipp- oder Drehmoment für den speziellen Winkel von $\alpha = \arccos(\sqrt{3}/3) = 54^\circ\, 44'$ zwischen Rotationsachse und magnetischer Dipolachse. Ein solcher *schiefer Rotator* scheint daher eine bevorzugte Gleichgewichtskonfiguration am Ende der Akkretionsphase zu sein [173]. Längere Akkretionsphasen führen zu Massen und Magnetfeldern, wie sie bei den Millisekunden-Pulsaren [49] vorkommen.

Der Beitrag der für Pulsare so charakteristischen Radiostrahlung zum Energieverlust ist vernachlässigbar klein. Hingegen nimmt die Rotationsenergie[3] eines Neutronensterns aufgrund der magnetischen Dipolstrahlung quadratisch mit der magnetischen Feldstärke $\vec{B}$ und proportional zur vierten Potenz der Winkelgeschwindigkeit ab. Die daraus resultierende *Abbremsrate* $\dot{P} := dP/dt$ der Pulsperiode stimmt mit den Beobachtungsdaten vieler Pulsare überein und wird daher als *indirekter Nachweis* für deren starke Magnetfelder angesehen.

[3] Bei einer starren, mit der Winkelgeschwindigkeit ω rotierenden Vollkugel ist die Rotationsenergie $E_{\text{rot}} = MR^2\omega^2/5$.

8.6 Der Crab-Pulsar

Zur Jahreswende 1968/69 ist das Objekt Taurus A im Sternbild Stier, der Pulsar PSR 0531+21 mit der damals kürzesten Periode von $P = 33{,}2$ ms, als Zentralstern des Crabnebels identifiziert worden. Dieser junge, 1054 „geborene“ Pulsar befindet sich in 6500 Lj Entfernung von uns. Bei einer Abbremsrate von 13 μs pro Jahr verdoppelt er seine Pulsperiode in 2500 Jahren, also in etwas mehr als das Doppelte seines Alters. Bereits am 24. November 1968 hatte R. Willstrop in Cambridge mit einem Photometer das Zentrum des Crabnebels vermessen, ohne zu wissen, daß der Radiopulsar kurz vorher entdeckt worden war. Daher blieb die eigentliche Entdeckung der *optischen Pulse* den Astronomen Cocke, Disney und Taylor im Jahre 1969 vorbehalten. Mit einer stroboskopischen Aufnahmetechnik ist das periodische „Aufblitzen“ des Crab-Pulsars auch im optischen Bereich gut zu erkennen.

Die Pulsform ist vom Gammabereich über das sichtbare Licht bis hin zu Radiowellen mit Wellenlängen von 1 m [$\hat{=}$ 300 MHz] fast gleich. Die Leuchtkraft im Gammabereich ist allerdings 10^5 bis 10^6mal größer als im Radiobereich. Das Auftreten von gleichartigen Pulsen im gesamten elektromagnetischen Spektrum läßt sich nur durch die Abstrahlung stark beschleunigter elektrisch geladener Teilchen erklären. Allerdings sind die Details dieses ähnlich wie bei der Synchrotronstrahlung extrem *kohärenten* Abstrahlungsprozesses nicht vollständig bekannt.

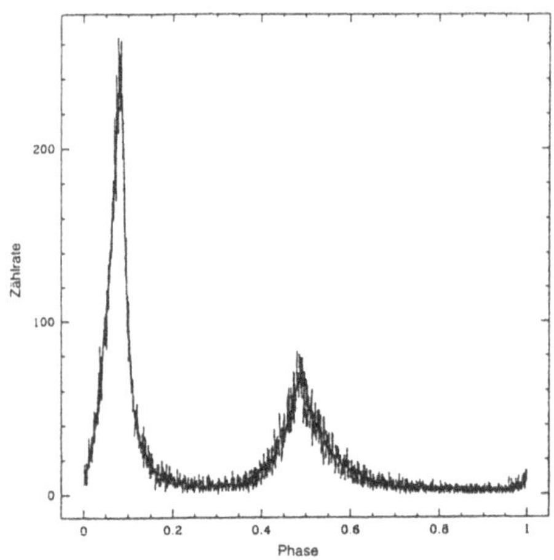

Bild 8.4
Schmaler Hauptpuls und kleiner Nebenpuls des Crabpulsars im ultravioletten Licht

Die von der Pulsflanke zum Maximum gemessene Anstiegszeit beträgt nur 1/1000 s, vgl. Bild 8.4. Aus Kausalitätsgründen kann die Emission daher nur einem Bereich des Crabnebels entstammen, welcher kleiner als die vom Licht in dieser Zeit zurückgelegte Strecke von 0,001 Ls $\cong$ 300 km ist. Daher scheiden Hauptreihensterne und sogar Weiße Zwerge als Quellen aus, der Crab-Pulsar ist ein extrem kompakter Neutronenstern. Zudem wäre ein Weißer Zwerg bei sehr schneller Rotation nur bis zu einer Periodendauer von 12 s stabil.

Auf dem von ROSAT 1991 aufgenommenen „Röntgenbild" des Crabnebels (Farbtafel X) sieht man um den Pulsar als Punktquelle einen toroidalen Synchrotronnebel sowie Plasmastrahlen, einen sog. Jet, in Richtung der Rotationsachse [311]. Der Synchrotronnebel bezieht seine Energie aus der Bremsverlustleistung des zentralen Pulsars.

8.7 Röntgen- und Gamma-Pulsare

In Supernova-Explosionen entstehen nach heutigen Vorstellungen Pulsare mit anfänglichen Umdrehungsperioden von etwa 10 ms. Nach 10 Millionen Jahren wird die Rotation aufgrund der Wechselwirkung mit der Magnetosphäre so langsam, daß der Pulsar kein hinreichend energetisches Plasma mehr aufrechterhalten kann. Er überschreitet die „Hades-Linie" und verschwindet in der Grabesstille der langsam rotierenden Neutronensterne. Falls er Partner eines Doppelsternsystems ist oder sich in einem dichten Kugelsternhaufen befindet, kann er aus seinem „Dornröschenschlaf" wieder zu neuem Pulsarleben erwachen. Damit der Begleiter ihn „wachküssen" kann, muß er sich ganz bis zu seiner tropfenförmigen Roche-Grenzfläche aufplustern, damit Materie über den inneren Lagrange-Gleichgewichtspunkt abfließen kann. Um den Neutronenstern bildet sich eine scheibenförmige Ansammlung von Gas. Über magnetische Wechselwirkungen überträgt diese *Akkretionsscheibe* auch Drehimpuls und bringt den Pulsar wieder in Schwung.

Das geschieht z.B. in einem Doppelsternsystem im Sternbild Hercules, in dem ein kleiner, alle 1,24 Sekunden um seine Achse rotierender Neutronenstern (Her X-1) von 1,3 $M_\odot$ in 1,7 Tagen einen sonnenähnlichen Hauptreihenstern von 2,2 $M_\odot$ im Abstand von $6 \cdot 10^6$ km umkreist. Von ihm strömt Materie über eine möglicherweise „verbogene" Akkretionsscheibe [252] in den Anziehungsbereich des Neutronensterns: Pro Sekunde prasseln ungefähr 100 Milliarden Tonnen – von der riesigen Schwerkraft des kompakten Begleiters angezogen und in seinem gigantischen Magnetfeld kanalisiert – auf die Polflächen nieder. Hierbei werden wenige Hektar der Oberfläche auf 200 Millionen Kelvin aufgeheizt, es entsteht intensive Röntgenstrahlung, welche ohne zu starke Absorption nur seitlich von der einfallenden Materiesäule abgestrahlt wird und erstmals 1972 von dem Röntgen-Satellit Uhuru entdeckt worden ist. Aufgrund der gebundenen Rotation verursacht diese Bestrahlung ein „heißes Gesicht" von etwa 10 000 K auf dem Hercules-Zentralstern, während seine Schattenseite mit nur 6000 K relativ kühl bleibt.

Bei der Ansammlung von Materie überträgt die Scheibe Drehimpuls auf den Neutronenstern. Bei vielen Röntgen-Pulsaren beobachtet man die daraus resultierende Zunahme der Pulsfrequenz ebenfalls, und es ist zu vermuten, daß solche Röntgen-Doppelsterne die Vorläufer von Millisekunden-Pulsaren sind. Das mindestens 500 Millionen Jahre alte System Hercules X-1 befindet sich allerdings bereits in einem Gleichgewicht von Drehimpulsgewinn und -abgabe an das Plasma der Scheibe.

Beim Crab- und Vela-Pulsar hat man auch Pulse im Gammabereich gefunden, tatsächlich haben sie dort ihr Leuchtkraftmaximum. Mit dem EGRET-Detektor des Compton-Satelliten hat man neuerdings auch Gammastrahlen mit über 100 MeV Energie beim Radiopulsar PSR 1706-44 gemessen [300]. Das 1972 entdeckte Objekt *Geminga* im Sternbild Zwilling (*Gemin*i) ist oberhalb von 100 MeV sogar eine der stärksten *Ga*mma-Quellen [254] am Himmel: Die Identifizierung mit dem vom Einstein-Satelliten gefundenen Röntgen-Pulsar 1E 0630+178, der als sonnennächster Neutronenstern gilt, gelang erst 1992, als die gleiche Pulsperiode von 237 ms in den ROSAT-Daten wiederentdeckt wurde. Demzufolge scheinen Pulsare primär Gammastrahlen durch relativistisch beschleunigte Elektronen zu produzieren; die Pulse in anderen Spektralbereichen sind nur Begleiterscheinungen.

Die Gammastrahlung erzeugt in der oberen Pulsar-Magnetosphäre Elektron-Positron-Paare, welche im Magnetfeld und im induzierten elektrischen Feld beschleunigt werden. Die Potentialunterschiede können immerhin 10^{14} Volt und mehr betragen. Dabei folgen die Elektronen den gekrümmten Feldlinien und senden eine linear-polarisierte Synchrotronstrahlung mit Energie bis zu 10^{14} eV = 100 TeV aus. Diese extrem hochenergetische Strahlung besitzt daher etwas breitere Pulsformen als die Radiostrahlung von den Polkappen. Bei Cygnus X-3 sind sie auch eine Quelle der hochenergetische Teilchen enthaltenden *Kosmischen Strahlung* [180].

8.8 Die genaueste Pulsar-Uhr

Die gegenwärtige Definition der Weltzeit basiert auf der Messung der Schwingungsdauer von Cäsiumatomen in einem „Mikrowellenofen". Moderne Funkuhren werden über Radiosignale von diesen *Atomuhren* synchronisiert. Eine Atomuhr besitzt eine Schwingungsdauer von einer Nanosekunde [= 10^{-9} s] und eine relative Ganggenauigkeit von $6 \cdot 10^{-15}$ s/s, d.h. eine Abweichung von zwei Sekunden in 10 Millionen Jahren [24]. In Wirklichkeit sind diese Cäsium-Uhren jedoch nur während einer Laufzeit von ca. einem Monat so stabil. Daher wird die Weltzeit durch den Mittelwert mehrerer Atomuhren festgelegt. Für einige Stunden hat man bei neuartigen Wasserstoff-Masern, dem Mikrowellen-Pendant des Lasers, sogar eine Frequenzstabiltät von $1:10^{18}$ erreicht.

Mit der Entdeckung von *Millisekunden-Pulsaren* könnte man wieder eine *astronomische Zeitdefinition* einführen, da ein rotierender Neutronenstern ein konstant rotierendes Schwungrad mit gewaltiger Masse darstellt. Der 1982 von Donald C. Backer und Shrinivas R. Kulkarni im Sternbild Vulpecula [Füchschen] entdeckte Pulsar PSR 1937+21 hat die bislang kleinste Pulsperiode von nur $P = 1{,}56$ ms und eine extrem geringe zeitliche Verschiebung der Pulsperiode von $\dot{P} = 10^{-19}$ s/s. Es gibt auch keinen „rock around the clock", d.h. nicht einmal ein Körper von der Masse eines Asteroiden scheint diese stabile „Pulsar-Uhr" zu umkreisen. Der 1988 gefundene *Doppelsternpulsar* PSR 1957+20 hat sogar die noch geringere Abbremsrate von $\dot{P} = 2 \cdot 10^{-20}$ s/s. Für längere Zeiträume übersteigt deren Frequenzstabilität wahrscheinlich die aller anderen Uhren.

Neuerdings sind bei dem Millisekunden-Pulsar PSR 1257+12 mit der sehr kurzen Pulsperiode von 6,2 ms quasi-periodische Langzeitschwankungen in der Ankunftszeit der Radiopulse entdeckt worden. Die Daten lassen sich durch einen 1,4 $M_{\odot}$ schweren Neutronenstern deuten, welcher von zwei „Planeten" mit mindestens 3,4 $M_{♁}$ bzw. 2,8 $M_{♁}$ in 66,54 bzw. 98,22 Tagen umkreist wird. Der Abstand zum Neutronenstern beträgt 0,36 bzw. 0,47 AE, also etwa die Entfernung des Merkur von der Sonne [349, 350]. Die Umlaufperioden besitzen ein Verhältnis von beinahe 3:2, also eine ähnliche *Resonanz*, wie man sie auch bei Neptun und Pluto vorfindet. Inwischen gibt es Anzeichen für einen dritten „mondähnlichen Planeten" mit 0,015 $M_{♁}$ und einer Umlaufperiode von 25,34 Tagen um den Neutronenstern. Da Neutronensterne in Supernova-Explosionen entstehen, kann es sich bei diesen kleinen Begleitern wohl kaum um die Überreste von Planeten des Vorläufersterns handeln.

Pulsar	**Koordinaten**	**Pulsperiode** P[ms]	**Abbremsrate** $\dot{P}$ [s/s]
Erster Radiopulsar (August 1967)	PSR 1919+21	1337,3	$1{,}1 \cdot 10^{-15}$
Geminga	1E 0630+178	237	
Gamma-Pulsar	PSR 1706-44	102,45	$9{,}3 \cdot 10^{-14}$
Vela-Pulsar (Gamma-Pulsar)	PSR 0833-45	89,2	$1{,}25 \cdot 10^{-13}$ Sprünge von 200 ns
Relativistischer Doppelsternpulsar	PSR 1913+16	59	$8{,}6 \cdot 10^{-18}$
Crab-Pulsar	PSR 0531+21	33,1	$4{,}22 \cdot 10^{-13}$
„Planetensystem"	PSR 1257+12	6,2	$1{,}21 \cdot 10^{-19}$
Black-Widow-Pulsar (10 % Bedeckung)	PSR 1957+20	1,6074	$2 \cdot 10^{-20}$
Millisekunden-P.	PSR 1937+21	1,5578	$1{,}05 \cdot 10^{-19}$

Aufgrund von mittleren Schwankungen von 1 μs sind Pulsare für Kurzzeitmessungen allerdings nicht genau genug. Außerdem können plötzliche *Sprünge* in der Rotationsgeschwindigkeit, wie z.B. beim Vela-Pulsar im Sternbild Segel, entstehen. Diese Sprünge in der Pulsfrequenz wurden zunächst als seismische „Krustenbeben" des Neutronensterns gedeutet, wobei auch schwächere Nachbeben auftreten.

Heute geht man davon aus, daß die magnetische Dipolstrahlung die magnetisch gekoppelte Kruste langsam abbremst, während die supraflüssige innere Schale davon eine Zeitlang unberührt bleibt. Die Flußschläuche im Inneren sind an Atomkerne fixiert und damit ihr Anteil am Drehimpuls. Der Periodensprung wird hiernach als katastrophales Aufbrechen dieser Verhaftung, anschließendes Wandern der Flußschläuche nach außen und der damit einhergehenden Drehimpulsübertragung auf die Kruste verstanden.[4] Die große Abklingzeit der Periodensprünge zeigt, daß die Reibungskräfte sehr gering sein müssen: ein starkes Indiz für die Existenz einer Neutronen-Supraflüssigkeit.

Erst die Kombination von Cäsium-Uhr und einem Ensemble von Millisekunden-Pulsaren ergäbe demnach einen supergenauen Zeitstandard [149]. Nach der archaischen Sonnenuhr wäre dann wieder ein astronomisches Uhrwerk für unsere Zeitmessung maßgebend.

---

[4] Für den Hausgebrauch soll es uns genügen, damit zerstörungsfrei (!) zwischen rohen und gekochten Eiern zu unterscheiden.

8.9 Der Doppelsternpulsar PSR 1913+16

Bei der Suche nach weiteren Pulsaren entdeckten Russell A. Hulse und Joseph H. Taylor im Juli 1974 mit dem Radioteleskop in Arecibo den Pulsar PSR 1913+16 mit einer Pulsperiode von 59 ms. Der Pulsar stellt aufgrund seiner konstanten Eigenrotation eine ideale Uhr dar, welche weniger als 1/3 s pro 1 Milliarde Jahre „verliert"; die geringe Änderung der Pulsfrequenz aufgrund der Dipolabstrahlung der starken Magnetfelder kann man wegen der Konstanz des Driftes rechnerisch berücksichtigen.

Die Position von PSR 1913+16 im Sternbild Aquila (Adler) fällt bis auf $0{,}5''$ mit einem alten Heliumstern zusammen, der seine Hülle abgestoßen hat. Ist dies ein Begleiter des Pulsars? Aufgrund periodisch schwankender Pulsankunftszeiten wurde bald klar, daß es sich um einen *Doppelsternpulsar*, also ein Radiopulsar in einem Doppelsternsystem handelt, siehe Bild 8.5. Der Pulsar und sein Begleiter sind beide sehr kompakte Objekte, deren Massen beide knapp unter der Chandrasekhar-Grenze von $M_{\mathrm{Ch}} = 1{,}44\,M_{\odot}$ von Helium-

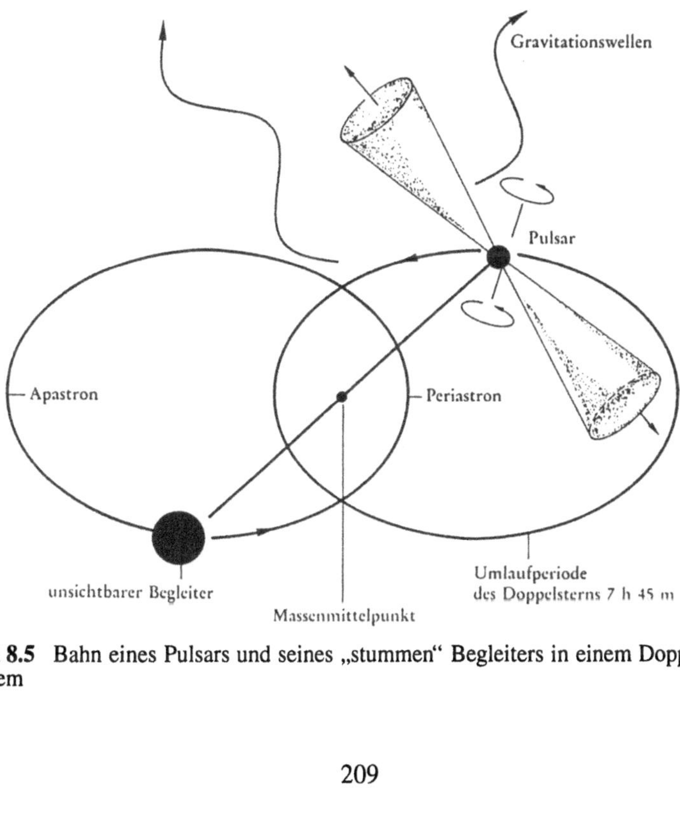

Bild 8.5 Bahn eines Pulsars und seines „stummen" Begleiters in einem Doppelsternsystem

Zwergen liegen. Bei dem sichtbaren Kandidat handelt es sich also um einen Vordergrundstern, der zufällig auf der Sichtlinie liegt. Dieser Doppelsternpulsar mit einer Entfernung von 23 000 Lj, einem Bahndurchmesser von einem Sonnenradius und einer Bahnumlaufszeit von 7 3/4 Stunden stellt damit ein ideales „Laboratorium" zum Studium relativistischer Effekte dar.

Astronomische und Rotationsparameter	**PSR 1913+16**
Rektaszension	$\alpha = 19^h\, 13^m\, 12^s, 46549(\pm 15)$
Deklination	$\delta = 16°\, 01'\, 08''\, 189(\pm 3)$
Entfernung	7,1 kpc [$\hat{=}$ 23 000 Lj]
Pulsfrequenz	$\nu = 16{,}940\,539\,303\,217(\pm 2)/s$
Pulsperiode	$P = 59{,}029\,997\,929\,883(\pm 7)$ ms
Änderung der Pulsperiode	$\dot{P} = 8{,}626\,29(\pm 8) \cdot 10^{-18}$ s/s
Beschleunigung der Pulsperiode	$\ddot{P} < 2 \cdot 10^{-29}\, s^{-1}$

Nach der Einsteinschen Gravitationstheorie sollte der Doppelsternpulsar auch Gravitationswellen abstrahlen. Da das System dadurch Energie verliert, nähern sich die beiden Himmelskörper langsam einander an – ein winziger Effekt, dessen Entdeckung nach langjährigen akribischen Messungen Hulse und Taylor 1993 den Nobelpreis einbrachte [135, 298].

8.10 Die „Keplerbahn" des Doppelsternpulsars

Im September 1974 wurde Hulse und Taylor klar, daß die ungleichmäßigen Pulsankunftszeiten von einer Modulation der Quelle durch eine Keplerbewegung herrühren, wie sie ähnlich bei spektroskopischen Doppelsternen auftritt. Während dort die Spektrallinien wegen des Doppler-Effekts periodisch verschoben sind, macht sich das hier in der periodischen Verschiebung der Pulsankunftszeiten bemerkbar. Daraus kann man die Radialgeschwindigkeit [Geschwindigkeit in Blickrichtung] und damit die Bahnparameter der Keplerbewegung bestimmen, wie z.B. die Umlaufperiode von 7 Stunden und 45 Minuten. Die Geschwindigkeitskurve kann unmittelbar als eine elliptische Bahn des Pulsars interpretiert werden. Dabei schwankt der radiale Abstand vom Begleiter zwischen $3{,}3 \cdot 10^5$ und $14 \cdot 10^5$ km, d.h. der mittlere Abstand ist von der Größe des Sonnenradius $R_\odot$.

Der Hinweis auf ein Doppelsternsystem ist bei dem Millisekunden-Pulsar PSR 1957+20 noch eklatanter: Während der Umlaufperiode von $P_b = 9{,}15$

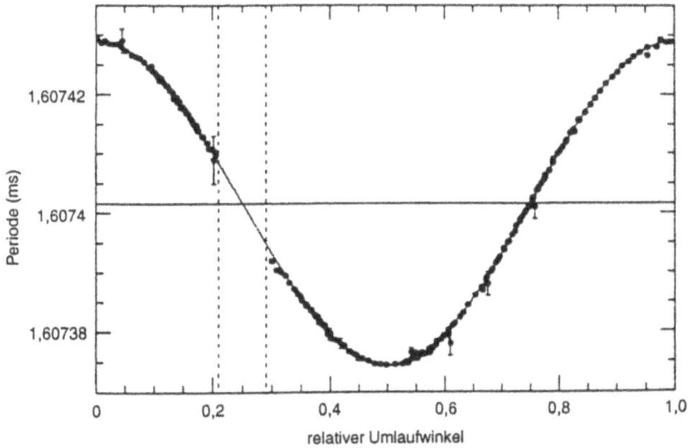

Bild 8.6 Periodische Verschiebung der Pulsankunftszeiten von PSR 1957+20 zum Vergleich: Für 50 Minuten findet eine Bedeckung des Pulsars statt.

h um den gemeinsamen Schwerpunkt findet sogar eine *Bedeckung* statt, siehe Bild 8.6. Da der Begleiter nach Ausweis der Bahndaten nur eine Masse von 0,022 $M_\odot$ besitzt, schließt man aus der relativ langen Bedeckungsphase von 50 Minuten, die fast 10 % der Umlaufperiode ausmacht, daß Strahlung und Gezeitenkräfte des Pulsars die Hülle des Begleiters auf 1,5 $R_\odot$ aufgebläht haben. Nach 100 Millionen Jahren wird dieser „black widow pulsar" wohl seinen Begleiter in eine Gasscheibe aufgelöst haben, den Gewohnheiten einiger Spinnen nicht unähnlich.

Aus der Analyse der Ankunftszeiten der Radioimpulse lassen sich die Position des Hulse-Taylor-Pulsars, seine Bahnperiode P_b, die Exzentrizität e, die große Halbachse a projiziert auf die Sichtlinie, sowie die Startwerte des Periastrons ablesen. Die jetzt erreichte Genauigkeit bei diesen fünf Keplerschen Parametern ist größer als bei jedem anderen Doppelsternsystem, so ist z.B. die projizierte große Halbachse bis auf 60 m genau bekannt!

Bahnparameter	**PSR 1913+16**
Projizierte große Halbachse	$a_p \cdot \sin \iota = 2{,}341\,7592(\pm 19)$ Ls
Exzentrizität	$e = 0{,}617\,130\,8(\pm 4)$
Bahnperiode	$P_b = 27\,906{,}980\,7804(\pm 6)$ s
Gesamtmasse	$2{,}82852(\pm 1)\ M_\odot$
Mittlere Periastrondrehung	$\dot{\omega} = 4{,}226\,621(\pm 11)\,^\circ/\mathrm{a}$
Gravitative Rotverschiebung	$\gamma = 4{,}295(\pm 2)$ ms
Änderung der Bahnperiode	$\dot{P}_b = -2{,}422(\pm 6) \cdot 10^{-12}$
Bahninklination	$[\iota = \arcsin 0{,}734]$

8.11 Effekte der Raumzeit-Krümmung

Ein Maß für die Stärke eines Gravitationsfeldes an der Oberfläche $r = R$ eines kompakten Himmelsobjekts ist seine *Kompaktheit*[5]. Für die Erde ist diese mit $K_{♁} = 1{,}4 \cdot 10^{-9}$ sehr gering, für die Sonne $K_{\odot} = 4 \cdot 10^{-6}$, und für einen Neutronenstern $K_{\mathrm{NS}} = 0{,}4$. Für ein Schwarzes Loch ist $K_{\mathrm{SL}} = 1$ unabhängig von seiner Masse. Der Grund für diese zunächst überraschende Tatsache liegt darin, daß die Oberfläche des Schwarzen Loches gerade der Ereignishorizont ist, der wiederum durch den zur Masse proportionalen Schwarzschild-Radius R_{S} bestimmt ist. Dabei kürzt sich in der Formel für K_{SL} die Masse M heraus.

Bei einem Neutronenstern ist demnach die „Oberflächengravitation" schon so groß, daß die Allgemeine Relativitätstheorie von Einstein berücksichtigt werden muß. Gravitation wird dabei geometrisch als *Krümmung* der Raumzeit gedeutet. Folgende Effekte werden bei Doppelsternpulsaren durch die fünf *post-Keplerschen Parameter*, das sind relativistische Korrekturen zur Newtonschen Gravitationstheorie, erfaßt:

1. Die *relativistische Periastrondrehung* $\dot{\omega}$ ist proportional zur Gesamtmasse $M = M_{\mathrm{P}} + M_{\mathrm{B}}$ des Systems. Im Vergleich zur bereits erwähnten Periheldrehung des Merkurs von 43″ pro Jahrhundert ist die Periastrondrehung von PSR 1913+16 etwa 35 000mal so groß und beträgt 4,2° pro Jahr bzw. 42″ pro Tag. Ende 1995 hat sich die Apsidenlinie um mehr als 90° seit Entdeckung des Doppelsternpulsars gedreht. Aus diesen Werten läßt sich mit hoher Genauigkeit die Gesamtmasse zu $M = 2{,}82852\, M_{\odot}$ mit dem erstaunlich geringen Fehler von 0,0004 %. bestimmen.

2. *Zeitdilatation* und *Gravitationsrotverschiebung* γ: „Bewegte" Uhren gehen nach der Relativitätstheorie langsamer. Auch ein Gravitationsfeld bewirkt eine ähnliche Zeitdilatation oder -dehnung, was einer Verschiebung der Frequenz und damit der Wellenlänge entspricht. Zum Beispiel bleibt eine Atomuhr in Braunschweig (73 m über dem Meeresspiegel) gegenüber der Atomuhr in Boulder, Colorado, in 1634 m Höhe um 5,4 μs pro Jahr zurück.

3. *Shapiro-Effekt* (2 Parameter): Dabei handelt es sich um eine Verzögerung von Licht- oder Radiosignalen, welche aus dem durch die Raumzeit-Krümmung verursachten Potentialtopf nicht nur abgelenkt werden, wie

[5] Nach der Newtonschen Gravitationstheorie erzeugt eine Punktmasse M ein radial mit $1/r$ abfallendes Gravitationspotential. Mit Hilfe der Lichtgeschwindigkeit $c \cong 300\,000$ km/s läßt sich daraus der dimensionslose Parameter $K := (2GM/Rc^2) = (R_{\mathrm{S}}/R)$ gewinnen.

am Rande der Sonne, vgl. Bild 2.11, sondern auch noch „mühsam herausklettern“ müssen. Für den Doppelsternpulsar PSR B1855+09 ist dieser Effekt bereits gemessen worden [298].

4. *Änderung der Bahnperiode* $\dot{P}_b$ durch Abstrahlung von Gravitationswellen.

Binäre Systeme, in denen diese Parameter ohne Nebeneffekte studiert werden können, sollten aus möglichst kompakten Objekten mit großen Massen bestehen und eine starke Exzentrizität der Bahn aufweisen. Sobald drei oder mehr dieser post-Keplerschen Parameter gemessen sind, lassen sich daraus nicht nur die Einzelmassen, sondern auch der Energieverlust durch Abstrahlung von Gravitationswellen bestimmen. Der zuweilen geäußerte Einwand, daß hier schon die Einsteinsche Gravitationstheorie zur Auswertung der Daten benutzt wird und damit kein unabhängiger Test dieser Theorie vorliegt, wird durch die aus der Beobachtung resultierende *Überbestimmtheit* dieser Parameter entkräftet.

Aus den gemessenen Parametern $\dot{\omega}$, γ, $\dot{P}_b$ und $\sin\iota$ lassen sich für PSR 1913+16 als *Pulsarmasse*

$$M_P = 1{,}4409(\pm 5)\, M_\odot \qquad \text{und} \qquad M_B = 1{,}3876(\pm 5)\, M_\odot$$

für die Masse des Begleiters ablesen. Daher ist der Begleiter mit einiger Sicherheit auch ein Neutronenstern, der entweder aufgrund eines bereits abgeklungenen Magnetfeldes seine Pulsar-Aktivität aufgegeben hat oder dessen „Radiokeule“ die Erdbahn nicht überstreicht. Materiemodelle von Neutronensternen mit zu „weichen“ Zustandsgleichungen und Grenzmassen unter diesen sehr genau bestimmten Pulsarmassen sind damit empirisch widerlegt.

8.12 Gravitationswellen: Ein neues „Fenster“ zum All?

Von Alters her basieren unsere Erkenntnisse und Mutmaßungen über den Kosmos auf dem Empfang von Lichtsignalen.

Nach der Theorie von James C. Maxwell von 1862 handelt es sich dabei um elektromagnetische Wellen, die sich mit Lichtgeschwindigkeit im Raum ausbreiten. Nach dem ersten experimentellen Nachweis durch Heinrich Hertz 1887 steht uns heute das ganze Spektrum elektromagnetischer Wellen zur Beobachtung des Alls zur Verfügung: angefangen von den Radiowellen, der infraroten Wärmestrahlung, über den sichtbaren und ultravioletten Bereich bis hin zur Gammastrahlung höchster Energien.

Bild 8.7
Albert E., Physiker, und sein *relativ schnurloses* Mobiltelephon

In Analogie zu beschleunigten elektrischen Ladungen im Hertzschen Dipol („Mobiltelephon"), welche elektromagnetische Wellen abstrahlen, sollten beschleunigte Massen, z.B. beim Kollaps eines Sterns, zeitlich veränderliche Schwerefelder hervorrufen, die sich ähnlich wie die elektromagnetischen Wellen *senkrecht* zur Schwingungsrichtung ausbreiten. Nach dem Äquivalenzprinzip entsprechen solche *Gravitationswellen* Erschütterungen des Raumes, die sich nach der Einsteinschen Theorie [82, 83] von 1915 genauso wie elektromagnetische Wellen mit Lichtgeschwindigkeit fortpflanzen (vgl. [124]). Als Gravitationswellen-Sender kommen etwa Doppelsterne in Frage, die im „Viervierteltakt" umeinander „Danzon tanzen"[6].

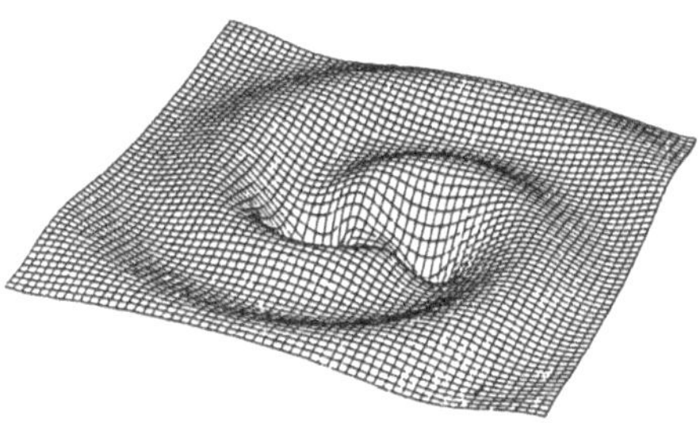

Bild 8.8
Raumgeometrie eines Doppelsternsystems. Die beiden kompakten Sterne, die sich in den Vertiefungen in der Mitte befinden, erzeugen durch ihre Relativbewegung *Gravitationswellen*, d.h. wellenförmige Deformationen des Raumes, welche sich mit Lichtgeschwindigkeit nach außen ausbreiten.

Diese Schwerkraftwellen transportieren Drehimpuls und Energie; das rotierende System Sonne-Jupiter, als „Gravitationswellen-Generator" betrachtet, strahlt allerdings nur eine Gesamtleistung von 5,2 kW ab, etwas mehr als eine Heizsonne.

[6] Wegen der schwachen Eigengravitation ist die „Leistung" eines Tanzpaares bei seiner sehr gemächlichen Kepler-Periode von 15 Stunden ca. 10^{-73} Watt.

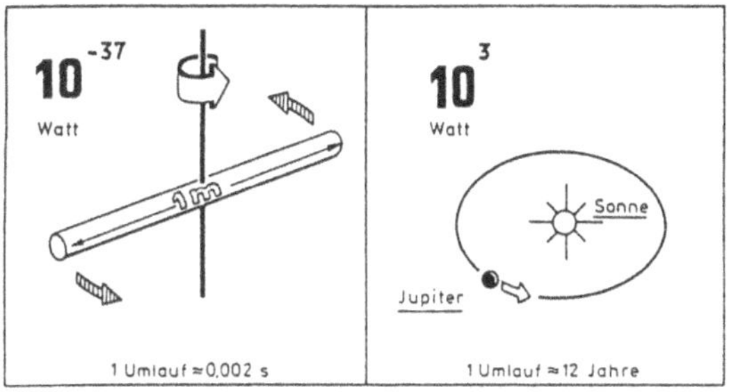

Bild 8.9
Rotierender Stahlzylinder und Jupiter als Beispiele von „Gravitationswellen-Generatoren“

Auch die Erde verliert durch Abstrahlung von Schwerkraftwellen an Bahnenergie. Die Strahlungsleistung beträgt 200 W, das entspricht zwei hellen Glühbirnen. Dadurch verringert sich der Abstand Erde-Sonne alle 10^9 Jahre um drei Millimeter. Erst bei einer Supernova-Explosion im Zentrum unserer Milchstraße würde man auf der Erde eine Leistungsdichte von 1 Megawatt pro m^2 erwarten.

Gravitationswellen-Generator	**Signaltyp**	**Frequenz**	**Stärke [m/m]**
Stahlzylinder (500 t)	periodisch	1 kHz	10^{-40}
Nahes Doppelsternsystem	periodisch	< 1 mHz	10^{-21}
Doppelsternpulsar	quasiperiodisch	< 1 kHz	10^{-22}
Neutronenstern mit Akkretionsscheibe	periodisch	0,2–0,8 kHz	$3 \cdot 10^{-27}$
SN 1987A	Millisekunden-Puls	1 kHz	10^{-19}
Oszillierendes Schwarzes Loch 1 $M_\odot$	gedämpfte	10 kHz	?
Schwarzes Loch 1000 $M_\odot$	Sinuswelle	10 Hz	?
Binäres Schwarzes Loch 10^6 $M_\odot$	periodisch	> mHz	10^{-20}
Superschweres Schwarzes Loch 10^9 $M_\odot$	Puls	0,1 mHz	10^{-15}

Eine gute Quelle hochfrequenter Gravitationsstrahlung mit einem charakteristischen Signal ist auch das Verschmelzen von binären Neutronensternen oder Schwarzen Löchern. Da sie am Ende spiralförmig aufeinander zustürzen, gehen Frequenz und Amplitude gleichzeitig hoch [186, 305] wie bei einem *Zirpen.*

Wie kann man die Existenz solcher Wellen empirisch sicherstellen, wenn – anders als im elektromagnetischen Fall – die gesamte Raumzeitstruktur und damit auch unsere metrischen Triangulationspunkte wie „Barken im Meer der

Kasten 8.2 : Wieviel Watt hat ein Gravitationswellen-Sender?

Gravitationswellen entstehen nur bei einer Quadrupolanregung *der Quelle, wenn also quasi zwei Massendipole zueinander senkrecht im Gegentakt schwingen; Dipolstrahlung kann bei* einer Sorte *von gravitativer Masse aufgrund der Impulserhaltung nicht auftreten. Die Welle breitet sich* transversal, *d.h. senkrecht zu beiden Schwingungsrichtungen aus. Eine Linearisierung der Einsteinschen Feldgleichungen zeigt, daß die abgestrahlte Leistung* L_{GW} *proportional zum Quadrat der Änderung des Quadrupolmoments ist; genauer gesagt geht dabei die dritte zeitliche Ableitung des spurfreien Trägheitstensors der Quelle quadratisch ein [197].*

Es soll uns hier nur die Leistung *eines Doppelsternsystems interessieren, das aus zwei* gleich *großen, sehr kompakten Massen* ($2GM/c^2 = R_S$ *in geometrischen Einheiten) besteht, welche den Schwerpunkt des Systems auf* Kreisbahnen *mit dem Radius r umlaufen. Dann ist die Exzentrizität gleich Null, und die* Einsteinsche Quadrupolformel *vereinfacht sich zu*

$$L_{GW} = (2c^5/5G)(R_S/r)^5 = 1{,}45 \cdot 10^{52}\,(R_S/r)^5\ \mathrm{W}.$$

Ein weitentfernter *Beobachter braucht bei Kreisbewegungen im Gravitationsfeld eines kugelsymmetrischen Sterns nicht umzulernen: Das 3. Keplersche Gesetz gilt dann exakt auch in der Einsteinschen Theorie [197]. Bei gleich großen Massen ist die* Kepler-Frequenz

$$\omega_K = \sqrt{G(M+M)/r^3} = \sqrt{R_S/r^3}\,c.$$

Die abgestrahlte Frequenz $\nu_{GW} = 2\nu_K = \omega_K/\pi$ *der* Gravitationswelle *ist* doppelt *so groß wie die Bahnfrequenz* ν_K *eines Doppelsternsystems, weil das Quadrupolmoment bei einem vollen Umlauf denselben Wert zweimal annimmt. Als Verhältnis von Abstandsänderung zum Abstand ist die Amplitude einer Gravitationswelle dimensionslos; im Abstand r von der Quelle [27] gilt* $h = R_S^{5/3}(1/\sqrt{5}r)(2\omega(t)/c)^{2/3}$, *bzw.* $h = 3\cdot 10^{-21}(100\ \mathrm{Lj}/r)$ *bei 1 kHz. Das Maximum der Frequenz bei* $\nu_{max} = 10^4(M_\odot/M)$ Hz *verschiebt sich umgekehrt proportional zur Masse. Für ein superschweres Schwarzes Loch ist es kleiner als die Frequenz des Herzens!*

Beim radialen *Einfall einer Masse m in das Zentrum der Masse M ist die gesamte abgestrahlte Gravitationsenergie* $E_0 \approx 0{,}01\ mc^2\ (m/M)$. *Bei gleich großen Massen werden daher 1 %* der *Ruhemasse zerstrahlt.*

Schwerkraftwellen" mitschwingen? Eine detaillierte Analyse zeigt, daß man bei einem genügend kurzen Gravitationswellenpuls zwar nicht das Mitschwingen eines (punktförmigen) Körpers, auch nicht seinen relativen Abstand zu einem anderen Körper, sondern nur Änderungen im relativen Abstand, also *relative Beschleunigungen* (genauer: die geodätische, raumzeitliche Abweichung)

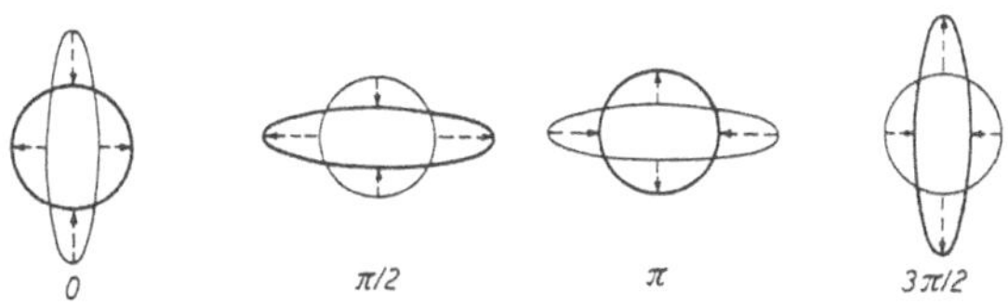

Bild 8.10 Deformationsanregung einer ringförmigen „Antenne“ aus Testteilchen durch eine *transversale* Gravitationswelle, die sich senkrecht zur Zeichenebene ausbreitet

zweier Massenpunkte messen kann. Da die Amplitude umgekehrt propotional mit dem Abstand abnimmt, würden selbst die von einer Supernova-Explosion in der Milchstraße herrührenden „Kräuselungen“ des Raumes bei einer 1 km großen irdischen Gravitationswellen-Antenne nur Abstandsänderungen vom Durchmesser eines Protons verursachen.

Im Prinzip würde uns das gestatten, *ausgedehnte* Körper wie z.B. den Weberschen Aluminiumzylinder als „Antennen“ für Gravitationswellen zu verwenden. Nachdem solche, ähnlich wie bei einer Stimmgabel auf mechanischer Resonanz gegründeten Detektoren selbst bei starker Kühlung und in Koinzidenzschaltung keinen Nachweis[7] von Gravitationsstrahlung geliefert haben, scheint es erfolgversprechender, die resultierenden Abstandsänderungen über die Interferenz von Laserlichtwellen zu bestimmen, welche ähnlich wie beim Michelson-Morley-Versuch zwischen Spiegeln hin und her reflektiert werden. Das vor kurzem genehmigte amerikanische Laser-Interferometer LIGO [*L*aser *I*nterferometer *G*ravitational Wave *O*bservatory] mit zwei je 4 km langen Michelson-Interferometern ist im sog. hochfrequenten Bereich von 10 Hz bis 10 kHz für eine Empfindlichkeit von 10^{-21} m Auslenkung pro Meter Abstand konzipiert [143]. Bei Hannover werden bereits die Gräben für das zweiarmigen, 600 m langen GEO600-Interferometer ausgehoben.

Die Spiegel werden dabei separat an große, frei schwingende Massen montiert; dies dient jedoch nur zur mechanischen Stabilisierung und hat, wegen des Äquivalenzprinzips, keinen Einfluß auf den Betrag der Auslenkung. Anders ist es bei Vergrößerung des Abstandes: Daher wird im Bereich von Milliherz sogar daran gedacht, Mond und Erde als „Halterung“ bzw. „optische Bank“ für die Reflektoren eines Laser-Interferometers zu benutzen. Auch der Satellit Ulysses ist zum Nachweis von Gravitationswellen ausgerüstet, wobei die Abstandsänderung indirekt über die Doppler-Verschiebung von Radiowellen gemessen

[7] Bei dem Ausbruch der Supernova SN 1987A waren – Ironie der Wissenschaftsgeschichte! – die empfindlichsten Zylinder gerade abgeschaltet.

wird [264, 27], deren Frequenz bei der Ausstrahlung von ultrastabilen Zeitgebern im Satelliten fixiert ist. Trotz des großen Abstandes ist die Empfindlichkeit mit ca. 10^{-15} m/m noch zu gering. Ein Wunschtraum der Physiker ist LISA [*L*aser *I*nterferometer *S*pace *A*ntenna], eine aus mehreren phasengekoppelten Laser-Satelliten bestehende Gravitationswellen-Antenne mit $5 \cdot 10^6$ km Armlänge in einer erdähnlichen Umlaufbahn um die Sonne, welche für niederfrequente Raumzeit-Erschütterungen im Bereich von 0,1 Hz herunter bis zu 0,1 mHz konzipiert ist. Damit könnte die Gravitationsstrahlung von superschweren Schwarzen Löchern von 1000 bis 10^8 $M_\odot$ in aktiven Galaxienkernen studiert werden [305].

8.13 Einstein wäre begeistert

Woher kommt die Überzeugung, daß Gravitationswellen in der Natur wirklich realisiert sind?

Einen indirekten Hinweis erhielten Taylor und Mitarbeiter [330, 297, 298, 324] bei der langjährigen Beobachtung des Radiopulsars PSR 1913+16, der sich durch eine periodische Ab- und Zunahme der Pulsfrequenz von 17 Hz als Komponente eines Doppelsternsystems zu erkennen gibt.

Aus den Bahnelementen läßt sich im Rahmen der linearisierten Einsteinschen Theorie die Abstrahlung von Gravitationswellen pro Zeiteinheit und die daraus resultierende Abnahme der Umlaufperiode von anfänglich 7 3/4 Stunden berechnen. Schwerkraftwellen tragen Energie und Drehimpuls vom „Gravitationswellen-Sender“, dem Doppelsternsystem, fort. Der Pulsar PSR 1913+16 hat bei der Abstrahlung von Gravitationswellen mit der Frequenz von 0,07 mHz immerhin ein Fünftel der gesamten Strahlungsleistung der Sonne, genug, um in seiner Nähe einige Kernkraftwerke auf Kosten anderer „Umwelterschütterungen“ abzuschalten.

Infolgedessen rücken die Neutronensterne näher zusammen. Nach dem 3. Keplerschen Gesetz erfolgt in der neuen Gleichgewichtslage der Umlauf in kürzerer Zeit, d.h. die Bahnumlaufperiode P_b wird kleiner, nach Maßgabe ihrer zeitlichen Änderung $\dot{P}_b$. Beides ist mit großer Präzision gemessen worden. Der mittlere Bahndurchmesser verringert sich um 3 mm pro Umlauf bzw. 3,5 m pro Jahr, was einer Abnahme $\dot{P}_b$ der Bahnperiode von ca. 76 μs im Jahr entspricht. Sobald drei oder mehr post-Keplersche Parameter aus der Analyse der Pulsankunftzeiten bekannt sind, ist das Doppelsternsystem überbestimmt.

Insbesondere kann dann die durch Energieabstrahlung verursachte Strahlungsdämpfung des „Gravitationswellen-Senders“ PSR 1913+16 geprüft werden.

Für den Doppelsternpulsar PSR 1913+16 ist in Bild 8.11 die kulminante Änderung der Bahnphase, d.h. die von Mitte 1974 an sich aufsummierende Abweichung von der konstanten Bahnperiode, eingetragen worden. Die durchgezogene Kurve ist die Voraussage von Einstein bei Abstrahlung von Gravitationswellen. Bis April 1992 war die Abweichung von der Theorie kleiner als 0,35 % und bestätigt damit glänzend [297, 298] die Einsteinsche Allgemeine Relativitätstheorie (ART).

Bei diesem spektakulären, aber indirekten *Nachweis von Gravitationswellen* wird allerdings vorausgesetzt, daß der Begleiter kein Helium-Rumpfstern, sondern selbst so kompakt ist, daß z.B. eine Energiedissipation durch Gezeitenreibung vernachlässigt werden kann.

Auch der 1991 von Aleksander Wolszczan gefundene Doppelsternpulsar PSR 1534+12 soll zum Studium relativistischer Effekte herangezogen werden. Mit 2300 Lj ist er viel näher als der Hulse-Taylor-Pulsar, die Massen der kompakten

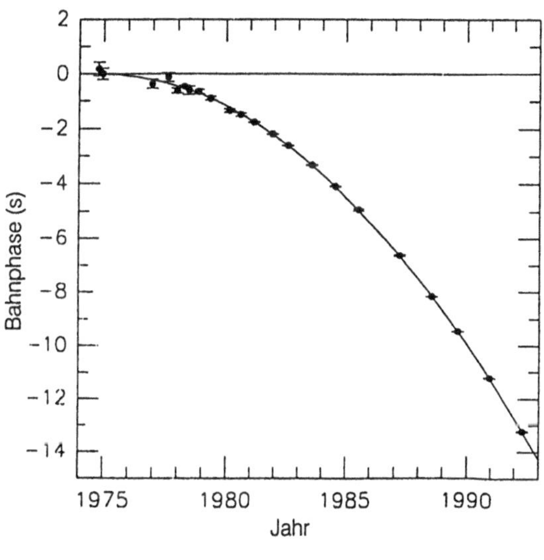

Bild 8.11
Verschiebung der Zeit des Periastrondurchgangs von PSR 1913+16 seit 1974. Die durchgezogene Kurve entspricht der Vorhersage durch die Einsteinsche Gravitationstheorie.

Objekte sind in etwa gleich groß und betragen $M_{\mathrm{P}} = M_{\mathrm{B}} = 1{,}34\,(\pm 7)\ M_{\odot}$. Da seine Radiosignale stärker sind und die Pulsform schmaler ist, könnte er im Laufe der Zeit einen unabhängigen und sogar noch besseren Test der ART liefern.

Von noch größerem Interesse wäre die Entdeckung eines Doppelsternpulsars, dessen Begleiter ein Schwarzes Loch ist.

Kapitel 9
Schwarze Löcher

9.1 Grenzradien im Universum

Anfang der 70er Jahre schrieb Kip S. Thorne [303, 304]: „Eines der phantastischsten Dinge, die sich der Mensch ausgedacht hat – angefangen von Einhörnern und Gorgonen bis hin zur Wasserstoffbombe – ist wohl das Schwarze Loch: ein Loch im Raum, in das alles hineinfallen kann, über dessen Rand jedoch von innen nichts mehr herauskommt; ein Loch mit einem extrem starken Schwerefeld, das sogar Licht einfängt und in seinem Griff behält; ein Loch, das den Raum krümmt und die Zeit verzehrt. Ähnlich wie Einhörner und Gorgonen scheinen Schwarze Löcher eher in den Bereich von Mythos oder Science Fiction zu gehören als zur wirklichen Welt. Und doch fordern die Gesetze der modernen Physik ihre Existenz."

Bereits 1783 schlossen John Michell und 1795 Pierre-Simon Laplace aus Überlegungen im Rahmen der Newtonschen Mechanik, daß Licht bei einem genügend massenreichen Stern auf seine Oberfläche zurückfallen müßte und daher ein solcher Stern im Universum unsichtbar bliebe.

Bei den Hauptreihensternen und den Riesen hält der Druck der heißen Gase der Gravitation stand. Bei Galaxien übernimmt diese Rolle die Zentrifugalkraft. „Kalte" Materie, wie Berge, Meere, Planeten, Weiße Zwerge können bis zu 1,46 $M_\odot$ und (rotierende) Neutronensterne bis zu 3,23 $M_\odot$ existieren. Jenseits vom *Gravitationsradius* bzw. Schwarzschild-Radius[1] $R_S = 2GM/c^2$ „gewinnt" die Gravitation[2] immer, das Himmelsobjekt kollabiert unter seiner eigenen Schwerkraft [289].

[1] An der Dalhousie University in Halifax, Neuschottland, soll, nach einer privaten Mitteilung von Prof. D. Stauffer, die Prüfungsfrage nach dem Grenzradius für den Lichtaustritt bei kompakten Objekten mit „Schwarzenegger-Radius" beantwortet worden sein. Dem Autor wurde allerdings von studentischer Seite glaubhaft versichert, daß man im Foyer der Physikalischen Institute der Universität zu Köln seinen Kaffee aus einer „Schwarzschild-Tasse" trinken kann, jedoch nicht aus einer „Schwarzenegger-Tasse".

[2] Aber: „Gravitation cannot be held responsible for people falling in love" (Albert Einstein zugeschrieben).

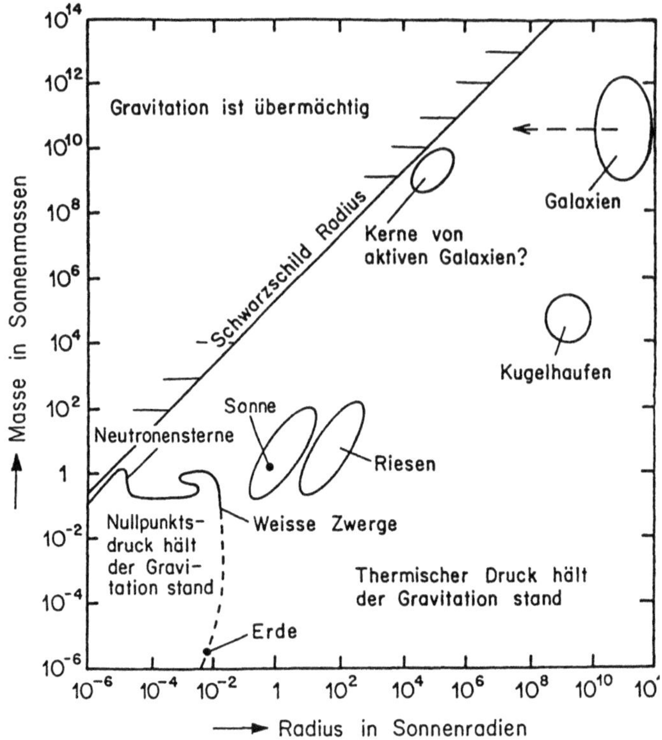

Bild 9.1 Masse und Radius von kosmischen Objekten außerhalb des Gravitationsradius

Objekt	**Masse**	**Größe ca.**	**Schwarschild -Radius R_S**
Atom	10^{-26} kg	10^{-10} m	10^{-53} m
Mensch	75 kg	1,75 m	10^{-25} m
Berg	10^{12} kg	1 km	10^{-15} m
Erde	$6 \cdot 10^{24}$ kg	10^4 km	1 cm
Sonne ($\odot$)	$2 \cdot 10^{30}$ kg	10^6 km	3 km
Weißer Zwerg	0,6 $M_\odot$	10^4 km	1,8 km
Neutronenstern	1,4 $M_\odot$	10 km	4 km
Sagittarius A*	10^6 $M_\odot$	3 AE	0,02 AE
Milchstraße	10^{11} $M_\odot$	10^5 Lj	10^{-2} Lj

Kasten 9.1 : Schwarzschild-Radius

Wenn man Photonen als Massenpunkte ansieht, ergibt sich folgende „Herleitung“ im Rahmen der Newtonschen Theorie: Ein Photon mit der kinetische Energie $E = \frac{1}{2}mc^2$ steigt mit der Geschwindigkeit $v = c$ von einem (kompakten) Stern auf und arbeitet gegen die potentielle Energie $U = -GMm/r$ der Gravitation an. Am Umkehrpunkt $r = R_S$ sind beide Energien vom Betrag her gleich groß: $mc^2/2 = GMm/R_S$. Obwohl die alte Korpuskulartheorie des Lichts falsch ist und die Newtonsche Theorie hier eigentlich nicht angewendet werden dürfte, heben sich die Fehler (über eine „Renormierung“ von m?) weg und man erhält das richtige Ergebnis für den Schwarzschild-Radius

$$R_S = 2GM/c^2 = 2{,}95\,(M/M_\odot)\,\mathrm{km}$$

als Grenzradius für den Einschluß von Photonen.
Kurz vor seinem Tod am 11. Mai 1916 konnte Karl Schwarzschild eine exakte Lösung der Einsteinschen Feldgleichung für das Gravitationsfeld im Außenraum eines kugelsymmetrischen Sterns ableiten. Diese Schwarzschild-Metrik enthält den Geometrie-Faktor $g_{00} = 1 - R_S/r$, der am Schwarzschild-Radius, d.h. für $r = R_S$, verschwindet.

9.2 Geschwindigkeitsbegrenzung im Kosmos

Auch bei einem Crash-Kurs in *Relativitätstheorie* gibt es keine „Freie Fahrt für freie Bürger“, im Kosmos gilt, im Gegensatz zu deutschen Autobahnen, eine Geschwindigkeitsbegrenzung: Die Geschwindigkeit eines Lichtstrahls im Vakuum ist stets $c \cong 300\,000$ km/s unabhängig von der Bewegung der Lichtquelle und des Beobachters.

Mag dieses Gesetz auch entgegen unserer Intuition sein, weil im Laufe der Evolution sich unser Wahrnehmungsapparat nicht auf solch rasante Geschwindigkeiten einstellen konnte, also keine Anschauung entwickeln konnte – heutzutage ist es experimentell direkt verifizierbar:

Dazu wird z.B. ein die „Kernkraft“ der starken Wechselwirkung vermittelndes Pion, das π^0-Meson, durch Streuung hochenergetischer Protonen an Atomkernen erzeugt, wobei es, relativ zum Laborsystem des Beschleunigers, eine nur geringfügig unter der Lichtgeschwindgkeit liegende Geschwindigkeit $v_\pi \approx c$ erhält. Das metastabile π^0 zerfällt $2 \cdot 10^{-16}$ s nach seiner Entstehung in zwei hochenergetische Photonen: $\pi^0 \to \gamma + \gamma$. Obwohl die „Lichtquelle“ dieser γ-Quanten, nämlich das π^0, sich selbst sehr schnell bewegt, ist die Geschwindigkeit beider Photonen auch im Laborsystem genau die von sichtbarem Licht, nämlich c. Auch eine mögliche Anisotropie der Lichtgeschwindigkeit beim Hin- und Rückweg zwischen zwei Spiegeln ist nach Messungen mit einem Helium-Neon-Laser im Mittel kleiner als $1{,}5 \cdot 10^{-15}$.

Bei großen Relativgeschwindigkeiten ist die Verbreitung einer lokalen Zeit nicht mehr selbstverständlich, sondern muß mittels einer *Synchronisation* erst vollzogen werden. Erst aufgrund einer solchen *Übereinkunft* weiß man dann, was in einem (und nur in diesem) sich gleichförmig bewegenden Rahmenwerk „gleichzeitig" heißt, wann also zwei Ereignisse mit verschiedenen räumlichen Koordinaten gleichzeitig eingetreten sind: Heutzutage werden moderne *Funkuhren*, in Anlehnung an Einsteins ursprünglichen Vorschlag, mit Licht- oder Radiosignalen unter Berücksichtigung der Laufzeiten synchronisiert.

Eine viel diskutierte Konsequenz der „Geschwindigkeitsbegrenzung im Kosmos" ist die von Einstein 1905 entdeckte *Relativität der Gleichzeitigkeit*.[3] Zwei Ereignisse, die in einem Bezugssystem (Bahndamm) gleichzeitig passieren, geschehen bezüglich eines zweiten Bezugssystem („ICE" der Bundesbahn), das sich mit der konstanten Geschwindigkeit v relativ zum ersten bewegt, zu verschiedenen Zeitpunkten [82, 81, 221, 260].

Mit Atomuhren, welche die Zeit auf Nanosekunden genau anzeigen, läßt sich heutzutage diese Relativität der Gleichzeitigkeit nachweisen. Dazu haben Hafele und Keating [115, 260] in ihrem Experiment von 1971 eine Atomuhr in Washington aufgestellt und sind mit jeweils einer identisch konstruierten weiteren Uhr mit kommerziellen Fluglinien in Ostrichtung bzw. in Westrichtung um die Erde geflogen. Subtrahiert man zusätzliche gravitative, also von der Schwerkraft verursachte Effekte, so bleibt immer noch genau die *Zeitdehnung* meßbar, welche aufgrund der „Geschwindigkeitsbegrenzung im Kosmos" quantitativ vorausgesagt werden kann. *Reisen erhält also jung!*

Aufgrund geringer Relativgeschwindigkeiten sind die Effekte dieser *Zeitdilatation* oder -dehnung nur klein. Für Myonen, welche mit ihren radioaktiven Zerfallsraten ideale Uhren darstellen, konnte eine ca. 30fache (!) Zeitdilatation auch für Relativgeschwindigkeiten nahe der Lichtgeschwindigkeit mit einer Genauigkeit von 0,1 % empirisch bestätigt werden , vgl. [192].

Im Bereich kosmischer Distanzen wird die Gültigkeit des Prinzips von der Konstanz der Lichtgeschwindigkeit scheinbar durch bestimmte quasistellare Radioquellen, *Quasar*e [*Quas*i-stell*ar* Radio Source] in Frage gestellt. So bewegt sich der Quasar 3C 345 [Numerierung nach dem dritten Cambridge-Katalog] zwar „nur" mit etwa der halben Lichtgeschwindigkeit von uns weg;

---

[3] Augustinus (354–430): „Was ist Zeit? Wenn mich niemand fragt, weiß ich es; will ich es einem Fragenden erklären, weiß ich es nicht mehr."

jedoch scheint sich von ihm ein Radioknoten mit siebenfacher(!) Lichtgeschwindigkeit wegzubewegen. Dieses Phänomen läßt sich durch die Annahme erklären, daß der Quasar wie eine Düse Plasmastrahlen, sog. *Jets*, beinahe mit Lichtgeschwindigkeit ungefähr in Beobachtungsrichtung ausstößt. Die relativistische Addition von Geschwindigkeiten, welche c als Grenzgeschwindigkeit respektiert, täuscht dann aufgrund einer perspektivischen Verzerrung eine Bewegung quer zur Sichtlinie mit scheinbarer Überlichtgeschwindigkeit vor, vgl. [176]. Auch in 41 000 Lj Entfernung, d.h. noch in unserer Milchstraße, sind vor kurzem mit dem VLA zwei Jets entdeckt worden, welche sich mit 1,25 c und 0,65 c voneinander wegbewegen. Dies läßt sich als „Mikroquasar“ deuten, der Plasmastrahlen mit 0,92 c, also fast mit Lichtgeschwindigkeit, unter einem Winkel von 70° zur Sichtlinie ausstößt [196]. Eine zweite, scheinbar „überlichtschnelle“ Radioquelle, deren Radiojets in Bild 9.2 gezeigt sind, ist GRO J1655-40 [307, 21].

Neuere Labormessungen [45] der Laufzeit von Mikrowellen in einem eingeschnürten Hohlleiter, welche unabhängig von der Länge dieser „Tunnelstrecke“

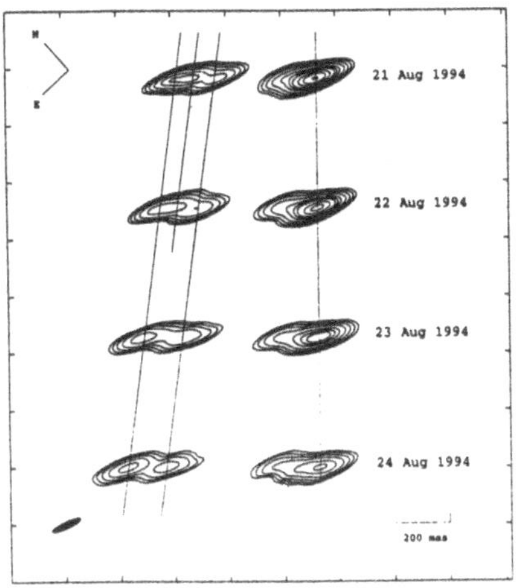

Bild 9.2
Zwei Radiojets in 10 000 bis 16 000 Lj Entfernung, welche sich mit 0,065″ pro Tag ausbreiten.

Kasten 9.2: Crash-Kurs in Spezieller Relativitätstheorie

Einer der Grundpfeiler der Speziellen Relativitätstheorie *[SRT] von Einstein [83, 260, 296] ist das* Prinzip von der Konstanz der Lichtgeschwindigkeit*: Die Geschwindigkeit eines Lichtstrahls im Vakuum ist stets* $c = 299\,792{,}458$ km/s *unabhängig von der Bewegung der Lichtquelle und des Beobachters. Diese „Geschwindigkeitsbegrenzung im Kosmos" hat Konsequenzen bei der Zeitmessung, wie man es anhand der einfachen, von Einstein erdachten* Lichtuhr *erkennt. Da hier ein hin- und herlaufendes Lichtsignal die „Unruhe" darstellt, genügt sie in jedem Inertialsystem den Prinzipien der Speziellen Relativitätstheorie. Bei einer wirksamen Länge von* $l = 15$ cm *beträgt die Dauer ihrer „Eigenperiode"* $\tau_0 = 2l/c \approx 10^{-9}$ s, *d.h. diese Uhr „tickt" alle Nanosekunden einmal.*
Eine Einstein-Uhr C bewege sich mit $v = (\sqrt{3}/2)\ c$*, das sind 86 % der Lichtgeschwindigkeit, an zwei gleichen, aber ruhenden Uhren A und B vorbei und benötigt dafür die* Eigenzeit $\Delta\tau$*, während bei den beiden ruhenden und synchronisierten Uhren die Zeit* $\Delta t = 2$ ns *verstreicht. Aufgrund der Konstanz der Lichtgeschwindigkeit gilt für den Lichtweg in der bewegten Uhr der* Pythagoreische Lehrsatz

$$(c\Delta\tau)^2 + (v\Delta t)^2 = (c\Delta t)^2 \quad \Longrightarrow \quad \Delta\tau = \sqrt{1 - v^2/c^2}\ \Delta t\,.$$

Im gleichförmig bewegten System unseres Beispiels finden wir

$$\Delta\tau = \sqrt{1 - (3/4)}\,2\ \text{ns} = 1\ \text{ns}\,,$$

d.h. die „bewegte" Uhr tickt nur einmal, wenn die „ruhenden" Uhren zweimal ticken. Man spricht von Zeitdilatation(-dehnung)*: Gleichförmig geradlinig bewegte Uhren gehen um einen Faktor* $\sqrt{1 - v^2/c^2}$ *langsamer als ruhende Uhren. Der Effekt ist wegen der Invarianz von* v^2 *gegenüber der Umkehrung* $v \to -v$ *der Bewegungsrichtung symmetrisch: von der bewegten Uhr aus gesehen geht die ursprünglich ruhende langsamer. Aus der Relativität der Gleichzeitigkeit folgt auch, daß die* Eigenlänge *eines vorbeiziehenden (sehr dünnen) Metermaßstabs um den gleichen Faktor* kontrahiert *ist. Ein ausgedehnter Körper wie z.B. ein „relativistisch" scharf getretener Fußball würde uns aber immer noch* kugelrund *erscheinen, da wir bei hohen Relativgeschwindigkeiten auch etwas „um die Ecke sehen" können [240, 260].*

ist, deuten auf eine überlichtschnelle[4] Phasengeschwindigkeit hin. Ob hier wirklich Kausalitätsproblemevorliegen, ist bislang nicht abschließend geklärt.

[4] Wer kennt es nicht, das alte Leid/ mit dieser Lichtgeschwindigkeit./ Sie soll – und nicht nur hier auf Erden –/ durch nichts je übertroffen werden.// Das sagt uns eine Theorie./ Und der sie schrieb, war ein Genie./ Doch nun geraten alle Schranken/ für die Geschwindigkeit ins Wanken.// Das Phänomen, um das es geht,/ es nennt sich: „Akausalität"./ Um das Verständnis zu erschweren,/ will ich's im folgenden erklären.// So gibt es manche Mikrowelle,/ die wandert ganz besonders

Kasten 9.2: Crash-Kurs in Spezieller Relativitätstheorie (Fortsetzung)

Auch die Addition von konstanten gleichförmigen Geschwindigkeiten u und v ist in der SRT nicht *mehr* linear, *sondern es gilt*

$$u' = (u + v)/[1 + uv/c^2] .$$

Die beiden Jets eines Quasars bewegen sich mit der Geschwindigkeit v voneinander weg. Für die Projektionen des abgestrahlten Lichts in Richtung der v-Achse gilt auf der Erde $u' = -c \cos\theta'$ bzw. $u = -c\cos\theta$ im Ruhsystem des Quasars. Aus der relativistischen Addition der Geschwindigkeiten folgt die von der relativistischen Aberration *bekannte Formel* $\cos\theta' = [\cos\theta - v_{\oplus}/c]/[1-(v_{\oplus}/c)\cos\theta]$. *Die trigonometrische Identität* $\tan(\theta/2) = \sqrt{(1-\cos\theta)/(1+\cos\theta)}$ *liefert für den halben Winkel die Beziehung*

$$\tan(\theta'/2) = \sqrt{(c+v)/(c-v)}\ \tan(\theta/2) .$$

Da für $0 < v < c$ die Quadratwurzel stets größer als eins ist, scheinen die Winkelabstände zweier Jets von der Erde aus mit Überlichtgeschwindigkeit auseinanderzuschießen, falls v und damit $(\theta/2)$ c nahe der Lichtgeschwindigkeit ist.
Für zwei in einem Gravitationsfeld U beschleunigte *Uhren mit Geschwindigkeiten $v_A > v_B$ relativ zur ruhenden Kontrolluhr C gilt $t_A = t_C\sqrt{1 - v_A^2/c^2}$ und $t_B = t_C\sqrt{1 - v_B^2/c^2}$. Das Verhältnis der Zeitdilatation hängt wegen $mv^2/2 \simeq -mU$ näherungsweise vom durchlaufenen Potentialunterschied ΔU ab:*

$$t_B/t_A \simeq 1 + ((v_A^2 - v_B^2)/2c^2) = 1 - \Delta U/c^2 .$$

Auch in die Gravitationsrotverschiebung $\Delta\nu/\nu = \Delta U/c^2$ von Spektrallinen geht dieser Faktor ein. Im Gravitationsfeld eines Sterns bzw. eines kugelsymmetrischen Schwarzen Loches gilt dann $\Delta\nu/\nu = (R_S/2r)$.

---

schnelle,/ und zwar vor allem – wie man hört –/ wenn jemand ihren Weg versperrt.// Kommt eine Potentialbarriere/ ihr beispielsweise in die Quere,/ dann sollte niemand etwa denken,/ dies könnte sie vom Wege lenken.// So dick ein Hindernis auch sei,/ der Welle ist's stets einerlei./ Noch eh' man's ahnt, hat sie gewitzt,/ den längsten Tunnelberg durchflitzt.// Und kaum verließ sie ihre Quelle,/ so ist sie schon an Ort und Stelle,/ an ihrem Ziele angekommen./ Wie schafft sie das? fragt man beklommen.// Kaschiert sie doch auch recht gescheit/ die Aufenthaltswahrscheinlichkeit/ auf ihrer heimlich flotten Reise./ Und sie erreicht auf diese Weise,// daß ihrer höchstens dann und wann/ man mühsam habhaft werden kann./ So – mag man's glauben, oder nicht –/ ist sie oft schneller als das Licht!/ Das Dogma der Kausalität/ wird dabei keck von ihr verdreht./ Doch kann sie's noch so schelmisch treiben –/ man wird ihr auf den Fersen bleiben.// Und ihr Geheimnis, wie wir hoffen,/ das steht uns eines Tages offen./ Vielleicht hat sie uns nur geneckt?/ Vielleicht wird Großes bald entdeckt? *Elke Meyer.*

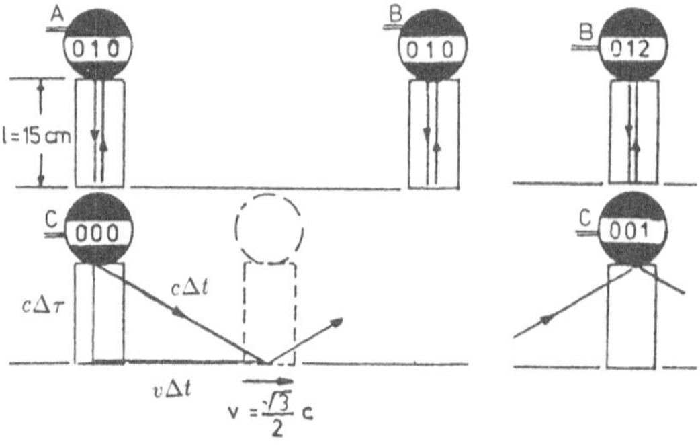

Bild 9.3 Einsteins Lichtuhr

Während bei Newton der Raum und die Zeit für sich absolut sind, wie in der unmittelbaren Anschauung des Erwachsenen, gilt dies bei Einstein wegen der Relativität der Gleichzeitigkeit nicht mehr. In einem Vortrag [194] in Köln 1908 formulierte das Hermann Minkowski so: „Von Stund an sollen Raum für sich und Zeit für sich völlig zu Schatten herabsinken und nur noch eine Art Union der beiden soll Selbständigkeit bewahren."

9.3 Äquivalenzprinzip und Raumzeit-Krümmung

Es zeigt sich, daß in der ART die Gravitation nicht in Analogie zum Newtonschen Gravitationspotential durch eine äußere Kraft vermittelt wird, die in der vorgegebenen Raumzeit wirkt – so wie dies beim Elektromagnetismus der Fall ist. Vielmehr ist sie ein Ausdruck der Krümmung der Raumzeit selbst und deshalb mit der Geometrie der Raumzeit engstens verknüpft. Wenn wir die Raumzeit der SRT, in der die Schwerkraft „abgeschaltet" ist, mit einer (flachen!) Ebene in Analogie setzten, dann wäre die Raumzeit der ART mit einer zweidimensionalen Hügellandschaft zu vergleichen, wobei die Krümmungen der Hügel ein Maß für die Stärke der Gravitation wäre. Die „Flachmänner" bei Kippenhahn [154] könnten die Krümmung dann nur – wie der (vom 10-DM-Schein bekannte) Mathematiker Carl Friedrich Gauß früher bei seiner Triangulation der Erdoberfläche – an der Winkelsumme von geodätischen Dreiecken feststellen. Die Raumzeit beteiligt sich am Wechselspiel von actio und reactio, von Wirkung und Gegenwirkung, und wird selber dynamisch: John A. Wheeler spricht von einer *Geometrodynamik.*

Es ist eine ganz „unschuldig" aussehende Tatsache, die Einstein, der besonders von den Vorstellungen Machs beeinflußt war, den Fingerzeig gegeben hat, daß Gravitation etwas mit Geometrie zu tun hat: die *Gleichheit* von träger und schwerer Masse, *unabhängig* von deren Zusammensetzung – ein experimentell sehr genau nachgeprüftes Faktum. Dabei ist die *träge* Masse der Proportionalitätsfaktor im Newtonschen Bewegungsgesetz, während die *schwere* Masse im Gravitationsgesetz vorkommt. Dies blieb im Rahmen der Newtonschen Mechanik unverstanden.

Versetzen Sie sich – in Gedanken(!) – in den Aufzug eines Gebäudes, dessen Halteseile durchgetrennt werden, beispielsweise durch einen starken Laser: Dann fällt der Aufzug frei, und Sie fallen auch frei, d.h. im freifallenden Bezugssystem ist die Gravitation nicht mehr spürbar, sie erweist sich *lokal* als Scheinkraft.

Um sich nicht nur mit den Einsteinschen Gedankenkonstruktionen zufrieden geben zu müssen, gibt es heutzutage für starke Nerven das Bungee-Springen. Oder man könnte versuchen, einen „Flug" im Bremer Fallturm am Institut für Mikrogravitation [69] zu buchen, wo die Fallkapsel nach 4,5 Sekunden Fallzeit in einer 110 m langen Vakuumröhre sanft in „Schaumgummikissen" landet. Bequemer ist es, sich der Situation eines Astronauten im Raumlabor zu erinnern, das frei um die Erde fällt. Wir alle haben wohl schon vom Fernsehsessel aus verfolgt, wie ein solcher Astronaut in seinem lokalen Inertialsystem schwebt und dort für längere Zeit Material- und biologische Forschung bei *Schwerelosigkeit* betreiben kann. Der „Einstein-Aufzug" ist also längst Realität geworden.

Nach dem Einsteinschen *Äquivalenzprinzip* läßt sich Gravitation durch Beschleunigung lokal simulieren. Das hat zur Folge, daß alle Körper im Vakuum gleich schnell[5] fallen. Uhren gehen in einem Gravitationsfeld langsamer, auf dem 25 m hohen Dach eines Hochhaus um den Faktor 10^{-15}, auf der Sonne um 10^{-6}. Reale Gravitationsfelder wie das der Erde lassen sich durch Beschleunigung zwar lokal, aber nicht global simulieren. Die dafür nötigen „rechtwinkligen Einstein-Aufzüge" überdecken den Außenraum nicht vollständig. In der zweidimensionalen Veranschaulichung ähneln sie flachgedrückten Teilstücken einer aufgeschnittenen Apfelsinenschale. Für die Überdeckung mit

[5] „Ich überlech noch so, nä, un dann sarich, Willi, weiße watt? Gezz gehstu ma im Gaaten un ich bleib hier ohm un dann tu ich ma dem Albert Einstein seine Idee, die de Welt so verändert hat, tu ich die ma ausprobieren. Ich schmeiß dir nemmich ersma en Killo Watte auffem Kopp un dann en Killo Blei, un dann sachstu mir ma, watt relativ weher tut – fallze dattann noch sagen kannz. Un dann streckich nemmich aumma so de Zunge raus wie der immer!" [125].

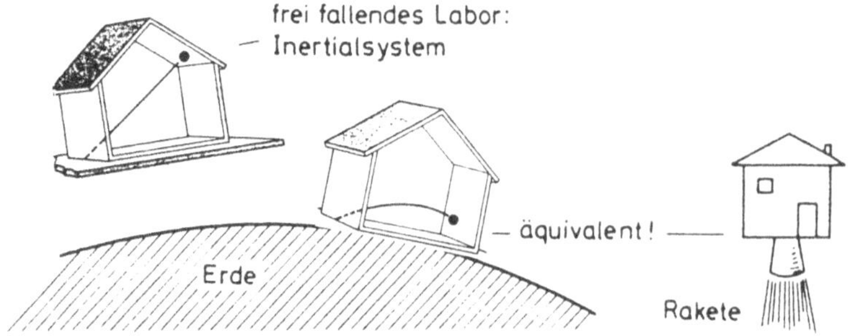

Bild 9.4 Gravitation und beschleunigte Weltraumstationen („Einstein-Aufzug")

einem lückenlosen „Patchwork" müßte man den Außenraum der Erde „verbiegen", d.h. die Raumzeit ist bei Anwesenheit eines *realen* Gravitationsfeldes *gekrümmt.*

Bei dem Vorbeiflug der Raumsonde Voyager 1 am Saturn hat man 1980 die Zeitdilatation im Gravitationsfeld des Riesenplaneten mit einer an Bord befindlichen, sehr genauen und gut abgeschirmten Quarzuhr überprüft. Diese Uhr wurde mit Radiosignalen bei 2,36 GHz „abgelesen", welche beim Durchgang durch den gravitativen Potentialtopf aufgrund der Gravitationsrotverschiebung eine Verstimmung um wenige Hertz erfahren sollte [161]. Die Messungen stimmten bis auf einen Fehler von 1 % mit der Vorhersage der Einsteinschen Theorie überein.

Auch das Zustandekommen der Lichtablenkung am Rande der Sonne läßt sich anhand des Einsteinschen Aufzuges demonstrieren. Solange der Aufzug frei fällt oder bei Schwerelosigkeit ruht, d.h., ein Inertialsystem darstellt, geht ein Lichtstrahl *geradlinig* durch ihn hindurch. Wird der Aufzug aber z.B. nach oben *beschleunigt,* so erscheint das Licht aus der Sicht des mitbewegten Beobachters nach unten gekrümmt. Nach dem Äquivalenzprinzip muß an dem Lichtstrahl die gleiche Wirkung eintreten, wenn der Aufzug in einem nach unten gerichteten Gravitationsfeld ruht. Das Licht erfährt also eine Ablenkung auf das Gravitationszentrum hin.

9.4 Raumzeit eines kollabierenden Sterns

Bei dem Gravitationskollaps eines genügend großen erkalteten Sterns kann man den Einschluß von Licht studieren. Sobald der Stern nur noch das 1,5fache des Schwarzschild-Radius erreicht hat, können tangential emittierte Photonen den Stern nicht mehr verlassen, sie sind schon in einem Lichtring „gefangen“. Bei fortschreitendem Kollaps verengen sich die Lichtkegel dann weiter, bis am Schwarzschild-Radius R_S kein Licht mehr entweichen kann. Der amerikanische Physiker John Archibald Wheeler hat 1967 auf einer Konferenz daher den Namen *Black Hole* [$\hat{=}$ Schwarzes Loch] für eine solche Sternkonfiguration vorgeschlagen [334, 219, 337].

Schon bei Neutronensternen ist die Raumzeit so stark deformiert, daß eine geringe Vergrößerung der Masse genügen würde, um einen Ereignishorizont zu formieren, aus dem nicht einmal Licht entweichen könnte. Es ist kaum vorstellbar, daß die Natur diesen stetigen Übergang zum Schwarzen Loch immer vermeiden kann [326].

Nachdem der Stern seinen nuklearen Brennstoff verbraucht und seine thermische Energie abgestrahlt hat, kann man ihn in einer gewissen Idealisierung als Kugel mit dem Radius R auffassen, welche mit kaltem ^{56}Fe-Staub von *konstanter* Dichte ρ_0 angefüllt ist. Um in unserem grundsätzlichen Argument Komplikationen spezieller kernphysikalischer Wechselwirkungen zu vermeiden, soll weiterhin ein *verschwindender* Druck p angenommen werden. Dann stürzt dieser „Staub“ aufgrund seiner Eigengravitation im freien Fall in sich zusammen.

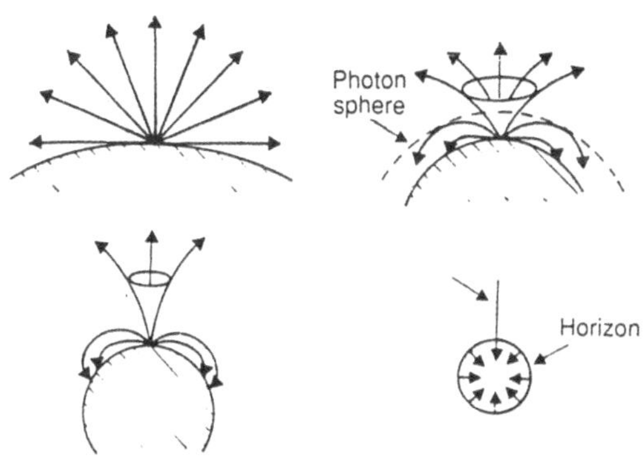

Bild 9.5
Sich verengende „Lichtkegel“ und die Bildung einer Photosphäre bei einem vollständig kollabierenden Stern

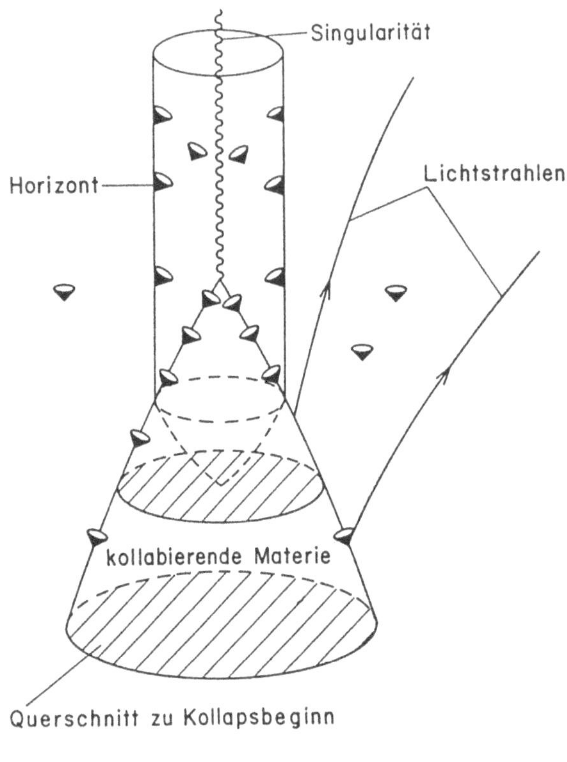

Bild 9.6 Raumzeit-Diagramm beim Gravitationskollaps eines kugelsymmetrischen Sterns. Die Zeit schreitet nach oben voran, der Stern ist in diesem zweidimensionalen „Fahrplan“ nur eine kreisförmige Scheibe.

Bild 9.6 zeigt den Kollaps eines Sterns mit einem Anfangsradius von 10 R_S. Es wird deutlich, wie sich für $r \overset{\rightarrow}{>} R_S$ die lokalen Lichtkegel verengen. Am Ort des Schwarzschild-Radius zeigen alle in die Zukunft gerichteten Lichtkegel in das Innere, die Fläche $r = R_S$ bildet einen *Ereignishorizont*. Im Inneren des Loches, also im Bereich $r < R_S$ vertauschen hingegen zeitliche und radiale Koordinate ihre Rollen, eine Art „Ball Paradox". Genausowenig, wie es möglich ist, die Zeit „anzuhalten", könnte dort ein Beobachter an einem festen „Radius" verharren, auch wenn er beliebig große Kräfte aufwandte. Der vollständige Kollaps der Staubteilchen ins Zentrum $r = 0$ ist aufgrund der Raumzeit-Struktur mit vertauschten Rollen von Zeit und Raum unausweichlich.

Am Ereignishorizont weist die Schwarzschildsche Raumzeit eine sog. Koordinatensingularität auf, welche durch eine geschickte Koordinatenwahl behoben werden kann. Daher würde ein (wegen der Gezeitenkräfte nicht zu dickleibiger) Beobachter selbst in der Nähe des Gravitationsradius nichts besonderes bemerken, außer das tangential zur Oberfläche abgesandte Licht- oder Radiosignale bei 1,5 R_S nach einem vollen Umlauf zu ihm zurückkehren, ähnlich wie bei einem gebogenen Lichtleiter.

In einem geeigneten neuen Koordinatensystem bleibt der Öffnungswinkel der Lichtkegel immer 45° und offenbart damit auch für $r = R_S$ die lokal flache Minkowski-Struktur dieser Raumzeit. Global betrachtet sind jedoch die Lichtkegel der lokalen Bezugssysteme immer nach innen geneigt und erzeugen damit für $r = R_S$ eine Art *semipermeable Wand* für jedwede Materie; selbst Photonen bleibt im Inneren dieses kugelsymmetrischen, geschlossenen *Ereignishorizonts* gefangen, genau so wie es Michell und Laplace vorhergesehen haben! Ein leicht vergrößerter und damit „gestreckter" Horizont verhält sich ähnlich wie eine zweidimensionale Membran aus dickflüssiger, elektrisch geladener und leitender Flüssigkeit [304].

Die Materie als solche stürzt innerhalb einer kurzen Eigenzeit in den Ursprung und entwickelt, diesem einfachen Modell zufolge, eine nicht-hebbare Singularität (der Dichte und) der Raumzeit-Krümmung an der Stelle $r = 0$. Dieser Anblick bleibt aber einem fernen Betrachter wegen des Auftretens eines Horizontes erspart. Dies gilt auch für allgemeinere Konfigurationen, falls dann immer noch das Postulat einer sog. *kosmischen Zensur* zutrifft.

Die Eigenschaften eines kollabierenden Sterns lassen sich noch deutlicher im Grenzfall einer unendlichen großen Kugel, wie beim Modell des Staubkosmos, studieren.[6]

Für einen mitbewegten Beobachter dauert der freie Fall in das Kollapszen-

[6] „The Black Hole provides an experimental model of the Crunch that many versions of cosmology predict at the end of time for us, the universe, and all in size between", John A. Wheeler [338].

Kasten 9.3: Kollaps eines erkalteten Sterns

Einfache Verhältnisse liegen vor, wenn man beim Kollaps eines erkalteten Sterns, z.B. einer Eisenkugel aus ^{56}*Fe am Endpunkt der nuklearen Entwicklung, nichtgravitative Kräfte, den Druck und Stöße der Teilchen untereinander vernachlässigt. Die durch ihre infinitesimalen quadrierten Abstände zweier Raumzeit-Punkte charakterisierte* innere Lösung *der Einsteinschen Feldgleichung*

$$ds^2 = \frac{R_0^3}{8M}(1+\cos\eta)^2[-d\eta^2 + d\chi^2 + \sin^2\chi(d\theta^2 + \sin^2\theta\, d\varphi^2)$$

stellt einen Teil eines staubgefüllten Friedmann-Kosmos *dar und läßt sich glatt an die* äußere Schwarzschild-Lösung

$$ds^2 = -(1 - R_S/r)c^2dt^2 + (1 - R_S/r)^{-1}dr^2 + r^2d\Omega^2$$

eines kugelsymmetrischen *Sterns mit* $d\Omega^2 := d\theta^2 + \sin^2\theta\, d\varphi^2$ *anschließen. Beim Kollaps verringert sich der Radius der Kugel in Abhängigkeit eines* zeitartigen *Zykloidenparameters* η *gemäß* $R(\eta) = R_0(1 + \cos\eta)/2$.
Bereits anhand der Euklidischen Metrik $ds^2 = dx^2 + dy^2$ *der (flachen!) Ebene läßt sich ein einfaches Beispiel für eine* Koordinatensingularität *konstruieren: Nach dem Koordinatenwechsel* $x \to z := x^3/27$ *mit* $dx = z^{-2/3}dz$ *ist die transformierte Metrik* $ds^2 = (1/z)^{4/3}dz^2 + dy^2$. *Auf der y-Achse, d.h. für* $z \to 0$, *ist sie singulär, weil eine Komponente gegen unendlich strebt. Der Krümmungstensor, der sich kovariant unter Koordinatenwechseln transformiert, ist immer noch null wie es sich für eine Ebene gehört.*

trum bei einem Stern von der mittleren Dichte der Sonne, welche ja das 1,4fache der Dichte des Wassers bei Raumtemperatur ist, nur eine halbe Stunde! Besser ergeht es dem in sicherer Entfernung von der Sternkatastrophe befindlichen Beobachter, welcher seine Uhr mit der Koordinatenzeit synchronisiert hat. Für ihn vergeht hingegen unendlich viel Zeit, bis die Sternoberfläche sich dem Schwarzschild-Radius genähert hat. Diesem fernen Beobachter erschiene daher die weitere Entwicklung des Sterns wie „eingefroren", daher manchmal auch die Bezeichnung „frozen star", insbesondere in der russischen Literatur. Ein Schwarzes Loch erstarrt nicht in einem Gleichgewichtszustand, den es ja nicht gibt, sondern aufgrund der Zeitdilatation erscheint es für einen weit entfernten Beobachter wie in einem „Zeitstopp", als wenn man den Sprung eines Springers vom Turm mit der Videokamera gefilmt hat, den Bewegungsablauf in der Zeitlupe und schließlich in der Einzelbildschaltung studiert, so daß der

Kasten 9.3 : Kollaps eines erkalteten Sterns (Fortsetzung)

Die Singularität eines Schwarzen Loches am Schwarzschild-Radius $R_S = 2GM/c^2$ ist von diesem (hebbaren) Typ und daher nur scheinbar; beim Übergang zu Eddington-Finkelstein-Koordinaten $t \to \tilde{t} = t + r + R_S \ln |r/R_S - 1|$ geht die Schwarzschild-Metrik für den Außenraum des Sterns in $d\tilde{s}^2 = -(1 - R_S/r)c^2 d\tilde{t}^2 + 2cd\tilde{t}dr + r^2 d\Omega^2$ über. In diesen Koordinaten ist die Metrik nicht mehr singulär für $r = R_S$, sondern nur noch „entartet", da die Zeitkomponente dort verschwindet. Ein Koordinatensystem, welches die Schwarzschild-Raumzeit vollständig überdeckt, ist von M.D. Kruskal angegeben worden [197].

Für $r \overset{\to}{>} R_S$ beginnen sich die lokalen Lichtkegel, welche in der äußeren Geometrie durch $ds^2 = 0$ bestimmt sind, ihren Radius gemäß $dr/dt = \pm(1 - R_S/r)$ zu verengen. Während für $r > R_S$ das Gravitationsfeld dem Birkhoffschen Theorem zufolge statisch sein muß, tauschen innerhalb des Horizontes, d.h. im Bereich $r < R_S$, die Koordinaten t und r ihre Rollen, und die Lösung wird formal zeitabhängig.

Für ein Teilchen auf der Sternoberfläche bzw. für einen unglücklicherweise mitbewegten Beobachter dauert der freie Fall in das Kollapszentrum nur die relativ kurze Eigenzeit von $\tau_c = -(2R_S/3c)\,(R_0/R_S)^{3/2} \simeq 0{,}5\sqrt{\rho_\odot/\rho_c}$ h, welche nur von der Dichte ρ_c abhängt.

Für einen weit entfernten Beobachter dauert der Kollaps des Sterns unendlich lange; aufgrund der Gravitationsrotverschiebung $z := \Delta\lambda/\lambda = \exp(ct/2R_S)$ des abgestrahlten Lichts nimmt jedoch dessen Leuchtkraft gemäß $L_{SL} \sim \exp(-2ct/3\sqrt{3}R_S)$ exponentiell ab, und er erscheint daher bald völlig schwarz.

Springer die Wasseroberfläche, unser Analogon für den Ereignishorizont, nie erreicht.

Aufgrund der Gravitationsrotverschiebung des abgestrahlten Lichts nimmt jedoch dessen Leuchtkraft exponentiell ab, und zwar mit der sehr kurzen „Halbwertszeit" von $2{,}5 \cdot 10^{-5}\,(M/M_\odot)$ s. Danach erscheint die Oberfläche des Sterns praktisch als schwarz. Sinnvollerweise nennt man einen vollständig kollabierten Stern ein *Schwarzes Loch* [SL]. Da dessen äußere Raumzeit-Geometrie mit einem Ereignishorizont ausgestattet ist, bleibt das Innere unbeobachtbar und ist daher astrophysikalisch nicht mehr relevant.

In einer *zweidimensionalen Veranschaulichung* des kugelsymmetrischen Kollapses entsteht zunächst eine kaum merkliche Delle in der räumlichen „Hyperfläche", die sich mit zunehmender Verdichtung der Sternmaterie und der damit einhergehenden wachsenden Raumkrümmung zu einem Trog vertieft, um sich schließlich wie ein Tropfen zu einem eigenen kugelförmigen, geschlossenen Kosmos abzuschnüren. Aufgrund der Ausrichtung der lokalen Lichtkegel nach innen können weder Teilchen noch Lichtquanten den zunächst fortbestehenden engen Verbindungshals zum Außenraum überwinden. Daher gibt es auch nicht die Möglichkeit des „Reality TVs“, d.h. ein Reporter am Ort des Geschehens kann den Außenstehenden über seine halbstündigen „Erfahrungen“ im Schwarzen Loch nicht per Funk oder Fernsehen berichten. Ähnlich wie bei einer halbdurchlässigen Membran herrscht bei einem Schwarzen Loch also „Einbahnverkehr“, und zwar nach innen.

Gravitationswellen treten in diesem idealisierten Modell *nicht* auf. Bei einem exakt *kugelsymmetrischen* Kollaps wird die freiwerdende Gravitationsenergie vollständig in die kinetische Energie des Einsturzes umgewandelt, so daß ein entfernter Beobachter mit einem Gravitationswellendetektor kein bemerkenswertes Ereignis registrieren würde.

9.5 Die Suche nach Schwarzen Löchern

Bei Sternen oberhalb von 18 bis 30 $M_\odot$ wird angenommen, daß sie am Ende ihrer Entwicklung als Supernovae explodieren, wobei der zentrale Kern zeitlich verzögert bzw. sogar prompt zum Schwarzen Loch kollabiert [44].

Die charakteristische Eigenschaft von Masse einsammelnden Neutronensternen und Schwarzen Löchern ist die Emisssion von Röntgenlicht im Energiebereich von keV, das entspricht einem Bereich um 1,24 nm Wellenlänge. Normale Sterne und sogar Weiße Zwerge können selbst imEddington-Grenzfall[7] der Strahlungsleistung nur UV-Licht von 10 bis 100 eV ausstrahlen, weil aufgrund der großen Radien die beim Einfall freigesetzte gravitative Bindungsenergie zu gering ist.

Wie unterscheidet man aber, ob der Masseneinfall bei einem Neutronenstern und einem Schwarzen Loch stattgefunden hat? Ein Neutronenstern hat meist ein starkes mitrotierendes Magnetfeld, welches den Masseneinfall von ionisierter Materie entlang der Feldlinien kanalisiert und zu periodischen Röntgensignalen führt. Der Röntgen-Pulsar Hercules X-1 ist dafür ein Beispiel. Ein nicht-rotierendes Loch kann kein Magnetfeld besitzen, das Feld würde sonst unter der enormen Schwerkraft „zusammenbrechen“. Daher sind von Schwarzen Löchern irregulär fluktuierende Röntgenblitze zu erwarten, wobei der Frequenzabfall der Periode der letzten stabilen Keplerbahn bei $r = 3R_S$

[7] Im Eddington-Grenzfall $L_{Edd} = 34\,000(M/M_\odot)L_\odot$ hält der Strahlungsdruck der ausgehenden Photonen über Compton-Stöße mit den Atomen der Sternatmosphäre der Schwerkraft gerade dic Waage.

entspricht. Allerdings hat man jetzt auch bei Weißen Zwergen, welche in Magnetfeldern und Akkretionsscheiben eingebettet sind, schnelle nichtperiodische Signale gefunden, so daß das Kriterium der Irregularität nicht ausschließlich den Schwarzen Löchern vorbehalten ist.

Warum werden Schwarze Löcher gerade in Doppelsternsystemen gesucht? Bei einem Doppelstern kann man aus den Keplerschen Gesetzen auf die Masse des unsichtbaren Begleiters schließen und damit bei Überschreiten der Grenzmasse auf ein Schwarzes Loch. Allerdings ist aus der Messung der Doppler-Verschiebung oft nur die Massenfunktion[8] des Systems bekannt, welche einen vom Modell unabhängigen *unteren* Grenzwert für die Masse des unsichtbaren kompakten Begleiters darstellt [186].

Bei sechs Röntgendoppelsternen läßt sich aus der Massenfunktion abschätzen, daß der kompakte Begleiter größer als 3,23 $M_\odot$ ist, die kanonische Obergrenze für die Masse von Neutronensternen, und damit gute SL-Kandidaten.

Röntgen-doppel-stern	**Massen-funktion** $\mathcal{M}$ $[M_\odot]$	**SL-Kan-didat** M_X $[M_\odot]$	**Be-gleiter** $[M_\odot]$	**Halb-achse** $[R_\odot]$	**Umlauf-periode**
Cygnus X-1	0,25	16 ± 5	~ 30		5,6 d
A 0620-00	2,91	10	0,6	4,3	7,752 h
LMC X-3	2,3	9	6		1,7 d
V 404 Cygni	6,26	12	0,7	34	6,5 d

Das Doppelsternsystem A 0620-00 ist im weichen Röntgenlicht eine veränderliche Quelle, eine Röntgen-Nova. Alle 10 bis 50 Jahre erfolgen gewaltige Strahlungsausbrüche im Röntgenbereich. Im Jahre 1975 war es mit einer Leistung von 10^{31} W zwei Monate lang die hellste Röntgenquelle am Himmel. Aus den Schwankungen des Begleiters von A 0620-00 ist die Masse des Schwarzen Lochs neuerdings mit 10 $M_\odot$ bei einer Inklination der Bahnebene von 37° abgeschätzt worden [215]. Bei dem System A 0620-00 reicht schon fast die Massenfunktion von 2,9 $M_\odot$ aus, um mit einiger Sicherheit einen Neutronenstern als kompakten Begleiter ausschließen zu können.

Das System LMC X-3 liegt in der 163 000 Lj entfernten Großen Magellanschen Wolke. Allerdings kann hier ein Modell mit einem schweren Neutronenstern nicht ganz ausgeschlossen werden.

Schnelle Fluktuationen in der Röntgenintensität sind nicht nur bei Röntgendoppelsternen mit einem Schwarzen Loch als Begleiter, sondern auch bei *Aktiven Galaxienkernen* [AGN ≙ *A*ctive *G*alactic *N*uclei] zu beobachten.

---

[8] Die Massenfunktion $\mathcal{M} = (M_X \sin\iota)^3/(M_X + M_{opt})^2$ hängt von der Inklination ι der Bahnebene des Doppelsternsystems relativ zur Sichtlinie ab.

9.6 Die Schwarzen Löcher im Schwan

Die Röntgenquelle Cygnus X-1 im Sternbild Schwan zeigt keine regelmäßigen Impulse wie der Röntgen-Pulsar Hercules X-1 und ist mit $3 - 4 \cdot 10^{30}$ W eine sehr leuchtkräftige „Röntgenröhre". Beide wurden von dem am 12. Dezember 1970 gestarteten Satelliten Uhuru entdeckt. Das Signal von Cyg X-1 fluktuiert innerhalb von Tausendstelsekunden, ein direktes Anzeichen für eine sehr kompakte Röntgenquelle kleiner als 1/1000 Ls $\simeq$ 300 km. (Zum Vergleich: Die letzte stabile Umlaufbahn eines Teilchens in einem extrem schnell rotierenden Schwarzen Loch dauert nur 0,64 ms.)

Verschiedene Arbeitsgruppen haben die Position der Röntgenquelle Cygnus X-1 bestimmt. Es handelt sich um ein Doppelsternsystem, bei dem der größere Begleiter mit dem jungen, leuchtkräftigen Überriesen HDE 226868 von 13^m scheinbarer Helligkeit identifiziert werden konnte.

Aus Doppler-Verschiebungen konnte man die Radialgeschwindigkeit von $v_r = 75$ km/s ablesen, was einer Umlaufgeschwindigkeit von gleicher Größe und einer Periode von 5,6 Tagen entspricht. Die Bahnebene des Doppelsternsystems ist mit 30° zur Sichtlinie geneigt, es gibt daher keine Bedeckung. Als wahrscheinlichster Wert der Masse für den unsichtbaren Begleiter gilt heute $M_X = 16\ M_\odot$. Dies liegt sogar weit oberhalb der absoluten Grenzmasse von Neutronensternen; daher ist dieses Objekt mit einiger Sicherheit ein Schwarzes Loch.

Jedoch mißt M_X nur die Gesamtmasse, um den der Überriese kreist. Das System hätte im Prinzip auch Platz für zwei Begleiter, so daß M_X z.B. aus einem 8 $M_\odot$ schweren Stern vom Typ B mit unsichtbarem Spektrum in engem Umlauf um einen Neutronenstern bestehen könnte [285]. Ein solches *Dreifachsternsystem* kann für Cygnus X-1 nicht vollständig ausgeschlossen werden.

Im harten Röntgenlicht besitzt die 1989 entdeckte und 7000 Lj entfernte Übergangsquelle V404 Cygni ein ähnliches Spektrum wie Cygnus X-1 in einem gering aktiven Zustand. Aus der Doppler-Verschiebung der Spektrallinien der sichtbaren Komponente läßt sich eine Umlaufgeschwindigkeit des kompakten Begleiters von 210 km/s und eine Massenfunktion von 6,3 $M_\odot$ ableiten. Diese Untergrenze für die Masse des kompakten Begleiters liegt allein schon weit über der kanonischen Obergrenze von Neutronensternen; bei einer Neigung der Bahnebene von 56° kommt man auf 12 $M_\odot$ für den kompakten Begleiter [215]. Damit ist V404 Cygni der bislang beste SL-Kandidat in einem Röntgendoppelstern. Selbst einige Anzeichen für einen zweiten Begleiter von unter 0,5 $M_\odot$ beeinträchtigen nicht diesen *indirekten* Nachweis eines stellaren

Schwarzen Loches [285]. Es wird vermutet, daß es in der Milchstraße 100 bis 300 solcher SL-Kandidaten gibt.

9.7 Rotierende Schwarze Löcher

Über den Kollaps eines Sterns unter realistischen Bedingungen ist noch recht wenig bekannt. Insbesondere müßten eine von der Kugelsymmetrie abweichende Massenverteilung, die Eigenrotation des Sterns, elektrische und magnetische Felder, Abstrahlung von Protonen und anderer Teilchen, Schockwellen, thermonukleare Prozesse, sowie weitere relativistische Korrekturen in detaillierten Computermodellen untersucht werden. Nach einer Arbeitshypothese von Kip S. Thorne soll die Entstehung von Schwarzen Löchern bei einem nichtsphärischen Kollaps dann gewährleistet sein, falls sich die Materie so in eine Form pressen läßt, daß sie durch einen Hula-Hoop-Reifen von $2\pi R_S$ Umfang hindurchpaßt, vgl. [184].

Dies legt insbesondere die Frage nahe, ob z.B. die Eigenrotation und der damit verbundene beträchtliche Drall eines Sterns den vollständigen Gravitationskollaps aufhalten kann? Unter sehr allgemeinen Bedingungen, wie positiver Energie und der Kausalitätsbedingung, daß keine geschlossenen, zeitartigen Kurven auftreten, jedoch unabhängig von der Kugelsymmetrie, konnten Roger Penrose und Stephen Hawking 1969 aus der Raumzeit-Struktur der Einsteinschen Feldgleichungen ableiten, daß im Endzustand des Kollaps *Singularitäten* unausweichlich sind.

Die Frage stellt sich dabei: Welches Ergebnis hat der Gravitationskollaps eines Sterns, der einen Eigendrehimpuls J und eine Nettoladung Q besitzt und möglicherweise von Magnetfeldern umgeben ist? Dieses Problem hängt eng mit einer zweiten Frage zusammen: Wieviel verschiedene Typen von Schwarzen Löchern könnten der Theorie nach existieren? Roy P. Kerr fand 1963 eine Lösung der Einsteinschen Feldgleichung, welche den Außenraum einer allgemeineren Klasse von Schwarzen Löchern beschreibt. Diese Lösung wurde 1965 von Ted Newman und Mitarbeitern verallgemeinert und ist durch genau drei Parameter charakterisiert:

1. Gesamtmasse M,
2. elektrische Ladung Q und
3. Drehimpuls J, wie er von einem unendlich weit entfernten Beobachter gemessen wird.

Kasten 9.4: Raumzeit eines rotierenden Schwarzen Loches

In den Boyer-Lindquist-Koordinaten wird die stationäre Kerr-Newman-Lösung *der ART [197] durch das Linienelement*

$$ds^2 = -\frac{\Delta}{\rho^2}\left[cdt - \frac{J}{Mc}\sin^2\theta d\phi\right]^2 + \frac{\sin^2\theta}{\rho^2}\left[(r^2 + \frac{J^2}{M^2c^2})d\phi - \frac{J}{Mc}dt\right]^2 + \frac{\rho^2}{\Delta}dr^2 + \rho^2 d\theta^2$$

beschrieben. Dabei ist $\rho^2 := r^2 + (J/Mc)^2 \cos^2\theta$ *eine elliptische Koordinate und wegen* $\Delta := r^2 - R_S + (J/Mc)^2 + Q^2$ *verallgemeinert* Δ/ρ^2 *den Schwarzschild-Faktor* $(1 - R_S/r)$. *Das magnetische Dipolmoment ist* $\mu = 2(Q/2Mc)J$. *Daher ist das gyromagnetische Verhältnis eines Schwarzen Loches genau 2, wie beim Elektron.*
Der Bereich der Ergosphäre *ist zwischen dem kugelsymmetrischen* Horizont *bei* $r_H = R_S/2 + \sqrt{R_S^2/4 - Q^2 - (J/Mc)^2}$ und der statischen Grenze *bei* $r_{SG} = R_S/2 + \sqrt{R_S^2/4 - Q^2 - (J/Mc)^2 \cos^2\theta}$ *angesiedelt. Aufgrund der* $\cos^2\theta$*-Abhängigkeit ist die Ergosphäre durch ein Rotationsellipsoid begrenzt.*
In Analogie *zu* $E^2 = m^2c^4 + \vec{p}^{\,2}c^2$ *setzt sich die Gesamtmasse M eines rotierenden Schwarzen Loches aus der* irreduziblen Masse M_{irr}, *der Ladung Q und dem Drehimpuls* $J \leq GM^2/c$ *gemäß der quadratischen Relation*

$$M^2 = \left(M_{irr} + Q^2/4M_{irr}\right)^2 + (Jc/2GM_{irr})^2$$

zusammen. Für die Abstrahlung von Gravitationswellen ist sein Quadrupolmoment (J^2/Mc^2) *verantwortlich.*

Allerdings würde eine Nettoladung Q durch das umgebende Plasma schnell durch Ströme ausgeglichen werden. Die Rotationsgeschwindigkeit des Schwarzen Loches und damit J ist dadurch nach oben begrenzt, daß seine „Oberflächengeschwindigkeit" die Lichtgeschwindigkeit nicht überschreiten darf.

Spätere Studien haben gezeigt, daß die Konfiguration von Kerr und Newman das allgemeinste Schwarze Loch darstellt. Alle anderen Eigenschaften eines kollabierenden Sterns – wie Multipolmomente, Unterschiede in der atomaren Zusammensetzung, magnetische Felder – sind nach dem Kollaps von einem entfernten Beobachter nicht mehr feststellbar. In der figurativen Sprechweise von Wheeler besitzt ein Schwarzes Loch daher „keine Haare"[9].

[9] Der professorale „Glatzensatz" der deutschen Fachliteratur [289].

Im Gegensatz zu einem kugelsymmetrischen Loch besitzt ein rotierendes Schwarzes Loch mit nicht-verschwindender elektrischer Ladung auch ein magnetisches Dipolfeld, das – anders als bei einem Pulsar – genau in Richtung der Rotationsachse verankert ist. Der Grund für dieses Magnetfeld des geladenen Lochs ist ein Mitschleppeffekt der Inertialsysteme in der Nähe des rotierenden Lochs. Dies ist ein relativistischer Effekt, welcher in ähnlicher Form auch zur Deutung der Lorentz-Kraft auf einen stromdurchflossenen Leiter herangezogen wird.

Dieser Mitschleppeffekt ist für die Astrophysik auch aus einem anderen Grund von großer Bedeutung. Im Gegensatz zur Schwarzschild-Lösung besitzt die Kerr-Newman-Lösung eine *Ergosphäre* [→ griech. Ergo $\hat{=}$ Arbeit], also einen Bereich, in dem das Schwarze Loch Arbeit zu leisten vermag. Dieser Bereich ist zwischen dem kugelsymmetrischen Horizont und der eiförmigen Fläche unendlicher Rotverschiebung angesiedelt, vgl. Bild 9.7.

Aufgrund des Mitschleppeffekts der Inertialsysteme durch die Eigenrotation des Lochs kann ein Beobachter in diesem Bereich unmöglich in Ruhe verharren. Mit einem entsprechenden Energieaufwand kann er sich jedoch dem Einflußbereich des Lochs entziehen. Mehr noch, ein Teilchen, welches in diesen Bereich in zwei Bestandteile zerfällt, kann unter geeigneten Einschußbedingungen mit einer größeren Gesamtenergie herauskommen, als es vorher besaß. Während der eine Bestandteil vom Horizont einverleibt wird, wird das herausfliegende Bruchstück des Teilchen beschleunigt und kann dem Loch Rotations- bzw. elektrostatische Energie entziehen. Die gravitative Bindungsenergie ei-

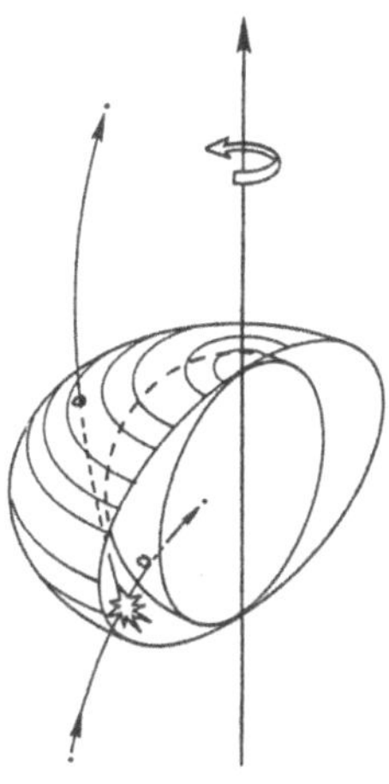

Bild 9.7
Ergosphäre eines rotierenden Schwarzen Lochs und Penrose-Prozeß zur Energiegewinnung

ner Punktmasse auf ihrer letzten stabilen Umlaufbahn in der Äquatorebene und im Drehsinn des rotierenden Lochs kann die Bindungsenergie bei einer Kernverschmelzung weit übertreffen. Im Extremfall eines Schwarzen Lochs mit maximalen Drehimpuls J ist die gravitative Bindungsenergie sogar 42 % der Ruhmasse des Teilchens. Bei diesem *Penrose-Prozeß* kann daher theoretisch auch bis zu 42 % der Ruhmasse in kinetische Energie oder Strahlung umgewandelt werden.

Eine „fortgeschrittene" Zivilisation, welche ihre Raumstation außerhalb der Ergosphäre eines Schwarzen Lochs stationierte, könnte das Problem der Müllentsorgung und der Energiegewinnung über diesen Mechanismus „mit einem Streich" lösen. Ein Patent dafür kann man aber wohl nicht anmelden, da, wie so oft, die Natur anscheinend schon davon Gebrauch gemacht hat.

9.8 Akkretionsscheiben um Schwarze Löcher

Ultimativen kosmischen Staubsaugern gleich, schlucken die Schwarzen Löcher Gas, Staub und durch Gezeitenwirkung zerrissene Sterne aus ihrer näheren Umgebung. In solchen Akkretionsscheiben bewegt sich die Materie wie in einem Strudel auf das Gravitationszentrum hin, vgl. Bild 9.8.

Für ein Teilchen auf einer Kreisbahn mit $r < 3\ R_S$ ist die Bahn nicht mehr stabil; noch näher zum Loch, ab $r < 1{,}5\ R_S$ wirkt sogar die Zentrifugalkraft nicht, wie ihr Name besagt, nach außen, sondern nach innen. Daher würden hier die Spannungskräfte einer durch eine viskose Flüssigkeit beschriebenen Akkretionsscheibe anders als in einem Planetensystem Drehimpuls nach *innen* transportieren. Diese Grenze außerhalb des Horizontes liefert auch für die „zukünftige" Navigation von Raumfähren mit Hilfe von Gyroskopen ein letztes Warnsignal. Wegen des falschen Vorzeichens der Zentrifugalkraft präzidiert ein mitgeführter Kreisel nicht wie gewohnt entgegengesetzt, sondern mit dem gleichen Drehsinn wie die Bahnwegung des Schwerpunktes [2, 3]. Dann ist es „höchste Eisenbahn", den Ionen- oder Photonenantrieb zu aktivieren, um dem Ereignishorizont noch zu entfliehen.

Während sich der Saturn mit seinen dünnen Ringen begnügt, können (rotierende) Schwarze Löcher von mächtigen *Akkretionsscheiben* umgeben sein. Genauere Studien zeigen, daß es sich dabei nicht um eine dünne „CD-Scheibe", sondern eher um reifenförmige Materieansammlungen, also einen Torus, handelt. Die Scheibe reicht von typischerweise 10 R_S bis 3 R_S, der letzten, gerade

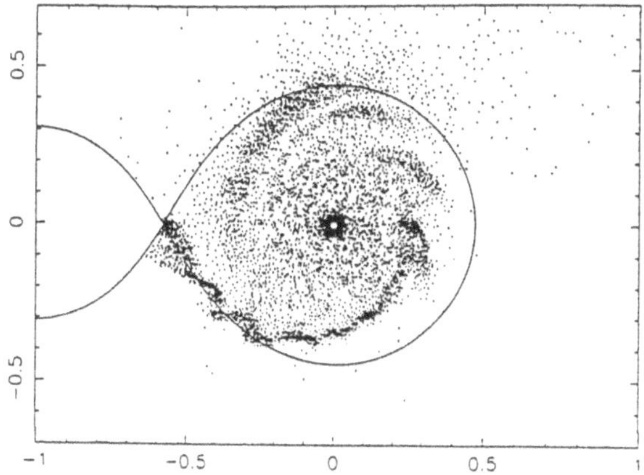

Bild 9.8 Akkretionsscheibe in einem engen Doppelsternsystem. Im Bereich des Gleichgewichtspunkts strömt Gas vom Hauptreihenstern weg und umkreist auf Spiralbahnen den kompakten Begleiter.

noch stabilen Keplerbahn und stellt damit den *inneren Rand* der Akkretionsscheibe dar. Bei einem nicht-rotierenden Loch macht die gravitative Bindungsenergie eines Teilchens auf dieser letzten Keplerbahn 5,5 % seiner Ruhmasse aus, seine Bahngeschwindigkeit[10] liegt weit unterhalb der Lichtgeschwindigkeit. Damit wäre der Akkretionsvorgang etwa achtmal so effektiv wie die Kernverschmelzung von Wasserstoff zu Helium. Aufgrund des radialen Abfalls der Geschwindigkeitsverteilung nach außen gibt es große Scherkräfte innerhalb der Scheibe, welche in dem „zähflüssigen" Plasma wegen der Reibung Hitze produzieren. In der Nähe des Innenrandes bei 5 R_S sollte die Energieerzeugung durch Materieeinfang am höchsten sein.

Bei alten „wiederbelebten" Pulsaren geht man davon aus, daß der Neutronenstern von einer Akkretionsscheibe umgeben ist. Dabei gewinnt der Pulsar an Drehimpuls, jedoch auch an Masse. Am Ende des zweiten Pulsar-Lebens könnte nach Überschreiten der Grenzmasse von Neutronensternen von 3,23 $M_\odot$ eine zweite Katastrophe stehen, der Kollaps zu einem Schwarzen Loch. Falls der *Akkretionstorus* mehr als 10 % der Masse des Schwarzen Lochs besitzt, kann die Massenübertragung zum Schwarzen Loch sogar Instabilitäten hervorrufen [87]. Wird Drehimpuls auf das Loch übertragen, so kann die Rotationsenergie bis auf 29 % der Gesamtenergie anwachsen [242].

Kurz nach der Entdeckung der ersten *Quasare* haben Yakov Zel'dovich und I.D. Novikov 1964 vorgeschlagen, daß aktive Galaxienkerne [AGN $\hat{=}$ *Active*

[10] Die nicht-relativistische Kepler-Geschwindigkeit ist $v_K = \sqrt{R_S/2r}\, c$.

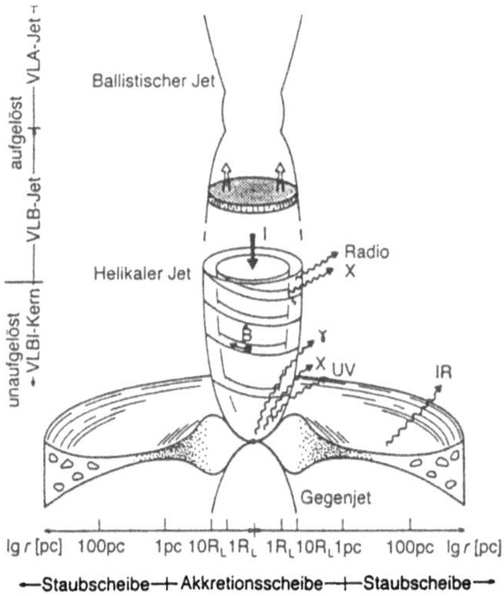

Bild 9.9
Modell der „Zentralen Maschine" eines Quasars mit einem (rotierenden) Schwarzen Loch. Senkrecht zum Akkretionstorus wird ein *helikaler Jet* von Magnetfeldern beschleunigt.

*G*alactic *N*uclei] ihre Energie von einem *superschweren Schwarzen Loch* [SSL] beziehen.[11] Ein solches SSL soll von einer sehr großen Akkretionsscheibe umgeben sein. Ein kleiner Teil des wie bei einem Strudel einfallenden Gases wird vom Magnetfeld der Scheibe auf mehr als 99 % der Lichtgeschwindigkeit beschleunigt und längs der Rotationsachse ausgestoßen. Die Details dieser *Zentralen Maschine* sind noch unbekannt, jedoch spielen die in der Scheibe verankerten Magnetfelder eine Schlüsselrolle. Da es von der Rotation der Scheibe vermittels der deformierten Raumzeit „mitgeschleppt" wird, wickeln sich die Magnetlinien wendelförmig auf und drücken über Lorentz-Kräfte – ähnlich wie bei der Magnetfeldkanone von E. Thomson – ein Teil des Plasmas der Scheibe nach außen, siehe Bild 9.9 [237]. Dieses Modell würde die Helixstruktur des Radiojets erklären, welche mit dem VLBI-Interferometer bei dem 5 Milliarden Lj entfernten Quasar 3C 345 beobachtet worden ist [255, 36]. Die Rotationskurve liefert eine Abschätzung von $4 \cdot 10^{10}\, M_\odot$ und eine Scheibe von der Größe des Sonnensystems.

Die K_α-Emissionslinie des ionisierten Eisens bei 6 bis 7 keV ist ein gutes diagnostisches Hilfsmittel, um das „Innenleben" der Akkretionsscheibe unter 10 R_S Abstand vom Zentrum zu untersuchen. Eine *hohe* Umlaufgeschwindigkeit des Plasmas gäbe sich dann durch den Doppler-Effekt und die gravitative

[11] Ein Schwarzes Loch mit Akkretionsscheibe ist nach einem Wortspiel von John A. Wheeler [338] nicht nur eine Strahlungsquelle: „The Black Hole is a source of Enlightenment".

Rotverschiebung zu erkennen. Wegen der Kepler-Bewegung des Scheibengases auf uns zu bzw. von uns weg erwartet man ein charakteristisches Linienprofil mit zwei Spitzen, wobei aufgrund relativistischer Effekte das „blaue Horn" deutlich stärker als das rote ausgeprägt sein sollte [285].

Mit dem japanisch-amerikanischen Röntgensatelliten ASCA [*A*dvanced *S*atellite for *C*osmology and *A*strophysics] hat man bei der aktiven Seyfert-Galaxie MCG-6-30-15 die K_α-Linie des ionisierten Eisens gemessen. Das Linienprofil besitzt ein vergleichsweise enges Maximum bei 6,4 keV oder 0,194 nm Wellenlänge und zeigt tatsächlich eine sehr starke Verbreiterung ins Rote bei 5,5 keV. Die volle Linienbreite entspricht einer Doppler-Verschiebung von ca. 100 000 km/s, also einem Drittel(!) der Lichtgeschwindigkeit. Das Linienprofil wird sehr gut durch ein Modell beschrieben, bei dem Gas in einer um 30,2° geneigten Akkretionsscheibe um ein sehr massenreiches Zentrum kreist [294], wobei der innere und äußere Rand der Scheibe bei 3,4 bzw. 7,4 R_S liegt. Damit hat man erstmals eine *relativistische* Akkretionsscheibe „in flagranti" ertappt.

9.9 Sagittarius A*: Ein „arbeitsloses" Schwarzes Loch im Zentrum der Milchstraße?

Die Sonne bewegt sich in einem der Spiralarme mit 220 km/s um das 26 000 Lj entfernte Zentrum der Milchstraße. Dieses Zentrum läßt sich bis auf eine Bogensekunde [76] genau mit der erstmals von K.I. Kellermann 1977 entdeckten starken Radioquelle Sagittarius A* [Sgr A*] identifizieren [308, 191]. Nach neueren Messungen [174, 17] ist diese Radioquelle fast „punktförmig", da sie nur einen Durchmesser von 3 AE hat, also etwa den der Marsbahn. Auf der Farbtafel XI ist das Zentrum der Milchstraße in einer Falschfarbendarstellung gezeigt. Diese „Radiokarte" wurde mit dem VLA-Syntheseteleskop bei einer Wellenlänge von 20 cm gewonnen. Das über 50 Lj große Zentralgebiet ist durch Filamentstrukturen von der Form eines Bogens und einer Brücke gekennzeichnet. In der Ausschnittsvergrößerung unten in der Farbtafel XI ist deutlich eine dreiarmige Balkenspirale von etwa 5 Lj Ausdehnung zu erkennen, welche von der kompakten Quelle Sgr A* auszugehen scheint [191].

Die eigentliche Scheibenkonfiguration fängt in 500 Lj Entfernung vom Zentrum an und besitzt bei einer Schichtdicke von 180 bis 300 Lj eine Masse von $2 \cdot 10^8\ M_\odot$. Im Infraroten bei 2000 K strahlt Sagittarius A* rund hunderttausendmal heller als die Sonne, aber im Vergleich zur Umgebung dennoch relativ schwach. Der Zentralbereich hat eine Leuchtkraft von $10^6\ L_\odot$ mit Temperaturen am Scheibeninnenrand von 40 000 K und liegt damit um den Faktor 30 000 unter dem Eddington-Limit. In einigen zehntel Lj ist im Zentrum der Milchstraße eine Masse von etwa einer Million Sonnenmassen konzentriert [101]. Bei einem Wirkungsgrad von 5 % der Ruhmasse bei der Freisetzung von gravitativer Bindungsenergie genügt eine Akkretionsrate von nur $10^{-6}\ M_\odot$ pro Jahr an interstellarer Materie, um die Leuchtkraft aufzubringen: Im Vergleich zu aktiven Galaxienkernen ist unser SSL am „verhungern" oder besser „arbeitslos", da seine Ergosphäre offenbar nichts zu tun hat [239].

Eine Kern-Jet-Struktur kleiner als $0{,}01''$ hat man bei 7 mm Wellenlänge mit dem VLBI-Radiointerferometer entdeckt [160], dessen Zentrum Sagittarius A* ist. Diese Struktur ist quasi die Momentaufnahme einer Miniaktivität des ansonsten „arbeitslosen" Schwarzen Lochs im Zentrum. Im Vergleich zu der Energieabstrahlung eines Quasars ist unser galaktisches Zentrum nur eine „trübe Funzel", leider wohl auch im harten Röntgenbereich [107]. Allerdings soll vor 40 000 Jahren bei besserer „Fütterung" der Ergosphäre durch die umliegende Akkretionsscheibe ein starker Ausbruch mit hundert- bis tausendfacher Energieerzeugung erfolgt sein [160, 191].

Auch im Andromeda-Nebel, der nächsten Nachbargalaxie M 31, hat man im UV-Licht ein fast punktförmiges Objekt gefunden, um das nahe Sterne mit 380 km/s Geschwindigkeit kreisen. Man schließt daraus auf ein superschweres Schwarzes Loch von $10^6\ M_\odot$ im Zentrum dieser unserer Milchstraße sehr ähnlichen Galaxie.

9.10 Energiequelle aktiver Galaxienkerne und Quasare?

Ein Großteil der Quasare besitzt eine Rotverschiebung von $z = 1{,}7$ bis $2{,}7$ und entstand daher rund 2 bis 3 Milliarden Jahre nach dem Urknall. Der am weitesten entfernte Quasar ist PC 1247+3406 mit einer Rotverschiebung von $z = 4{,}897$, also fast am Rand des beobachtbaren Universums. Die Kerne aktiver Galaxien sind die energiereichsten Strahlungsquellen im Universum. Quasare und aktive leuchtkräftige Kerne von Seyfert-Galaxien scheinen zudem den gleichen Mechanismus zur Energieerzeugung zu besitzen [153]. Viele Beobachtungen lassen sich durch ein *superschweres Schwarzes Loch* [SSL] im Zentrum der Galaxie erklären, welches zur Deckung seines Energieverlustes durch Abstrahlung ständig von Materie aus der Umgebung „gefüttert" wird. Bei einem nicht-radialen Einfall entwickelt sich der im Galaxienzentrum reichlich

„gedeckte Tisch“ zu einer Akkretionscheibe oder -torus, aus dem senkrecht Plasmastrahlen austreten. Das Plasma der Jets wird durch das von dem ringförmigen Scheibenstrom erzeugten Magnetfeld auf nahezu Lichtgeschwindigkeit beschleunigt, ähnlich wie bei einer gigantischen Magnetfeldkanone. Diese Jets scheinen aufgrund einer gut verstandenen relativistischen Verzerrung der Perspektive mit Überlichtgeschwindigkeit weggeschleudert zu werden.

Bisher hatte das Zentrum des 42 000 Lj entfernten Kugelsternhaufens M 15 im Sternbild Pegasus als guter Kandidat für ein Schwarzes Loch gegolten. Nach Subtraktion des Lichts von Roten Riesen bei der Bildverarbeitung zeigten die HST-Aufnahmen [53] allerdings, daß im Kernbereich tausend lichtschwache Sterne über einen Radius von 0,4 Lj verteilt sind, also etwa das Zehnfache des entsprechenden Schwarzschild-Radius.

Galaxien-kern	**Zentral-masse** [$M_\odot$]	**Dichte** [$M_\odot$/pc^3]	**Radius** [AE]	**Schwarzschild--Radius** [AE]
Sgr A*	$1{,}5 \cdot 10^6$	10^8	3	0,02
M 106	$3{,}6 \cdot 10^7$	$4 \cdot 10^9$	26 800	0,7
M 87	$3 \cdot 10^9$	10^6	6200	60
3C 345	$4 \cdot 10^{10}$	?	?	800

Hingegen scheint die riesige elliptische Galaxie M 87 in dem „nur“ etwa 50 Mio. Lj entfernten Virgo-Haufen als aktives Zentrum ein superschweres Schwarze Loch zu besitzen. Als Radiogalaxie firmiert sie unter 3C 274 und besitzt einen 0,1 Lj großen Zentralbereich. Man hat die Geschwindigkeit des Gasstrudels um das Zentrum über Doppler-Verschiebung von Spektrallinien zu 550 km/s gemessen und über die Keplerschen Gesetze die Zentralmasse mit $3 \cdot 10^9$ $M_\odot$ abgeschätzt [153, 93]. Außerdem ist das blauverschobene Horn der H_α-Spektrallinie stärker ausgeprägt, wie es Modelle mit Akkretionsscheiben voraussagen [285]. Das Zentralgebiet dieses Gasstrudels, das nicht viel größer als das Sonnensystems ist, enthält im sichtbaren Licht nur einen kleinen Bruchteil der Sterne, welche für eine so große Masse nötig wäre. Aus dem Kern von M 87 schießen fast senkrecht zur um 42° geneigten Akkretionsscheibe Jets von 16 000 Lj Ausdehnung heraus, siehe die Farbtafel XII. Diejenigen Plasmaballen des Jets, welche in nur 900 Lj Entfernung vom Zentrum liegen, haben *scheinbare* Überlichtgeschwindigkeiten von 2,5 c. Diese Jets sind quasi die „Auspuffgase“ einer sehr energiereichen *Zentralen Maschine*, welche aller Voraussicht nach von einem SSL angetrieben wird. Mit dem Hubble-Weltraumteleskop [HST] hat man offensichtlich bei M 87 das Quasar-Paradigma in voller Schönheit wiedergefunden.

Im aktiven Zentrum der Galaxie M 106, das auch im harten Röntgenlicht zu sehen ist, hat man die Radiostrahlung einer reifenförmigen Gaswolke mit dem Radiointerferometer VLBI untersucht. Die Wassermoleküle des Torus verstärken, wie bei einem Laser, die Mikrowellen in kohärent Weise, man spricht daher von einem Wasserdampf-*Maser* [*m*icrowave *a*mplification by *s*timulated *e*mission of *r*adiation]. Aus der Ausdehnung der Maser-Quellen [84] mit „Strahlungstemperaturen" von 10^{15} K ergibt sich für M 106 eine Entfernung von 20,9 Mio. Lj. Das beobachtete Spektrum zeigt Doppler-Verschiebungen, die sich auf eine Rotation des Gastorus zurückführen lassen, wobei die gemessene Tangential-Geschwindigkeit von 770 km/s am äußeren bis auf 1080 km/s am inneren Rand ansteigt. Dies ist vollständig im Einklang mit dem 3. Keplerschen Gesetz, falls der Galaxienkern eine Masse von $3{,}6 \cdot 10^7\ M_\odot$ und der Gastorus einen Radius von 0,42 Lj, d.h. zehntausend Erdbahnradien aufweist [199]. Ein Sternhaufen aus 10 Mio. Sonnenmassen wäre so dicht gepackt, daß er sehr schnell gravitativ instabil wird und daher ein schneller Gravitationskollaps unvermeidlich wäre. Die empirischen Indizien für ein SSL mit Akkretionsscheibe sind hier im wahrsten Sinne des Wortes „erdrückend".

Der am 5. Januar 1991 gestartete Compton-Satellit hat den Himmel im Bereich von Gammastrahlen von 30 keV bis $3 \cdot 10^{10}$ eV aufgenommen. Für die höchsten Energien wird die Drahtfunkenkammer EGRET [*E*nergetic *G*amma *R*ay *E*xperimental *T*elescope] als Detektor benutzt. In der Ebene der Milchstraße ist das Gammaleuchten am stärksten. Auch den Vela-, Crab- und Geminga-Pulsar hat man dabei wiedergefunden.

Mit dem Compton-Satellit konnte man im Gammabereich bisher 16 aktive Quasare oder *Blazare* (falls deren Jets in Richtung zur Erde zeigen) ausmachen; deren Strahlungsleistung reicht bis zum 10^{15}-fachen der Leuchtkraft der Sonne und sind damit noch tausendmal leuchtkräftiger als die hellsten Galaxien.

Der Quasar 3C 279 ist 4,6 Milliarden Lj entfernt und sehr hell, im Gammabereich sogar mit einer Strahlungsleistung von $1{,}8 \cdot 10^{15}\ L_\odot$. Im Juni 1991 wurde er innerhalb von 2 Wochen zweimal heller, um sich dann in 2 Tagen abzuschwächen [99]. Daher kann dieser Blazar nur wenige Lichttage Durchmesser besitzen, also wenige Vielfache der Plutobahn. Handelt es sich um ein superschweres Schwarzes Loch mit $10^9\ M_\odot$? Dessen Schwarzschild-Radius von 20 AE entspricht der mittlere Halbachse der Bahn des Uranus um die Sonne.

Der hellste Quasar 3C 273 mit einer Rotverschiebung von $z = 0{,}158$ besitzt eine Leuchtkraft von $10^{14}\ L_\odot$, also soviel wie tausend Milchstraßen! Aus der Variabilität der Strahlung kann man auf eine Ausdehnung von etwa dem Durchmesser der Plutobahn schließen. Auch hier ist das bevorzugte Modell ein superschweres Schwarzes Loch von etwa $10^9\ M_\odot$, das Materie mit einer

Rate von einer Erdmasse pro Sekunde verschluckt und dabei über den Penrose-Prozeß ein Teil der Ruhenergie als Strahlung abgibt. Seine Jets sind sogar im optischen Bereich vom HST gesehen worden [302].

Es sollen sogar binäre Schwarze Löcher existieren, ein Beispiel ist 3C 66B, welches präzidierende Jets aufweist. Der Ursprung kurzzeitiger, energiereicher Gamma-Blitze ist unbekannt. Eine Spekulation ist, daß diese mysteriösen Gamma-Blitze durch das Zusammentreffen oder Verschmelzen von Neutronensternen und Schwarzen Löchern entstehen. Inzwischen sind auch längere Ausbrüche mit Energien bis 18 GeV beobachtet worden [136].

Bei neuen HST-Beobachtungen scheinen von 15 Quasaren nur vier im Zentrum von entwickelten Galaxien angesiedelt zu sein. Spricht dies gegen die Vorstellung[12] einer mit einem Schwarzen Loch ausgerüsteten Zentralen Maschine, oder besagt das nur, das eine riesige, aber auf große Entfernungen unsichtbare Protogasscheibe zur Fütterung genügt? Bei drei weiteren Quasaren hat man allerdings Anzeichen für eine Einbettung in elliptische Galaxien gefunden [68]. Mit großen irdischen Teleskopen ist es gelungen, bei 200 Quasaren mehr als nur Punktquellen aufzulösen [137].

9.11 Schwarze Löcher als Gravitationslinsen?

Kommt ein Photon einem (nicht-rotierenden) Schwarzen Loch zu nahe, so kann es so stark abgelengt werden, daß es durch den Horizont in das Schwarze Loch fällt. Ein Grenzfall ist der streifende Einfall bei $r = 1{,}5\ R_S$, bei dem das Photon aufgrund der Lichtablenkung gerade noch auf eine Kreisbahn um das Loch einschwenken kann, welche jedoch *instabil* ist. Ein Schwarzes Loch besitzt daher auch eine Photosphäre. Obwohl die Verzerrung des Himmels durch die Lichtablenkung in der Nähe von Neutronensternen und Schwarzen Löcher schon auf dem Bildschirm eines Computers simuliert wurde [209, 236], ist diese Methode wohl kaum zu deren Nachweis geeignet.

[12] Es gibt Gesetze, die das All regieren./ Oft sucht man, sie am Schreibtisch zu fixieren/ und hofft, man käme – wen der Mut nicht wiche –/ dem letzten Weltgeheimnis auf die Schliche./ Hier können Formeln manchen Lichtblick schenken,/ indem sie uns auf neue Fährten lenken.// Doch kennt man auch den unverzagten Späher,/ der holt sich fernste Kosmenwinkel näher./ So harrt er nächtens fröstelnd auf der Wart',/ wenn weit sein Teleskop ins Weltall starrt./ Auf dem Computerschirme zeigt sich gar/ mit etwas Glück dann schließlich ein Quasar.// Wer weiß – es wird vielleicht noch lange währen,/ bis es gelingt, das Letzte zu erklären./ Führt auch der Weg nur kleinste Schritte weiter,/ lockt doch die Hoffnung: „Einst sind wir gescheiter!" *Elke Meyer*.

Jedoch sollten große Galaxienkerne sowie Konzentrationen von Dunkelmaterie eine Lichtablenkung sogar im kosmischen Maßstab verursachen. Eddington [78] wies bereits 1920 daraufhin, daß eine sehr große Punktmasse wie eine Sammellinse wirkt, welche aufgrund der $1/r$-Abhängigkeit der Ablenkung die größte „Brechkraft" nahe dem Zentrum besitzt. Das optische Gegenstück zu einer solchen *Gravitationslinse* hat demnach die Form des Fußes eines Weinglases [52, 315, 37]. Befinden sich die Lichtquelle, z.B. ein Quasar, die ablenkende Masse und der Beobachter in etwa auf der Sehlinie, so entsteht ein Doppelbild (auch ohne Wein!). In dem seltenen Fall, daß das abzubildende Objekt sich *genau* im Fokus befindet, sieht man einen Ring, worauf Einstein [80] schon 1936 hingewiesen hat. Tatsächlich hat man 1987 mit den hochempfindlichen CCDs schwach leuchtende extragalaktische Bögen von enormen Durchmessern gefunden, welche allem Anschein nach solche *Einstein-Ringe* darstellen [220, 141]. Bei einer anderen Perspektive sieht man keinen Ring sondern eine Kaustik [226], ähnlich wie bei Reflexen von Sonnenlicht in der Kaffeetasse.

Literaturverzeichnis

[1] G.O. Abell: *Exploration of the Universe*, 4th edition (CBS College Publishing, Sanders College Publishing, Philadelphia 1982).

[2] M.A. Abramowicz: "Black holes and the centrifugal force paradox", Scientific American (March 1993), p. 26.

[3] M.A. Abramowicz and E. Szuszkiewicz: "The wall of death", Am. J. Phys. **61**(1993) 982 .

[4] H.-M. Adorf: „Kosmische Entfernungen", Sterne und Weltraum **34** (1995) 96.

[5] S.-I. Akasofu: „Polarlichter", Spektrum der Wissenschaft (Juli 1989), p. 44.

[6] D. and C. Allen: *Eclipse* (Allen & Unwin, Sidney 1987).

[7] L.H. Aller: *Atoms, Stars and Nebulae*, Third edition (Cambridge University Press, Cambridge 1991).

[8] P. Anselmann et al. (GALLEX Collaboration): "GALLEX solar neutrino observations. The results from GALLEX I and early results from GALLEX II", Phys. Lett. **B314** (1993) 445.

[9] P. Anselmann et al. (GALLEX Collaboration): "GALLEX results from the first 30 solar neutrino runs", Phys. Lett. **B327** (1994) 377; "'GALLEX solar neutrino observations: Complete results for GALLEX II", Phys. Lett. **B 357** (1995) 327.

[10] P. Anselmann et al. (GALLEX Collaboration): "First results from the ^{51}Cr neutrino source experiment with the GALLEX detector", Phys. Lett. **B342** (1995) 440.

[11] B. Aschenbach, R. Egger and J. Trümper: "Discovery of explosion fragments outside the Vela supernova remnant shock-wave boundary", Nature **373** (1995) 587.

[12] J. Audouze und G. Israël (Hrsg.): *Der Große JRO-Atlas der Astronomie* (JRO Kartographische Verlagsgesellschaft, München 1987).

[13] A.F. Aveni: "Emissaries to the stars: The astronomers of ancient Mayas", Mercury (Jan.-Feb. 1995), p. 15.

[14] A.F. Aveni and L.D. Hotaling: "Monumental inscriptions and observational basis of Maya planetary astronomy", Archeastronomy (Suppl. J. History Astronomy) **25** (1994) S21.

[15] H.W. Babcock: "The topology of the sun's magnetic field and the 22-year cycle", Astrophys. J. **133** (1961) 572.

[16] D.C. Backer and S.R. Kulkarni: "A new class of pulsars", Physics Today (March 1990), p. 26.

[17] D.C. Backer et al.: "Upper limit of 3.3 astronomical units to the diameter of the galactic center radio source Sgr A*", Science **262** (1993) 1414.

[18] J.N. Bahcall: "The solar-neutrino problem", Scientific American (May 1990), p. 26.

[19] J.N. Bahcall et al.: "Progress and prospects in neutrino astrophysics", Nature **375** (1995) 29.

[20] J.N. Bahcall and M.H. Pinsonneault: "Standard solar models, with and without helium diffusion, and the solar neutrino problem", Rev. Mod. Phys. **64** (1992) 885.

[21] C.D. Bailyn: "The optical counterpart of the superluminal source GRO J1655-40", Nature **374** (1995) 701.

[22] A. Balogh et al.: "The heliospheric magnetic field over the south polar region of the sun", Science **268** (1995) 1007.

[23] U. Bastian: „Hipparcos-Mission abgeschlossen", Sterne und Weltraum **33** (1994) 12.

[24] A. Bauch: „Genaue Zeit in Wissenschaft und Technik", Physik in unserer Zeit **26** (1995) 60.

[25] J.K. Beatty, B. O'Leary und A. Chaikin (Hrsg.): *Die Sonne und ihre Planeten* – Weltraumforschung in einer neuen Dimension (Physik-Verlag, Weinheim 1985).

[26] M.J.S. Belton et al.: "Galileo multispectral imaging of the north polar and eastern limb regions of the moon", Science **264** (1994) 1112.

[27] B. Bertotti et al.: "Search for gravitational wave trains with the spacecraft ULYSSES", Astron. Astrophys. **296** (1995) 13.

[28] V. Bialas: „Wissenschaft muß zum Ganzen zurückfinden", Phys. Bl. **49** (1993) 879.

[29] P. Biermann: „Die Supernova 1987A – der aktuelle Stand" Phys. Bl. **44** (1988) 419.

[30] G.F. Bignami: "Geminga and the astronomy of isolated neutron stars", Science **263** (1994) 46.

[31] B. Bills, New Scientist (1992) 17.

[32] D.C. Black: „Die Suche nach fernen Planetensystemen", Spektrum der Wissenschaft (April 1991), p. 114; Scientific American (January 1991), p. 50.

[33] R.D. Blandford: "A brief history of pulsar time", Nature **359** (1992) 675.

[34] R.D. Blanford, M.C. Begelmann, and M.J. Rees: "Cosmic jets", Scientific American (May 1982), p. 84.

[35] U. Bleyer und R. Schimming: „Edwin Powell Hubble und das Hubble-Gesetz", Wissenschaft und Fortschritt **40** (1990) 1.

[36] U. Borgeest: „Über Quasar-Jets und Leuchttürme", Sterne und Weltraum **33** (1994) 440.

[37] U. Borgeest und K.-J. Schramm: „Bilder von Gravitationslinsen", Sterne und Weltraum **34** (1995) 24.

[38] E.F. Borra: "Liquid mirrors", Scientific American (February 1994), p. 50.

[39] A.P. Boss: „Kollaps interstellarer Wolken und Sternentstehung", Spektrum der Wissenschaft (März 1985), p. 62.

[40] S. Bowyer: "Extreme ultraviolet astronomy", Scientific American (August 1994), p. 22.

[41] T.J. Bowles and V.N. Gavrin: "The status of the solar neutrino problem", Ann. Rev. Nucl. Part. Sci. **43** (1993) 117.

[42] P. Brosche: „Die Abbremsung der Erdrotation", Physik in unserer Zeit **20** (1989) 70.

[43] W.S. Broecker und G.H. Denton: „Ursachen der Vereisungszyklen" Spektrum der Wissenschaft (März 1990), p. 88.

[44] G.E. Brown and H. Bethe: „A scenario for a large number of low-mass black holes in the galaxy", Astrophys. J. **423** (1994) 659.

[45] J. Brown: "Faster than the speed of light", New Scientist (April 1995), p. 26.

[46] J.O. Burns, N. Duric, G.J. Taylor und S.W. Johnson: „Observatorien auf dem Mond", Spektrum der Wissenschaft (Mai 1990), p. 108.

[47] A. Burrows: "The birth of neutron stars and black holes", Physics Today (September 1987) 28.

[48] A. Burrows and J. Liebert: "The science of brown dwarfs", Rev. Mod. Phys. **65** (1993) 301.

[49] M. Camenzind: „Millisekundenpulsare", Physik in unserer Zeit **23** (1992) 166.

[50] M. Camenzind: „Akkretionsscheiben und Jets in Aktiven Galaxienkernen", Die Sterne **69** (1993) 231.

[51] J.K. Cannizzo and R.H. Kaitchuck: "Accretion disks in interacting binary stars" Scientific American (January 1992), p. 42.

[52] F.H. Chaffee jun.: „Eine Gravitationslinse wird entdeckt", Spektrum der Wissenschaft (Januar 1981), p. 13.

[53] E.J. Chaisson, „Erste Entdeckung mit dem Hubble-Weltraumteleskop" Spektrum der Wissenschaft (August 1992), p. 52.

[54] R.A. Chevalier: "And still there is no pulsar", Nature **360** (1992) 628.

[55] I. B. Cohen: „Newtons Gravitationsgesetz – aus Formeln wird eine Idee“, Spektrum der Wissenschaft, Heft 5 (1981).

[56] S.A. Colgate and R.H. White: "The hydrodynamic behavior of supernovae explosions" Astrophys. J. **143** (1966) 626.

[57] C. Collins Petersen, M. Bruner, L. Acton, and Y. Ogawara: "Yohkoh and the mysterious solar flares", Sky & Teleskop (September 1993), p. 20.

[58] G.P. Collins: "Repaired Hubble sees strong evidence of a supermassive black hole in M87", Physics Today (August 1994), p. 17.

[59] J.E.P. Connerney: "Magnetic fields of the outer planets", J. Geophys. Res. **98** (1993) 18,659.

[60] J.E.P. Connerney, R. Baron, T. Satoh, and T. Owen: "Images of excited H_3^+ at the foot of the Io flux tube in Jupiter's atmosphere", Science **262** (1993) 1035.

[61] G.B. Cook, S.L. Shapiro, and S.A. Teukolsky: "Rapidly rotating neutron stars in general relativity: Realistic equation of state", Astrophys. J. **424** (1994) 823.

[62] J. Cornell: *Die ersten Astronomen* – Eine Einführung in die Ursprünge der Astronomie (Birkhäuser Verlag, Basel 1983).

[63] C. Covey: „Erdbahn und Eiszeiten“, Spektrum der Wissenschaft (April 1994), p. 84.

[64] C.R. de Boer, F. Kneer, and A. Nesis: "Speckle observations of solar granulation", Astron. Astrophys. **257** (1992) L4.

[65] C.R. de Boer: "Empirical speckle transfer function measurements from partial eclipse observations of the Sun", Astron. Astrophys. Supplement Series **B114** (1995) 387.

[66] D.H. DeVorkin: "Henry Norris Russell“, Spektrum der Wissenschaft (Juli 1989), p. 102.

[67] J.O. Dickey et al.: "Lunar laser ranging: A continuing legacy of the Apollo program", Science **265** (1994) 482.

[68] M.J. Disney: "Interacting elliptical galaxies as hosts of intermediate-redshift quasars", Nature **376** (1995) 150.

[69] H. Dittus and H.J. Rath: „Mikrogravitation im freien Fall“, Phys. Bl. **49** (1993) 307.

[70] G. Doebel: *Das Weltall und seine Entdeckung* – Astronomie von Babylon bis Kap Kennedy , 2. Aufl. (M. DuMont Schauberg, Köln 1970).

[71] J. Dorschner, Ch. Friedemann, S. Marx und W. Pfau: *Astronomie, vom Altertum bis heute* (Umschau-Verlag, Frankfurt a.M. 1975).

[72] J. Dorschner: „Zweitausend Jahre Stern von Bethlehem“, Die Sterne **70** (1994) 360.

[73] W.H. Donahue: "Kepler's fabricated figures: covering up the mess in the New Astronomy", J. Hist. Astronomy **19** (1988) 217.

[74] H.W. Drotleff, et al.: "Reaction rates of the s-process neutron sources ^{22}Ne(α, n)^{25}Mg and ^{13}C(α, n)^{16}O", Astrophys. J. **414** (1993) 735.

[75] U. Eberl: „Das Solar-Wasserstoff-Projekt", Phys. Bl. **49** (1993) 209.

[76] A. Eckart: „Das Galaktische Zentrum aufgelöst", Sterne und Weltraum **32** (1993) 673.

[77] A.S. Eddington The Observatory **42** (1919) 119.

[78] A.S. Eddington: *Space, Time and Gravitation* (Cambridge University Press, Cambridge 1920), p. 134.

[79] A.S. Eddington: *The Internal Constitution of the Stars* (Dover, New York 1926).

[80] A. Einstein, Science **84** (1936) 506.

[81] A. Einstein: *Autobiographisches*, in: P.A. Schilpp, ed.: *Albert Einstein: Philosopher-Scientist*, Vol. I,, The Library of living Philosophers, Vol.VII (Open Court, La Salle, Illinois 1949); deutsche Übers.: *Albert Einstein als Philosoph und Naturforscher – Eine Auswahl* (Friedr. Vieweg & Sohn, Braunschweig/Wiesbaden 1983).

[82] A. Einstein: *Grundzüge der Relativitätstheorie* (Friedr. Vieweg & Sohn, Braunschweig 1956).

[83] A. Einstein: *Über die spezielle und die allgemeine Relativitätstheorie* (Friedr. Vieweg & Sohn, Braunschweig 1969).

[84] M. Elitzur: „Kosmische Maser", Spektrum der Wissenschaft (April 1995), p. 36.

[85] J.L. Elliot et al.: "An occultation by Saturn's rings on 1991 October 2-3 observed with the Hubble space telescope", Astron. J. **106** (1993) 2544.

[86] J.L. Elliot et al.: "Jet-like features near the nucleus of Chiron", Nature **373** (1995) 46.

[87] Y. Eriguchi: "Equilibrium configurations of general relativistic rotating stars", in: *Rotating Objects and Relativistic Physics*, F.J. Chinea and L.m. Gonzáles-Romero (eds.) (Springer, Berlin 1993), p. 3.

[88] T. Ertl et al.: „Fremde Welten auf dem Graphikschirm – Die Bedeutung der Visualisierung für die Astrophysik", Informationstechnik **33** (1991) 2.

[89] B. Flynn and M. Mendillo: "A picture of the moon's atmosphere", Science **261** (1993) 184.

[90] P.V. Foukal: „Die veränderliche Sonne", Spektrum der Wissenschaft (April 1990), p. 66.

[91] P. Foukal: *Solar Astrophysics* (J. Wiley & Sons, New York 1990).

[92] P. Foukal: "Stellar luminosity variations and global warming", Science **264** (1994) 238.

[93] H.C. Ford et al.: "Narrow band HST images of M87: Evidence for a disk of ionized gas around a massive black hole", Astrophys. J. **435** (1994) 27.

[94] W.L. Freedman et al.: "Distance to the Virgo cluster galaxy M 100 from Hubble space telescope observations of Cepheids, Nature **371** (1994) 752.

[95] J.L. Friedman, J.R. Ipser, and L. Parker: "Rapidly rotating neutron star models", Astrophys. J. **304** (1986) 115; **351** (1990) 705 (E).

[96] J.L. Friedman and J.R. Ipser: "Rapidly rotating relativistic stars", Phil. Trans. R. Soc. London **A 340** (1992) 391.

[97] A.S. Fruchter, D.R. Stinebring and J.H. Taylor: "A millisecond pulsar in an eclipsing binary", Nature **333** (1988) 237.

[98] M. Fukugita, C.J. Hogan, and P.J.E. Peebles: "The cosmic distance scale and the Hubble constant, Nature **366** (1993) 309.

[99] N. Gehrels, C.E. Fichtel, G.J. Fishman, J.D. Kurfess, and V. Schönfelder: "The Compton gamma ray observatory", Scientific American (December 1993), p. 38.

[100] J. Geiss et al.. "The southern high-speed stream: Results from the SWICS instrument on Ulysses", Science **268** (1995) 1033.

[101] R. Genzel, D. Hollenbach, and C.H. Townes: "The nucleus of our galaxy", Rep. Prog. Phys. **57** (1994) 417.

[102] R. Giaconni: „Das Einstein-Röntgen-Observatorium", Spektrum der Wissenschaft (April 1980), p. 21.

[103] O. Gingerich: „Copernicus and Tycho", Scientific American (December 1973), p. 87.

[104] O. Gingerich: „Die islamische Periode der Astronomie", Spektrum der Wissenschaft (April 1986), p. 100.

[105] R.G. Giovanelli: *Geheimnisvolle Sonne* (VCH Verlagsgesellschaft, Weinheim 1987).

[106] T. Gold: "Rotating neutron stars as the origin of the pulsating radio sources", Nature **218** (1968) 731.

[107] A. Goldwurm et al.: "Possible evidence against a massive black hole at the galactic center", Nature **371** (1994) 589.

[108] E. Grün et al.: "Discovery of jovian dust streams and interstellar grains by Ulysses spacecraft", Nature **362** (1993) 428.

[109] J. Gürtler und J. Dorschner: *Das Sonnensystem* (Johann Ambrosius Barth, Leipzig 1993).

[110] J.E. Guest and R. Greeley: *Geologie auf dem Mond* (Ferdinand Enke Verlag, Stuttgart 1979).

[111] S. Gulkis, P.M. Lubin, S.S. Meyer und R.F. Silverberg: „Satellit COBE und das frühe Universum", Spektrum der Wissenschaft (März 1990), p. 78.

[112] E. Guth: "Contribution to the history of Einstein's geometry as a branch of physics", in: *Relativity*, M. Carmeli, S.I. Fickler, and L. Witten, ed. (Plenum Press, New York 1970), p. 161.

[113] H.J. Habing and G. Neugebauer: „Der infrarote Himmel", Spektrum der Wissenschaft (Januar 1985), p. 62.

[114] M. Hack: „Epsilon Aurigae", Spektrum der Wissenschaft (Dezember 1984), p. 94.

[115] J.C. Hafele and R. Keating: "Around-the-world atomic clocks: Predicted relativistic time gains" Science **177** (1972) 166, 168.

[116] J.D. Haigh: "The role of stratosperic ozone in modulating the solar radiative forcing of climate" Nature **370** (1994) 544.

[117] B. Haisch, A. Antunes, and J.H.M.M. Schmitt: "Solar-like M-class X-ray flares on Proxima Centauri by the ASCA Satellite", Science **268** (1995) 1327.

[118] H.B. Hammel et al.: "HST imaging of atmospheric phenomena created by the impact of comet Shoemaker-Levy 9", Science **267** (1995) 128.

[119] N. Hammond: "The emergence of Maya civilization", Scientific American (August 1986), p. 98.

[120] W. Hampel: „Solare Neutrinos – erste Ergebnisse von GALLEX", Spektrum der Wissenschaft (August 1992), p. 16; „Erste Sonnenneutrino-Messung durch GALLEX", Phys. Bl. **48** (1992) 901.

[121] J.W. Hardy: "Adaptive optics", Scientific American (June 1994), p. 40.

[122] G. Hartl, K. Märker, J. Teichmann und G. Wolfschmidt: *Planeten, Sterne, Weltinseln*: Astronomie im Deutschen Museum (Franckh-Kosmos Verlag, Stuttgart 1993).

[123] J. Hecht: "Hubble homes in on X-ray burster", New Scientist (9. October 1993), p. 20.

[124] F.W. Hehl und P. von der Heyde: „Gravitationswellen – Ein neues Fenster zum All? Joseph Webers aufsehenerregende Experimente und ihre Grundlagen", Naturwissenschaftliche Rundschau **25** (1972) 419.

[125] E. Heidenreich: „Darf's ein bißchen mehr sein?" (Rowohlt, Hamburg 1984).

[126] D. Helfand: "Bang: The supernova of 1987", Physics Today (August 1987) 25.

[127] N. Henbest: "The 'planet' that came in from the cold", New Scientist (14. November 1992), p. 24.

[128] A. Hewish, S.J. Bell, J.D. Pilkington, P.F. Scott, R.A. Collins: "Observation of a rapidly pulsating radio source", Nature **217** (1968) 709.

[129] W.A. Hiscock: "Black holes and information", Nature **363** (1993) 397.

[130] P. Hodge: "The Andromeda galaxy", Mercury (July/August 1993), p. 98.

[131] K.-H. Hofmann and G. Weigelt: "Speckle masking observation of η carinae", A & A **203** (1988) L21.

[132] L. Hogben: *Mathematik für alle* (Pawlak-Verlagsgesellschaft, 1985), p. 34.

[133] F. Hoyle: *From Stonehenge to Modern Cosmology* (W.H. Freeman and Co., San Francisco 1972).

[134] F. Hoyle, J.V. Narlikar, and J.A. Wheeler: "Electromagnetic waves from very dense stars", Nature **203** (1964) 914.

[135] R.A. Hulse: "The discovery of the binary pulsar", Rev. Mod. Phys. **66** (1994) 699.

[136] K. Hurley et al. "Detection of a γ-ray burst of very long duration and very high energy", Nature **372** (1994) 652.

[137] J.B. Hutchings: "Host of possibilities", Nature **376** (1995) 118.

[138] S. Ichimaru: "Nuclear fusion in dense plasmas", Rev. Mod. Phys. **65** (1993) 255.

[139] A.P. Ingersoll: „Das Wetter auf Jupiter und Saturn", Spektrum der Wissenschaft (Februar 1982), p. 100.

[140] A.P. Ingersoll and H. Kanamori: "Waves from the collisions of comet Shoemaker-Levy 9 with Jupiter", Nature **374** (1995) 706.

[141] D.L. Jauncey et al.: "An unusually strong Einstein ring in the radio source PKS1830-211", Nature **352** (1991) 132.

[142] R. Jayawardhana: "Micro-quasars found in our galaxy", Science **265** (1994) 1362.

[143] A.D. Jeffries, P.R. Saulson, R.E. Spero, and M.E. Zucker: "Gravitational wave observatories", Scientific American **256** (June 1987) 50; „Observatorien für Gravitationswellen", Spektrum der Wissenschaft (August 1987), p. 74.

[144] D. Jewitt and J. Luu: "Discovery of the candidate Kuiper belt object 1992 QB_1", Nature **362** (1993) 760.

[145] R.E. Johnson: "Rough stuff at Saturn", Nature **363** (1993) 300.

[146] J.B. Kaler: *Stars and Their Spectra* (Cambridge University Press, Cambridge 1989).

[147] B. Kanitscheider: *Kosmologie* – Geschichte und Systematik in philosophischer Perspektive (Philipp Reclam jun., Stuttgart 1984).

[148] H. Kartunnen, P. Kröger, H. Oja, M. Poutanen und K.J. Donner (Hrsg.): *Astronomie* – Eine Einführung (Springer-Verlag, Berlin 1990); *Fundamental Astronomy*, 2nd enlarged edition (Springer, New York 1994).

[149] V.M. Kaspi: "Millisecond pulsars: Timekeepers of the cosmos", Sky & Telescope (April 1995), p. 19.

[150] W.J. Kaufmann, III: *Relativity and Cosmology* (Harper & Row Publishers, New York 1973).

[151] Ch. Kettner, F.Weber, M.K. Weigel, and N.K. Glendenning: "Structure and stability of strange and charm stars at finite temperatures", Phys. Rev. **D51** (1995) 1440.

[152] I.R. King: "Kugelsternhaufen", Spektrum der Wissenschaft (August 1985), p. 92.

[153] A.L. Kinney: "Seeing the nuclei of active galaxies", Science **263** (1994) 40.

[154] R. Kippenhahn: *100 Milliarden Sonnen* – Geburt, Leben und Tod der Sterne, Überarbeitete Neuausgabe (R. Piper & Co. München 1984).

[155] R. Kippenhahn: *Der Stern von dem wir leben* – Den Geheimnissen der Sonne auf der Spur (Deutscher Taschenbuch Verlag, München 1993).

[156] R. Kippenhahn and A. Weigert: *Stellar Structure and Evolution*, 3rd ed. (Springer, Berlin 1994).

[157] T. Kirsten: „GALLEX mißt Sonnenneutrinos", Physik in unserer Zeit **23** (1992) 246; Sterne und Weltraum **32** (1993) 16.

[158] T. Kirsten: „Neutrinos von der Sonne", Verh. Gesellsch. Deutscher Naturf. und Ärzte, 117 Versammlung, Aachen 1992, p. 105.

[159] W. Knapp und M. Zick: „Die dunklen Mythen der Mayas", Bild der Wissenschaft (Juni 1995), p. 24.

[160] T.P. Krichbaum et al. "First 43 GHz VLBI detection of the compact source Sgr A* in the galactic center", Astron. Astrophys. **274** (1993) L37.

[161] T.P. Krisher, J.D. Anderson, and J.K. Campbell: "Test of the gravitational redshift effect at Saturn", Phys. Rev. Lett. **64** (1990) 1322.

[162] K. Krisciunas: "Science with the Keck telescope", Sky & Telescope (September 1994), p. 21.

[163] J. Kristian and M. Blouke: "Charged-couple devices in astronomy", Scientific American (1983), p. 48.

[164] I. Lakatos: *Die Methodologie der wissenschaftlichen Forschungsprogramme*, Philosophische Schriften Bd. 1, J. Worrall und G. Currie (Hrsg.) (Friedr. Vieweg & Sohn, Braunschweig 1982).

[165] K.R. Lang und C.A. Whitney: *Planeten – Wanderer im All* (Springer Verlag, Berlin 1993).

[166] J. Lean: "Sun's changing UV flux has atmospheric implications", Physics World (October 1993), p. 27.

[167] R. Learner: *Die Geschichte der Astronomie und die Entwicklung des Teleskops seit Galilei* (Gondrom Verlag, Bindlach 1991).

[168] J.W. Leibacher, R.W. Noyes, J. Toomre und R.K. Ulrich: „Helioseismologie", Spektrum der Wissenschaft (November 1985), p. 58.

[169] D. Lemke: „ISO – Im Jahr vor dem Start", Sterne und Weltraum **33** (1994) 614.

[170] J. Lemke, E.W. Mielke und F.W. Hehl: „Äquivalenzprinzip für Materiewellen? Experimente mit Neutronen, Atomen, Neutrinos ..." Physik in unserer Zeit **26** (1994) 36.

[171] E. Liebscher: *Relativitätstheorie mit Zirkel und Lineal* (Friedr. Vieweg & Sohn, Braunschweig 1977).

[172] L. Lindegren, J. Kovalsky, E. Høg, C. Turon and M.A.C. Perryman: "Some insights into the Hipparcos results", ESA Bulletin 77 (Februar 1994), p. 42.

[173] V.M. Lipunov: *Astrophysics of Neutron Stars* (Springer-Verlag, Berlin 1992).

[174] K.Y. Lo, D.C. Backer, K.I. Kellermann, M. Reid, J.H. Zhao, W.M. Goss and J.M. Moran: "High-resolution VLBA imaging of the radio source Sgr A* at the galactic centre", Nature **362** (1993) 38.

[175] D. Lohmeier und B. Schell (Hrsg.): *Einstein, Anschütz und der Kieler Kreiselkompaß* (Westholsteinische Verlagsanstalt Boyens & Co., Heide in Holstein 1992).

[176] D. Lorenz: "Überlichtgeschwindigkeiten in extragalaktischen Radioquellen?", Die Naturwissenschaften **68** (1981) 1.

[177] S.G. Love and D.E. Brownlee: "A direct measurement of the terrestial mass accretion rate of cosmic dust", Science **262** (1993) 550.

[178] P.G. Lucey, G.J. Taylor, and E. Malaret: "Abundance and distribution of iron on the moon", Science **268** (1995) 1150.

[179] A.G. Lyne und F. Graham-Smith: *Pulsare* (Johann Ambrosius Barth, Leipzig 1993).

[180] P.K. MacKeown und T.C. Weekes: „Kosmische Strahlen von Cygnus X-3", Spektrum der Wissenschaft (Januar 1986), p. 52.

[181] J.M. Marcaide et al.: "Discovery of shell-like radio-structure in SN1993J", Nature **373** (1995) 44.

[182] J.S. Mathis, B.D. Savagem und J.P. Cassinelli: „Ein superhelles Objekt in der Großen Magellanschen Wolke", Spektrum der Wissenschaft (Oktober 1984), p. 66.

[183] R.D. Mattuck: *A guide to Feynman diagrams in the many-body problem*, 2nd Ed. (McGraw-Hill, New York 1976).

[184] R. Matzner: "Naked singularities raise questions over general relativity", Physics World (June 1991), p. 25.

[185] H. Mauder: „Der Astronom Johannes Kepler", Physik in unserer Zeit **13** (1982) 174.

[186] J. E. McClintock: „Black holes in X-ray binaries", in: *The Physics of Accretion onto Compact Objects*, K.O. Mason et al. eds., Lecture Notes in Physics Vol. **266** (Springer, Berlin 1986), p. 211.

[187] J.A.M. McDonnell et al.: "Dust particle impacts during the Giotto encounter with comet Grigg-Shjellerup", Nature **362** (1993) 732.

[188] R. McCray and D.N.C. Lin: "Is the ring around SN1987A a protostellar disk", Nature **369** (1994) 378.

[189] J. Meeus: "Solar eclipse diary 1995-2005", Sky & Telescope (February 1995), p. 29.

[190] H.J. Melosh: "Around and around we go", Nature **376** (1995) 386.

[191] P.G. Mezger: „Das galaktische Zentrum. Teil I und II", Sterne und Weltraum **29** (1990) 215, 357; „Die Hinweise auf ein Schwarzes Loch im Zentrum der Milchstraße verdichten sich!", Sterne und Weltraum **32**(1993) 278.

[192] H. Meyer: „Das Zwillingsparadoxon in der Relativitätstheorie – neu getestet mit Elementarteilchen", Physik in unserer Zeit **9** (1978) 69.

[193] H. Meyer: „Die Supernova SN 1987A – Geburtsstunde der Neutrinoastronomie", Phys. Bl. **43** (1987) 108.

[194] H. Minkowski, Nachr. Wiss. Ges. Göttingen (1908), p. 53.

[195] E.W. Mielke and F.E. Schunck: "Reconstructing the inflaton potential for an almost flat COBE spectrum", Phys. Rev. **D52** (1995) 672.

[196] I.F. Mirabel and L.F. Rodríguez: "A superluminal source in the Galaxy", Nature **371** (1994) 46.

[197] C.W. Misner, K.S. Thorne, and J.A. Wheeler: *Gravitation* (W.H. Freeman and Co., San Francisco 1973).

[198] S. Mitton (Hrsg.): *Cambridge Enzyklopädie der Astronomie* (Orbis Verlag, München 1989).

[199] M. Miyoshi et al.: "Evidence for a black hole from high rotation velocities in a sub-parsec region of NGC4258", Nature **373** (1995) 127.

[200] E.M. Moctezuma: „Der Haupttempel von Tenochtitlán", Spektrum der Wissenschaft (Oktober 1984), p. 94.

[201] K. Moffatt: "Cosmic dynamos: from alpha to omega", Physics World (May 1993), p. 38.

[202] T. Montmerle und N. Prantzos: *Explodierende Sonnen* – Supernovae und die Stadien der Sternentwicklung, (Spektrum Akademischer Verlag, Heidelberg 1991).

[203] P. Moore, G. Hunt, I. Nicolson, und P. Cattermole: *Atlas des Sonnensystems* (Herder, Freiburg im Breisgau 1985).

[204] D. Morrison: *Voyages to Saturn* (National Aeronautics and Space Administration, Washington DC 1982).

[205] E. Müller: „Instabilitäten und Mischungsvorgänge in Supernovaexplosionen vom Typ II", Sterne und Weltraum **34** (1995) 350.

[206] R. Müller: *Sonne, Mond und Sterne über dem Reich der Inka*, Verständliche Wissenschaft Band 110 (Springer-Verlag, Berlin 1972).

[207] P. Murdin: "Supernovae can't be typecast", Nature **363** (1993) 668.

[208] R.E. Nather and D.E. Winget: "Taking the pulse of white dwarfs", Sky & Telescope **83** (1992) 374.

[209] R.J. Nemiroff: "Visual distortions near a neutron star and black hole", Am. J. Phys. **61** (1993) 619.

[210] G. Neubert: „Verhält sich Pluto chaotisch?", Physik in unserer Zeit **21** (1990) 41.

[211] Isaac Newton: *Mathematische Prinzipien der Naturlehre*, J. Wolters (ed.) (Berlin 1872); Übers. ins Deutsche, Wiss. Buchges. Darmstadt 1963, Original 1686 Cambridge.

[212] I. Nicolson: *Die Sonne* (Herder-Verlag, Freiburg 1982).

[213] G. Nimtz und S. Mäcker: *Elektrosmog* (BI Taschenbuchverlag, Mannheim 1994).

[214] L.B. Okun: "The concept of mass", Physics Today (June 1989), p. 31.

[215] H. Oleak: „Schwarze Löcher erstmals „gewogen" ", Die Sterne **71** (1995) 117.

[216] P. von Osten-Sacken: *Kosmos plus minus* – Vom Atom zum Spiralnebel (F. Erenwirth Verlag, München 1971).

[217] D.E. Osterbrock, J.A. Gwinn and R.S. Brashear: "Edwin Hubble and the expanding universe", Scientific American (July 1993), p. 70.

[218] S.J. Ostro: "Planetary radar astronomy", Rev. Mod. Phys. **65** (1993) 1235.

[219] D. Overby: "God's turnstile: The work of John Wheeler and Stephen Hawking", Mercury (July/August 1991), p. 98.

[220] B. Paczyński and J. Wambsganss: "Gravitational microlensing", Physics World (May 1993), p. 26; B. Paczyński: "First microlensing events offer fresh insights on dark matter", Physics World (November 1993), p. 21.

[221] A. Pais: *„Raffiniert ist der Herrgott..." : Albert Einsten; eine wissenschaftliche Biographie* (Friedrich Vieweg & Sohn, Braunschweig/Wiesbaden 1986).

[222] S.J. Peale: "Pluto's strange orbit", Nature **365**, 788 (1993).

[223] R. Pease: "Supernova brightens the horizon", Nature **362** (1993) 585.

[224] A.G. Petschek, ed.: *Supernovae* (Springer-Verlag, New York 1990).

[225] G.H. Pettengill, D.B. Campbell und H. Masursky: „Die Oberfläche der Venus", Spektrum der Wissenschaft (Oktober 1980), p. 72.

[226] A.O. Petters: "Arnold's singularity theory and gravitational lensing", J. Math. Phys. **34** (1993) 3555.

[227] J.L. Phillips et al.: "Ulysses solar wind plasma observations at high southerly latitudes", Science **268** (1995) 1030.

[228] T.G. Phillips and D.B. Rutledge: „Supraleitende Tunneleffekt-Detektoren in der Radioastronomie“, Spektrum der Wissenschaft (Juli 1986), p. 102.

[229] J.B. Pollack und J.N. Cuzzi: „Planetenringe“, Spektrum der Wissenschaft (Januar 1982), p. 67.

[230] A.E. Potter and T.H. Morgan: “Discovery of sodium and potassium vapor in the atmosphere of the moon”, Science **241** (1988) 675.

[231] A.E. Potter and T.H. Morgan: “Evidence for magnetospheric effects on the sodium atmosphere of mercury”, Science **248** (1990) 835.

[232] C.O. Powell: “Mirroring the cosmos”, Scientific American (November 1991), p. 80.

[233] R.G. Prinn: „Vulkanismus und Wolken auf der Venus“, Spektrum der Wissenschaft (Mai 1985), p. 92.

[234] H. Quevedo: „Multipole moments in general relativity – Static and stationary vacuum solutions“, Fortschr. Phys. **38** (1990) 733.

[235] G.D. Quinian: “Planet X: a myth exposed”, Nature **363** (1993) 18.

[236] N. Quien, R. Wehrse und C. Kindl: „Licht auf Abwegen“, Spektrum der Wissenschaft (Mai 1995), p. 56.

[237] A. Quirrenbach: „Radiobeobachtungen von Quasaren“, Sterne und Weltraum **32** (1993) 95.

[238] R.S. Raghavan: “Solar neutrinos – From puzzle to paradox”, Science **267** (1995) 45.

[239] M.J. Rees: „Schwarze Löcher in Galaxienzentren“, Spektrum der Wissenschaft (Januar 1991), p. 98; Q.J. Roy. Astron. Soc. **35** (1994) 391.

[240] W. Rindler: “Length contraction paradox”, Am. J. Phys. **29** (1961) 365.

[241] F.J. Rogers and C.A. Iglesias: “Astrophysical opacity”, Science **263** (1994) 50.

[242] R. Ruffini and J.A. Wheeler: “Introducing the black hole“, Physics Today (January 1971), p. 30.

[243] P. Ruiz-Lapuente et al.: „A possible low-mass type Ia supernova“, Nature **365** (1993) 728.

[244] R. Ruthen: “Catching the wave”, Scientific American (March 1992), p. 72.

[245] R.G.M. Rutten et al.: “Spectrally resolved eclipse maps of the accretion disk in UX Ursae Majoris”, Nature **362** (1993) 518.

[246] I.J. Sackmann, A.I. Boothroyd, and K.E. Kraemer: “Our sun. III. Present and future“, Astrophys. J. **418** (1993) 457.

[247] A. Saha et al.: “Discovery of cepheids in NGC 5253: Absolute peak brihgtness of SN Ia 1995B and SN Ia 1972E and the value of H_0”, Astrophys. J. **438** (1995) 8.

[248] H. Salo: "Gravitational wakes in Saturn's rings", Nature **359** (1992) 619.

[249] J. Sanford: *Der neue Kosmos-Sternatlas* (Franck-Kosmos, Stuttgart 1990).

[250] A.I. Sargent and S.V.W. Beckwith, Physics Today (April 1993), p. 22; deutsche Fassung: „Die Suche nach Planetensystemen in der Phase ihrer Entstehung", Sterne und Weltraum **33** (1994) 186.

[251] G. Schäfer and N. Wex: „Binärpulsare testen Einsteins Gravitationstheorie", Sterne und Weltraum **32** (1993) 770.

[252] S. Schandl: „Die verbogene Akkretionsscheibe von Her X-1", Sterne und Weltraum **33** (1994) 270.

[253] G.D. Schmidt, J. Liebert, and H.S. Stockman: "Detection of the hot white dwarf in the magnetic nova V1500 Cygni with the Hubble space telescope", Astrophys. J. **441** (1995) 414.

[254] V. Schönfelder: „Spektakuläre erste Ergebnisse vom Compton-Observatorium GRO", Phys. Bl. **48** (1992) 919.

[255] K.-J. Schramm et al.: "Recent activity in the optical and radio lightcurves of the blazar 3C 345: indications for a "lighthouse effect" due to jet rotation" Astron. Astrophys. **278** (1993) 391.

[256] B. Schwarzschild: "Supernova distance measurements suggest an older, larger universe", Physics Today (November 1992), p. 17.

[257] H.H. Sebening: „Blanket-Entwicklung in der Fusionsforschung", Physik in unserer Zeit **23** (1992) 174.

[258] J. Seldowitsch: „Neutronensterne und Schwarze Löcher", Bild der Wissenschaft (März 1974), p. 54.

[259] H. Sexl und R. Sexl: *Weiße Zwerge, Schwarze Löcher*, 3. Aufl. (Friedr. Vieweg & Sohn, Braunschweig 1981).

[260] R. Sexl, und H. K. Schmidt: *Raum-Zeit-Relativität*, 2. Aufl. (Friedr. Vieweg & Sohn, Braunschweig 1979).

[261] J. Shaham: „Die ältesten Pulsare im Universum", Spektrum der Wissenschaft (April 1987), p. 110.

[262] R.S. Shankland: "Michelson and his interferometer", Physics Today (April 1974), p. 37.

[263] X. Shi, D.N. Schramm, and D.S.P. Dearborn: "On solar model solutions to the solar neutrino problem", Phys. Rev. **D 50** (1994) 2414.

[264] E.J. Smith, K.-P. Wenzel, and D.E. Page: "Ulysses at Jupiter: An Overview of the encounter", Science **257** (1992) 1503.

[265] R.W. Sinnott: "The Keck telescope's giant eye", Sky & Telescope (July 1990), p. 15.

[266] E.J. Smith, R.G. Marsden, and D.E. Page: "Ulysses above the sun's south pole: An Introduction", Science **268** (1995) 1005.

[267] M.H. Soffel und H. Ruder: „Der Doppelpulsar PSR 1913+16", Physik in unserer Zeit **22** (1991) 29.

[268] N. Soker: „Planetarische Nebel", Spektrum der Wissenschaft (Juli 1992), p. 60.

[269] S.C. Solomon: "The geophysics of venus", Physics Today (July 1993), p. 48.

[270] S.C. Solomon: "A rougher, tougher moon", Nature **373** (1995) 386.

[271] A. Songalla et al.: "Measurement of the microwave background temperature at redshift of 1.776", Nature **371** (1994) 43.

[272] C.P. Sonett, S.A. Finney and C.R. Williams: "The lunar orbit in the Precambrian and the Elatina sandstone laminae", Nature **335** (1988) 806.

[273] F. Spahn: „Strukturen in planetaren Ringen", Physik in unserer Zeit **23** (1992) 121.

[274] Ch. Spiering: „Neutrinoastronomie mit Unterwasserteleskopen", Phys. Bl. **49** (1993) 871.

[275] S.W. Squyres and J.F. Kasting: "Early mars: How warm and how wet?", Science **265** (1994) 744.

[276] J. Stachel: "Einstein and Michelson. The context of discovery and the context of justification", Astron. Nachr. **303** (1982) 47.

[277] S.W. Stahler: "The early life of stars", Scientific American (July 1991), p. 28.

[278] S.W. Stahler: "Early stellar evolution", Publ. Astron. Soc. of the Pacific **106** (1994) 337.

[279] E.M. Standish, Jr.: "The observational basis for JPL's DE 200, the planetary ephemerides of the astronomical almanac", Astron. Astrophys. **233** (1990) 252.

[280] E.M. Standish, Jr.: "Planet X: No dynamical evidence in the optical observations", Astron. J. **105** (1993) 2000.

[281] E.M. Standish: "Improved ephemerides of Pluto", Icarus **108** (1994) 180.

[282] S. Starrfield und S.N. Shore: "Nova Cygni 1992: Nova of the century", Sky & Telescope (February 1994), p. 20.

[283] S. Starrfield und S.N. Shore: „Die Nova V1974 Cygni" Spektrum der Wissenschaft (März 1995), p. 56.

[284] L. Staveley-Smith et al.: "Structure of the radio remnant of supernova 1987A", Nature **366** (1993) 136.

[285] L. Stella: "Recent progress in the observations of compact objects and black holes", in: *General Relativity and Gravitation 1992*, Proc. 13th Intern. Conference on General Relativity and Gravitation held at Cordoba, Argentinia, 28 June-4 July 1992, R.J. Gleiser, C.N. Kozameh and O.M. Moreschi, eds. (Institut of Physics Publishing, Bristol 1993), p. 263.

[286] F.R. Stephenson: "Historical eclipses", Scientific American (1983), p. 154.

[287] M. Stix: *The Sun* (Springer, Berlin 1989).

[288] J.L. Stone: "Photovoltaics: "Unlimited electrical energy from the sun", Physics Today (September 1993), p. 22.

[289] N. Straumann: „Zur Elektrodynamik von Schwarzen Löchern", Helvetia Physica Acta **64** (1991) 1175.

[290] S.E. Strom: "Finding circumstellar disk", Nature **359** (1992) 360.

[291] O. Struve: *Astronomie* – Einführung in ihre Grundlagen (W. de Gruyter & Co, Berlin 1962).

[292] G.J. Sussman and J. Wisdom: "Numerical evidence that the motion of Pluto is chaotic", Science **241** (1988) 433.

[293] C. Sutton: *Spaceship Neutrino* (Cambridge University Press, Cambridge 1992).

[294] Y. Tanaka: "Gravitationally redshifted emission implying an accretion disk and massive black hole in the active galaxy MCG-6-30-15", Nature **375**, 659 (1995).

[295] E.F. Taylor and J. A. Wheeler: *Spacetime Physics*, 2nd edition (Freeman and Co., San Francisco 1992); deutsche Übers.: *Physik der Raumzeit* (Spektrum Akademischer Verlag, Heidelberg 1994).

[296] G.F. Taylor: "The scientific legacy of Apollo", Scientific American (July 1994), p. 26.

[297] J.H. Taylor: "Pulsar timing and relativistic gravity", Class. Quantum Grav. **10** (1993) S167.

[298] J.H. Taylor: "Binary pulsars and relativistic gravity", Rev. Mod. Phys. **66** (1994) 711.

[299] J.S. Tenn: "Arthur Stanley Eddington: The nineteenth Bruce medalist", Mercury (July/August 1993), p. 119.

[300] D.J. Thompson et al.: "Pulsed high-energy γ-rays from the radio pulsar PSR 1706-44", Nature **359** (1992) 615.

[301] L.A. Thompson: "Adaptive optics in astronomy", Physics Today (December 1994), p. 24.

[302] R.C. Thomson, C.D. Mackay and A.E. Wright: "Internal structure and polarization of the optical jet of the quasar 3C273", Nature **365** (1993) 133.

[303] K.S. Thorne: "The search for black holes" Scientific American (December 1974) p. 32.

[304] K.S. Thorne: *Gekrümmter Raum und verbogene Zeit* (Droemer Knauer, 1994).

[305] K.S. Thorne: "Gravitational waves", in: *Proc. of the Snowmass 95 Summer Study on Particle and Nuclear Astrophysics and Cosmology*, E.W. Kolb and R. Peccei, eds. (World Scientific, Singapore 1995).

[306] H. Thurston: "A Mayan table of eclipses", Archeastronomy (Suppl. J. History Astronomy) **25** (1994) S83.

[307] S.J. Tingay et al.: "Relativistic motion in a nearby bright X-ray source", Nature **374** (1995) 141.

[308] C.H. Townes und R. Genzel: „Das Zentrum der Galaxis", Spektrum der Wissenschaft (Juni 1990) p. 76.

[309] V. Trimble: "Astrophysics in 1992", Publ. Astr. Soc. of the Pacific **105** (1993) 1.

[310] J. Trümper: „Der Röntgensatellit ROSAT", Phys. Bl. **46** (1990) 137.

[311] J. Trümper: „ROSAT-Zwischenbilanz – ein neues Bild des Himmels", Phys. Bl. **50** (1994) 35; „ROSAT-Ernte: Über 100 000 Röntgenquellen" Phys. Bl. **50** (1994) 1117.

[312] J. Trümper: „Röntgenstrahlung von Neutronensternen", Phys. Bl. **51** (1995) 649.

[313] S. Turck-Chièze et al.: "The solar interior", Phys. Rep. **230** (1993) 57.

[314] S. Turck-Chièze and I. Lopes: "Toward a unified classical model of the sun: On the sensitivity of neutrionos and helioseismology to the microscopic physics", Astrophy. J. **408** (1993) 347.

[315] E.L. Turner: "Gravitational lenses", Scientific American (July 1988), p. 26.

[316] M.S. Turner: "Why is the temperatur of the universe 2.726 Kelvin?", Science **262** (1993) 861.

[317] R.W. Tweedy: "Hot white dwarfs", Nature **373** (1995) 666.

[318] A. Unsöld and B. Baschek: *Der neue Kosmos*, 5. Auflage (Springer-Verlag, Berlin 1991).

[319] E.P.J. van den Heuvel and J. van Paradijs: "X-ray binaries", Scientific American (November 1993), p. 38.

[320] G.L. Verschuur: *The Invisible Universe Revealed* – The Story of Radio Astronomy (Springer-Verlag, New York 1987).

[321] L. Wang and J. Hu: "Blue-shifted oxygen lines and the clumpy ejecta of supernova 1993J", Nature **369** (1994) 380.

[322] R. Wehner and M. Müller: "How do ants acquire their celestial ephemeris function?", Naturwissenschaften **80** (1993) 331.

[323] V. Weidemann: „Neutronensterne, Gravitationskollaps und Gravitationstheorie", Naturwissenschaften **58** (1971) 241.

[324] V. Weidemann: „Relativistische Astrophysik – zum Einstein-Jahr 1979", Naturwissenschaften **66** (1979) 190.

[325] V. Weidemann: „Der Doppelsternpulsar PSR 1913+16: ein idealer Testfall für Gravitationstheorien", Phys. Bl. **49** (1993) 1101.

[326] V. Weidemann: „Endstadien der Sternentwicklung“, Nordrhein-Westfälische Akademie der Wissenschaften, Vorträge N403 (Westdeutscher Verlag 1994), p.7.

[327] M. Weigel und F. Weber: „Atome – so groß wie ein Stern“, Bild der Wissenschaft (August 1994), p. 48.

[328] A. Weigert und H.J. Wendker: *Astronomie und Astrophysik – ein Grundkurs* 2., überarb. Aufl. (VCH, Weinheim 1989).

[329] S. Weinberg: „Leben und Kosmos“, Spektrum der Wissenschaft, (Spezial: *Leben und Kosmos*, 1995), p. 6.

[330] J.M. Weisberg, J.H. Taylor und L.A. Fowler: „Pulsar PSR 1913+16 sendet Gravitationswellen“, Spektrum der Wissenschaft (Dezember 1981) p. 52.

[331] N. Weiss: "Magnetic geometry of sunspots", Nature **362** (1993) 208.

[332] A. Weiß und G. Raffelt: „Kugelsternhaufen: Laboratorien der Neutrinophysik“, Sterne und Weltraum **32** (1993) 257.

[333] H. Weyl: *Philosophie der Mathematik und Naturwissenschaften*, 3. Auflage (Oldenbourg, München 1966).

[334] J.A. Wheeler: "Our universe: the known and the unknown", American Scholar **37** (1968) 248; American Scientist **56** (1968) 1.

[335] J.A. Wheeler: "The black hole", Proc. XVI Solvay Conference on <<Astrophysics and gravitation>>, held at Bruxelles, September 24-28, 1973 (Edition de l'Université de Bruxelles 1974), p. 279.

[336] J.A. Wheeler: *A Journey into Gravity and Spacetime* (Scientific American Library, New York 1990).

[337] J.A. Wheeler: "The black hole, 25 years later", (Vorabdruck Princeton University 1995).

[338] J.A. Wheeler: private Mitteilung (16. Februar 1995).

[339] J.C. Wheeler and R.P. Harkness: "Helium-rich supernovas", Scientific American (November 1987), p. 50.

[340] E. Wiehr: „Gasströmung im Magnetfeld von Sonnenflecken-Penumbren“, Sterne und Weltraum **32** (1993) 174; „Erforschung von Sonnenprotuberanzen“, Sterne und Weltraum **34** (1995) 442.

[341] C.M. Will: *Theory and experiment in gravitational physics*, revised edition (Cambridge University Press, Cambridge 1993).

[342] E. Willerding: „James C. Maxwell und die Stabilität der Saturnringe“, Phys. Bl. **48** (1992) 799.

[343] L.P. Williams: "Maybe the Europeans did see the Crab", Mercury **24** (Jan./Feb. 1995), p. 28.

[344] J.R. Wilson and R.W. Mayle: "Report on the progress of supernova research by the Livermore group", Phys. Rep. **227** (1993) 97.

[345] A.T. Winfree: *Biologischen Uhren* (Spektrum Bibliothek, Heidelberg 1988).

[346] C. Winkler: „Integral – Das internationale Gammastrahlen-Observatorium", Sterne und Weltraum **33** (1994) 114.

[347] R. Wolfson: „Die aktive Sonnenkorona", Spektrum der Wissenschaft (April 1983), p. 60.

[348] H. Wolter: "Spiegelsysteme streifenden Einfalls als abbildende Optiken für Röntgenstrahlen", Ann. Phys. (Leipzig) **10** (1952) 94.

[349] A. Wolszczan and D.A. Frail: "A planetary system around the millisecond pulsar PSR 1257+12", Nature **355** (1992) 145.

[350] A. Wolszczan: "Confirmation of earth-mass planets orbiting the millisecond pulsar PSR B1257+12", Science **264** (1994) 538; Spektrum der Wissenschaft (Juni 1994), p. 25.

[351] S. Woosley und T. Weaver: „Die große Supernova von 1987", Spektrum der Wissenschaft (Oktober 1989), p. 86.

Namen- und Sachwortverzeichnis

C

D

I

J

K

P

T

U

V

W

Y

Z

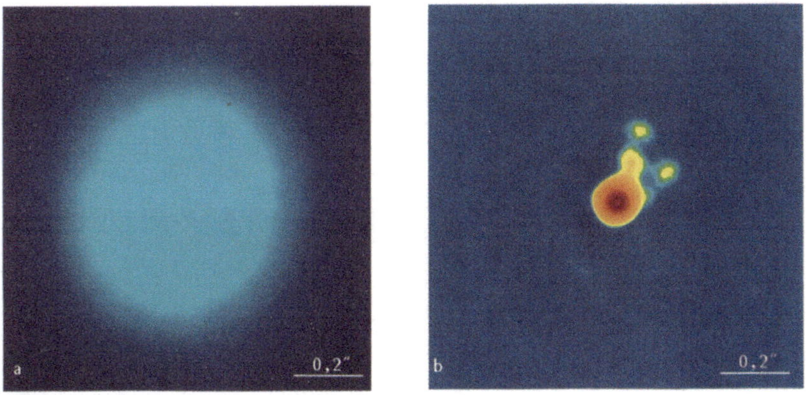

Tafel I:
Eta Carinae im Sternbild Schiffskiel ist eines der ungewöhnlichsten Objekte der Milchstraße. Die Aufnahme ist aus 300 Einzelbildern mit 1/8 s Belichtungszeit rekonstruiert worden, welche mit dem 2,2-m-Teleskop der Europäischen Südsternwarte auf La Silla aufgenommen wurden. Durch einfaches Aufaddieren entsteht die Simulation a) einer Langzeitaufnahme. Das hochaufgelöste Bild b) ist durch das Speckle-Masking-Verfahren gewonnen worden und zeigt in 0,114, 0,177 und 0,211 Bogensekunden Abstand vom Hauptstern noch drei weitere Objekte. (Mit freundlicher Genehmigung von G. Weigelt, Max-Planck-Institut für Radioastronomie, Bonn.)

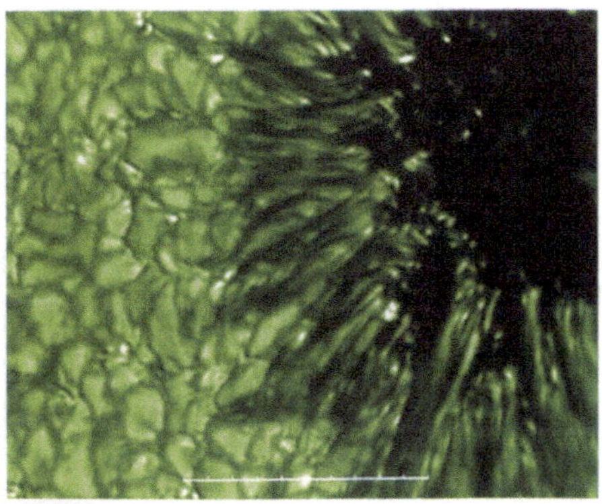

Tafel II:
Ein Sonnenfleck im grünen Spektrallicht, welcher mit dem deutschen Vakuum-Turm-Teleskop auf Teneriffa während der partiellen Sonnenfinsternis am 10. Mai 1994 aufgenommen worden ist. Das Bild ist aus 140 Aufnahmen von je 4 ms Belichtungszeit mit Hilfe der Speckle-Interferometrie rekonstruiert worden und zeigt deutlich Filament-Strukturen in der Penumbra sowie helle Punkte in der Umbra. (Mit freundlicher Genehmigung von C.R. de Boer, Universitäts-Sternwarte Göttingen.)

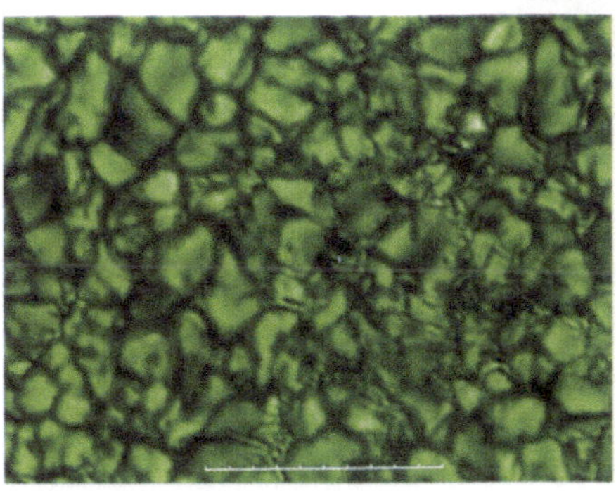

Tafel III:
Granulation der Sonne in der Nähe eines Fleckens. Da die Einzelbilder während der partiellen Sonnenfinsternis vom 10. Mai 1994 mit dem Mondschatten als Referenzlinie entstanden sind, zeigt die Rekonstruktion mit Hilfe der Speckle-Interferometrie besonders viele Details. Die Striche haben einen Winkelabstand von einer Bogensekunde, das sind 722 km auf der Sonne. (Mit freundlicher Genehmigung von C.R. de Boer, Universitäts-Sternwarte Göttingen.)

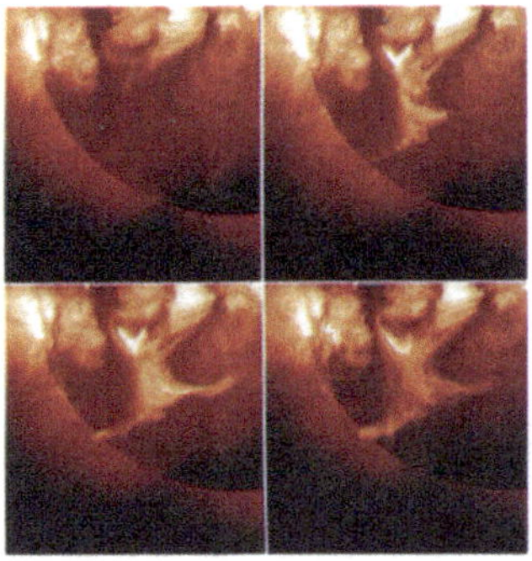

Tafel IV:
Die vier Yohkoh-Aufnahmen vom 26. Februar 1992 im weichen Röntgenlicht zeigen die durch die Eruption eines Filaments verursachte Neustrukturierung von solaren Magnetfeldern innerhalb von wenigen Stunden. (Mit freundlicher Genehmigung von L. Acton, Montana State University.)

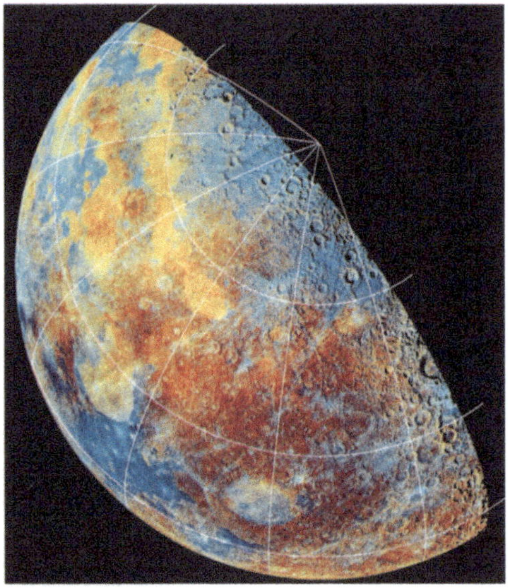

Tafel V:
Von der Raumsonde Galileo ist 1992 das erdzugewandte Gebiet um den Nordpol des Mondes in einem Abstand von 113 000 km aufgenommen worden. Im Bereich von Mare Frigoris ist die Auflösung 1,1 km pro Pixel des Halbleiter-Detektors. In dieser Falschfarbenaufnahme zeigt Rot Hochländer und Schmelzringe von Einschlagskratern an, Gelborange eisenreiche Maria und Blau Maria mit einem mittleren Titan-Gehalt von 2 bis 4 %. Purpur deutet auf Ablagerungen des Mantels hin. (Mit freundlicher Genehmigung von M.J.S. Belton, National Optical Astronomy Observatories, Tucson, Arizona.)

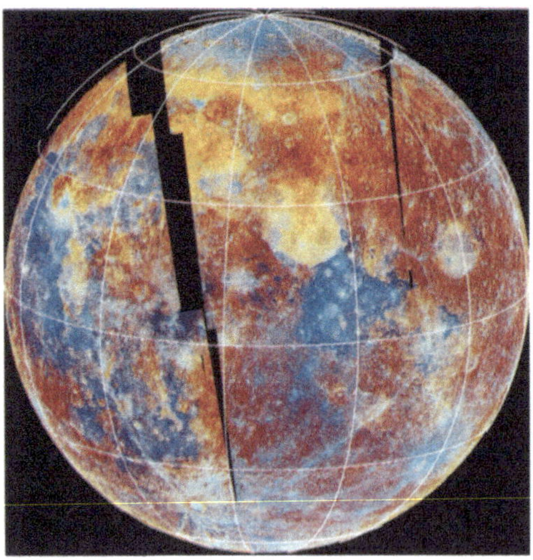

Tafel VI:
Das „Gesicht" des Mondes ist hier von der Raumsonde Galileo 1992 in einem Abstand von 169 000 km abgelichtet worden. Diese Multispektral-Aufnahme mit der gleichen Farbcodierung wie in Tafel V deckt, bis auf einen Software-Fehler, die gesamte erdzugewandte Seite ab. (Mit freundlicher Genehmigung von M.J.S. Belton, National Optical Astronomy Observatories, Tucson, Arizona.)

Tafel VII:
Mit dem Hochgeschwindigkeits-Photometer des Hubble-Weltraumteleskops [HST] ist 1992 der Grad der Bedeckung eines Sterns durch die Saturn-Ringe verfolgt worden. Es handelt sich um ein synthetisches Bild vom Saturn zusammen mit dem scheinbaren helixförmigen Weg des Sterns durch die Ringe aufgrund der Bahngeschwindigkeit des HST von 8 km/s um die Erde. Mit Grün sind die eigentlichen Beobachtungsbereiche gekennzeichnet. (Mit freundlicher Genehmigung von J.L. Elliot, Department of Earth, Atmospheric, and Planetary Sciences, MIT, Cambridge, Massachusetts.)

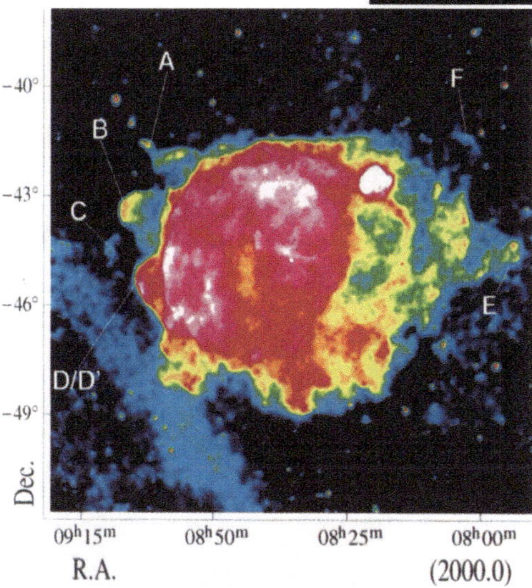

Tafel VIII:
Die 1990er Aufnahme des Röntgensatelliten ROSAT des 1600 Lichtjahre entfernten Vela Supernova-Überrests zeigt deutlich Ausbuchtungen vor der kugelschalenförmigen Stoßfront. Diese interpretiert man als Mach- oder Überschall-Kegel von Materie, welche sich mit höherer als der mittleren Expansionsgeschwindigkeit bewegt. Deren Flächenhelligkeit ist in ansteigender Reihenfolge mit Blau, Gelb, Rot und Weiß farblich codiert. Die Symmetrieachsen der Explosionspilze schneiden sich im Zentrum der Explosionswolke, wo sich in der Tafel der weiße kompakte Synchrotronnebel um den Vela-Pulsar befindet (nicht zu verwechseln mit dem weißen Fleck rechts oben vom dahinterliegenden Supernova-Überrest Puppis A). (Mit freundlicher Genehmigung von B. Aschenbach, Max-Planck-Institut für Extraterrestrische Physik, Garching.)

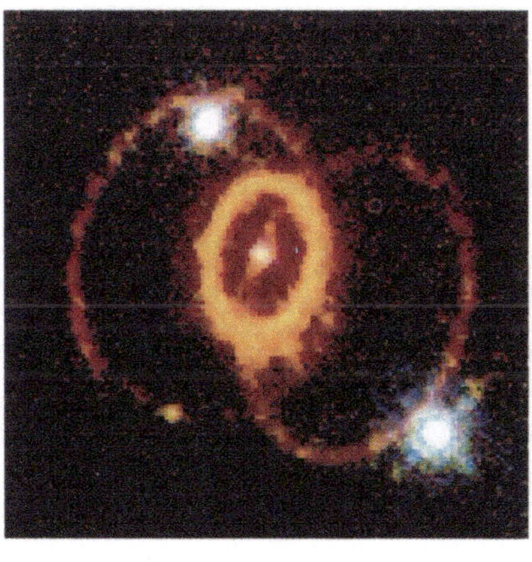

Tafel IX:
Das Hubble-Weltraumteleskop hat im Februar 1994 um die Supernova SN 1987A drei ästhetisch sehr ansprechende „Hula-Hoop"-Reifen gefunden, wobei der innerste über ein Lichtjahr Durchmesser besitzt. Sind dies nur die Taille und die beiden Ränder eines zur Sichtlinien um 43° geneigten einschaligen Hyperboloids, welche durch Fluoreszenz zum Leuchten angeregt wird? (Mit freundlicher Genehmigung von C. Burrows, ESA/STScI und NASA.)

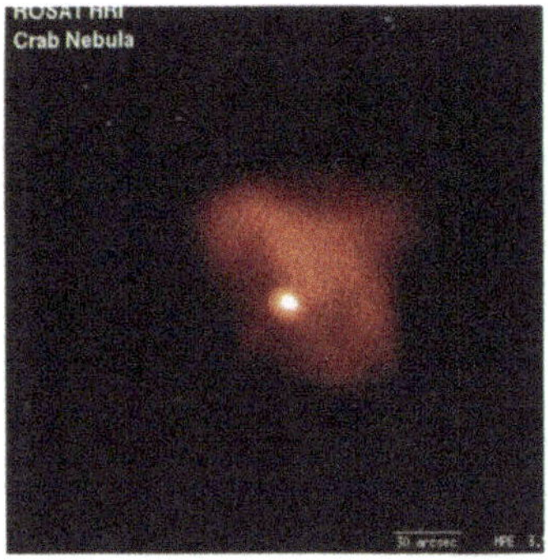

Tafel X:
Auf dem von ROSAT 1991 aufgenommenen „Röntgenbild“ des Crabnebels sieht man um den Pulsar als Punktquelle einen reifenförmigen Synchrotronnebel sowie Plasmastrahlen, sog. Jets, welche in Richtung der Rotationsachse des Pulsars zeigen. (Mit freundlicher Genehmigung von J. Trümper, Max-Planck-Institut für Extraterrestrische Physik, Garching.)

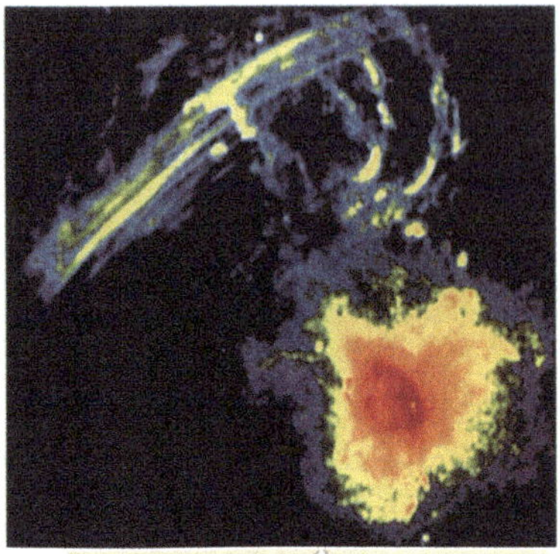

Tafel XI:
Das Zentrum der Milchstraße in einer Falschfarbendarstellung. Diese „Radiokarte“ wurde mit dem VLA-Syntheseteleskop bei einer Wellenlänge von 20 cm gewonnen. Das über 50 Lichtjahre große Zentralgebiet ist durch Filamentstrukturen von der Form eines Bogens und einer Brücke gekennzeichnet. In der Ausschnittsvergrößerung unten ist deutlich eine dreiarmige Balkenspirale zu erkennen, welche von der kompakten Quelle Sagittarius A* auszugehen scheint. (Mit freundlicher Genehmigung von R. Genzel, Max-Planck-Institut für Extraterrestrische Physik, Garching.)

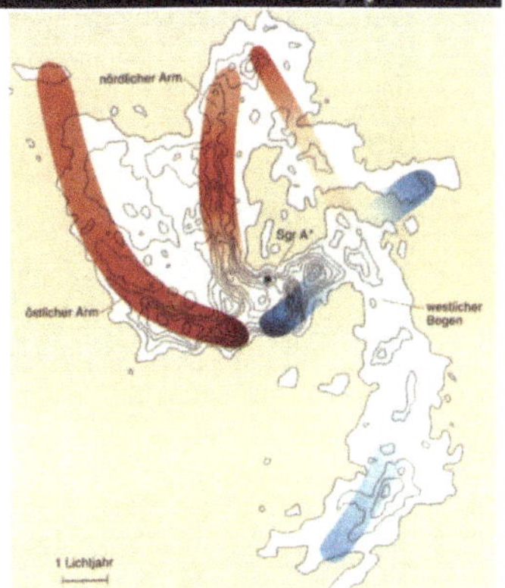

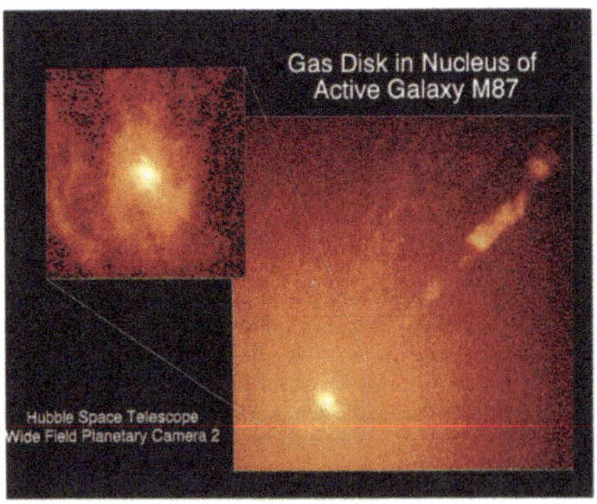

Tafel XII:
Aufnahme der riesigen elliptische Galaxie M 87 in dem etwa 50 Mio. Lichtjahre entfernten Virgo-Haufen mit dem Hubble-Weltraumteleskop. Aus dem Kern von M 87 schießen fast senkrecht zur um 42° zur Sichtlinie geneigten Akkretionsscheibe Plasmastrahlen von 16 000 Lichtjahren Ausdehnung heraus, quasi die „Auspuffgase“ einer sehr energiereichen Zentralen Maschine, die aller Voraussicht nach von einem superschweren Schwarzen Loch angetrieben wird. (Mit freundlicher Genehmigung von C. Burrows, ESA/STScI und NASA.)

Bücher aus dem Umfeld

Moderne Alchemie

Die Jagd nach den schwersten Elementen

von Gottfried Münzenberg und Matthias Schädel

1996. X, 264 Seiten. (Facetten) Gebunden.
ISBN 3-528-06474-9

Aus dem Inhalt: Erste Versuche der Elementsynthese: Entdeckung der Kernspaltung - Neptunium und Plutonium: Die ersten Transurane - Americium und Curium: Die ersten typischen Actinoiden - Berkelium und Californium: Nomen est omen - Einsteinium und Fermium: Die Elemente aus der Bombe - Mendelevium: Die Kunst, einzelne Atome nach ihrer Bildung an Beschleunigern nachzuweisen - Beschleuniger: Die Arbeitspferde zur Synthese der schwersten Elemente - Nobelium: Das erste kontroverse Element - Lawrencium: Das letzte Element der Actinoiden - Elemente 104 und 105: Erste Schritte auf dem Weg zu den superschweren Kernen - Chemie mit einzelnen Atomen: Auf der Suche nach dem Ende des Periodensystems der Elemente - Element 106: Die kalte Fusion schwerer Ionen: Das Rezept für superschwere Kerne? - Aufbruch zu den Grenzen des Periodensystems - Element 107: Auf dem Weg zu superschweren Kernen - Element 109 - Element 108: Die große Überraschung - Eine Weltkollaboration zum Angriff auf die Insel der superschweren Kerne - Die Transfermium Working Group: Wann ist ein neues Element entdeckt? - Physik mit wenigen Atomkernen - Etwas Theorie zur Kernstabilität - Die Jagd auf Element 110 - Element 111: Das vorläufige Ende des Periodensystems - Das unverstandene Kapitel: Die Produktion der schwersten Elemente - Die Erweiterung des Periodensystems von Menschenhand: Was haben wir gelernt?

Verlag Vieweg · Postfach 1547 · 65005 Wiesbaden · Fax (0611) 78 78 420

vieweg

GPSR Compliance

The European Union's (EU) General Product Safety Regulation (GPSR) is a set of rules that requires consumer products to be safe and our obligations to ensure this.

If you have any concerns about our products, you can contact us on ProductSafety@springernature.com

In case Publisher is established outside the EU, the EU authorized representative is:

Springer Nature Customer Service Center GmbH
Europaplatz 3
69115 Heidelberg, Germany

Batch number: 08566415

Printed by Printforce, the Netherlands